中国当代小城镇规划建设管理丛书

小城镇规划管理与政策法规

（第二版）

汤铭潭　　刘亚臣
张沈生　　孔凡文　编著

中国建筑工业出版社

图书在版编目(CIP)数据

小城镇规划管理与政策法规/汤铭潭等编著. —2 版. —北京：
中国建筑工业出版社，2012. 7
（中国当代小城镇规划建设管理丛书）
ISBN 978-7-112-14350-4

Ⅰ. ①小… Ⅱ. ①汤… Ⅲ. ①小城镇-城市规划-城市管理-中
国②小城镇-城市规划-法规-中国 Ⅳ. ①TU984.2②D922.297.4

中国版本图书馆 CIP 数据核字(2012)第 108727 号

本书包括概述、小城镇规划编制管理、小城镇规划的审批管理、小城镇规划实施管
理、小城镇土地利用管理、小城镇建筑设计与施工管理、房地产开发管理、建设项目的
可行性评估、试点、示范镇规划建设管理与案例分析、政策与法规、管理体制与机制改
革，以及国外相关借鉴 12 章内容。全面系统论述小城镇规划建设科学管理的理论、内
容与方法，以及管理相关政策法规，探讨当今管理的发展趋势和体制、模式、机制的改
革与创新。

本书内容丰富、资料翔实，集系统性、先进性、实用性和参考借鉴价值于一体。可
同时作为从事小城镇规划建设管理的技术研究人员、小城镇开发的实业人员、乡镇领导
及行政管理人员学习工作的参考用书和工具书。

责任编辑：姚荣华　胡明安
责任设计：董建平
责任校对：陈晶晶　刘　钰

中国当代小城镇规划建设管理丛书
小城镇规划管理与政策法规
（第二版）
汤铭潭　刘亚臣
张沈生　孔凡文　编著

*

中国建筑工业出版社出版、发行（北京西郊百万庄）
各地新华书店、建筑书店经销
北京科地亚盟图文设计有限公司制版
北京云浩印刷有限责任公司印刷

*

开本：787×1092 毫米 1/16 印张：20¾ 字数：502 千字
2012 年 9 月第二版 2012 年 9 月第三次印刷
定价：58.00 元
ISBN 978-7-112-14350-4
　　（22430）

中国当代小城镇规划建设管理丛书

编 审 委 员 会

主 任 委 员：王士兰

副主任委员：白明华　单德启

委　　　员：王士兰　白明华　刘仁根　汤铭潭

张惠珍　单德启　周静海　蔡运龙

编 写 委 员 会

主 任 委 员：刘仁根

副主任委员：汤铭潭（常务）　王士兰

委　　　员：王士兰　白明华　冯国会　刘仁根

刘亚臣　汤铭潭　李永洁　宋劲松

单德启　张文奇　谢映霞　蔡运龙

蔡　瀛

本 书 编 著：汤铭潭　刘亚臣　张沈生　孔凡文

序　一

从历史的长河看，城市总是由小到大的。从世界的城市看，既有荷兰那样的中小城市为主的国家；也有墨西哥那样人口偏集于大城市的国家；当然也有像德国等大、中、小城市比较均匀分布的国家。从我国的国情看，城市发展的历史久矣，今后多发展些大城市、还是多发展些中城市、抑或小城市，虽有不同主张，但从现实的眼光看，由于自然特点、资源条件和历史基础，小城市在中国是不可能消失的，大概总会有一定的比例，在有些地区还可能有相当的比例。所以，走小城市（镇）与大、中城市协调发展的中国特色的城镇化道路是比较实际和大家所能接受的。

《中共中央关于制定国民经济和社会发展第十个五年计划的建议》提出："要积极稳妥地推进城镇化"，"发展小城镇是推进城镇化的重要途径"。"发展小城镇是带动农村经济和社会发展的一个大战略"。应该讲是正确和全面的。

当前我国小城镇正处在快速发展时期，小城镇建设取得了较大成绩，不用说在沿海发达地区的小城镇普遍地繁荣昌盛，即使是西部、东北部地区的小城镇也有了相当的建设，有一些看起来还是很不错的。但确实也还有一些小城镇经济不景气、发展很困难，暴露出不少不容忽视的问题。

党的"十五大"提出要搞好小城镇规划建设以来，小城镇规划建设问题受到各级人民政府和社会各方面的前所未有的重视。如何按中央提出的城乡统筹和科学发展观指导、解决当前小城镇面临急需解决的问题，是我们城乡规划界面临需要完成的重要任务之一。小城镇的规划建设问题，不仅涉及社会经济方面的一些理论问题，还涉及规划标准、政策法规、城镇和用地布局、生态、人居环境、产业结构、基础设施、公共设施、防灾减灾、规划编制与规划管理以及规划实施监督等方方面面。

从总体上看，我国小城镇规划研究的基础还比较薄弱。近年来虽然列了一些小城镇的研究课题。有了一些研究成果，但总的来看还是不够的。特别是成果的出版发行还很不够。中国建筑工业出版社拟在2004年重点推出中国当代小城镇规划建设管理这套大型丛书，无疑是一件很有意义的工作。

这套丛书由我国高校和国家城市规划设计科研机构的一批专家、教授共同编写。在大量调查分析和借鉴国外小城镇建设经验的基础上，针对我国各类不同小城镇规划建设的实际应用，论述我国小城镇规划、建设与管理的理论、方法和实践，内容是比较丰富的。反映了近年来中国城市规划设计研究院、清华大学、北京大学、浙江大学、华中科技大学等科研和教学研究最新成果。也是我国产、学、研结合，及时将科研教研成果转化为生产力，繁荣学术与经济的又一成功尝试。虽然丛书中有的概念和提法尚不够严谨，有待进一步商榷、研究与完善，但总的来说，仍不失为一套适用的技术指导参考丛书。可以相信这套丛书的出版对于我国小城镇健康、快速、可持续发展，将起到很好的作用。

中国科学院院士
中国工程院院士
时任中国城市科学研究会理事长

周干峙

序 二

我国的小城镇，到 2003 年年底，根据统计有 20300 个。如果加上一部分较大的乡镇，数量就更多了。在这些小城镇中，居住着 1 亿多城镇人口，主要集中在镇区。因此，它们是我国城镇体系中一个重要的组成部分。小城镇多数处在大中城市和农村交错的地区，与农村、农业和农民存在着密切的联系。在当前以至今后中国城镇化快速发展的历史时期内，小城镇将发挥吸纳农村富余劳动力和农户迁移的重要作用，为解决我国的"三农"问题作出贡献。近年来，大量农村富余劳动力流向沿海大城市打工，形成一股"大潮"。但多数打工农民并没有"定居"大城市。原因之一是：大城市的"门槛"过高。因此，有的农民工虽往返打工 10 余年而不定居，他们从大城市挣了钱，开了眼界，学了技术和知识，回家乡买房创业，以图发展。小城镇，是这部分农民长居久安，施展才能的理想基地。有的人从小城镇得到了发展，再打回大城市。这是一幅城乡"交流"的图景。其实，小城镇的发展潜力和模式是多种多样的。上面说的仅仅是其中一种形式而已。

中央提出包括城乡统筹在内的"五个统筹"和可持续发展的科学发展观，对我国小城镇的发展将会产生新的观念和推动力。在小城镇的经济社会得到进一步发展的基础上，城镇规划、设计、建设、环境保护、建设管理等都将提到重要的议事日程上来。2003 年，国家重要科研成果《小城镇规划标准研究》已正式出版。现在将要陆续出版的《中国当代小城镇规划建设管理丛书》则是另一部适应小城镇发展建设需要的大型书籍。《丛书》内容包括小城镇发展建设概论、规划的编制理论与方法、基础设施工程规划、城市设计、建筑设计、生态环境规划、规划建设科学管理等。由有关的科研院所、高等院校的专家、教授撰写。

小城镇的规划、建设、管理与大、中城市虽有共性的一面，但是由于城镇的职能、发展的动力机制、规模的大小、居住生活方式的差异，以及管理运作模式等很多方面的不同，而具有其自身的特点和某些特有的规律。现在所谓"千城一面"的问题中就包含着大中小城市和小城镇"一个样"的缺点。这套"丛书"结合小城镇的特点，全面涉及其建设、规划、设计、管理等多个方面，可以为从事小城镇发展建设的领导者、管理者和广大科技人员提供重要的参考。

希望中国的小城镇发展迎来新的春天。

中国工程院院士
中国城市规划学会副理事长
原中国城市规划设计研究院院长

邹德慈

丛 书 前 言

　　两年前，中国城市规划设计研究院等单位完成了科技部下达的《小城镇规划标准研究》课题，通过了科技部和建设部组织的专家验收和鉴定。为了落实两部应尽快宣传推广的意见，其成果及时由中国建筑工业出版社出版发行。同时，为了适应新的形势，进一步做好小城镇的规划建设管理工作，中国建筑工业出版社提出并与中国城市规划设计研究院共同负责策划、组织这套《中国当代小城镇规划建设管理丛书》的编写工作，经过两年多的努力，这套丛书现在终于陆续与大家见面了。

一

　　对于小城镇概念，目前尚无统一的定义。不同的国度、不同的区域、不同的历史时期、不同的学科和不同的工作角度，会有不同的理解。也应当允许有不同的理解，不必也不可能强求一律。仅从城乡划分的角度看，目前至少有七八种说法。就中国的现实而言，小城镇一般是介于设市城市与农村居民点之间的过渡型居民点；其基本主体是建制镇；也可视需要适当上下延伸（上至20万人口以下的设市城市，下至集镇）。新中国成立以来，特别是改革开放以来，我国小城镇和所有城镇一样，有了长足的发展。据统计，1978年，全国设市城市只有191个，建制镇2173个，市镇人口比重只有12.50％。2002年底，全国设市城市达660个，其中人口在20万以下设市城市有325个。建制镇数量达到20021个（其中县城关镇1646个，县城关镇以外的建制镇18375个）；集镇22612个。建制镇人口13663.56万人（不含县城关镇），其中非农业人口6008.13万人；集镇人口5174.21万人，其中非农业人口1401.50万人。建制镇的现状用地面积2032391hm²（不含县城关镇），集镇的现状用地面积79144hm²。

　　党和国家历来十分重视农业和农村工作，十分重视小城镇发展。特别是党的"十五"大以来，国家为此召开了许多会议，颁发过许多文件，党和国家领导人作过许多重要讲话，提出了一系列重要方针、原则和新的要求。主要有：

　　——发展小城镇，是带动农村经济和社会发展的一个大战略，必须充分认识发展小城镇的重大战略意义；

　　——发展小城镇，要贯彻既要积极又要稳妥的方针，循序渐进，防止一哄而起；

　　——发展小城镇，必须遵循"尊重规律、循序渐进；因地制宜、科学规划；深化改革、创新机制；统筹兼顾、协调发展"的原则；

　　——发展小城镇的目标，力争经过10年左右的努力，将一部分基础较好的小城镇建设成为规模适度、规划科学、功能健全、环境整洁、具有较强辐射能力的农村区域性经济文化中心，其中少数具备条件的小城镇要发展成为带动能力更强的小城市，使全国城镇化水平有一个明显的提高；

　　——现阶段小城镇发展的重点是县城和少数有基础、有潜力的建制镇；

——大力发展乡镇企业，繁荣小城镇经济、吸纳农村剩余劳动力；乡镇企业要合理布局，逐步向小城镇和工业小区集中；

——编制小城镇规划，要注重经济社会和环境的全面发展，合理确定人口规模与用地规模，既要坚持建设标准，又要防止贪大求洋和乱铺摊子；

——编制小城镇规划，要严格执行有关法律法规，切实做好与土地利用总体规划以及交通网络、环境保护、社会发展等各方面规划的衔接和协调；

——编制小城镇规划，要做到集约用地和保护耕地，要通过改造旧镇区，积极开展迁村并点，土地整理，开发利用基地和废弃地，解决小城镇的建设用地，防止乱占耕地；

——小城镇规划的调整要按法定程序办理；

——要重视完善小城镇的基础设施建设，国家和地方各级政府要在基础设施、公用设施和公益事业建设上给予支持；

——小城镇建设要各具特色，切忌千篇一律，要注意保护文物古迹和文化自然景观；

——要制定促进小城镇发展的投资政策、土地政策和户籍政策。

……

上述这些方针政策对做好小城镇的规划建设管理工作有着十分重要的现实意义。

在新的历史时期，小城镇已经成为农村经济和社会进步的重要载体，成为带动一定区域农村经济社会发展的中心。乡镇企业的崛起和迅速发展，农、工、商等各业并举和繁荣，形成了农村新的产业格局。大批农民走进小城镇务工经商，推动了小城镇的发展，促进了人流、物流、信息流向小城镇的集聚，带动了小城镇各项基础设施的建设，改善了小城镇生产、生活和投资环境。

发展小城镇，是从中国的国情出发，借鉴国外城市化发展趋势作出的战略选择。发展小城镇，对带动农村经济，推动社会进步，促进城乡与大中小城镇协调发展都具有重要的现实意义和深远的历史意义。

二

在我国的经济与社会发展中，小城镇越来越发挥着重要作用。但是，小城镇在规划建设管理中还存在着一些值得注意的问题。主要是：

（一）城镇体系结构不够完善。从市域、县域角度看，不少地方小城镇经济发展的水平不高，层次较低，辐射功能薄弱。不同规模等级小城镇之间纵向分工不明确，职能雷同，缺乏联系，缺少特色。在空间结构方面，由于缺乏统一规划，或规划后缺乏应有的管理体制和机制，区域内重要的交通、能源、水利等基础设施和公共服务设施缺乏有序联系和协调，有的地方则重复建设，造成浪费。

（二）城镇规模偏小。据统计，全国建制镇（不含县城关镇）平均人口规模不足 1 万人，西部地区不足 5000 人。在县城以外的建制镇中，镇区人口规模在 0.3～0.6 万人等级的小城镇占多数，其次为 0.6～1.0 万人，再次为 0.3 万人以下。以浙江省为例，全省城镇人口规模在 1 万人以下的建制镇占 80%，0.5 万人以下的占 50% 以上。从用地规模看，据国家体改委小城镇课题组对 18 个省市 1035 个建制镇（含县城关镇）的随机抽样调查表明，建成区平均面积为 176hm^2，占镇域总面积的 2.77%，平均人均占有土地面积为 108m^2。

（三）缺乏科学的规划设计和规划管理。首先是认识片面，在规划指导思想上出现偏差。对"推进城市化"、"高起点"、"高标准"、"超前性"等等缺乏全面准确的理解。从全局看，这些提法无可非议。但是不同地区、不同类型、不同层次、不同水平的小城镇发展基础和发展条件千差万别，如何"推进"、如何"发展"、如何"超前"，"起点"高到什么程度，不应一个模式、一个标准。由于存在认识上的问题，有的地方对城镇规划提出要"五十年不落后"的要求，甚至提出"拉大架子、膨胀规模"的口号。在学习外国、外地的经验时往往不顾国情、市情、县情、镇情，盲目照抄照搬。建大广场、大马路、大建筑，搞不切实际的形象工程，占地过多，标准过高，规模过大，求变过急，造成资金的大量浪费，与现有人口规模和经济发展水平极不适应。

针对小城镇规划建设管理工作存在的问题，当前和今后一个时期，应当牢固树立全面协调和可持续的科学发展观，将城乡发展、区域发展、经济社会发展、人与自然和谐发展与国内发展和对外开放统筹起来，使我国的大中小城镇协调发展。以国家的方针政策为指引，以推动农村全面建设小康社会为中心，以解决"三农"问题服务为目标，充分运用市场机制，加快重点镇和城郊小城镇的建设与发展，全面提高小城镇规划建设管理总体水平。要突出小城镇发展的重点，积极引导农村富余劳动力、富裕农民和非农产业加快向重点镇、中心镇聚集；要注意保护资源和生态环境，特别是要把合理用地、节约用地、保护耕地置于首位；要不断满足小城镇广大居民的需要，为他们提供安全、方便、舒适、优美的人居环境；要坚持以制度创新为动力，逐步建立健全小城镇规划建设管理的各项制度，提高小城镇建设工作的规范化、制度化水平；要坚持因地制宜，量力而行，从实际需要出发，尊重客观发展规律，尊重各地对小城镇发展模式的不同探索，科学规划，合理布局，量力而行，逐步实施。

三

近年来，小城镇的规划建设管理工作面临新形势，出现了许多新情况和新问题。如何把小城镇规划好、建设好、管理好，是摆在我们面前的一个重要课题。许多大专院校、科研设计单位对此进行了大量的理论探讨和设计实践活动。这套丛书正是在这样的背景下编制完成的。

这套丛书由丛书主编负责提出丛书各卷编写大纲和编写要求，组织与协调丛书全过程编写，并由中国城市规划设计研究院、浙江大学、清华大学、华中科技大学、沈阳建筑大学、北京大学、广东省建设厅、广东省城市发展研究中心、广东省城乡规划设计研究院、中山大学、辽宁省城乡规划设计研究院、广州市城市规划勘察设计研究院等单位长期从事城镇规划设计、教学和科研工作，具有丰富的理论与实践经验的教授、专家撰写。由丛书编审委员会负责集中编审，如果没有他们崇高的敬业精神和强烈的责任感、没有他们不计报酬的品德和付出的辛勤劳动，没有他们的经验、理论和社会实践，就不会有这套丛书的出版。

这套丛书从历史与现实、中国与外国、理论与实践、传统与现代、建设与保护、法规与创新的角度，对小城镇的发展、规划编制、基础设施、城市设计、住区与公建设计、生态环境以及小城镇规划管理方面进行了全面系统的论述，有理论、有观点、有方法、有案例，深入浅出，内容丰富，资料翔实，图文并茂，可供小城镇研究人员、不同专业设计人员、管理人员以及大专院校相关专业师生参阅。

这套丛书的各卷之间既相互联系又相对独立，不强求统一。由于角度不同，在论述上个别地方多少有些差异和重复。由于条件的局限和作者学科的局限，有些地方不够全面、不够深入，有些提法还值得商榷，欢迎广大读者和同行朋友们批评指正。但不管怎么说，这套丛书能够出版发行，本身是一件好事，值得庆幸。值此谨向丛书编审委员会表示深深的谢意，向中国建筑工业出版社的张惠珍副总编和王跃、姚荣华、胡明安三位编审表示深深的谢意，向关心、支持和帮助过这套丛书的专家、领导表示深深的谢意。

刘仁根（时任中国城市规划设计研究院副院长）

第二版前言

小城镇规划建设管理涉及城乡规划、土地利用规划、市政规划设计、建筑设计、房地产开发、城镇用地与建设项目可行性研究等方方面面，涉及以城乡规划和国土资源行政主管部门为主的小城镇规划建设诸多方面的管理工作及其相关政策法规。

目前，集科研与教学成果较系统、全面论述小城镇规划管理的著作尚不多见，由此本书第一版颇受读者青睐，同时被相关的研究与著作不少引用，再版在按《城乡规划法》新的要求，修改完善全部内容的同时，进一步完善、加强和突出以下几个方面：

1. 小城镇规划管理其他相关方针政策及其要求。

2. 小城镇规划管理的科研、教学成果与规划建设管理实践的有机联系与融合。

3. 以规划管理知识的应用为主线，向规划设计与项目开发建设相关知识的应用延伸，并从国内外及相关学科的更广视角研究启示与借鉴。

4. 研究相关管理的发展趋势，探索相关体制、模式及机制的改革与创新。

汤铭潭

第一版前言

搞好小城镇规划建设管理，是小城镇发展面临的首要任务。小城镇规划建设的实施离不开科学管理。

小城镇规划建设科学管理，一是在国家宏观政策和上级城乡规划行政主管部门的业务指导下，通过由县（市）人民政府和镇人民政府组织编制小城镇规划并依据小城镇规划相关法规、标准和批准的小城镇规划，对小城镇规划区范围内土地的使用和各项建设活动的安排实施控制、引导、监督及违规查处等行政管理活动，实现小城镇经济社会全面、协调、可持续发展；二是面对当前小城镇快速发展存在规划建设的诸多急待解决的问题，从加强小城镇规划监督管理着手，积极、主动引导小城镇沿着有中国特色的城镇化道路和科学有序的规划方向发展。

我国小城镇规划建设科学管理面临许多探索、改革与创新，如同我国的诸多管理科学一样，任重道远。

本书结合我国小城镇实际，从管理学和小城镇规划、建设、管理三者内在规律认识角度，全面系统论述小城镇规划建设的科学管理，包括用地规划管理与建筑、房地产、市政、交通等建设项目在内的建设规划管理的基本理论、内容和方法，以及规划建设管理相关政策法规，探讨当今管理的发展趋势和体制、模式、机制的改革与创新，以及全国试点镇、示范镇的规划建设科学管理经验与国外相关借鉴。

本书由沈阳建筑大学和中国城市规划设计研究院近些年一直从事小城镇研究的资深教授共同编写完成，汤铭潭、刘亚臣、张沈生和孔凡文编著。全书由汤铭潭、刘亚臣负责策划、编写全书提纲和协调编写内容，刘亚臣、汤铭潭负责组织编写，全书共分11章，执笔分工：第1章　孔凡文、汤铭潭，第2～4章　汤铭潭，第5章　孔凡文，第6章　张沈生、刘亚臣，第7章　刘亚臣、张沈生，第8章　汤铭潭、孔凡文，第9～10章　刘亚臣、汤铭潭，第11章　汤铭潭。全书经丛书编审委员会审阅，并由汤铭潭负责完成统校与定稿。

本书编写除应用编者科研和教学成果外，参考了国内外一些已出版和发表的著作和文献，吸纳和引用了一些经典和最新研究、实践成果，在此一并致谢！

局限于作者水平与视野，本书不足和疏漏之处，希望广大读者、专家指正，以便今后进一步完善和提高。

汤铭潭　刘亚臣

目　　录

13

18

1 概　　述

1.1　小城镇规划建设管理内涵与任务目标

1.1.1　小城镇规划建设管理内涵

城镇政府的主要职责是把城镇规划好，建设好，管理好。政府作为小城镇建设最重要的主体，担负着确定战略、科学决策、编制规划、组织实施、检查监督等一系列重要职责。

小城镇规划建设管理是行使政府基本职能之一的政府行为。小城镇规划建设管理是县人民政府和镇（乡）人民政府管理的主要组成部分。

1.1.2　小城镇规划建设管理任务

小城镇规划建设管理任务是通过在国家宏观政策法规和上级城乡规划行政主管部门的业务指导下，由县（市）人民政府和镇（乡）人民政府组织编制镇（乡）规划，并依据小城镇规划相关法规、标准和批准的小城镇规划，对小城镇规划区范围内土地的使用和各项建设活动的安排实施控制、引导、监督及违规查处等行政管理活动，实现小城镇持续健康发展。

从我国城镇管理的运作机制来看，小城镇的规划建设管理主要在宏观、中观、微观三个层面上展开：一是由国务院规划建设行政主管部门主管全国范围内的小城镇规划建设管理工作；二是由县级以上地方人民政府规划建设行政主管部门负责本行政区域内的小城镇规划建设管理工作；三是由镇（乡）人民政府或政府规划建设行政主管机构负责镇（乡）村规划建设管理工作。

1.1.3　小城镇规划建设管理目标

小城镇规划建设管理目标是保证小城镇的持续发展和满足小城镇经济、社会持续发展的科学合理规划建设要求。

具体来说，小城镇规划建设管理应保证以下目标实现：

（1）保证小城镇发展战略目标的实现

小城镇规划是小城镇未来发展的战略部署，是小城镇发展战略目标的具体体现。小城镇规划建设管理则是通过日常的管理保证规划目标的实现，从而保证小城镇发展战略目标的实现。要做到这一点，就要求小城镇规划建设管理过程中的所有决策和决定，都必须围绕着小城镇发展战略目标，依据目标—手段链的方式而作出，从而使每一项建设都是为了实现战略目标而进行。

（2）小城镇规划建设管理应保证镇（乡）政府公共政策的全面实施

小城镇规划建设管理是政府对小城镇规划、建设和发展进行干预的手段之一。城乡规划是政府实现城乡统筹和可持续发展的公共政策，小城镇规划是政府上述公共政策的组成部分。因此，小城镇规划建设管理就是在管理过程中保证各类公共政策在实施过程中的相互协同，为公共政策的实施作出保证。这要求小城镇规划建设管理，一方面要将政府的各项公共政策纳入到规划过程之中，使小城镇规划能够预先协调好各项政策与规划之间的相互关系，并在规划编制的成果中得到反映；另一方面要在小城镇建设和发展管理过程中，充分协调好各项政策在实施过程中可能出现的矛盾，避免为实施一项政策而使另一项政策受损而对社会整体利益造成损害，充分发挥小城镇规划的宏观调控和综合协调作用。

（3）小城镇规划建设管理应保证镇（乡）社会、经济、环境整体效益的统一和社会利益的实现

在市场经济体制下，对于小城镇建设的市场行为者而言，其行为的基础和决策的依据是对经济效益的追求，这种追求可以对小城镇发展起到积极的推动作用，但如果以此作为惟一的尺度或过度地片面追求经济利益，往往会对社会的公正、公平和环境等方面带来负面影响，小城镇规划建设管理应保证小城镇社会、经济、环境、效益的统一和社会整体利益的实现。基于社会的整体利益和经济、社会、环境整体效益，必须由政府对小城镇建设发展进行宏观调控和综合协调。小城镇规划是政府对小城镇经济建设宏观调控和综合协调的重要手段。规划是政府指导调控城市建设的重要手段。这是西方国家近 200 年来在市场经济体制中得出的经验。

1.1.4　小城镇规划建设管理内容

（1）小城镇规划编制管理

小城镇规划编制管理是指县人民政府和镇（乡）人民政府为实现一定时期经济、社会发展目标，为镇民创造良好的工作和生活环境，依据有关法律、法规和方针政策，明确规划组织编制的主体，规定规划编制的内容，设定规划编制和上报程序的行政管理行为。小城镇规划编制管理的内容主要有：

1）由县人民政府负责组织编制县人民政府所在地镇的总体规划；由县人民政府或在县（市）人民政府城乡规划行政主管部门指导下，由建制镇人民政府负责组织编制县城镇外的建制镇规划；建制镇在设市城市规划区内的，其规划应服从设市城市的总体规划；按城乡规划相关法规，编制建制镇规划分总体规划和详细规划两个阶段进行。

县人民政府所在地镇的控制性详细规划，由县人民政府城乡规划主管部门根据镇总体规划的要求组织编制，其他镇的控制性详细规划由镇人民政府根据镇总体规划的要求，组织编制。

2）乡规划、村庄规划由乡、镇人民政府组织编制。

县人民政府城乡规划主管部门和镇人民政府可以组织编制县所在地镇和其他镇重要地块的修建性详细规划。修建性详细规划应当符合控制性详细规划。

小城镇规划编制管理详见第 2 章。

（2）小城镇规划审批管理

小城镇规划审批管理就是在规划编制完成后，由规划编制组织单位按照法定程序向法

定的规划审批机关提出规划报批申请，法定的审批机关按照法定的程序审核并批准规划的行政管理行为。编制完成的规划，只有按照法定程序报经批准后，才具有法定约束力。也只有实行严格的分级审批制度，才能保证小城镇规划的严肃性和权威性。规划的审批不同于其他设计的审批，既要注重对规划图纸的审核，更要注重对规划文本的审核；既要注重对规划定性内容的审核，也要注重对规划定量性内容的审核。在审批过程中，需针对不同类型、规模的小城镇规划，在审批要点和深度上有所不同。其内容如下：

1）县人民政府所在地镇的总体规划，由县人民政府报上一级人民政府审批，其他镇的总体规划由镇人民政府报上一级人民政府审批。

县人民政府组织编制的总体规划，在报上一级人民政府审批前，应当先经本级人民代表大会常务委员会审议，常务委员会组成人员的审议意见交由本级人民政府研究处理。

2）镇人民政府组织编制的镇总体规划，在报上一级人民政府审批前应当先经镇人民代表大会审议，代表的审议意见交由本级人民政府研究处理。

报送审批镇总体规划应当将镇人民代表大会代表的审议意见和根据审议意见修改规划的情况一并报送。

3）县人民政府所在地镇的控制性详细规划，由人民政府审批，其他镇的控制性详细规划由镇人民政府报上一级县人民政府审批。

县人民政府所在地镇的控制性详细规划，经县人民政府批准后，报本级人民代表大会常务委员会和上一级人民政府备案。

小城镇规划审批管理详见第3章。

（3）小城镇规划实施管理

1）建设项目选址的规划管理。为了保证各类建设项目能与小城镇规划密切结合，使建设项目的建设按规划实施，也为了提高建设项目选址和布局的科学合理性，提高项目建设的综合效益，根据《城乡规划法》、《建制镇规划建设管理办法》和《村镇规划建设管理条例》的有关规定，镇乡政府或政府规划建设行政主管机构对小城镇规划区范围内的新建、扩建、改建工程项目，首先实施建设项目选址的规划管理。《城乡规划法》第36条规定："按照国家规定需要有关部门批准或者核准的建设项目，以划拨方式提供国有土地使用权的，建设单位在报送有关部门批准或者核准前，应当向城乡规划主管部门申请核发选址意见书。

前款规定以外的建设项目不需要申请选址意见书。"《建制镇规划建设管理办法》第13条规定："建制镇规划区内的建设工程项目在报批计划部门审批时，必须附有县级以上规划行政主管部门的选址意见书。"根据原国家计委和建设部制定的《建设项目选址管理办法》，建设项目选址管理由两部分组成：

① 城乡规划行政主管部门应当了解建设项目建议书（项目可行性研究报告）阶段的选址工作，各级人民政府计划行政主管部门在审批项目建议书（项目可行性研究报告）时，对拟安排在城市规划区内的建设项目，要征求同级人民政府城乡规划行政主管部门的意见。

② 城乡规划行政主管部门应当参加建设项目设计任务书（项目可行性研究报告）阶段的工作，对确定安排在城市规划区内的建设项目从城市规划方面提出选址意见书，设计任务书（项目可行性研究报告）报请批准时，必须附有城乡规划行政主管部门的选址意见书。

2）建设用地的规划管理。小城镇建设用地的规划管理是建设项目选址规划管理的继续，是小城镇规划实施管理的重要组成部分，对建设用地实行严格的规划控制是规划实施的基本保证。它的基本任务就是根据小城镇规划和建设工程的要求，按照实际现状和条件，确定建设工程可以使用哪些用地，在满足建设项目功能和使用要求的前提下如何经济合理地使用土地，既保证小城镇规划的实施，又促进建设的协调发展。小城镇建设用地规划管理的内容包括：

① 控制土地使用性质和土地使用强度；

② 确定建设用地范围；

③ 调整小城镇用地布局；

④ 核定土地使用其他管理要求。

3）建设工程的规划管理。进行各项城镇建设，实质是小城镇规划逐步实施的过程。为了确保小城镇各项建设能够按照规划有序协调地发展，就要求各项建设工程必须符合小城镇规划，服从规划管理。因此，对建设工程实行统一的规划管理，是保证小城镇规划顺利实施的关键。建设工程规划管理是指小城镇规划行政主管部门根据规划及有关法律、法规和技术规范，对各类建设工程进行组织、控制、引导和协调，使其纳入规划的轨道，并核发建设工程规划许可证的行政管理。主要包括以下几个方面的内容：

① 建筑工程规划管理；

② 市政交通工程规划管理；

③ 市政管线工程规划管理；

④ 审定设计方案；

⑤ 核发建设工程规划许可证；

⑥ 放线、验线。

4）小城镇规划实施监督检查管理。

监督检查贯穿于小城镇规划实施的全过程，它是规划实施管理工作的重要组成部分。小城镇规划监督检查的具体内容包括以下几个方面：

① 对土地使用情况的监督检查；

② 对建设活动的监督检查；

③ 查处违法用地和违法建设；

④ 对建设用地规划许可证和建设工程规划许可证的合法性进行监督检查；

⑤ 对建筑物、构筑物使用性质的监督检查。

《城乡规划法》第52条规定："地方各级人民政府应当向本级人民代表大会常务委员会或者乡、镇人民代表大会报告城乡规划的实施情况，并接受监督。"

小城镇规划实施管理详见第4章。

（4）小城镇土地管理

小城镇土地管理是指国家和地方政府对小城镇土地进行管理、监督和调控的过程。内容包括：土地的征用、划拨和出让；受理土地使用权的申报登记；进行土地清查、勘测，发放土地使用权证，制定土地使用费标准，向土地使用者收取土地使用费；调解土地使用纠纷；处理非法占用、出租和转让土地等。

（5）小城镇房地产管理

主要包括依据有关政策法规进行小城镇房地产管理，小城镇房地产开发管理，房地产市场管理，房地产产权产籍管理，小城镇房屋出售、出租和交换管理，小城镇房屋维修管理，小城镇物业管理等内容。

（6）小城镇建设工程质量管理

按国家现行的有关法律、法规、技术标准、文件、合同对工程安全、适用、经济、美观等特性的综合要求，对工程实体质量的管理。

（7）小城镇环境管理

就是指运用经济、法律、技术、行政、教育等手段，限制人类损害环境质量的活动，并通过全面规划使经济发展与环境相协调，达到既要发展经济、满足人类的基本需要，又不超出环境的允许极限。

（8）小城镇人口管理

主要包括小城镇人口规模和人口素质的管理，劳动力就业的管理以及人口管理制度的改革与创新等内容。

（9）小城镇规划建设管理体制创新

总结国内外的实践经验，建立与现代小城镇规划建设发展相适应的管理体制，包括健全小城镇规划建设管理组织，强化法制化、规范化、科学化的小城镇规划建设管理制度，完善小城镇规划建设管理机制，改革小城镇建设的领导体制，建立适合小城镇发展的政策保障机制等方面。

1.2 小城镇规划建设管理的基本特点

小城镇规划建设管理要针对不同性质、不同规模小城镇的自然条件、社会经济发展和建设的现状、发展趋势和建设速度展开，同时，还涉及政治、经济、社会、文化、教育、卫生以及人民生活等广泛领域。因此，其基本构成、运作等相当复杂。为了对小城镇规划建设管理的性质有比较确切的了解，必须进一步认识其基本特点，由此也可以把握小城镇规划建设管理的基本原则。

小城镇规划建设管理的基本特点主要有以下几个方面：

（1）小城镇规划建设管理是一项政策性很强的工作

小城镇政府的基本职能之一，就是把小城镇规划好、建设好、管理好。小城镇规划建设管理是政府行为，必须遵循公共行政的基本目标和管理原则。我国社会主义国家行政机关的职能是建立和完善社会主义制度，促进经济、社会和环境的协调发展，不断改善和满足人民物质生活和文化生活日益增长的需要，是为人民服务，代表最广大人民的利益。小城镇规划建设管理的最终目的是为了促进经济、社会、环境的协调发展，保证小城镇有序、稳定、可持续发展。在规划建设管理中为了小城镇的公共利益和长远利益需要而采取的控制性措施，也是一种积极的制约，其目的是使各项建设活动纳入小城镇发展整体的、根本的和长远的利益轨道。小城镇规划建设管理过程中的各项工作都可能会涉及小城镇建设的战略部署，会对小城镇生产、生活环境产生长远的影响，并且几乎涉及小城镇经济、社会、文化等各个方面和小城镇政府的各个部门，小城镇规划建设管理必须以国家和地方的方针政策为依据，以法律法规为准绳，依法行政、依法行使管理的职能。因此，小城镇规划建设管理不单纯是技术问题，更是与国家和地方的方针、政策等紧密相关，是一项政策性很强的工作。

（2）小城镇规划建设管理是一项综合性的管理工作

小城镇是一个复杂的有机综合体。小城镇社会、经济、环境资源等系统，不仅具有各自的运行规律和特征，自成体系，而且相互关联有影响、有制约，并与外界环境密切相连，因此决定了小城镇规划建设管理具有综合性的特点。小城镇规划建设管理的任务首先是要保证小城镇内各项规划和建设正常运转，因而不能局限于对小城镇的某一方面的运转管理上，还应协调、控制小城镇各个方面的相互联系，使之各得其所、协调发展。小城镇规划建设管理的综合性，不仅体现在其内容的包罗万象（例如涉及气象、水文、工程地质、抗震、防汛、防灾等方面的内容；涉及经济、社会、环境、文物保护、卫生、绿化、建筑空间等方面的内容；涉及基础设施工程管线、交通、农田水利、公共设施等方面的内容；涉及法律法规、方针政策以及小城镇规划等的技术规定各方面的内容），还体现在整个规划建设管理的过程中，不管是局部的还是整体的规划建设管理，都应从总体的规划和战略协调上进行综合性的管理、组织和协调好小城镇功能的发挥，保证小城镇的有序发展和整体发展目标的实现。在此过程中，小城镇规划建设管理中的所有决策都必须遵循以社会、经济、环境综合效益为核心的基本原则，促进小城镇的可持续发展。

（3）小城镇规划建设管理是一项区域性的管理工作

小城镇是一个开放的系统。每个小城镇都有自己的优势与不足，万事俱全的"孤立国"是根本不存在的。伴随着我国市场经济体制的建立和城市化水平的不断提高，区域内小城镇的发展越来越受到经济一体化、区域整体化、城乡融合等趋势的深刻影响。区域内外由于市场一体化所导致的经济一体化，不仅对各小城镇的产业结构、产品结构、技术结构、投资结构、劳动力结构等方面产生深刻的影响，而且还由于上述影响，导致各小城镇在区域内的竞争优势和不利因素也发生了变化。这些变化在不同程度上影响甚至决定着小城镇发展的方向、目标和规模。为了适应经济结构的这一变化，要求各小城镇在土地利用和空间结构等方面作出相应调整，要求基础设施区域统筹规划、联合建设、资源共享，并使区域内基础设施（水利防汛、给水排水、交通、通信、能源等）的布局最有利于区域的整体发展。这种在各小城镇间、各部门间、各行业间乃至各区域间通过相互协调，调剂余缺，使各小城镇的协作建设形成综合的整体效益，从而保障真正意义上的持续发展的实现，是小城镇政府及其建设行政主管部门行使宏观与微观管理的基本职能之一。因此，小城镇规划建设管理是一项区域性的管理工作。

（4）小城镇规划建设管理是一项多样性的管理工作

由于小城镇发展的基础条件、经济条件不同，决定了小城镇不同建设阶段和建设阶段目标，同时不同地区、不同性质类别、不同规模小城镇规划建设本身也有许多不同，这一些体现在小城镇规划建设管理方面，就具有管理多样化的特性。一个小城镇的形成与发展，总是与其外部周边环境紧密相连。资源、交通、对外联系等条件的不同，区位条件的不同，不仅使小城镇的内部管理结构存在差异，小城镇的发展方向、发展重点、发展水平亦不尽相同，近几年国内出现的几种发展类型，如工业型、市场型、农牧加工型、旅游服务型、三产服务型、交通枢纽型等就是最好的例证。正是由于小城镇的建设发展阶段性和发展模式、道路的不同，决定了小城镇规划建设管理的多样性。因此，必须坚持从实际出发、从小城镇的镇情出发，必须坚持实事求是、因地制宜的基本原则。

（5）小城镇规划建设管理是一项长期性的管理工作

搞好小城镇规划建设，大力发展小城镇，在国民经济和社会发展中具有重要地位和作用。因此，党中央、国务院历来十分重视，并在十五届三中全会上将小城镇的规划建设提到了战略高度，"小城镇，大战略"，我国推行中国特色城镇化道路是大中小城市与小城镇协调发展，小城镇在城镇化和城乡一体化中占有重要战略地位，起着十分重要的作用。城镇化和城乡一体化是一个长期的过程。这说明了小城镇的存在将是长期的，其规划建设管理也必定是长期的。这种长期性体现在规划方面，就是说小城镇的发展要杜绝改革开放之初底子薄时只顾眼前，不顾长远的旧模式，而应立足战略的高度，以长远思路、长远规划来指导小城镇的建设。体现在建设方面，就是说我国要想解决农村剩余劳动力，实现农村现代化这个长远目标，就必须通过不断加强小城镇的建设来实现，这种小城镇建设的长期性决定了管理的长期性。因此，小城镇规划建设管理必须坚持立足当前、放眼长远、远近结合、慎重决策的原则。

（6）小城镇规划建设管理是一项动态性的管理工作

现代小城镇作为一个有机体，无论是立足于单一城镇还是区域城镇群的角度，其局部或单体的运转都会影响到整体的运行，同时事物在不断变化，小城镇规划要素、规划建设条件和情况在不断变化，因此，必须以动态的、整体的理念进行小城镇规划，并在建设中坚持长远的、动态的管理原则，管理好小城镇局部的规划与建设，协调好小城镇总体的运行，最终保证小城镇各项发展战略目标的实施。

7

1.3　小城镇规划建设管理基本方法

正确处理小城镇社会经济的发展和生态环境的保护利用，是小城镇规划建设管理的核心问题。不断获取最佳的经济效益、社会效益和环境效益，就需要实现社会、经济和环境三重管理目标的不断优化。实现三重管理目标的优化，最基本的一点是要求我们在认识上要将三个目标置于统一平等的位置上，在管理中要力争使三个目标都达到最优。实际操作中，我们经常通过采用以下方法来实现管理三重目标的优化。

（1）行政管理方法

行政管理方法是自有城镇管理机构以来最为古老的管理方法之一，它是指依靠行政组织，运用行政力量，按照行政方式来管理小城镇规划建设活动的方法。具体地说，就是依靠各级行政机关的权威，采用行政命令、指示、规定、指令性计划和确定规章制度、法规等方式，按照行政系统、行政区划、行政层次来管理规划建设的方法。它的主要特点是以鲜明的权威和服从作为前提。这种权威性源于国家是全体人民利益和意志的代表，它担负着组织、指挥、调控和监督小城镇规划建设活动的任务。因此，行政手段在规划建设管理中具有重要的作用，它是执行小城镇规划建设管理职能的必要手段。行政方法的强制性源于国家的权威，它的有效性，更有赖于它的科学性。科学的行政管理手段，必须以客观规律为基础，使国家所采取的每一项行政干预措施和指令，尽可能符合和反映客观规律及经济规律的要求。

行政管理方法用于以下方面的小城镇规划建设管理：

1）研究和制订小城镇规划与建设的战略目标及发展目标，编制小城镇各类规划；

2）研究拟定小城镇规划建设的各项条例和制度；

3）进行行政管理的组织与协调；

4）对小城镇规划建设活动进行监督，保证小城镇规划的实施和建设目标的实现。

（2）经济管理方法

随着社会主义市场经济体制的建立和城镇文明的进步，小城镇规划建设管理的经济管理方法和手段日益突出，并适用于管理的方方面面。这一方法是指依靠经济组织，运用价格、税收、利息、工资、利润、资金、罚款等经济杠杆和经济合同、经济责任制等，按照客观规律的要求对小城镇建设、发展实行管理与调控，其管理方法的实质是通过经济手段来协调政府、集体和个人之间的各种经济关系，以便为小城镇高效率运行提供经济上的动力和活力。运用经济方法来管理小城镇建设，具体地说，一是运用财政杠杆，对城镇不同设施的建设，实行财政补贴和扶持政策，实行"民办公助"，国家或地方财政给予一定的补助，以调动建设的积极性。二是运用税收杠杆，即通过征收土地使用税、乡镇建设维护税等，为小城镇公用设施筹集建设与维护资金。三是运用价格杠杆，实行公用设施"有偿使用"和"有偿服务"，从中积累一定的资金，促进和加快小城镇公用设施的发展。四是运用信贷杠杆，支持小城镇综合开发和配套建设。五是运用奖金、罚款杠杆，如运用奖金鼓励好的建设行为，以调动广大群众的积极性；运用罚款，制止违章者，以戒歪风。

（3）法律管理方法

法制化是衡量一个社会文明进步水平的重要标志。在社会主义市场经济建设中，依法治市不仅成为我国小城镇规划建设管理中越来越重要的管理方法，并且已构成小城镇现代化建设的重要目标，是保障小城镇规划建设在社会主义法制的轨道上顺利进行的有力工具。小城镇管理的法律方法就是通过制定一系列的规范性文件，规定人们在小城镇规划建设活动中的权利与义务，以及违反规定所要承担的法律责任来管理建设的方法。维护广大市民的根本利益是法律管理方法的出发点，它具有权威性、综合性、规范性和强制性等特点。

用法律方法管理小城镇建设，主要有以下几个方面：

1）依法管理好小城镇规划的实施，保证小城镇建设目标的实现；

2）依法管理好土地的利用，保证合理布局，节约用地；

3）依法管理好建筑设计和施工，确保建设项目的工程质量；

4）依法建设和管理好小城镇环境，建设一个环境优美、生态良好的社会主义新型城镇；

5）依法处理和调解小城镇建设活动中的各种纠纷，保证小城镇建设的正常秩序和建设活动的协调发展。

（4）宣传教育方法

当今城镇特别是小城镇中所出现的生态与社会经济发展的不协调问题，主要是人们不正确的经济思想和经济行为造成的。因此，要解决这个问题，重要的就是要端正人们的经济思想和经济行为。所以，必须加强宣传教育，提高人们的生态环境意识和综合效益意识。宣传教育方法，作为实现社会、经济和环境三大效益统一的基础管理方法，具有十分重要的作用。它是指在小城镇建设活动中采取各种形式，宣传小城镇建设的方针、政策、法规，小城镇规划、建设目标，以教育群众，实现预定的小城镇建设目标的一种方法。开展宣传教育工作的形式是多种多样的，一般有学习讨论、广播、板报、展览、示范、实例处理等形式，在运用时，应根据小城镇建设的实际进行选择。

（5）技术服务方法

技术服务方法是指小城镇规划建设管理部门，无偿或低收费解决居民在小城镇建设中所遇到的有关规划、建设、管理等方面问题的一种技术性方法。在小城镇建设中，技术服务的内容主要有：为建房户提供设计图纸，进行概预算、决算、房屋定位放线、找平、施工质量检查、房屋竣工验收以及管理小城镇房产、环境、建设档案等。通过这些技术服务，使小城镇建设达到高质量、高水平、高效益。

2 小城镇规划编制管理

2.1 小城镇规划编制阶段及编制管理

（1）小城镇规划及编制阶段

小城镇必须按规划建设，小城镇规划是指导小城镇合理发展、建设和管理小城镇的重要依据。

编制小城镇规划主要分总体规划和详细规划两个阶段进行。市域、县（市）域城镇体系规划指导小城镇总体规划的编制，小城镇总体规划指导小城镇详细规划的编制。

（2）小城镇规划编制管理

小城镇规划编制管理是为保证高质量、高标准和科学合理编制小城镇规划，依据有关的法律、法规和方针政策，明确小城镇规划组织编制的主体，规定编制的内容要求，设定小城镇规划编制程序和上报程序，保证小城镇规划能够依照法规、标准规范编制的管理过程，也是县、镇人民政府城乡规划行政管理部门、管理机构对小城镇规划编制全过程进行政府行为的行政管理过程。

小城镇规划编制管理环节主要包括规划编制的组织管理、协调管理和评议管理。

小城镇规划编制的组织管理是县级或镇（乡）级人民政府及其城乡规划行政管理部门，根据县域城镇在一定时期内经济和社会发展目标，委托规划编制单位编制相应小城镇规划的编制组织工作。

小城镇规划协调管理是县级或镇（乡）级人民政府及其城乡规划行政管理部门在小城镇规划编制过程中，为协调各方面利益关系和实现区域和小城镇空间资源的优化配置，对规划设计提出具体要求和具体规划设计条件的指导，以及进行相关部门的规划协调工作。

小城镇规划评议管理是指县级或镇（乡）级人民政府及其城乡规划行政管理部门组织专家，根据小城镇规划编制要求，对规划方案的科学性、合理性、可操作性等进行综合评议，以确保规划编制质量和指导下一阶段规划编制。

2.2 小城镇规划编制任务和内容

前述小城镇规划一般分为总体规划和详细规划两个阶段进行。对于县级人民政府所在地镇（县城镇）来说，第一阶段为县域城镇体系规划和总体规划阶段，包括县域城镇体系规划、镇域规划和镇区总体规划；第二阶段为详细规划阶段，包括镇区控制性详细规划和修建性详细规划。对于县人民政府所在地以外的小城镇来说，第一阶段为镇（乡）域镇（乡）村体系规划、镇（乡）域规划和镇区总体规划；第二阶段为镇区控制性详细规划和重要地段的修建性详细规划。

（1）县（市）域城镇体系规划

县（市）域城镇体系规划的任务是在省、市域（地区）城镇体系规划的指导下，综合评价县域小城镇发展条件；制定县域小城镇发展战略；预测县域人口增长和城镇化水平；拟定各相关小城镇的发展方向与规模；协调小城镇发展与产业配置的时空关系；统筹安排县域基础设施；引导和控制县域小城镇的合理发展与布局；指导镇区总体规划的编制。

县（市）域城镇体系规划涉及的城镇应包括建制镇、独立工矿区和乡。

县（市）域城镇体系规划内容与要求包括：

1）提出县（市）域城乡统筹的发展战略。

2）确定生态环境、土地和水资源、能源、自然和历史文化遗产等方面的保护与利用的综合目标和要求，提出空间管制的原则和措施。

3）预测县（市）域总人口及城镇化水平，确定各镇、乡人口规模、职能分工、空间布局和建设标准。

4）提出中心镇、重点镇发展定位、用地规模和建设用地控制范围。

5）确定县（市）域交通发展策略；原则确定县（市）域交通、通信、能源、供水、排水、防洪、垃圾处理等主要基础设施和社会服务设施及危险品生产储存设施的布局。

6）根据镇（乡）建设、发展和资源管理需要划定镇（乡）规划区，镇（乡）规划区范围应当位于镇乡行政管理范围内。

7）提出实施规划的措施和有关建议。

（2）镇（乡）域镇（乡）村体系规划

镇域镇村体系与乡域乡村体系是县域以下一定地域内相互联系和协调发展的基层聚落体系。我国县城镇外建制镇与乡都实行以镇（乡）管村的行政体制。镇域村镇体系与乡域乡村体系既有共同规划元素，又有相同规划特点。

镇（乡）村体系一般分为镇、村或乡、村二级聚落。其中镇可分为中心镇和一般镇，村可分为中心村和基层村。

镇（乡）域镇（乡）村体系规划在镇（乡）规划中也占有重要地位。一方面落实与延伸上一层次县（市）域城镇体系规划的总体要求；另一方面指导镇乡相关规划。镇（乡）域镇（乡）村体系规划应依据县（市）域城镇体系规划确定的中心镇、一般镇和乡的性质、职能和发展规模进行编制。

镇（乡）域镇（乡）村体系规划综合评价镇（乡）域镇（乡）村发展条件；拟定产业发展方向，镇（乡）村人口规模和用地控制范围；提出村庄建设与整治设想；统筹安排镇（乡）域基础设施与社会设施；引导和控制镇（乡）村的合理发展与布局；指导镇乡相关规划编制。

镇（乡）域镇（乡）村体系规划具体内容包括以下部分：

1）镇（乡）域镇区、乡政府驻地和村的现状调查、资源、环境等发展条件分析，以及产业发展前景与劳力、人口流向趋势预测分析；

2）镇区、乡政府驻地、村规划人口规模及镇区、乡政府驻地规划发展的用地控制范围；

3）新农村建设及村庄建设与整治设想；

4）镇（乡）域主要道路交通、公用工程设施、公共设施以及生态环境、历史文化保护、防灾减灾与防疫系统规划。

（3）镇（乡）域规划

镇（乡）域规划是镇（乡）的区域性规划。其任务是在镇（乡）域范围落实县（市）域城镇体系和县（市）社会经济发展战略提出的要求，指导镇区、乡、村庄规划的编制。

镇（乡）域规划主要内容包括：

1）综合评价镇（乡）域镇（乡）村发展条件；

2）确定镇（乡）的性质、规模和发展方向；

3）确定镇（乡）村体系等级、规模结构和镇区、乡政府驻地规划区范围及中心村、基层村布局；

4）协调镇区、乡政府驻地发展与产业配置的时空关系，以及镇区、乡政府驻地建设与基本农田保护的关系；

5）统筹安排镇（乡）域基础设施和社会设施；

6）确定保护区域生态环境、自然和人文景观以及历史文化遗产的原则和措施。

（4）小城镇总体规划

小城镇总体规划主要指县城镇、中心镇和一般镇为主要载体的建制镇总体规划。

小城镇总体规划主要综合研究和确定小城镇性质、规模、容量、空间发展形态和空间布局，以及功能区划分，统筹安排规划区各项建设用地，合理配置小城镇各项基础设施，保证小城镇每个阶段发展目标、发展途径、发展程序的优化和布局结构的科学性，引导小城镇合理发展。

小城镇总体规划指导小城镇详细规划的编制。

根据城乡规划法，"城市总体规划、镇总体规划以及乡规划和村庄规划的编制，应当依据国民经济和社会发展规划，并与土地利用总体规划相衔接。"

小城镇总体规划编制应同时依据县（市）域城镇体系规划。

小城镇总体规划具体内容包括以下方面：

1）分析确定镇性质、职能和发展目标。

2）划定禁建区、限建区、适建区、建成区，制定空间管制措施。

3）预测镇区人口规模，确定建设用地规模，划定建设用地范围。

4）确定镇区空间发展形态和空间布局、用地组织及镇区中心，提出主要公共设施布局。

5）确定主要对外交通设施和主要道路交通设施布局。

6）确定绿地系统发展目标及总体布局，划定各种功能绿地的保护范围（绿线）和河湖水面的保护范围（蓝线）。

7）确定历史文化保护及地方传统特色保护的内容和要求，划定历史文化街区、历史建筑保护范围（紫线），提出保护措施。

8）确定电信、供水、排水、供电、燃气、供热、环卫发展目标及主要设施总体布局。

9）确定生态环境保护与建设目标，提出污染控制与治理措施。

10）确定综合防灾与公共安全保障体系，提出防洪、消防及抗震、防风、防地质灾害等其他易发灾害的防灾规划与防灾设施布局。

11）确定旧区改建、用地调整原则和方法，提出改善旧区生产生活环境的要求和措施。

12) 确定空间发展时序，提出规划实施步骤、措施与政策建议。

县城镇总体规划参照城市规划编制办法执行；其他小城镇总体规划按镇规划标准 GB 50188—2007 编制。

（5）小城镇详细规划

小城镇详细规划分为小城镇控制性详细规划和小城镇修建性详细规划。

小城镇控制性详细规划主要以小城镇总体规划为依据，详细规定建设用地的各项控制指标和其他规划管理要求，强化规划的控制功能，指导修建性详细规划的编制。

1) 小城镇控制性详细规划

小城镇控制性详细规划体现具体的相应规划法规，是小城镇具体规划建设管理的科学依据，也是小城镇总体规划和修建性详细规划之间的有效过渡和衔接。

编制控制性详细规划，应当综合考虑当地资源条件、环境状况、历史文化遗产、公共安全以及土地权属等因素，满足地下空间利用的需要，妥善处理近期与长远、局部与整体、发展与保护的关系。同时，应当遵守国家有关标准和技术规范，采用符合国家有关规定的基础资料。

控制性详细规划应当包括下列基本内容：

① 土地使用性质及其兼容性等用地功能控制要求；

② 容积率、建筑高度、建筑密度、绿地率等用地指标；

③ 基础设施、公共服务设施、公共安全设施的用地规模、范围及具体控制要求，地下管线控制要求；

④ 基础设施用地的控制界线（黄线）、各类绿地范围的控制线（绿线）、历史文化街区和历史建筑的保护范围界线（紫线）、地表水体保护和控制的地域界线（蓝线）等"四线"及控制要求。

上述控制性详细规划基本内容，小城镇控制性详细规划可以根据实际情况，适当调整或者减少控制要求和指标。规模较小的建制镇的控制性详细规划，可以与小城镇总体规划编制相结合，提出规划控制要求和指标。

参照城市相关规划编制办法，县城镇控制性详细规划具体内容包括：

① 确定规划范围内不同性质用地的界线，确定各类用地内适建，不适建或者有条件地允许建设的建筑类型。

② 确定各地块建筑高度、建筑密度、容积率、绿地率等控制指标；确定公共设施配套要求、交通出入口方位、停车泊位、建筑后退红线距离等要求。

③ 提出各地块的建筑体量、体型、色彩等城市设计指导原则；

④ 根据交通需求分析，确定地块出入口位置、停车泊位、公共交通场站用地范围和站点位置、步行交通以及其他交通设施。规定各级道路的红线、断面、交叉口形式及渠化措施、控制点坐标和标高。

⑤ 根据规划建设容量，确定市政工程管线位置、管径和工程设施的用地界线，进行管线综合。确定地下空间开发利用具体要求。

⑥ 制定相应的土地使用与建筑管理规定。

上述控制性详细规划确定的各地块的主要用途、建筑密度、建筑高度、容积率、绿地

13

率、基础设施和公共服务设施配套规定应当作为强制性内容。

2）小城镇修建性详细规划

小城镇修建性详细规划是以小城镇总体规划和小城镇控制性详细规划为依据，对小城镇当前拟建设开发地区和已明确建设项目的地块直接做出建设安排的更深入的规划设计。

小城镇修建性详细规划可直接指导小城镇当前开发地区的总平面设计及建筑设计。

参照城市相关规划编制办法，县城镇修建性详细规划具体内容包括：

① 建设条件分析及综合技术经济论证。

② 建筑、道路和绿地等的空间布局和景观规划设计，布置总平面图。

③ 对住宅、医院、学校和托幼等建筑进行日照分析。

④ 根据交通影响分析，提出交通组织方案和设计。

⑤ 市政工程管线规划设计和管线综合。

⑥ 竖向规划设计。

⑦ 估算工程量、拆迁量和总造价，分析投资效益。

县城镇外镇修建性详细规划可比较小城镇控制性详细规划酌情适当调整。

2.3　小城镇规划组织编制的主体

（1）涉及小城镇的城镇体系规划

县（市）域城镇体系规划，由县（市）或自治县、旗、自治旗人民政府组织编制，涉及的城镇应包括建制镇，独立工矿区和乡。

市域城镇体系规划，由城市人民政府或地区行署、自治州、盟人民政府组织编制，涉及的城镇应包括市、县城和其他重要的建制镇、独立工矿区（不带县的地级市为市、重要建制镇、独立工矿区）。

省域城镇体系规划，由省或自治区人民政府组织编制，涉及的城镇应包括市、县城和其他重要的建制镇、独立工矿区。

跨行政区域的城镇体系规划，由有关地区的共同上一级人民政府城市规划行政主管部门组织编制。

上述涉及小城镇城镇体系规划是小城镇规划的指导依据，其中县城城镇体系规划任务一般包含在县城镇总体规划中。

（2）镇区总体规划

县（自治县、旗）人民政府所在地镇总体规划由县（自治县、旗）人民政府组织编制；

县域县人民政府所在地之外的其他建制镇的总体规划由镇人民政府组织编制。

（3）镇域规划

镇域规划编制的主体同其镇区总体规划编制的主体。

（4）小城镇详细规划

县（自治县、旗）人民政府所在地镇的详细规划由县（自治县、旗）人民政府城乡规划行政主管部门组织编制；

县域县所在地镇之外的其他建制镇的详细规划，由镇人民政府组织编制。

2.4 小城镇规划编制程序及相关内容

小城镇规划编制的工作程序及相关内容一般应包括以下几个方面：

（1）拟定规划编制计划任务书

小城镇规划编制任务委托前，首先根据小城镇规划编制的需要，由组织规划编制的人民政府规划管理部门，拟定规划编制计划任务书，内容包括：

规划编制理由；

规划编制依据；

规划编制内容、范围、基本要求；

经费来源等。

计划任务书报县、镇人民政府批准，总体规划编制应报上级主管部门批准。

（2）制定规划编制要求，挑选和确定规划设计单位

政府规划管理部门制定规划编制要求，明确委托任务的性质、规划内容、规划范围与基本要求；调查考察挑选规划设计单位，协商与委托有相应规划设计资质的规划设计单位承担规划编制任务（包括招标选择委托规划设计单位），委托方应提供较完善的任务书（总体规划应含上级主管部门的批准文件），被委托方应向委托方提供有效的资质证明。

（3）协商规划设计任务，签订规划合同书

委托方和被委托方根据相关法规，就委托规划设计项目的内容、深度、范围、适用的技术标准规范、工作进度、成果内容及相应技术审查、审批程序进行协商，协商结果作为委托方成果验收的依据。

在技术协商基础上，商务协商并签订正式合同书。

（4）协调规划编制中的重大问题

在小城镇总体规划方案阶段，应重视协调涉及各部门的规划编制中的重大问题。例如小城镇总体规划与土地利用规划、区域规划、城镇体系规划之间的衔接协调，社会经济发展战略协调人口、资源、环境之间规划协调，用地布局、基础设施协调，近期建设与远期规划的协调等，在深入调查研究基础上可以采取相关部门座谈会、专题论证和政府组织各方面专家论证会，协调规划编制中的若干重大问题。

小城镇详细规划要协调处理好上一层次的规划关系，特别是处理好地段周围环境的关系协调，同时也要重视与文化、教育、文物保护、商业、园林、交通市政各部门的规划协调。

（5）评议规划中间成果

县（市）域城镇体系规划的纲要成果、上级主管部门组织有关部门和专家进行评议和协调。

小城镇总体规划纲要阶段在专题论证和方案比选基础上，纲要成果由当地人民政府组织召开专门的纲要审查会议，对规划方案和重大原则进行评议和审查，提出明确的审查意见及修改意见、形成正式的会议纪要。

小城镇详细规划中间成果规划方案评议由委托方组织方案汇报会。被委托方向委托方汇报方案，听取地方有关专业技术人员、建设单位和规划管理部门意见，并就一些规划原

15

则问题作必要说明；委托方、规划管理部门对规划方案的技术性、科学性、可操作性以及其他各种因素进行分析评议，提出修改意见，规划方案经修改和意见反馈，再次交流，直至双方达成共识。

（6）验收规划成果

小城镇规划应根据规划编制正式合同和规划上报批审的要求，由政府规划管理部门验收规划成果。

1）县（市）域城镇体系规划

提交验收的成果包括城镇体系规划文件和主要图纸，要求内容系统完整，指标体系科学合理，文件图纸清晰规范。

① 规划文件包括规划文本和附件

规划文本：要求提出本次规划的目标，原则和内容的规定性和指导性要求；阐明县（市）域城镇化水平，人口、产业布局调整和城乡统筹发展战略，城镇和县（市）域之间关系，有关城镇发展的技术政策、城乡协调发展政策，城镇体系分级、定位、定性、定规模，县（市）域交通设施、基础设施（水资源、电力、通信）、社会设施（教育、文体医疗卫生、市场体系等）环境保护、生态保护区及风景旅游区的总体布局等。

附件：要求对规划文本作出具体解释，包括综合规划报告、专题规划报告和基础资料汇编。

② 主要图纸

（A）城镇现状建设和发展条件综合评价图；

（B）城镇体系规划图；

（C）县（市）域社会及工程基础设施配置图。

图纸比例：县域 1∶100000 或根据实际需要定。

2）小城镇总体规划

提交总体规划成果包括总体规划文件和主要图纸。总体规划文件包括规划文本和附件。规划说明及基础资料收入附件。

总体规划文本经批准后将成为小城镇规划建设实施管理的基本依据，要求条款简练、明确，文字规范、准确，以利实施操作。

① 文本内容要求：

（A）总则：说明本次规划编制的依据、原则、规划年限、规划区范围。

（B）小城镇经济社会发展和建设目标：预测规划期内经济发展水平，提出国内生产总值目标，产业结构调整目标和科技、文体、卫生及社会保障等方面发展目标。

（C）小城镇性质：根据区位条件、资源特点、经济社会发展水平及行政建制等因素，确定小城镇性质，主要职能和发展方向。

（D）小城镇规模：根据经济、社会发展要求和资源条件，分析人口的自然增长和迁村并点，人口向小城镇集聚，流动人口、暂住人口发展趋势实际情况和城镇化发展水平，预测规划期内人口规模，根据人口规模确定小城镇用地和建筑规模。

（E）小城镇总体布局：阐明小城镇空间布局调整与发展的总体战略、确定小城镇用地布局原则、布局结构与布局要点，明确小城镇居住、公共设施、工业、仓储等各项用地的布局调整与发展原则。

（F）小城镇综合交通规划：明确小城镇交通发展战略与发展目标，分别提出对外交通（公路、铁路、水路），镇区道路交通（交通结构、道路网系统、主要交叉口、停车场、广场、公共交通）的规划建设要求。

（G）居住社区建设规划：根据人口规模和居住水平，确定规划期住宅建设标准、规模、布局旧区改造和新区建设的方针、社区组织原则、配套建设要求及其开发建设政策。

（H）镇区绿地系统规划：明确绿地分类，以公共绿地为主，绿地系统规划要求提出绿地率、绿地覆盖率、人均绿地等规划指标。

（I）小城镇基础设施规划

给水规划：提出和确定规划期用水标准、用水量预测和水源、水厂、供水管网规划要求。

排水规划：提出污水量预测、雨水量计算、排水体制、污水处理、雨污水利用和合理排放的规划要求。

供电规划：提出用电负荷预测、电源与电力平衡、电压等级与电网、主要供电设施的规划要求。

通信规划：提出用户预测、局所、信息通信网、管道以及邮政、广播电视的规划要求。

燃气规划：提出用气量预测、气源、燃气供应系统、燃气输配系统的规划要求。

供热规划：提出热负荷预测、热源、供热管网的规划要求。

环卫规划：提出生活垃圾量和工业固体废物量预测、垃圾收运、处理与综合利用、环卫设施的规划要求等。

（J）生态建设与环境保护规划：提出生态环境评价及其环境保护规划目标和质量控制标准，确定生态建设重点、生态敏感区划分、环境功能区划分、环境治理和保护措施等规划要求。

（K）防灾减灾规划

防震减灾规划：提出确定规划期防震减灾规划目标、设防标准、疏散场地通道、生命线系统保障和防止次生灾害的规划要求。

防洪规划：提出防洪标准、设防范围、防洪设施和防洪措施规划要求。

消防规划：提出规划目标、消防设施、消防措施规划要求。

防其他灾害规划：提出防其他灾害的规划要求。

（L）小城镇历史环境保护规划：对于历史文化名镇保护要阐明历史文化的价值和特色，提出保护目标和原则，确定保护内容、重点和范围，以及保护措施等规划要求；对非历史文化名镇主要提出保护历史文化遗存（文物古迹、历史街区及风景名胜等）的保护规划要求。

（M）旧镇改造规划：明确旧镇改造原则（标准与容量、保护与更新），提出改造措施、对策与步骤（用地结构调整、交通、市政环境综合整治）。

（N）近期建设规划：阐明近期建设规划原则与目标，重点和范围，提出近期镇区人口，用地规模与土地开发投放量规划；提出镇区基础设施和其他各项建设的规模与布局以及环境、绿化建设规划要求；提出其中重点项目的投资估算。

（O）实施规划措施：提出规划立法、公众参与、规划管理、总体规划与近期局部建设

17

的协调，房地产开发，基础设施产业化经营等的措施以及其他实施规划管理的政策建议。

（P）附则：明确文本的法律效力，规划的解释权以及其他（规划执行时间等方面）要求。

（Q）附表：总体规划用地汇总表，镇区建设用地平衡表，镇区道路一览表等。

② 规划说明书

规划说明书是论述性文件，对总规划文本的要点和每一项规划内容作具体说明和解释。

规划说明书包括文本要点的具体内容及其依据理由，各项规划的现状分析、预测、规划要点说明。

规划说明书可附表或插图。

③ 图纸要求

镇区现状图、用地评定图、总体规划图、道路交通规划图、各项专业规划图及近期建设图。

图纸比例：1/5000。

3）小城镇控制性详细规划

小城镇控制性详细规划文本要求条款简练、明确。其中的地块划分和使用性质、开发强度、配套设施、有关技术规定等规定性（限制性）、指导性条款要求，以及有条件的规划许可条款，经批准后将成为土地使用和开发建设的法定依据。

① 文本的内容

（A）总则：阐明制定规划的目的、依据和原则，主管部门和管理权限。

（B）土地使用和建筑管理通则：

（a）各种使用性质用地的适建要求；

（b）建筑间距的规定；

（c）建筑物后退道路红线距离的规定；

（d）相邻地段的建筑规定；

（e）市政公用设施、交通设施的配置和管理要求；

（f）其他有关通用规定。

（C）地块划分以及各地块的使用性质、规划控制原则、规划设计要点。

（D）各地块控制指标条款

控制指标分为规定性，指导性以及有条件的规划许可条款。

（a）规定性条款一般为以下各项：用地性质；建筑密度（建筑基底总面积/地块面积）；建筑控制高度；容积率（建筑总面积/地块面积，一般不含地下车库和设备层建筑面积）；绿地率（绿地总面积/地块面积）；交通出入口方位；停车泊位及其他需要配置的公共设施。

（b）指导性条款一般为以下各项：人口容量（人/hm²）；建筑形式、体量、风格要求；建筑色彩要求；其他环境要求。

（c）有条件的规划许可条款一般指容积率变更的奖励和补偿。

（E）有关名词解释

（a）地块：由镇区道路或自然界线围合的大小不等的镇区用地。

（b）容积率：地块建筑毛密度，也即地块总建筑面积与其用地面积之比。

（c）建筑密度：地块内所有建筑的基底面积与地面用地面积之比。

（d）建筑限高：地块内建筑物地面部分最大高度限制值。

（e）绿地率：地块内各类绿地的总面积与地块用地面积之比。

② 规划说明书

对规划文本作具体解释。

③ 图纸要求

包括规划地区现状图、控制性详细规划图纸。

图纸比例：1∶1000～1∶2000。

4）小城镇修建性详细规划

修建性详细规划成果分为规划文件和规划图纸两部分。要求成果的图纸和文字说明要对应，名词要统一。

① 规划文件

规划文件为规划设计说明书。

② 规划图纸

主要包括区位图、现状图、规划总平面图、道路交通规划图、竖向规划图、绿地规划图、工程管网规划图及鸟瞰图（或规划模型示意图）。

图纸比例：1∶500～1∶2000。

（7）申报规划成果

经政府规划管理部门验收认可的规划成果可申报规划审批，小城镇总体规划成果先由上级主管部门组织召开专家评审会或成果审查会评审，小城镇详细规划一般先由申报委托方组织的成果汇报会审查，重要小城镇详细规划先申报专家评审会评审。

（8）在总体规划报送审批前，组织规划编制的县、镇人民政府应当依法采取有效措施，充分征求社会公众的意见。

在详细规划的编制中，应当采取公示、征询等方式，充分听取规划涉及的单位、公众的意见。对有关意见采纳结果应当公布。

（9）总体规划调整，应当按规定向规划审批机关提出调整报告，经认定后依照法律规定组织调整。

详细规划调整，应当取得规划批准机关的同意。规划调整方案，应当向社会公开，听取有关单位和公众的意见，并将有关意见的采纳结果公示。

县人民政府所在地镇的规划编制程序及相关内容参照《城市规划编制办法》（中华人民共和国建设部令第 146 号）。

镇控制性详细规划编制与审批按《城市、镇控制性详细规划编制审批办法》（中华人民共和国住房和城乡建设部令第 7 号）。

2.5 小城镇规划编制工作阶段划分与阶段成果评审

（1）小城镇规划编制工作阶段划分

1）县（市）域城镇体系规划和镇区总体规划编制工作阶段划分一般分为以下五个阶段：

19

① 项目准备；

② 现状（现场）调查；

③ 纲要编制；

④ 成果汇编；

⑤ 上报审批。

2）小城镇详细规划编制工作阶段划分

一般分为以下五个阶段：

① 项目准备；

② 现场踏勘与资料收集；

③ 方案阶段；

④ 成果编制；

⑤ 上报审批。

（2）小城镇规划编制阶段成果评审

1）县（市）域城镇体系规划和镇区总体规划的阶段成果评审

① 纲要方案阶段成果评审

县（市）域城镇体系规划纳入县（市）级人民政府驻地镇的总体规划评审，镇域规划纳入其建制镇总体规划评审。

会议审查：当地人民政府召开专门的纲要审查会议，对规划方案和重大原则进行审查，提出明确的审查意见及修改意见，形成正式的会议纪要。

根据会议纪要对审查会确定的方案进行修改，由委托方报请县人民政府或上级规划行政主管部门批复。审查批复后的纲要作为编制规划正式成果的依据。

② 正式成果阶段成果评审

总体规划成果一般由上级规划行政主管部门组织召开成果专家评审会和成果审查会后，再上报审批。成果审查会和专家评审会由委托方负责。

2）小城镇详细规划阶段成果评议

① 方案阶段成果汇报评议

由编制单位向委托方汇报规划方案构思，听取有关专业技术人员、建设单位和规划管理部门意见，并对按双方交流达成的修改意见修改后的方案再次交流，修改、直至双方达成共识，转入成果编制阶段。

② 正式成果阶段成果审查

一般由镇人民政府或政府规划行政主管采用成果汇报会审查，重要的小城镇详细规划一般要经专家评审再上报审批。成果汇报会和专家评审会由委托方负责。

2.6 规划编制单位的考核与资质管理

我国小城镇规划从无到有，目前规划队伍建设基础还十分薄弱，小城镇规划未能像城市规划那样引起社会普遍重视，全国仅少数省市近年成立了村镇规划设计单位，且整体实力还相当薄弱，规划设计人员严重缺乏，规划水平也普遍较低；有的县则由正式编制人员很少，技术力量更是薄弱的规划办公室或非正规的规划咨询部门承担小城镇规划；另一方面由于小城镇规划收费普遍较低，等级较高的城市规划设计单位一般很少介入小城镇规划，特别是中西部地区小城镇规划，加上小城镇规划建设管理落后、基础薄弱，目前小城镇无证规划和超越证书等级规定可承担的规划设计范围或以其他规划设计单位名义承揽规划任务的现象较为突出，小城镇规划队伍建设，以及规划编制单位的考核与资质管理存在不少问题。

小城镇规划编制单位的考核与资质管理直接关系到小城镇规划编制的水平和质量，关系到我国小城镇规划市场的有序竞争和小城镇规划、建设、管理工作的互相促进和良性循环，它也是小城镇规划编制管理工作的一个重要组成部分。

加强小城镇规划编制单位的考核与资质管理，应该首先从"小城镇，大战略"的战略高度重视小城镇规划，提高全社会小城镇规划编制的法规意识，严格执行国家"城市规划设计单位资格管理办法"（以下简称"管理办法"）：

（1）不准任何无证单位或部门承接小城镇规划，管理办法明确规定："凡从事城市规划设计活动的单位，必须按照规定申请资格证书，经审查合格并取得《城市规划设计证书》后方可承担城市规划设计任务。任何无证单位均不得承担城市规划设计任务。"

（2）申请《城市规划设计证书》必须具备下列基本条件：

1）有符合国家规定，依照法定程序批准设定独立机构的文件；

2）有明确的名称、组织机构、法人代表和固定的工作场所、健全的财务制度；

3）符合"管理办法"的城市规划设计证书的分级标准。

（3）城市规划设计单位的资格，实行分级审批制度

申请甲级资格的单位经省、自治区、直辖市城市规划行政主管部门初审，并签署意见后，报国家城市规划行政主管部门，经国家城市规划资格审查委员会审定，住建部颁发《城市规划设计证书》；

申请乙级资格的单位，由各省、自治区、直辖市城市规划行政主管部门审查，报住建部城市规划司审定，住建部颁发《城市规划设计证书》；

申请丙、丁级资格的单位，经当地城市规划行政主管部门初审并签署意见后，报省、自治区、直辖市城市规划资格审查委员会审定，由各省、自治区、直辖市城市规划行政主管部门颁发资格证书，并将取得证书单位名单报送国家城市规划行政主管部门备案。

（4）城市规划设计资格每三年由原初审部门进行一次检查或复查，对确实具备条件升级的单位可按"管理办法"办理升级手续；对不具备所持证书等级条件的，应报原发证部门降低其资格等级或收回其证书。

（5）城市规划设计单位如撤销，应到原发证部门办理证书注销手续，城市规划设计单位合并应按"管理办法"的有关规定重新申请城市规划设计资格证书。

（6）持有城市规划设计资格证书的单位应承揽与本单位资格等级相符的规划设计任务；跨省、自治区、直辖市承揽规划设计任务的单位应持证书副本到任务所在地的省一级城市规划行政主管部门进行申报，认可后方可承担规划设计任务。

（7）城市规划设计单位提交的设计文件，必须在文件封面注明单位资格等级和证书编号，审查规划设计文件时要核实城市规划设计单位的资格。

（8）城市规划设计证书是从事城市规划设计的资格凭证，只限持证单位使用，不得转让，不得超越证书规定范围承揽任务。

（9）县（市）域城镇体系规划、县城镇总体规划一般由取得乙级证书以上的城市规划设计单位承担，当地总体规划也可由取得丙级证书的当地城市规划设计单位承担。

（10）县人民政府所在地镇外的其他县（市）域小城镇总体规划（含镇域规划），可由取得丙级证书以上的城市规划设计单位承担。

（11）小城镇详细规划，可由取得丁级证书以上的城市规划设计单位承担。

其次，加大小城镇规划投入力度，加强管理队伍和规划队伍建设，为规范小城镇规划编制市场，理顺编制体制与管理关系创造条件。同时，县、镇人民政府城乡规划行政主管部门（机构）委托小城镇规划编制，应加强对规划设计单位的考察和选择，对重要规划设计宜采取招标方式，择优选择规划设计单位。

2.7　公众参与、规划公布与信息反馈

2.7.1　我国城镇规划编制公众参与、规划公布与信息反馈的现状分析

我国城镇规划编制实行公众参与、规划公布与信息反馈已经多年，取得了很好的效果，也积累了不少经验。不但相关规划理论探讨与规划实践得到规划界的日益重视，而且也越来越成为广大市民的共识，并得到广大民众的支持。

公众参与、规划公布与信息反馈贯穿规划编制的全过程。规划初期通过当天电视、报纸、信息网及时报道本市城市规划编制消息，规划设计单位向民众发放相关调查内容的抽样调查表，政府城市规划行政主管部门通过各行业渠道，征求对规划编制的要求；规划编制方案阶段、成果阶段除相关信息报导外，在适宜的时候，通过适宜的方式规划公布，征求各行业各部门与广大市民的意见，收集各方面的反馈信息。城市社会经济发展、空间布局、基础设施、人居环境无不与社会各阶层、各部门，以及每一市民密切相关，规划公布往往激发不同社会阶层的公众参与规划的愿望与热情，而公众参与与信息反馈促进规划编制进一步完善与深化。例如1988年和1989年在海南省刚成立中国城市规划设计研究院海南分院，编制首轮省府海口市城市总体规划中，当时就在报纸登载规划方案征求意见，曾在社会各界和市民中引起极大反响。又如2002年、2003年中国城市规划设计研究院编制徐州市城市总体规划中，有一位退休高级工程师，十分关心本地建设，退休后一直潜心研究本地优质铁矿资源综合开发利用，曾给地方政协提案。他从新闻媒体得知城市总体规划修编后，多次主动找到规划局和规划编制组为规划编制献计献策，以探讨他提出的在城市规划区的利国镇规划建设集矿产开采、冶炼、铸造为一体的"国际一流铸造城"的可能性。这一事例充分表明城市规划的公众参与、规划公布与信息反馈深得人心。

深圳市通过公众参与，强化规划实施监督的做法也很典型。深圳市城镇规划法定图则在社会上的认知程度很高，市民不仅对法定图则结果很关心，对编制过程也很关心，参与和监督的意识很强。

深圳市通过不断摸索，总结出一套多层面、多进程、多渠道的公众参与规划模式。规划参与在人员上涵盖了市民、专家和各有关部门；在方式上，图则编制前期可通过规划主管部门召集的协调会表达意见，在草案形成后可通过规定的公众展示对内容提出建议，在图则实施后还可通过调整程序提出自己的意见；在沟通渠道上，推行总展场、辖区分展

场、网上展厅三种图则展示形式并行的做法，市民随时通过规划展厅、网站、咨询电话等方式及时了解图则的情况。深圳市最近开辟了独立域名的城市规划委员会网站，得到广大市民的好评。随着公众参与的不断深入，有关法定图则的信访和投诉增加，反映公众参与对促进图则的科学制定，监督图则的规划委员会如何确定主流意见，意见的效力如何，如何取舍并最终实现对各方意见的协调，对不能吸收的意见如何对待等。这些问题随着公众参与规划深度和广度的加强，都将以程序性的制度形式，确保公众参与制度的规范、合理和有效。

但是，就总体来说我国城镇规划，特别是小城镇规划公众参与还是不足，据广东等地小城镇相关调查，现有小城镇规划编制和审批过程中普遍存在缺乏公众参与。一是政府其他部门参与不足，对小城镇规划了解和参与很少；二是社会各界和民众参与不足，公众对规划参与和支持不足，更不能发挥公众对规划编制、审批和实施的监督作用。由此，造成编制单位规划编制调研不深，成果过于理性化、套路化，使得规划成果的代表性与认同性不足，同时规划公众参与的不足也严重影响了通过规划编制宣传规划，普及规划知识，树立小城镇规划的权威。

公众参与、规划公布与信息反馈不仅是规划编制管理中促进市民对规划、对政府决策的理解和支持不可缺少的重要环节；也是进一步调动社会各界和市民建设城镇积极性和城镇建设适应市场经济的一项重要举措，同时也是进一步提高规划实效性和可操作性的重要保证。

2.7.2 公众参与、规划公布与信息反馈的国内外比较

国外发达国家城市规划编制很重视规划公布与信息反馈，英国的地方规划编制，把它作为整个规划编制体系的相对独立阶段，包含在规划编制的磋商、咨询、修改三个阶段中。

表 2-1 为我国与英国公众参与规划编制的相关比较。

中国城市总体规划与英国地方规划比较

表 2-1

比较阶段	比 较 内 容	
中国城市总体规划为纲要前期方案阶段 英国地方规划为磋商阶段	中国城市总体规划 　现场调查同时向社会各界公众对规划相关内容抽样问卷调查，并召开相关各部门的资料收集和征求意见座谈会； 　前期方案主要在城市建设系统范围的有关部门汇报交流、征求意见并进行必要修改，规划主管部门认可后，酌情向市领导班子汇报征求意见	英国地方规划 　主要对规划草案在政府有关行政部门的小范围，进行为期 6 周的规划公布和信息反馈，经过磋商，对规划草案进行必要的修改，再提交有关部门审核
中国城市总体规划为纲要成果阶段 英国地方规划为咨询阶段	根据纲要前期方案阶段的基础资料和专题研究资料编制，规划纲要进一步作专题论证和方案比选，包括分析构思、协调、论证、比选、修改、反馈等工作过程。 　当地人民政府组织专门的纲要审查会议（含上级主管部门组织有关部门和专家对其中城镇体系规划的评议和协调），审查和修改意见形成正式会议纪要，修改方案、审查批复后的纲要成为编制正式成果的依据。 　采用不同范围，适当方式，公布纲要规划方案，征求社会各部门意见	由规划管理部门公布规划，并在较大范围进行为期 6 周的公众咨询，通过公众听证解决意见分歧，规划方案的实质性修改必须向公众公布

比较阶段	比较内容	
中国城市总体规划为成果编制阶段 英国地方规划为修改阶段	根据编制成果的依据，补充相关社会调研和编制、完善正式成果，规划主管部门审查同意后，由上级主管部门组织成果专家评审会，根据评审意见再修改、完善，并按审批程序上报审批。 其间包括多次论证、交流、协调、修改与反馈的工作过程，审批后规划公布	公布经前一咨询阶段已作修改并将采纳的规划方案，若公众没有进一步修改的建设经决策部门同意，规划方案即被采纳；若公众有修改意见或决策部门提出修改意见，则重复新一轮的公众咨询和修改程序，直至没有进一步修改建议，决策部门同意，规划被采纳

2.7.3　小城镇规划公众参与、规划公布与信息反馈的作用机理

我国小城镇总体规划，同样涉及社会经济发展、空间布局、基础设施、生态环境等各个方面，小城镇建设以城乡互融，实行农村城镇化为社会发展目标，并在以小城镇为中心，发展经济的同时，创造优雅人居环境，实现人与自然和谐共处。这一切无不与小城镇社会各界、各部门、居民、农民息息相关；而且我国小城镇建设落后，底子薄弱，要适应当前小城镇快速健康的发展形势，必须在规划指导和政府政策引导下，招商引资，动员和鼓励各行各业、企业、个人等社会各个方面共同参与小城镇建设，通过小城镇规划编制中的公众参与、规划公布和信息反馈，激发不同社会阶层的公众参与，完善深化规划，共同建设小城镇的热情，使社会各阶层民众，包括企业与个人看到参与编制的规划根本上体现广大民众与自己的长远利益和意愿。从这一层意义上讲小城镇规划编制中，推行公众参与、规划公布和信息反馈更有必要。

充分发挥公众参与规划，有利于小城镇建设招商，有利于鼓励、吸引和刺激民间投资，通过独资、股份、租赁等多种形式发展乡镇企业和个体经济，有利于通过项目融资模式和多元投融资机制，加快小城镇基础设施和其他工程项目建设，有利于发挥市场机制作用，依靠社会力量搞好小城镇建设。吸收利益各方共同参与小城镇规划，通过公众参与、规划公布和信息反馈修改完善深化的小城镇规划。

在促进小城镇规划适应社会经济快速发展需要，引导包括乡镇企业和个体经济在内的小城镇各项建设纳入科学合理的小城镇规划轨道，以及在通过多方协商达成利益均衡，增加规划的实效性、可操作性中起到重要作用。

2.7.4　公众参与、规划公布与信息反馈的若干建议

我国城市规划编制的公众参与、规划公布与信息反馈虽然取得了可喜的成绩，但在推行的力度和深度上还是很不够，编制规划缺乏对社会各阶层、各团体、国营企业、集体企业和个体企业的不同利益及其对城市建设发展的不同需求的深层次调查和综合分析，不能充分反映社会不同阶层、团体、个体等的公众的意见和利益要求。规划编制公众参与、规划公布与信息反馈工作的开展各地很不平衡，而小城镇规划编制的公众参与，则尚属起步。其关键问题在于现行规划编制办法和管理程序，尚没有把对公众参与的民意社会调查、征求有关社会各界意见、规划公布和信息反馈等纳入到法定程序上来，成为制度化。

上述方面我们与国外发达国家相比尚有较大差距，尽管我们尚未建立完善可作借鉴的诸如公众听证公众质询之类法定程序等管理组织机制，但一旦走上法制轨道，通过不断完

善，我们完全能够做得更好，因为我国城镇规划编制建立公众参与有资本主义国家无法相比的社会基础和法律基础。具体来说：

（1）中国共产党是中华人民共和国执政党，中国共产党代表中国先进生产力的发展要求，代表中国先进文化的前进方向，代表中国最广大人民的根本利益。上述"三个代表思想"深入人心，深入我们的各项工作。我国城镇规划编制的公众参与本身也是体现代表中国最广大人民的根本利益。

（2）我国城市和小城镇经济已由国有经济和集体经济扩展到个体经济、私营、联营、股份制、外资、中外合资、港澳台投资经济等多种经济成分，城市与小城镇开发建设涉及融资、投资、招商、容商等各个方面，城镇规划的编制决策和实施必须考虑各方不同利益要求，并通过多方共同参与和协商达成城镇建设的各方利益均衡，这是新时期城镇规划编制公众参与的客观要求和社会基础。

（3）改革开放以来，针对我国城镇社会、政治、经济发生的重大变化，我国社会经济政策作了重大调整，并以国家大法《中华人民共和国宪法修正案》先后确立城镇土地所有权和使用权分离的制度，规定"土地使用权可以依据法律的规定转让"；"国家实行社会主义市场经济"；"国家在社会主义初级阶段，坚持公有制为主体，各种所有制经济共同发展的基本经济制度，在法律规定范围内的个体经济、私营经济，是社会主义市场经济的重要组成部分"。这不仅是我国社会主义计划经济体制转型到社会主义市场经济体制的法律基础，同样也是新时期我国城镇规划编制公众参与的法律基础。

（4）《中华人民共和国宪法》规定："中华人民共和国的一切权力属于人民"，"人民依照法律规定，通过各种途径和形式管理国家事务，管理经济和文化事业，管理社会事务……"。我国宪法的这些规定是我国城镇规划编制公众参与，西方国家所无法相比的社会民主政治法律基础。

公众参与、规划公布与信息反馈的若干建议措施：

（1）我国城镇规划编制的公众参与、规划公布和信息反馈应立足于我国的国情，因势利导，充分利用我国优越的社会主义制度有利条件，发挥与挖掘蕴藏在人民中的公众参与的巨大政治热情和潜在动力，使"人民当家作主"和"人民城市人民建"成为实际行动。

（2）在新的城乡规划编制办法和管理程序中把公众参与的民意社会调查等和规划公布、信息反馈正式纳入到法定程序，逐步规范化、制度化。

（3）总结并逐步推广地方公众参与城镇规划编制的好经验、好办法。

我国上海、青岛等地城市规划编制、审批管理有许多好的经验，建设部副部长仇保兴在2002年8月12日在全国城乡规划工作会议上的讲话提出"要推行上海、青岛的经验，公开规划编制、调整、审批的全过程。"

（4）借鉴国外公众参与规划编制的先进管理办法，对公众关系密切的用地和建设项目布局试行必要的公众听证制度，争取公众的更大理解和支持。

（5）规划方案阶段加强对城镇社会各阶层、各部门、团体、企业和个体对城市建设发展的不同需求的深层次民意调查和综合分析，并通过规划方案适宜公布和信息反馈，充分反映社会不同阶层、团体、个体等的公众意见和利益要求。

（6）城镇规划公众参与的实施应包括总体规划和详细规划两个规划阶段，也应包括规划图则编制和城市设计等。

25

（7）普及城镇规划知识提高全民的城镇规划意识，特别是应做好小城镇规划知识普及和民众参与试点工作。

（8）因地制宜借助各种新闻媒体途径进行规划公布和信息反馈包括报刊、广播、展览，宣传栏并逐步建立政府政务电子信息系统网络为政府与公众"对话"，创造更便利条件。

（9）地方政府城乡规划主管部门宜结合当地实际把公众参与规划公布和信息反馈纳入到加强城镇规划建设管理的实施细则，加大公众参与城镇规划编制、决策和实施的力度和深度。

2.8　小城镇规划编制改革

（1）小城镇规划编制项目与内容改革

小城镇规划编制要以全面、协调、可持续的科学发展观，从重确定开发建设布局设计转向重保护和合理利用各类资源，明确空间管制要求。从重空间构图的规划成果转向注重公共政策，实施良好管治的规划成果。

小城镇总体规划从重确定小城镇性质、规模、功能定位转向重控制合理的环境容量和确定科学的建设标准，促进人居环境改善和小城镇可持续发展。

小城镇规划宜酌情重点增加下列规划和规划内容：

1）小城镇生态环境规划

小城镇生态规划思想应贯穿整个总体规划。依据小城镇资源—环境—人口—经济分析，确定保护和合理利用各类自然资源和人文资源，重点确定土地资源、水资源的保护和合理利用，明确相关空间管制要求，提出控制合理的环境容量，确定产业结构调整和主导特色产业的培育，确定科学的建设规模和建设标准。

2）县城镇、中心镇中心区城市设计和景观风貌规划

县城镇和中心镇是小城镇建设重点，县城镇、中心镇的中心区是小城镇建设重中之重。县城镇、中心镇中心区城市设计和景观风貌规划对于塑造小城镇特色，提高小城镇档次和环境质量，创造优美人居环境起着重要作用。

3）小城镇居住小区规划和工业园区规划

小城镇居住小区规划和工业园区规划对于引导实施小城镇人口向居住小区集聚，乡镇企业向工业园区集聚起重要作用，同时也是合理布局、节约用地、保护生态环境和改善人居环境不可缺少的。

4）历史文化名镇保护规划

历史文化名镇保护规划是历史文化名镇总体规划的重要专项规划。历史文化名镇保护规划要确定名镇保护的总体目标和名镇保护重点，划定历史文化保护区、文物保护单位、建设控制地区，提出规划分期实施和管理的措施。

5）县（市）域城镇体系规划和小城镇总体规划，要补充完善强制性内容，新编制的小城镇规划，特别是详细规划和近期建设规划，必须明确强制性内容，规划确定的强制性内容要向社会公布。

6）小城镇规划强制性内容涉及县（市）域协调发展、资源利用、环境保护、风景名

胜资源保护、自然与文化遗产保护、公众利益和公共安全等方面。

小城镇总体规划强制性内容包括铁路、港口等基础设施位置，小城镇建设用地和用地布局；小城镇绿地系统、河湖水系、水厂或配水站规模和布局及水源保护区范围，小城镇或小城镇联建污水处理厂规模和布局，小城镇高压线走廊、微波通道保护范围，小城镇主、次干道的道路走向和宽度，公共交通枢纽和主要社会停车场用地布局，科技、文化、教育、卫生等公共服务设施的布局，历史文化名镇格局与风貌保护、建筑高度等控制指标，历史文化保护区和文物保护单位以及重要的地下文物埋藏区的具体位置、界线和保护准则，镇区防洪标准、防洪堤走向、防震疏散、救援通道和场地，消防站布局，地质等灾害防护。

小城镇详细规划中的强制性内容包括：规划地段各个地块的土地使用性质、建设量控制指标、允许建设高度、绿地范围，停车设施、公共服务设施和基础设施的具体位置，历史保护区内及涉及文物保护单位附近建、构筑物控制指标，基础设施和公共服务设施建设的具体要求。

7）小城镇近期建设规划

依据国民经济和社会发展五年计划纲要，考虑本地区资源、环境和财力条件，编制与五年计划纲要起止年限相适应的近期建设规划。

小城镇近期建设规划应合理确定近期小城镇重点发展区域和用地布局，重点加强生态环境建设，安排镇区基础设施、公共服务设施、经济适用房、危旧房改造的用地，制定保障实施的相关措施。近期建设规划应注意与土地利用总体规划相衔接，严格控制占地规模，不得占用基本农田。各项建设用地必须控制在国家批准的用地标准和年度土地利用计划的范围内，严禁安排国家明令禁止项目的用地。

8）县城镇中心镇总体规划编制内容改革

① 明确提出中心镇建设用地总量控制指标和环境容量控制指标。

② 确定规划区不准建设区（区域绿地）、非农建设区（城镇建设区）、控制发展区（发展备用地）三大类型地区的规模和范围，并提出相应的规划建设要求。

③ 建立中心镇拓展区规划控制黄线、道路交通设施规划控制红线、市政公用设施规划控制黑线、水域岸线规划控制蓝线、生态绿地规划控制绿线、历史文化保护规划控制紫线等"六线"规划控制体系，并提出具体控制要求。

④ 增加中心镇总体规划、详细规划中有关规划控制、综合协调和空间管制的政策、导则或导引、图则的法规内容。

（2）规划编制方法与程序的改革

规划编制方法与程序的改革主要考虑以下方面：

1）先确定规划区不准建设区，即先确定规划不能动的范围。

2）再确定规划可动地区，即规划非农建设区和控制发展区，研究可动地区如何规划建设，如何控制建设。

3）重视交通道路规划在小城镇空间布局中的规划引导作用。

4）不准建设区、非农建设区、控制发展区按以下规定确定：

① 不准建设区。

不准建设区（区域绿地）包括具有特殊生态价值的自然保护区、水源保护地、农田保

27

护区、海岸保护带、湿地、山地、重要的防护绿地以及在重要交通干道和市政设施走廊两侧划定的禁止建设的控制区等。不准建设区也包括工程地质、地震地质条件不允许建设的控制地区。

② 非农建设区。

非农建设区（城镇建设区）包括镇中心区、工业区、乡村居民点等全部非农建设用地范围。

中心镇规划应根据土地总量控制要求和用地安排需要，确定中心镇非农建设区的范围。

③ 控制发展区。

中心镇镇域范围内除不准建设区和非农建设区以外，规划期内原则上不用于非农建设的地域为控制发展区，一般为中心镇远景发展建设备用地。

5）"六线"规划控制体系按以下规定确定：

① 中心镇拓展区规划控制黄线——"黄线"是用于界定中心镇新区、工业新区等新增非农建设用地范围的控制线。

② 道路交通设施规划控制红线——"红线"是用于界定城镇主、次干道及重要交通设施用地范围的控制线。

③ 市政公用设施规划控制黑线——"黑线"是用于界定各类市政公用设施、地面输送廊道用地范围的控制线。

④ 水域岸线规划控制蓝线——"蓝线"是用于界定较大面积的水域、水系、湿地及其岸线保护范围的控制线。

⑤ "绿地"是用于界定中心镇公共绿地和开敞空间范围的控制线。

中心镇建设区以外的区域绿地、环城绿带等必须同样进行严格控制和保护的开敞地区，绿地应一并纳入"绿线"管制范畴。

⑥ 历史文物保护规划控制紫线——"紫线"是用于界定文物古迹、传统街区及其他重要历史地段保护范围的控制线。

6）小城镇规划编制要符合城镇体系布局，规划建设指标必须符合国家规定防止套用大城市的规划方法和标准。

3 小城镇规划的审批管理

3.1 小城镇规划审批的目的作用

根据城市规划法和城市规划编制办法等规定，小城镇规划编制完成后，应由小城镇规划组织编制单位按照法定程序，向法定的规划审批机关提出规划报批申请，法定审批机关按照法定程序审核批准小城镇规划。小城镇规划审批的目的在于：

（1）赋予经审核批准规划的法律效力

根据我国城乡建设的有关法律法规，编制完成的小城镇规划只有按法定程序报经批准后，才有法律效力，才能成为社会共同遵守的行为准则和行为规范。

（2）提高小城镇规划编制质量，确保规划的科学性、合理性、规范性和可操作性

小城镇规划审批管理本身是对小城镇规划编制的质量进行监督检查和合格验收过程，也是对小城镇性质、人口用地规模、发展方向、社会经济发展目标、基础设施建设和生态环境保护等，是否符合客观规律进行决策的过程，也是对小城镇规划相关问题和各方面权益各部门意见的协调过程。

同时按照小城镇规划审批法定程序，上报审批前一般都要先经专家评审，总体规划成果一般由上级主管部门组织召开成果专家评审会和成果审查会后再上报审批，重要的小城镇详细规划也要经专家评审会审查再上报审批，同时报送前还充分征求社会公众和有关单位的意见。所以小城镇规划审批也是组织专家对规划进行评审和科学论证，对规划编制质量技术把关，以及公众参与、规划公布和信息反馈，确保规划的科学性、合理性、规范性和可操作性的过程。

（3）保证小城镇规划实施过程能适应小城镇社会经济发展变化的需要

小城镇规划可以根据小城镇的社会经济发展变化需要作出调整和变更，并经法定程序和规定，审查批准。从而保证规划实施能符合小城镇社会、经济发展变化的情况，更好实行小城镇规划社会经济发展目标。

3.2 小城镇规划的分级审批

根据城市规划法和城镇体系编制审批办法等法规的相关规定，小城镇规划实行分级审批。

3.2.1 与小城镇相关的城镇体系规划审批

市域、县域城镇体系规划纳入城市和县级人民政府驻地镇的总体规划，依据《中华人民共和国城市规划法》实行分级审批；

29

省域城镇体系规划，由省或自治区人民政府报经国务院同意后，由国务院城市规划行政主管部门批复。

跨行政区域的城镇体系规划，报有关地区的共同上一级人民政府审批。

3.2.2 小城镇总体规划的审批

（1）县级人民政府所在地镇的总体规划，报所在省、自治区、直辖市人民政府审批，其中市管辖的县级人民政府所在地镇的总体规划，报市人民政府审批。

（2）县级人民政府所在地镇以外县（市）管辖小城镇总体规划报县（市）人民政府批准。

县、镇人民政府根据小城镇经济、社会发展需要作出局部调整的小城镇总体规划应报同级人民代表大会常务委员会和原批准机关备案；涉及小城镇性质、规模、发展方向和总体布局重大变更的小城镇总体规划，须经同级人民代表大会或者其常务委员会审查同意后，报原批准机关审批。

（3）小城镇镇域规划纳入所在小城镇的总体规划，按小城镇总体规划审批。

3.2.3 小城镇详细规划的审批

（1）县级人民政府所在地镇的详细规划由县级人民政府审批。

（2）县（市）级人民政府所在地以外的小城镇详细规划由县（市）人民政府城乡规划行政主管部门审批。

3.3 小城镇规划审批程序

小城镇规划上报审批程序基本步骤，一般分为如下两步：

（1）成果审查；

（2）上报审批。

小城镇规划按不同规划实行分级审批，不同规划因审批内容、要求和主体不同，而审批程序操作不尽相同。

3.3.1 小城镇总体规划审批程序

小城镇总体规划审批程序可分为：

（1）审查报批条件

小城镇总体规划向审批机关报请审批时，组织规划编制的人民政府规划行政主管部门应首先审查报批的规划成果是否符合报批条件。审查报批的规划成果包括总体规划文件和主要图纸（县级人民政府所在地镇总体规划报批成果含县域城镇体系规划文件和主要图纸成果），其中规划文本作为向上级审批机关提交的规划审批报告。审查报批的规划成果是否符合报批条件基本同小城镇规划编制程序的验收规划成果要求，详见2.4小城镇规划编制程序中的6.验收规划成果的内容要求。

经审查报批条件合格的小城镇总体规划的审批继续以下程序：

（2）论证评审规划成果

经审查符合报批条件的小城镇总体规划成果，可进入论证评审规划成果程序。

　　县人民政府所在地镇的总体规划（含县域城镇体系规划），由上级主管部门组织，县人民政府或政府的城乡规划行政主管部门负责，会同专家和县有关方面的各行政主管部门，召开成果专家评审会和成果审查会，按有关政策法规和标准规范对规划成果进行论证评审，并将有关论证、评审意见报请县人民政府审核。

　　县人民政府所在地镇以外的其他建制镇总体规划（含镇域村镇体系规划），由县人民政府城乡规划行政主管部门组织，镇人民政府负责，会同专家和有关方面各主管部门召开成果专家评审会和成果审查会，按有关政策法规和标准规范对规划成果进行论证评审，并将有关论证评审意见报请镇人民政府审核。

　　（3）政府组织审核

　　县人民政府组织更大范围审核，对县人民政府所在地镇的总体规划，提出修改意见，规划成果经修改、审核后通过。

　　县人民政府所在地以外其他建制镇的总体规划和详细规划，由镇人民政府组织更大范围的审核，经修改、审核后通过。

　　（4）报请人民代表大会或其常务委员会审议

　　县人民政府所在地镇的总体规划，在县级人民政府向上级人民政府报请审批前须经县人民代表大会或者其常务委员会审议。

　　县人民政府所在地以外的其他建制镇总体规划，在镇人民政府报请县人民政府审批前须经镇人民代表大会或者其常务委员会审议。

　　（5）批准小城镇总体规划

　　县、镇人民政府按法定程序，上报有权审批小城镇总体规划的上级人民政府批准小城镇总体规划。

　　（6）公布批准的小城镇总体规划

　　小城镇总体规划一经批准，即由县、镇人民政府采用适当方式予以公布，并付诸实施。

　　小城镇总体规划公布应删去需要保密的内容。

3.3.2　小城镇详细规划审批程序

　　小城镇详细规划审批程序可分为：

　　（1）审查报批条件

　　小城镇详细规划向审批机关报请审批时，规划委托方和镇人民政府规划行政主管机构应首先审查报批的规划成果是否符合报批条件。审查报批的规划成果：控制性详细规划包括规划文本、规划说明书和规划图纸；修建性详细规划包括规划设计说明书和规划图纸。审查报批的规划成果是否符合报批条件基本同小城镇规划编制程序的验收规划成果要求，详见2.4小城镇规划编制程序中的（6）验收规划成果的内容要求。

　　（2）评议会审规划成果

　　县（市）人民政府城乡规划行政主管部门组织，由小城镇人民政府或其他规划编制委托方负责，召开规划涉及的相关管理部门和单位共同参加的成果汇报会，对规划成果进行协调评审。对其中重要的控制性详细规划召开专家评审会，对规划成果进行论证评审，提出评审意见，尚需修改的，由组织编制部门会同规划设计单位进行修改，直至达到要求。

（3）批准规划

县（市）人民政府或其规划行政主管部门根据相关法律、法规以及各部门的会审和专家论证评审意见，进行审查批准。

对于一些小城镇用地项目建设敏感的规划设计，宜在规划批准前，以召开座谈会或征求书面意见的形式，充分听取规划建设所在地区的单位和民众的意见，积极稳妥推进规划编制和审批管理的公众参与，把一些难处理的规划审批问题解决在下面，促使规划审批进一步公正、公开。

（4）公布批准的规划

县城镇和县城镇外详细规划经县（市）人民政府或其规划行政主管部门批准后，由镇人民政府采用适当形式公布批准的规划，接受公众对规划实施的监督。

公布规划的内容可以是全部内容或部分主要内容。

3.4 小城镇规划审批管理改革

3.4.1 小城镇规划审批管理的若干问题

我国小城镇规划建设管理基础薄弱，存在问题不少。反映在当前的小城镇规划审批管理上，值得注意的几个主要问题是：

（1）规划审批缺乏外在监督和自我约束机制，审监不分，以审代管

虽然，小城镇规划审批主体的权利是由国家和地方人民政府通过法制化的渠道所赋予，但对法律规定之外的内容和程序往往通过其裁量决定权决定，诸如审批内容的取消与保留，规划评价和专家论证的人选决定，规划建设项目的取舍，都由审批主体确定。而审批主体缺乏外在监督，审监不分，自我约束机制也尚未健全。审批过程仍自查自纠，对加强监管与协调项目也是审批式管理，以审代管，降低规划权威性。

（2）规划评价标准与体系不完善，法律地位不规范，运作机构未健全

目前小城镇规划缺少相关标准，尚未建立经实践检验的规划评价指标体系，规划审批的方案评价及其专家论证以及公众参与均未纳入到正式法律规定中，相关法律地位不规范，规划审批管理程序尚不完全，无论是审批评价标准，还是评价机构和运作机制均存在一定的随意性，某些专家论证存在着附和"长官意志"的倾向，审批过程缺乏公开，审批程序民主化、法制化程度不够，缺乏公众支持，使某些建设项目审批和规划决策带有一定的盲目性。

（3）规划审批管理缺乏动态性与连续性

由于小城镇规划管理薄弱，评价组织机构不健全，小城镇普遍没有对规划实施进行技术跟踪评价与反馈，对规划实施效果加以评价与反馈，上一轮规划实施经验教训难以为新一轮规划总结与吸收，使不同"版本"的规划和规划审批管理缺乏动态性和连续性。

上述小城镇规划审批管理存在的问题表明：小城镇规划审批管理的体制与机制亟须改革。

3.4.2 小城镇规划审批管理的体制与机制改革

（1）小城镇规划审批管理体制改革

小城镇规划审批管理体制改革是小城镇规划建设管理体制改革的重要组成部分。小城

镇规划审批管理体制改革应与小城镇规划建设管理体制改革相一致。相关内容详见第8章小城镇规划审批体制改革。根据规划审批的特点，小城镇规划审批体制改革尚应强调以下方面：

1）建立健全审监分离制度和外在监督机构

现行小城镇规划审批对规划审批内容、规划评价、专家论证等都是由审批主体单方面确定，小城镇规划审批体制改革应从建立、健全审监分离制度考虑，建立、健全外在监督机构，确保规划行政审批实体在一个统一的、中立的、权威的法定机构的监督下实施审批行为。

2）规范规划审批主体，强化规划审批管理权限的集中统一

小城镇规划审批权限应集中县（市）人民政府及其城乡规划行政主管部门，同时作为县一级规划行政主管部门的派出机构，镇一级规划行政管理机构应该在人员编制和技术力量上得到充实与加强，根据不同地区的实际情况，镇一级相关机构设置可以酌情考虑规划与国土管理机构的合并。

3）小城镇规划设计部门从规划管理机构中分离，管理部门不再直接编制和调整规划有利建立有效的规划编制、审批监督制约的工作机制。

（2）小城镇规划审批管理机制改革

小城镇规划审批管理是政府城镇规划行政主管部门依据法律法规的行政审批管理。小城镇规划审批管理机制改革应将规划审批的法律法规规范化和监管的规范化放在首要位置，并着重以下方面改革：

1）完善、规范规划审批的法律法规。

首先应在城乡规划法等修订中，理顺目前小城镇规划审批的主体、依据、内容、程序等法律基本规定，同时应制订便于执行的具体规定和补充下列内容的法律规定：

① 规划方案评价（同时考虑规划实施评估）；

② 规划评审专家论证；

③ 规划审查与批准的主体区分（审监分离）、内在制约与外部监督；

④ 规划行政审批责任及其追究。

2）规范小城镇规划行政审批实体。

从根本上改变目前审批项目过滥、范围过大、环节过多、设置过乱等现象。

3）设立完善的小城镇规划审批监督机制。

规划审批征询相关部门和公众意见，并在媒体的辅助下，展开必要的讨论，加强公众的外在监督。

4）建立和完善规划审批管理程序法。

5）建立小城镇规划审批相应的评价标准体系，包括规划成果评价标准体系和规划实施监督和效果评价标准体系。

6）严格规划审批管理制度，重点镇的规划要逐步实行省级备案核准制度。

7）小城镇规划审批主体和上级政府审批对象，按一级政府，一级规划，一级事权，在局部利益服从整体利益前提下，地方各级政府有自主权的原则，在制订相应法规时，宜作适当调整。

4 小城镇规划实施管理

4.1 建设项目选址管理

4.1.1 建设项目选址管理相关规定和依据

我国《城乡规划法》第 36 条规定："按照国家规定需要有关部门批准或者核准的建设项目，以划拨方式提供国有土地使用权的，建筑单位在报送有关部门批准或者核准前，应当向城乡规划主管部门申请核发选址意见书。"

原建设部和国家计委 1991 年 8 月 23 日发布的《建设项目选址规划管理办法》第 3 条规定"县级以上人民政府城市规划行政主管部门负责本行政区域内建设项目选址和布局的规划管理工作"。

小城镇建设项目选址管理工作由县（市）人民政府城乡规划行政主管部门负责。

下列建设项目应申请《建设项目选址意见书》：

（1）新建迁建建设项目需要用地的；

（2）原址改建、扩建建设项目需要使用本单位以外土地的（申请须附送土地权属证件；需拆除基地内房屋的，附送房屋产权证件等材料；其中联建的，应附送协议书等文件）；

（3）需要改变本单位土地使用性质的建设项目。

建设项目规划选址的主要依据：

（1）经批准的项目建议书；

（2）建设项目与小城镇规划布局的协调；

（3）建设项目与小城镇交通、通信、能源、市政、防灾规划的衔接与协调；

（4）建设项目配套的生活设施与小城镇生活居住及公共设施规划的衔接与协调；

（5）建设项目对于小城镇环境可能造成的污染影响，以及与小城镇环境保护规划和风景名胜、文物古迹保护规划的协调。

4.1.2 建设项目选址意见书的核发程序

（1）选址申请

需选定项目建设地址，包括扩大原有用地的小城镇建设工程，建设单位应持上级主管部门批准立项的建设项目、建议书等有关文件，向县（市）城乡规划行政主管部门提出选址申请。

（2）选址意见书的拟定和核发

小城镇建设项目选址意见书的内容应包括建设项目选定的地址，用地范围的红线图。

其拟定工作，应和小城镇建设项目选址有关的县（市）人民政府环境保护行政主管部门，土地行政主管部门等协同进行。

对于未选址的小城镇建设项目，由县（市）人民政府城乡规划行政管理部门根据建设项目的基本情况和有关规划选址原则，确定项目的建设地址和用地范围；并负责拟定选址意见核发通知建设单位；对于已选址的小城镇建设项目，应由县（市）人民政府城乡规划行政主管部门依据建设项目的基本情况和有关规划选址原则予以确认或否认，从选新址，并负责拟定选址意见书，核发通知建设单位。

上述建设项目的基本情况，应包括项目名称、性质、用地和建设规模；生产项目还应包括供水与能源的需求量，运输方式与运输量，废水、废气、废渣的排放方式和排放量，建设项目对周边环境与小城镇设施的影响和要求，以及其他特殊情况。

当建设项目以国有土地使用权有偿方式取得土地使用权时，由土地行政主管部门书面征询城乡规划主管部门关于拟出让地块的规划意见和规划设计要求，由规划行政主管部门确认出让地块是否符合小城镇规划、核定土地使用规划要求和规划设计要求，审核同意，则将选址意见书函复土地行政主管部门，由土地行政主管部门将选址意见书纳入国有土地使用权有偿转让合同。

4.1.3 小城镇与其他设在小城镇的建设项目的选址意见书审批权限

（1）县（市）人民政府计划行政主管部门审批的小城镇建设项目，由县（市）人民政府城乡规划行政主管部门核发选址意见书。

（2）省、自治区人民政府计划行政主管部门审批的，设在小城镇建设项目，由项目所在地县（市）人民政府城乡规划行政主管部门提出审查意见，报省、自治区人民政府城市规划行政主管部门核发选址意见书。

（3）中央各部门、公司审批的小型和限额以下的设在小城镇建设项目，由项目所在地县（市）人民政府城乡规划行政主管部门核发选址意见书。

（4）国家审批的大中型和限额以上的设在小城镇建设项目，由项目所在地县（市）人民政府城乡规划行政主管部门提出审查意见，报省、自治区、直辖市、计划单列市人民政府城市规划行政主管部门核发选址意见书，并报国务院城市规划行政主管部门备案。

4.2 规划设计条件确定管理

4.2.1 规划设计条件确定依据和原则

小城镇建设项目规划设计条件确定管理是，县（市）、镇人民政府城乡规划行政主管部门（机构）依据《城乡规划法》第43条前款规定："建设单位应当按照规划条件进行建设"，对小城镇规划区内的各项用地和建设提出限制性和指导性的规划设计条件，作为规划设计应遵循的准则的规划实施管理。

拟定规划设计条件应遵循下列原则：

（1）符合小城镇总体规划和详细规划有关用地和建设的技术规定；

（2）经济效益、社会效益、环境效益的统一；

（3）合理利用土地，节约用地，保护耕地；

（4）保护生态环境、历史文化遗产和文物古迹；

（5）注重建筑和空间环境协调；

（6）注重小城镇自然景观、人文景观特色；

（7）强调小城镇基础设施统筹规划，联建共享；

（8）符合小城镇防灾、抗灾要求。

4.2.2　规划设计条件的拟定内容和核发程序

小城镇建设项目规划设计条件的拟定内容：

（1）明确用地面积、范围（包括代征道路绿地的面积和范围）和用地、建筑性质；

（2）明确土地使用强度，包括建筑密度、建筑高度、建筑间距、容积率等要求；

（3）明确绿地配置，包括绿地面积、绿地率、人均绿地、隔离绿地、保护古树名木等的要求；

（4）明确市政设施配置，包括道路组织、交通出入口、公交站点、停车场数量和布局等要求；

（5）明确相关公共设施配置的要求；

（6）满足保护古镇传统格局和风貌、历史文化地段、重要文物古迹，以及风景名胜的要求；

（7）满足建设项目用地和建筑与周围人文、自然环境协调的要求；

（8）满足微波通道、高压线走廊，以及各项防灾要求。

小城镇建设项目规划设计条件核发程序：

（1）项目建设单位向规划主管部门申报规划设计条件；

（2）规划行政主管部门组织规划设计条件现场勘察；

（3）规划行政主管部门征求消防、环保、市政、能源、通信、园林、道路交通、防灾等部门对规划设计条件的意见；

（4）规划行政主管部门确定规划设计条件；

（5）规划行政主管部门核发规划设计条件通知书。

4.3　建设用地规划管理

小城镇建设用地管理是小城镇建设项目选址规划管理的继续，是县（市）人民政府城乡规划主管部门及其派出机构根据小城镇规划及其有关法律、法规，确定建设用地面积和范围，提出土地使用规划要求，并核发建设用地规划许可证的行政管理。

4.3.1　建设用地规划管理的主要内容

（1）通过审核修建性详细规划和设计方案，控制土地使用性质和使用强度。

（2）审核建设工程设计总平面图，确定建设用地范围。

（3）调整小城镇用地布局，特别是旧镇区不合理用地调整。

（4）核定土地使用其他规划管理要求如建设用地可能涉及的规划道路、绿化隔离带等。

4.3.2 建设用地规划许可证核发程序

小城镇建设用地规划许可证是建设单位向县（市）人民政府土地管理部门申请土地使用权必备的法律凭证。其核发过程包括以下程序：

（1）建设项目选址核发程序；

（2）规划设计条件核发程序；

（3）不涉及需要审查修建性详细规划的项目，由建设单位送审建设工程设计方案，规划行政主管部门重点审核土地使用性质、土地使用强度及其他规划指标是否与建设项目选址意见书的规划设计要求一致，对用地数量和具体范围予以确认后，核发建设用地规划许可证；

（4）涉及需要审查修建性详细规划的建设项目，建设单位需按规划设计条件提出修建性详细规划成果，规划主管部门重点审核同上述（3）的内容，审定后核发建设用地规划许可证；

（5）在镇规划区内以划拨方式提供国有土地使用权的建设项目，经有关部门批准、核准、备案后，建设单位应当向县人民政府城乡规划主管部门提出建设用地规划许可申请，由县人民政府城乡规划主管部门依据控制性详细规划核定建设用地的位置、面积、允许建设的范围，核发建设用地规划许可证。

（6）按出让、转让方式取得建设用地，首先由县（市）人民政府城乡规划行政主管部门依据控制性详细规划提出出让、转让地块的位置、范围、使用性质和规划管理的有关技术指标要求，县（市）人民政府土地行政主管部门按照上述要求通过招标或其他方式和土地受让单位签订土地出让或转让合同，合同的内容必须包括按规划主管部门要求作出的严格规定，受让单位凭合同向规划行政主管部门申办建设用地规划许可证，规划行政主管部门审查后，核发建设用地规划许可证。

4.3.3 建设用地规划许可证内容更改的规定

（1）建设用地规划许可证局部错误问题更改

建设单位提出更改申请，规划行政主管部门审核确认，可对局部错误问题进行更改，并在证件修改处加盖校对章。

（2）建设用地规划许可证建设单位名称变更

建设单位应持计划管理部门变更建设单位名称的计划文件，原建设单位同意变更建设用地规划许可证中建设单位名称的证明或双方的协议书、原审批文件向规划行政主管部门申请，经规划主管部门审查同意后，进行变更。

（3）建设用地规划许可证申请范围及其用地或建筑性质变更

小城镇建设项目为下列情况之一，应按规定申请《建设用地规划许可证》。

1）新建、迁建需要使用小城镇土地的；

2）扩建需要使用本单位以外的土地的；

3）改变土地使用性质的；

4）建设临时使用土地或调整、置换土地的建设工程；

5）国有土地使用权出让、转让地块的建设工程。

小城镇规划建设用地性质或建筑性质变更，必须经过法定程序，根据小城镇建设和经济发展具体情况，在不违反小城镇规划用地布局基本原则的前提下，确需对局部地块使用性质或建筑性质调整改变的，必须经县（市）人民政府城乡规划行政主管部门核定并报请县（市）人民政府批准。

核定用地性质或建筑性质变更原则：

（1）必须符合小城镇规划，包括总体规划和详细规划。

（2）遵循社会、经济、环境三效益统一的原则。

（3）遵循科学布局、合理用地、节约用地原则。

审批用地性质或建筑性质变更程序：

（1）用地使用单位或开发建设单位提出变更申请，报规划行政主管部门。

（2）规划行政主管部门根据小城镇规划和相关法律法规审查批准，报县（市）人民政府备案。

（3）重点地段的项目报县（市）人民政府审批。

（4）影响小城镇总体布局规划用地性质变更，需报规划审批部门审批。

4.4 建设工程规划管理

小城镇建设工程规划管理是县（市）人民政府城乡规划行政主管部门或其派出机构根据小城镇规划及其有关法律法规和技术规范，对各类建设工程进行组织、控制、引导和协调，使其纳入小城镇规划的轨道，并核发建设工程规划许可证的行政管理。

建设工程包括建筑工程、市政管线工程和市政交通工程。

4.4.1 建设工程规划许可证的依据和核发程序

小城镇建设工程规划许可证是县（市）人民政府城乡规划行政主管部门实施小城镇规划，按照小城镇规划要求，管理各项建设活动的重要法律凭证。根据《城乡规划法》第40条规定："在城市、镇规划区内进行建筑物、构筑物、道路、管线和其他工程建设的，建设单位或者个人应当向城市、县人民政府城乡规划主管部门或者省、自治区、直辖市人民政府确定的镇人民政府申请办理建设工程规划许可证。

申请办理建设工程规划许可证，应当提交使用土地的有关证明文件、建设工程设计方案等材料。需要建设单位编制修建性详细规划的建设项目，还应当提交修建性详细规划。对符合控制性详细规划和规划条件的，由城市、县人民政府城乡规划主管部门或者省、自治区、直辖市人民政府确定的镇人民政府核发建设工程规划许可证。

城市、县人民政府城乡规划主管部门或者省、自治区、直辖市人民政府确定的镇人民政府应当依法将经审定的修建性详细规划、建设工程设计方案的总平面图予以公布。"

建设工程规划许可证核发程序

（1）建设单位依法取得建设用地后，申请规划设计条件的要求，县人民政府城乡规划行政主管部门核定上述要求；

（2）建设单位送审设计方案，规划行政主管部门征求环保、消防、卫生等主管部门意见，审核设计方案；

（3）审查同意并组织放线、验线后，核发建设工程规划许可证。

4.4.2 小城镇建筑工程规划管理内容

小城镇建筑工程规划管理，主要对各项建筑工程，着重从以下几个方面提出规划设计要求，并对其设计方案进行审核。

（1）建筑使用性质的控制

对建筑使用性质予以审定，保证建筑物使用性质符合土地使用性质相容的原则，确保土地使用符合小城镇规划合理布局的要求。建筑物使用性质的审核主要是审核建筑平面使用功能。

（2）建筑容积率的控制

根据不同类型建筑的占地或建筑面积比例和准许容积率值，审核建筑总面积是否超过准许的建筑总面积，区别单项建筑工程和地区开发建筑工程的不同，剔除基地公共部分用地不作计算容积率的基地面积，以控制开发总量，区别应计入和不计入容积率计算的建筑面积，对为社会公众服务提供开放空间实行容积率奖励方法，规范建筑基地面积、建筑面积计算。

（3）建筑密度控制

在确保建设基地内绿地率、消防通道、停车、回车场地和建筑间距的前提下予以审定。

（4）建筑高度的控制

按已批相关小城镇详细规划或相关小城镇中心区城市设计的要求控制，对未编制上述相关规划设计应充分考虑下列制约因素：

1）视觉环境因素制约，一是沿小城镇中心区道路两侧面建造的建筑高度控制；二是文物保护或历史建筑保护单位周围地区的建筑高度控制。

2）机场、微波等无线通信对邻近小城镇建筑高度的制约。

3）其他相关要求如日照、消防、地质条件的制约。

（5）建筑间距的控制

重点考虑日照、消防安全、卫生防疫、施工安全、空间关系、工程管线等影响因素。

（6）建筑退让的控制

包括建筑退让地界距离、建筑退让道路规划红线距离、建筑退让铁路线距离、建筑退让高压电力架空线距离、建筑退让河道蓝线距离。

（7）建设基地绿地率控制

绿地率除应符合规定要求外，对于开发建设基地和面积较大单项建筑工程基地，还应设置集中绿地。

（8）建设基地出入口、停车和交通组织的控制

不干扰镇区交通为原则。

（9）建设基地标高控制

一般应高于相邻镇区道路中心线标高 0.3m 以上。

（10）建筑环境管理

按小城镇中心区城市设计要求，对建筑物高度、体量、造型、立面、色彩进行审核；

在没有进行城市设计地区，对重要建筑造型、立面、色彩应进行专家评审，对于较大建设工程或者居住区，还应审核其环境设计。

（11）各类公建用地指标和无障碍设施的控制

对地区开发应根据批准的相关小城镇详细规划和有关规定，对中小学、幼托及商业服务设施的用地指标进行审核，并留有发展余地，同时审核地区开发和公共建筑相关的无障碍设施要求。

（12）符合有关专业管理部门综合意见的审核

建筑工程审核阶段，同时征求消防、环保、卫生防疫、园林绿化等主管部门的意见，对设计方案是否符合有关专业主管部门的综合意见进行审核。

4.4.3　小城镇市政管线工程规划管理的内容

小城镇市管线工程规划管理主要控制市政管线工程平面布置及其水平、竖向间距，并处理好相关道路、建筑物、树木等关系，主要有以下方面：

（1）管线的平面布置、竖向布置

所有管线位置均采用小城镇统一坐标系统和高程系统，沿道路红线平行敷设。

管线平面布置和竖向布置各项要求应符合相关规范要求。

（2）管线敷设与行道树绿化的关系

架空线应充分考虑行道树的生长和修剪要求。

（3）管线敷设与市容景观的关系

各类电杆形式力求简洁，同类架空线尽可能同杆敷设，县城镇、中心镇中心区管线应尽量入地。

（4）综合协调相关管理部门意见

主要指市政管线工程穿越镇区道路、公路、铁路桥梁、河流、绿化地带及消防安全等方面要求的综合协调。

（5）其他管理

如雨、污水管排水口的设置、管线施工、临时管线安排等的协调。

4.4.4　小城镇市政交通工程规划管理的内容

（1）地面道路（公路）工程的规划控制

道路走向及坐标控制、道路横断面布置的控制、镇区道路标高的控制、道路交叉口的控制、路面结构类型的控制、道路附属设施的控制。

（2）镇区桥梁、隧道等交通工程规划控制

镇区桥梁、隧道断面宽度及形式应与其衔接的镇区道路一致。镇区桥梁结构选型及外观设计应充分注意小城镇景观风貌的要求。

4.5　规划实施监督检查

小城镇规划实施监督检查是小城镇规划管理中的一项重要工作，直接关系到小城镇规划实施的最终结果，能否实现小城镇规划管理的预期目标。

4.5.1 小城镇规划实施监督检查的任务

（1）小城镇土地使用的监督检查

包括对建设工程使用土地情况的监督检查和对规划建成地区和规划保留、控制地区的规划控制情况的监督检查。前者主要对用地情况与建设用地规划许可证的规定是否符合进行监督检查，后者对小城镇居住小区、工业园区等规划控制情况进行监督检查，特别是对于文物和历史建筑保护范围和建筑控制地带，以及历史风貌地区的核心保护区和协调区的建设控制情况进行监督检查。

（2）对建设活动全过程的行政检查

包括建设工程开工前订立红线界桩、复验灰线和建设工程竣工后的规划验收。

（3）查处违法用地和违法建设

（4）对建设用地规划许可证和建设工程规划许可证的合法性进行监督检查

（5）对建筑物、构筑物使用性质的监督检查

建筑物、构筑物使用性质的改变，对环境、交通、消防、安全产生不良后果，影响小城镇规划实施。对建筑物、构筑物随意改变应进行监督检查。

小城镇规划实施的监督检查主要有三种行政行为，即行政检查、行政处罚和行政强制措施。

4.5.2 小城镇规划实施的行政检查

小城镇规划实施的行政检查是城乡规划行政主管部门对建设单位和个人遵守城乡规划行政法律规范或规划许可的事实，所作的强制性检查的具体行政行为。

（1）建设工程规划批后行政检查的内容

1）道路规划红线订界检查。

2）复验灰线。

① 检查实施现场是否悬挂建设工程规划许可证；

② 检查建筑工程总平面放样是否符合建筑工程规划许可证核准的图纸；

③ 检查建筑工程基础的外沿与道路规划红线的距离，与相邻建筑物外墙的距离，与建设用地边界的距离；

④ 检查建筑工程外墙长、宽尺寸；

⑤ 查看基地周围环境及有无架空高压电力线对建筑施工要求。

3）建设工程竣工规划验收。

（2）建筑工程

检查各项是否符合建设工程规划许可证及其核准图纸的要求。

1）总平面布局。

检查建筑工程位置、占地范围、坐标、平面布置、建筑间距、出入口设置。

2）技术指标。

检查建设工程的建筑面积、建筑层数、建筑密度、容积率、建筑高度、绿地率、停车泊位等。

3）建筑立面、造型。

检查建筑物或构筑物的形式、风格、色彩、立面处理等。

4）室外检查。

检查室外工程设施，如道路、踏步、绿化、围墙、大门、停车场、雕塑、水池等；并检查是否按期限拆除临时设施并清理现场。

（3）市政管线工程竣工规划验收

1）中心线位置；

2）测绘部门跟测落实情况；

3）其他规划要求。

（4）市政交通工程竣工规划验收

1）中心线位置；

2）横断面布置；

3）路面结构；

4）路面标高及桥梁净空高度；

5）其他规划要求。

（5）建设工程批后行政检查的程序

1）申请

包括涉及道路规划红线的建设工程申请订立道路规划灰红线界桩，申请复验灰线，申请建筑工程竣工规划验收。

2）检查

对应申请的行政检查。

3）核发

竣工并经小城镇规划验收合格，核发建设工程竣工规划验收合格证明。

4.5.3　小城镇规划实施监督检查的行政处罚

（1）行政处罚的原则

1）处罚法定原则；

2）处罚与教育相结合原则；

3）公开、公正的原则；

4）违法行为与处罚相适应的原则；

5）处罚救济原则

包括行政复议、行政诉讼和行政赔偿等法律救济途径；

6）受处罚不免除民事责任的原则。

（2）行政处罚的种类

1）申诫罚

主要形式为警告、通报。

2）财产罚

罚金或没收违法建筑。

3）能力罚（行为罚）

主要形式吊销规划许可证。

（3）行政处罚的程序和制度

1）行政处罚程序

① 简易处罚程序

适用于监督检查人员当场发现违法行为，当场作出的行政处罚。简易处罚程序须符合违法事实确凿，应当给予处罚有法定依据和对建设单位或个人的行政处罚较轻等三个条件。

② 一般处罚程序

要求城乡规划行政主管部门必须全面、客观、公正地调查取证，必须有不少于两名执法人员进行调查取证，并应当出示执法证件，制作笔录，与案件有直接利害关系的监督检查人员应当回避。

③ 听证程序

凡责令吊销许可证或者数额较大的罚款的行政处罚适用听证程序。

2）行政处罚制度

① 事先告知制度

处罚决定前，将准备作出行政处罚决定的事实、理由和依据，以及当事人依法享有的权利告知当事人。

② 陈述申辩制度

如果建设单位或个人对告知的内容有异议，有权进行陈述和申辩，包括依法要求听证，不得因此加重处罚。

③ 审查决定制度

④ 政府监督制度

⑤ 罚缴分离制度

4.5.4　小城镇规划实施监督检查的行政强制措施

行政强制措施是指行政机关采用强制手段，保障行政管理秩序、维护公共利益、迫使行政相对人履行法定义务的具体行政行为。

行政强制措施的执行必须同时具备下列条件：

（1）被执行者负有行政法规定的义务；

（2）存在逾期不履行的事实；

（3）被执行人故意不履行；

（4）执行主体必须符合资格条件。

行政强制执行除了应当遵循行政法的合法性原则与合理性原则外，还应当遵循预先告诫、优选从轻、目的实现和有限执行等项原则。

我国城乡规划实施监督检查的行政强制措施，特别是一些地方在房屋拆迁方面的行政强制措施宜在深入研究基础上加以完善，加强相关政策法规措施研究与配套建设势在必行。

4.5.5　小城镇违法用地、违法建筑的查处

（1）违法用地查处

建设单位或个人未取得规划行政主管部门批准的建设用地规划许可证，或者没有按照建设用地许可证核准的用地范围和使用要求使用土地的，均属违法用地。

查处违法用地相关规定：

1）对建设前期改变小城镇用地原有地形、地貌活动，城乡规划行政主管部门应会同土地行政主管部门责令恢复原有的地形、地貌、赔偿损失；

2）对违法用地上进行的建设按处理违法建筑的法律规定，视不同情况处理；

3）对于违法审批获准用地，应报告县人民政府，并由县人民政府责令收回土地。

（2）违法建设查处

查处违法建设，包括无证建设和越证建设的查处有以下几种情况：

1）在未取得建设用地规划许可证和经批准的临时用地上进行的建设；

2）未取得建设工程规划许可证的建设工程；

3）未经批准的临时建设工程；

4）违反建设工程许可证的规定或擅自变更批准的规划设计图纸的建设工程；

5）违反批准文件规定的临时建设工程；

6）超过规定期限拒不拆除的临时建设工程；

7）规划行政主管部门不按照法律规定批准建设的项目。

（3）查处违法建设的程序

1）停止施工、立案登记

对于各类违法建设活动一经发现，规划行政主管部门就应及时下达停工通知书，责令停止施工，并对违法建设立案登记，记录违法建设的项目名称，建设位置、规模、违法建设发现时间、停工通知书送达时间，并采取包括法律、法规授权行使的强制性措施在内制止违法建设行为的相应措施。

2）作出处罚决定

① 做好现场勘察记录和对违法当事人的询问笔录；

② 确定违法建设活动对小城镇规划的影响程度；

③ 依法告知当事人行政处罚的事实、理由及依据；及时作出行政处罚决定；同时告知当事人对行政处罚依法有陈述权、申辩权、申请行政复议权、提起行政诉讼权、申请听证权。

3）申请强制执行

行政处罚决定做出后，在法定期限内，当事人逾期不申请复议，也不向人民法院起诉，又不履行处罚决定的，县（市）人民政府城乡规划行政主管部门应当申请人民法院强制执行。

4.6　小城镇规划实施管理改革

依据中央关于加强城乡规划监督管理的一系列方针政策，针对当前小城镇规划实施管

理存在的问题和薄弱环节，小城镇规划实施管理改革应着重于以下几个方面：

（1）小城镇规划强制性内容是小城镇可持续发展的重要保证。规划明确的强制内容要向社会公布，不得随意调整。变更规划的强制性内容，组织论证必须就调整的必要性提出专题报告，进行公示，经上级政府认定后方可组织和调整方案，重新按规定程序审批。调整方案批准后应报上级城乡规划行政主管部门备案。

（2）严格建设项目选址与用地的审批程序。在项目可行性报告中，必须附有城乡规划行政主管部门核发的选址意见书。计划行政主管部门批准建设项目，建设地址必须符合选址意见书。不得以政府文件、会议纪要等形式取代选址程序。

（3）加强历史文化名镇的保护，重点做好对历史文化名镇整体格局、历史文化街区、文物古迹与历史性建筑及其周边环境的保护。建立和实施紫线管制制度，加强对历史文化遗产的保护，严厉查处破坏历史文化遗产的行为。

（4）认真贯彻"严格保护，统一管理，合理开发，永续利用"的原则，正确处理保护与开发利用的关系，严格风景名胜资源保护，按照"山上游，山下住"、"沟内游，沟外住"等原则，规划建设一批旅游型小城镇，逐步解决核心景区内人口迁移问题，带动小城镇经济发展。

（5）切实加强城乡结合部规划管理，县城镇、中心镇规划范围的城乡结合部应依据土地利用总体规划和小城镇总体规划，编制城乡结合部详细规划和近期建设规划，复核审定各地块的使用性质和使用条件。着重解决好集体土地使用权随意流转、使用性质任意变更以及管理权限不清、建设混乱等突出问题，尽快改变城乡结合部建设布局混乱，土地利用效率低，基础设施严重短缺、环境恶化的状况。县（市）人民政府城乡规划行政主管部门和国土资源行政主管部门要对城乡结合部规划建设和土地利用实施有效的监督管理，重点查处未经规划许可或违反规划许可条件进行建设的行为。防止以土地流转为名擅自改变用途。

（6）建立和完善规划实施的监督机制，提高小城镇规划建设管理水平。

对于较大小城镇公共设施项目必须符合小城镇规划，严格建设项目审批程序，乡镇政府投资建设项目应当公示资金来源，严查不切实际的"形象工程"。要严格按规划管理公路两侧的房屋建设，特别是商业服务用房建设。分类指导不同地区、不同类型小城镇的建设，抓好试点及示范。

（7）小城镇规划实施管理其他改革内容详见第8章小城镇规划建设管理体制与机制改革。

4.7　附　录

附录收集城乡规划管理"一书两证"以及其申请办理，用地、建设报批办理，违法用地、违法建设查处办理相关内容表格。

上述表格小城镇规划管理与城市规划管理的不同，主要在于前者报建项目等操作过程有所简化，并且各地根据不同情况，操作过程选项有较大灵活性。

4.7.1 建设项目选址意见书

中华人民共和国
建设项目选址意见书

建设项目选址意见书

编号：　字第　号

　　根据《中华人民共和国城乡规划法》第三十六条和《建设项目选址规划管理办法》的规定，特制定本建设项目选址意见书，作为审批建设项目设计任务书（可行性研究报告）的法定附件。

建设项目 基本情况	建设项目名称	
	建设单位名称	
	建设项目依据	
	建设规模	
	建设单位拟选位置	
城市规划 行政主管 部门选址 意见		
附件附图 名称		

中华人民共和国建设部制

说明事项：
一、建设项目基本情况一栏依据建设单位提供的有关材料填写。
二、本意见书是城乡规划行政主管部门审核建设选址的法定凭证。
三、设计任务书（可行性研究报告）报请批准时，必须附有城乡规划行政主管部门核发的选址意见书。
四、未经发证机关许可，本意见书的各项内容不得变更。
五、本意见书所需的附件和附图，由发证机关确定，与本意见书具有同等法律效力。

4.7.2 某县（市）规划局规划意见书

规意字　号
发件时间：___年___月___日

单位名称：_____

　　你单位___年___月___日申报材料_____收悉。

　　经研究，同意你单位在___镇_____规划建设____项目，请按下列意见办理计划、用地、设计及其他有关部门联系等项目前期工作。

　　一、用地规划要求

（一）拟规划建设用地位置、范围：

（二）拟规划建设用地性质：

可兼容使用性质：

（三）拟规划建设用地面积约：_____ m²

其中：

　　原有建设用地面积约：_____ m²

　　新征（占）建设用地面积约：_____ m²

（四）另需代征城市公共用地面积约：_____ m²

其中：

代征道路用地面积约：_____ m²

代征绿化用地面积约：_____ m²

代征其他用地面积约：_____ m²

（五）人口毛密度：_____ 人/hm²

（六）容积率：

（七）建筑密度：_____%

（八）建设用地控制高程：_____ m

二、建筑规划要求

（一）建筑使用性质：

可兼容使用性质：

（二）建筑控制规模约：_____ m²（以审定方案为准）

（三）建筑控制高度：_____ m

（四）建筑控制层数：地上____层（建议地下____层）

（五）建筑退让距离：_____ m

退让规划用地边界距离：_____ m

退让规划道路红线距离：_____ m

退让铁路距离：距离外侧铁轨不小于_____ m

退让高压线距离：_____ m

退让河道距离：距离河道上口不小于_____ m

（六）建筑间距：

应符合《某市生活居住建筑距离规定》的要求

其他间距要求：

（七）竖向设计：

三、城市设计要求

（一）与相邻建筑空间关系：

（二）建筑立面、色彩、造型：

（三）室外广场：

（四）户外雕塑：

（五）其他要求：

四、绿化环境规划要求

（一）绿地率：____%

（二）集中绿地面积：不小于____ m²

（三）集中绿地位置：

（四）名木古树保护。

五、交通规划要求

（一）主要出入口方位：

机动车：

行人：

（二）停车泊位

机动车：_____辆，其中地上不少于_____%

自行车：_____辆，其中地上不少于_____%

（三）交通组织方式：

六、市政设施规划要求

（一）给水：

（二）供电：

（三）通信：

（四）热力：

（五）燃气：

（六）雨水：

（七）污水：

（八）其他：

七、公共设施规划要求

（一）配套公共服务设施

（二）城市公共设施

八、其他规划要求

（一）下阶段向规划部门申报内容为（　　），如设计方案在用地使用性质、建筑控制高度等方面超出本意见书要求时，应先按有关规定进行专题论证，待批准后再行申报。

（二）满足环保、消防、人防、园林、交通、文物、保密、通信、水利（河湖）、市政、教育、体育等各项法规、规章、规范、规定的要求，并按有关规定与有关行政主管部门联系，因涉及_____问题，请取得_____的意见或单位协议。

（三）下阶段申报规划设计方案时，除常规文件图纸要求外，还需作出1：500建筑模型和1：1000周围环境模型。

（四）本建设项目属于重要项目，需进行设计方案招标，标书中项目的规划设计要求请按本意见书编制。

（五）下阶段申报规划设计方案时，除常规文件图纸要求外，还应附城市设计方案。

（六）其他。

九、注意事项

1. 在按本意见书设计时，应委托具有相应资质的规划设计单位。设计方案完成后，除特别要求外，均应按A3规格（市政工程也可按A4规格）装订成册。

2. 在拟使用自有土地建设时，可执本意见书及其他相关文件资料向计划行政主管部门申报。

3. 在拟征（占）用农村集体土地时，可执本意见书及其他相关文件资料向土地行政主管部门办理土地使用意见，待市人民政府批复后，可申报建设用地规划许可证。

4. 在拟使用其他建设用地时，可执本意见书及其他相关文件材料向土地行政主管部门申报，待批准后，再申报建设用地规划许可证。

县（市）土地管理部门对使用国有土地进行拆迁安置的意见：

5. 代征用地应按要求进行拆迁、腾清，待城市需要时无条件自行交出。

6. 本通知书有附图，一式（   ）份，文图一体方为有效文件。

7. 本意见书有效期两年，逾期自行失效。

4.7.3 建设用地规划申请书

建设单位	盖章 年 月 日		联系人		电话	
			建设地点			
			设计单位			
			设计任务书 批准机关		文号	
总投资			选址意见书 编号			
建设项目						
建设规模			拟征地面积		公顷	
总建筑面积（m²）						
被征用或划拨 土地单位名称			土地证号			
被征用房产 单位名称			房产证号			

平面设计 技术指标	建设 性质	幢数	平均 层数		建筑面积（m²）	
					总面积	基底面积
	总计					
	建筑密度（%）			容积率		

注：基底总面积 $= \dfrac{\text{总建筑面积}}{\text{平均层数}}$（m²）

建筑密度 $= \dfrac{\text{基底总面积}}{\text{用地总面积}} \times 100\%$

容积率 $= \dfrac{\text{总建筑面积}}{\text{用地总面积}}$

规划建设用地方案：

经办人：

审核 意见		审定 意见	

规划设计条件：

经办人： 审查人： 年 月 日

总平面设计审查意见：

经办人：

审核 意见		审定 意见	

核发用地 规划证明栏	规划用地许可证 编号		发证日期	
	用地位置			
	用地面积			
	附件及附图名称：			

经办人：

4.7.4 中华人民共和国建设用地规划许可证

中华人民共和国

建设用地规划许可证

编号

　　根据《中华人民共和国城乡规划法》第三十七条规定，经审定、本用地项目符合城市规划要求，准予办理征用划拨土地手续。

特发此证

发证机关

日 期

用地单位	
用地项目名称	
用地位置	
用地面积	

附图及附件名称

遵守事项：

1. 本证是城市规划区内，经城市规划行政主管部门审定，许可用地的法律凭证。

2. 凡未取得本证而取得建设用地批准文件占用土地的，批准文件无效。

3. 未经发证机关审核同意，本证的有关规定不得变更。

4. 本证所需附图与附件由发证机关依法确定，与本证具有同等法律效力。

4.7.5 中华人民共和国建设工程规划许可证

中华人民共和国

建设工程规划许可证

编号

根据《中华人民共和国城乡规划法》第四十条规定，经审定，本建设工程符合城市规划要求准予建设。

特发此证

发证机关

日期

建设单位	
建设项目名称	
建设位置	
建设规模	

附图及附件名称

遵守事项：

1. 本证是城市、镇规划区内，经城乡规划行政主管部门审定，许可建设的法律凭证。

2. 凡未取得本证或不按本证规定进行建设，均属违法建设。

3. 未经发证机关许可，本证的各项规定均不得变更。

4. 建设工程施工期间，根据城乡规划行政主管部门的要求，建设单位有义务随时将本证提交查验。

5. 本证所需附图与附件由发证机关依法确定，与本证具有同等法律效力。

4.7.6 建设工程规划申请书

建设单位			盖章 年 月 日		联系人			电话	
					建设地点				
					设计单位				
					施工单位				
建设投资	总投资		万元		选址意见书证号				
	本期投资		万元		规划用地许可证号				
	投资批准机关							文号	
	土地证批准机关							证号	
	拨款银行							账号	
建设项目		建设性质	幢数	层数	总高(m)	结构	建筑面积(m²)	总造价(万元)	
其中：		商业							
		人防							
总计									
房屋拆迁	房产单位		结构	面积	栋数	沿街建筑门前绿化面积		m²	
						沿街建筑门前铺装面积		m²	
						城市配套	¥		
						旧城改造费	¥		
	建设保险金		¥			其他		¥	

初审意见及建筑规划设计要点：

经办人： 审查人： 年 月 日

初步设计审查意见：

经办人： 审查人： 年 月 日

施工图设计审查：

经办人： 审查人： 年 月 日

审定意见：

| | | 审定人： 年 月 日 |

核发许可证栏	建设工程规划许可证号		发证日期	
	建设位置			
	建设规模			
	附件及附图名称：			

4.7.7 某县（市）建设项目竣工规划验收申请表

某县（市）建设项目竣工规划验收申请表

收件编号 字［ ］号
收件日期 年 月 日

建设单位：	验收项目	批准文件要求	竣工执行情况
盖章	地块面积		
	使用性质		
项目名称：	容积率		
工程地址：	建筑密度		
承办人：	停车泊位		
电话：	绿地比例		
住址：	须配设施		
	批准文件指标		

工程项目名称	批准文件指标				竣工执行情况			
	底层面积（m²)	层数	底层面积（m²)	高度（m)	底层面积（m²)	层数	底层面积（m²)	高度（m)

说明：
1. 本表须详细填明，申请时连同竣工图纸及文件、证件一并送来。
2. 本表各项数据应真实准确，并应提供数据的计算简式。
3. 收件编号、收件日期，申请单位请勿填写。
4. 申请单位填写后由报建窗口登记。

批准机关：
年 月 日

54

4.7.8 建设项目选址意见书的办理

（1）依据

《中华人民共和国城市规划法》第三十条规定："城市规划区内的建设工程选址和布局必须符合城市规划。设计任务书报请批准时，必须附有城市规划行政主管部门的选址意见书。"

（2）受理范围

1）新建、迁建单位需要使用土地的；

2）原址扩建需要使用本单位以外的土地的；

3）需要改变本单位土地使用性质的。

（3）应提交的文件资料

1）填报《建设项目选址意见书申请表》；

2）经批准的建设项目建议书或上报的可行性研究报告和其他上报计划文件；

3）如属工业项目和其他对周围环境有特殊要求的项目及对周围地区有一定影响和控制要求的建设项目应加送下列资料：

① 有关工艺的基本情况，对水、陆运输，能源和市政，公用配套设施（包括电力、给水排水、道路、燃气和通信等）的基本要求；

② 项目建成后可能对周围地区带来影响以及建设项目对周围地区建设有制约的控制要求；

③ 有关环境保护（三废排放量及排放方式）、卫生防疫、消防安全等的资料；

④ 其他特殊要求。

4）大中型建设项目应附送有相应资质的规划设计单位作出的选址论证。

5）属原址改建需改变土地使用性质的，须附送原建设用地规划许可证、土地权属证和房产产权证件（复印件）1份，其中联建的应送联建协议等文件。

6）必要时提交有关部门（如环保、消防、文物保护、供水、供电等）的审批意见或协议。

7）其他需要说明的图纸、文件等。

（4）办理程序及期限

建设单位送齐应提交的文件资料，经窗口受理申请并发给建设单位立案回执后，将在法定工作日40天内审批完毕（不含市政府、省建设厅审查时间），经审核同意的，发给建设单位下列审批文件：

1）《建设项目选址意见书》证件1套；

2）关于核发建设项目选址意见书的通知1份；

3）核定的设计蓝图1份；

4）需实测用地坐标的，发给测量通知书1份；

经审核不同意的，将发放注明详细原因的退件通知书1份。

（5）注意事项

1）建设单位取得核发的《建设项目选址意见书》后，可向计划部门报批可行性研究

55

报告或申请计划文件。计委批复后，根据我局发放的测量通知单，委托具有相应资质的单位测量用地坐标，并报测绘管理部门验收测绘成果；根据我局核发的建设项目选址意见书通知要求和设计蓝线图，委托相应资质的规划设计单位进行规划设计。

2）建设单位在取得《建设项目选址意见书》后，应在六个月内持批准的建设项目可行性研究报告或其他计划文件，向我局报送规划设计方案及验收合格的测量结果，申请办理《建设用地规划许可证》。届时如建设项目可行性研究报告未获批准又未申请延期的，建设项目选址意见书即行失效。

4.7.9 建设用地规划许可证的办理

（1）依据

《中华人民共和国城市规划法》第三十一条规定："在城市规划区内进行建设需要申请用地的，必须持国家批准建设项目的有关文件，向城市规划行政主管部门申请定点，由城市规划行政主管部门核定其用地位置和界限，提供规划设计条件，核发建设用地规划许可证。建设单位或者个人在取得建设用地规划许可证后，方可向县级以上地方人民政府土地管理部门申请用地……"。

（2）受理范围

1）新建、迁建单位需要使用土地的；

2）原址扩建需要使用本单位以外土地的；

3）需要改变本单位土地使用性质的；

4）国有土地使用权出让、转让的。

（3）办理总程序

1）送审规划设计方案

2）申请《建设用地规划许可证》

（4）送审规划设计方案应提交的文件资料

1）新建、迁建单位需使用土地的，原址扩建需要使用本单位以外的土地或者需要改变本单位土地使用性质的，提交以下资料：

① 填报《建设用地规划设计方案申报表》；

② 计划部门的当年投资计划文件或批准的可行性研究报告；

③ 核发的《建设项目选址意见书》；

④ 按我局规划要求，由具有相应资质的规划设计单位编制的规划设计方案（含管网综合图）两套及 CAD DWG 格式电子数据壹套；

⑤ 建设单位与土地现使用单位的土地出让意向书及上级部门意见；

⑥ 其他需要说明的图纸、文件等。

2）由拍卖等方式取得的国有土地使用权的建设工程，提交以下资料：

① 填报《建设用地规划设计方案申报表》；

② 签订的土地使用权出让合同及附件；

③ 根据拍卖地块的范围及规划条件，由具有相应资质规划设计单位编制的规划设计方案（含管网综合图）两套及 CAD DWG 格式电子数据壹套；

④ 其他需要说明的图纸、文件。

（5）送审规划设计方案的办理程序及期限

建设单位送齐应提交的文件资料，经窗口受理申请并发给建设单位立案回执后，将在法定工作日 20 天内审查完毕（不含市政府审查、专家审查和方案公示时间），发给建设单位建设用地规划设计方案审核意见单。

1）建设单位根据审核意见修改规划方案后，再次填报《建设用地规划设计方案申报表（第二次送审）》，报窗口受理。

2）如无修改意见，建设单位可申请办理《建设用地规划许可证》。

（6）建设单位报送规划设计方案时，应注意下列事项

送审图纸应符合规范化要求，须有设计单位图签、设计单位资格证书编号、设计人、校对人、审核人签名，以及有关部门颁发的出图章。

（7）申请建设用地规划许可证应提交的文件资料

1）填报《建设用地规划许可证申请表》

2）《建设用地规划设计方案审核意见单》原件

（8）建设用地规划许可证的办理程序及期限

建设单位送齐应提交的文件资料，经窗口受理并发给建设单位立案回执后，将在法定工作日 15 天内，办理完毕。经审核同意的，发给建设单位下列审批文件。

1）《建设用地规划许可证》证件 1 套。

2）建设用地红线图两份。

3）关于核发建设用地规划许可证的通知 1 份。

经审核不同意的，将发放注明详细原因的退件通知书 1 份。

（9）建设单位在取得《建设用地规划许可证》后，应注意下列事项

建设单位在取得建设用地规划许可证后 6 个月内，应向国土资源管理部门申请办理建设用地权属证件。取得土地证件后，向我局报送建筑设计方案或初步设计，申请办理《建设工程规划许可证》。届时未取得建设用地权属证件又未申请延期的，建设用地规划许可证即行失效。

4.7.10　建设工程规划许可证的办理

（1）依据

《中华人民共和国城乡规划法》第四十条规定：

"在城市、镇规划区内进行建筑物、构筑物、道路、管线和其他工程建设的，建设单位或者个人应当向城市、县人民政府城乡规划主管部门或者省、自治区、直辖市人民政府确定的镇人民政府申请办理建设工程规划许可证。

申请办理建设工程规划许可证，应当提交使用土地的有关证明文件、建设工程设计方案等材料。需要建设单位编制修建性详细规划的建设项目，还应当提交修建性详细规划。对符合控制性详细规划和规划条件的，由城市、县人民政府城乡规划主管部门或者省、自治区、直辖市人民政府确定的镇人民政府核发建设工程规划许可证。

城市、县人民政府城乡规划主管部门或者省、自治区、直辖市人民政府确定的镇人民政府应当依法将经审定的修建性详细规划、建设工程设计方案的总平面图予以公布。"

57

（2）受理范围

1）新建、改建、扩建的建、构筑工程；

2）建筑外装修、改造工程；

3）户外广告牌匾设置；

4）沿城市道路或者在广场、公共用地设置的城市雕塑工程。

（3）办理程序及应提交的文件资料：

1）申请建设工程设计要求（限在原址建设且不改变使用性质项目，或建筑外装修、改造工程、户外广告牌匾设置、雕塑工程、管线工程）。

应提交的文件资料：

① 填报建设工程设计要求申请表；

② 建设用地规划许可证；

③ 建设用地的土地权属证件；

④ 原建设工程规划许可证和房屋产权证明（外装修、改造工程、原址建设工程及户外广告占用媒体工程）；

⑤ 占用构建筑物进行的户外广告设置项目，交验与构建筑物产权单位协议和与广告发布单位的发布意向协议；

⑥ 外装修工程交验原建设工程的平、立、剖面图、竣工图；

⑦ 计划部门的当年投资计划。

2）送审建筑设计方案或初步设计（含室外管线综合图及室外各专业管线设计图）。

应提交的材料：

① 填报《建设工程设计方案申报表》；

②《建设工程设计要求复函通知单》原件或建设用地规划许可证和关于核发建设用地规划许可证的通知原件、土地权属证件原件；

③ 计划部门的当年投资计划；

④ 设计方案或初步设计三套及 CAD DWG 格式电子数据壹套。

3）申请办理建设工程规划许可证。

应提交的资料：

① 填报《建设工程规划许可证申请表》；

②《建设工程设计方案审核意见单》；

③ 工程施工图三套及电子文件壹套；

④《建设工程规划申请附件》。

（4）建设工程设计要求办理

1）办理程序及期限

建设单位送齐应提交的文件资料，经窗口受理申请并发给建设单位立案回执后，将在法定工作日 12 天内审核完毕，审核同意后发给建设单位《建设工程设计要求复函通知单》。

审核不同意的，将发放注明详细原因的退件通知书一份。

2）建设单位在取得设计要求后，应注意下列事项：

应按要求委托具有相应设计资质的单位进行设计后报送方案，送审图纸应符合规范化要求，须有设计单位图签、设计单位资格证书编号、设计人、校对人、审核人签名，以及有关部门颁发的出图章。

（5）送审建筑设计方案或初步设计办理

1）办理程序及期限

建设单位送齐应提交的文件资料，经窗口受理申请并发给建设单位立案回执后，将在法定工作日 20 天内审批完毕（不含市政府、专家审查和方案公示时间），发给建设单位《建设工程设计方案审核意见通知单》。

① 建设单位根据审核意见，修改设计方案后再次填报《建设工程设计方案申报表（第二次送审）》，报窗口受理。

② 如无修改意见，同时发给《建设工程规划申请附件》。

2）建设单位在报审初步设计通过后，应注意下列事项：

建设单位可按《建设工程设计方案审核意见通知单》要求组织施工图设计，并凭《建设工程规划申请附件》报相关部门审查同意后，填报《建设工程规划许可证申报表》报窗口。

（6）申请建设工程规划许可证办理

1）办理程序及期限

建设单位送齐应提交的文件资料，经窗口受理并发给建设单位立案回执后，将在法定工作日 15 天内办理完毕，经审核同意的，发给建设单位下列文件：

①《建设工程规划许可证》或临时证件 1 套。

② 关于核发建设工程规划许可证通知 1 份。

③《建设工程规划批后管理跟踪表》2 份。

经审核不同意的，将发放注明详细原因的退件通知书 1 份。

2）建设单位在取得《建设工程规划许可证》后，应注意下列事项：

① 建设单位在取得建设工程规划许可证后六个月内，应向建设局申请办理开工手续，申请我局进行放线，验线后，方可开工建设。届时未取得开工批准文件，又未申请延期的，建设工程规划许可证自行失效。

② 施工过程中，如图纸发生变更，须重新履行报批程序，经批准后方可实施。

③《建设工程规划许可证》不作为办理房屋所有权证书的依据。

4.7.11 建筑工程、市政工程规划许可证的办理

（1）依据

《中华人民共和国城乡规划法》第四十条规定：

"在城市、镇规划区内进行建筑物、构筑物、道路、管线和其他工程建设的，建设单位或者个人应当向城市、县人民政府城乡规划主管部门或者省、自治区、直辖市人民政府确定的镇人民政府申请办理建设工程规划许可证。

申请办理建设工程规划许可证，应当提交使用土地的有关证明文件、建设工程设计方案等材料。需要建设单位编制修建性详细规划的建设项目，还应当提交修建性详细规划。对符合控制性详细规划和规划条件的，由城市、县人民政府城乡规划主管部门或者省、自治区、直辖市人民政府确定的镇人民政府核发建设工程规划许可证。

59

城市、县人民政府城乡规划主管部门或者省、自治区、直辖市人民政府确定的镇人民政府应当依法将经审定的修建性详细规划、建设工程设计方案的总平面图予以公布。"

（2）受理范围

1）管线工程包括：

① 给水工程：水源、输水、配水管线及附属设施；

② 排水工程：雨水、污水。干、支管线及附属设施；

③ 电力工程：低压、高压、超高压输配电和路灯、交通指挥信号灯等地下电缆、架空线路及附属设施；

④ 通信工程：市话、长途、专用、军用通信，广播电视、传输地下电缆、架空线路和微波通信及附属设施；

⑤ 燃气工程：天然气、煤制气、液化石油气和各种燃气管线及附属设施；

⑥ 热力工程：蒸汽、热水、干、支、回水管线及附属设施；

⑦ 城镇规划建设发展需要的其他管线工程及附属设施；

⑧ 厂区以外工业专用管线。

2）道桥工程包括：

① 有轨交通工程（包括铁路干线、支线、专用线、地铁、轻轨交通及附属设施）；

② 城镇道路、公路、高速公路、桥、涵、隧道、立交（包括人行天桥和人行地道）、停车港池、场站及附属设施。

3）其他市政工程包括：河渠、港口、码头绿化等。

4）属建筑工程配套的市政设施，与建筑工程同时报批。

（3）办理程序及应提交的文件资料

市政工程规划管理一般程序为：

1）核定设计范围和规划设计要求；

2）审查设计方案；

3）核发《建设工程规划许可证》。

说明：

（1）简单市政工程核定设计范围和规划设计要求后，可省略程序 2）直接进行施工图设计，申请《建设工程规划许可证》；重大市政工程项目在送审设计方案阶段，应根据专业规划作出选线规划，报规划管理部门审核。

（2）市政工程需要征用土地的，应首先向规划管理部门申请办理《建设项目选址意见书》和《建设用地规划许可证》（同时核定设计范围和规划设计要求），办理计划、土地手续后，可直接送审设计方案或施工图，申请《建设工程规划许可证》。

1）核定市政工程设计范围和规划设计要求受理条件与承办要求

① 受理条件

建设单位申请核定市政工程设计范围和规划设计要求，须填报《市政工程规划设计要求申请表》并附送下列图纸、文件：

（A）建设工程计划批准文件；

（B）1：1000 工程范围地形图或实测地下管线地形图 2 份，其中 1 份应标示拟建工程的位置；

（C）大型市政工程项目应附送有关部门对工程的批复；

（D）建设单位对拟建设工程的想法和要求、说明等其他有关文件。

② 承办程序

（A）规划管理"窗口"部门审查、核收建设单位报送的有关申请文件、图纸和资料；对于符合办理条件的，报建窗口予以受理并发给建设单位立案回执；对于不符合办理条件的，不予受理并告知建设单位补送有关文件、图纸和资料、审核时间应从补齐之日算起；

（B）经审核同意的，由报建大厅发给建设单位下列审批文件：

（*a*）《市政工程规划设计条件通知单》1份；

（*b*）经核准的设计范围图1套；

经审核不同意的，将注明详细原因的《退件通知书》1份发给建设单位。

（*c*）建设单位送齐应提交文件资料，窗口予以受理并发给建设单位立案回执后，在法定工作日12天内审核完毕，发给建设单位审批文件。

2）审核市政工程方案受理条件与承办要求

① 受理条件

建设单位申请审核市政工程设计方案，须填报《市政工程设计方案送审表》并附送下列图纸、文件：

（A）1：1000平面设计图2份（其中1份应在相应比例尺地形图或地下管线地形图上绘制，标明工程位置及与道路中心线和相邻管线或其他地上、地下设施的间距尺寸）；

（B）市政设计方案图2份（说明、现状图、规划图等）；

（C）《市政工程规划设计条件通知单》中要求送审的其他有关图纸、文件；

（D）有关协议和相关单位意见；

（E）建设项目计划批准文件及其他有关图纸、文件；

（F）《市政工程规划设计条件通知单》原件；

（G）设计文件的CAD DWG格式电子数据1套。

说明：送审的设计方案图纸，应符合规范化要求，图纸需有设计单位图签、设计单位资格证书编号、设计人、校对人、审核人签名、有关部门颁发的设计出图专用章。

② 承办要求及办理期限

（A）"窗口"部门审查、核收建设单位报送的有关申请文件、图纸和资料。

对于符合送审条件的，报建窗口予以受理并发给建设单位立案回执；对于不符合送审条件的，不予受理并告知建设单位补送有关文件、图纸和资料。审核时间应从补齐之日算起。

（B）经审核同意的（对于重大市政工程的设计方案，规划管理部门应组织有关单位、专家会审），发给建设单位《市政工程设计方案审核意见单》1份和盖有"规划管理业务专用章"的设计方案图纸1套。建设单位方可委托设计单位进行施工图设计。

设计方案经审核需作较大修改的，则退回设计方案1套并附《市政工程设计方案审核意见单》1份，建设单位应再次送审设计方案。

61

（C）建设单位送齐应提交文件资料，窗口予以受理并发给建设单位立案回执后，在法定工作日 20 天内审核完毕，发给建设单位审批文件。

3）核发《建设工程规划许可证》受理条件与承办要求

① 受理条件

申请市政工程《建设工程规划许可证》，建设单位需填报《建设工程规划许可证申请表》（市政工程）并附送下列图纸、文件：

（A）管线施工图 3 份（目录、说明、平面图、纵横断面图、大样图等。管线平面设计图比例应为 1：1000，图上应标明工程范围内的地上、地下管线、绿化、构筑物、建筑物、管线穿越的道路交叉口、桥梁、河道、隧道、铁路等设施的最新现状资料和与拟建工程的相关尺寸）。管线隧道、超高压输电线路塔架、特殊管道的管架，应加送构筑物结构图、架型设计图和基础图各 2 份。

道路施工图 3 份（目录、说明、平面图、纵横面图、标准横断面图等）。

桥梁施工图 3 份（目录、说明、地理位置图、平面图、立面图、剖面图等）。

（B）建设项目计划批准文件。

（C）市政工程如需征用土地，应加送《建设用地规划许可证》和建设用地批准文件等。

（D）按《市政工程设计方案审核意见单》要求报送的有关部门的审核意见书。

（E）有关协议文件。

（F）设计文件的 CAD DWG 格式电子数据 1 套。

② 承办要求及办理期限

（A）"窗口"部门审查、核收建设单位报送的有关申请文件、图纸和资料；

对于符合办理条件的，报建窗口予以受理并发给建设单位立案回执；对于不符合办理条件的，不予受理并通知建设单位补送有关文件、图纸和资料。审核时间应从补齐之日算起；

（B）经审核同意的，发给建设单位下列审批文件：

（a）《建设工程规划许可证》1 份；核发某市、县规划局建设工程规划许可证（市政）通知单 1 份。

（b）盖有"建设工程规划许可证核准图纸章"的市政设计图 1 套；

经审核，施工图不符合审定的设计方案和《建筑工程规划设计要求通知书》要求的，则退回施工图，建设单位应修改后再次送审施工图。

（c）建设单位送齐应提交文件资料，窗口予以受理并发给建设单位立案回执后，在法定工作日 15 天内审核完毕，发给建设单位审批文件。

③ 建设单位在取得《建设工程规划许可证》后，应注意下列事项：

（A）建设单位在取得建设工程规划许可证后六个月内，应向建设局、城建局等有关部门申请办理开工手续，申请我局进行放线、验线后，方可开工建设。届时未取得开工批准文件，又未申请延期的，建设工程规划许可证自行失效。

（B）施工过程中，如发生图纸变更，须重新履行报批程序，经批准后方可实施。

市政工程规划管理工作程序图见图 4-1。

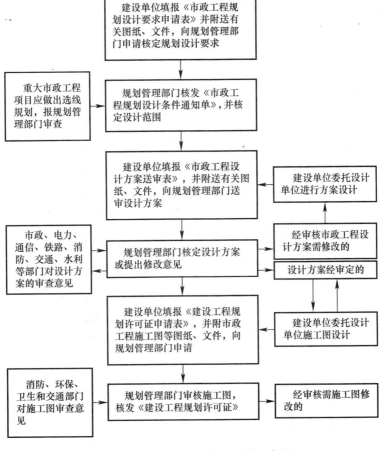

图 4-1 市政工程规划管理工作程序图

4.7.12 建设工程竣工规划验收合格证的办理

（1）依据

某县（市）城乡规划管理条例第二十四条："建设工程开工前，应按规划设计要求放线，由城乡规划行政主管部门或其指定的有关部门验线。基础及隐蔽工程完工后进行复验。建设单位应当在工程竣工验收后 6 个月内向城乡规划行政主管部门报送竣工图。"第二十六条"新建、扩建工程项目，必须根据城镇规划要求进行环境绿化设计，并作为竣工验收的内容。"

（2）受理范围

在城镇规划区内建设竣工的各项建设工程。

（3）应提交的文件资料

1）《建设工程规划许可证》及所附图纸。

2）《建设工程竣工规划验收申请表》。

3）全部竣工图及有关资料。

4）测绘部门实测并经测绘管理部门验收合格的地形图。

5）相关部门验收合格证明。

（4）办理程序及期限

1）建设单位在开工前及基础开槽时，申请放线、验线。窗口受理并发给建设单位立案回执后，将在5个工作日内，予以答复办理，下发验线通知单，建设单位根据通知单，委托有测绘资质的队伍进行实测定点放线。

2）建设单位在建设工程±0.00时，申请核验，窗口受理后，将在5个工作日内，予以答复办理。

3）建设单位在建设工程全部竣工后（含配套设施、环境绿化工程等），申请办理《建设工程竣工规划验收合格证》，提交齐备所有资料，窗口受理后，将在10个工作日内给予验收，符合审批要求的予以核发《建设工程竣工规划验收合格证》。不符合要求的（如未全部建设配套设施等）将发给注明详细意见的退件通知书，有违法建设行为的立案查处。

（5）注意事项

建设单位取得《建设工程竣工规划验收合格证》后，方可向房产管理部门申请办理房屋所有权证书。

4.7.13　建设工程鉴定通知书

建设工程鉴定通知书

某县（市）规鉴通字〔　〕号

_____：

经查，你单位（个人）在_____

_____

_____。

根据《中华人民共和国城乡规划法》、《××省城市规划条例》和《××县（市）城乡规划管理条例》的有关规定，现通知你单位（个人）于____年____月____日持建设用地规划许可证、建设工程规划许可证及相关图纸等有关文件到县（市）规划局_____（地址_____电话_____）接受鉴定。逾期者，将依法进行处罚。

××县（市）规划局

年　月　日

说明：第一联存档，第二联交被鉴定单位（人）

（第一联）

4.7.14 现场检查笔录

现场检查笔录

当事人	单位	名称			地址			
		法定代表人（负责人）			职务		电话	
	公民	姓名		性别	年龄		电话	
		住址			身份证号码			
检查机构					记录人			
检查人					检查日期和时间			
现场检查记录情况：								

被检查单位（人）签章：　　　　检查人签名：

附笔录共　页。

4.7.15 停止违法建设行为通知书

停止违法建设行为通知书

规停通字〔　〕号

_____：

　　查你（单位）_____

_____

_____

_____。

　　这已影响城乡规划的实施，违反了《中华人民共和国城市规划法》、《××省城乡规划条例》、《××省城乡临时建设和临时用地规划管理办法》、《××县（市）城乡规划管理条例》等的相关规定，现责令停止违法建设行为，并于___年___月___日到市规划局_____（地址_____电话_____）接受调查询问。逾期者，将依法进行处罚。

××县（市）规划局

年　月　日

　　说明：第一联存档，第二联交被查单位（人）

（第一联）

4.7.16 行政处罚事先告知书

行政处罚事先告知书

规罚告字〔 〕号

_____：

　你（单位）_____

_____

因_____

_____

违反了_____第____条第____款的规定，根据_____第
____条第____款的规定，本机关拟对你（单位）作出_____

_____

的行政处罚。

　　如你（单位）对上述处罚意见有异议，根据《中华人民共和国行政处罚法》的规定，
你（单位）可以于____年____月____日前到_____进行陈述和申辩，逾期
视为放弃陈述和申辩。

××县（市）规划局

年　月　日

4.7.17 行政处罚立案审批表

行政处罚案件立案审批表

当事人	单位	名称		地址			
		法定代表人（负责人）		职务		电话	
	公民	姓名		性别	年龄	电话	
		住址		身份证号码			
案件来源							
案情摘要							
分局意见						年　月　日	
市局政策法规处意见						年　月　日	
市局主管局长意见						年　月　日	
市局局长意见						年　月　日	

4.7.18 询问笔录

询问笔录

被询问人_____性别_____年龄_____电话_____
工作单位_____职务_____
单位或家庭详细地址_____
与当事人关系_____
询问时间_____年_____月_____日自_____时_____分，至_____时_____分
询问地点_____
询问人_____证件号码_____
记录人_____证件号码_____

问：我们是规划局行政执法人员，我们的证件号码是_____，我们今天来调查你（单位）违法建设一案，根据有关法规规定，你有陈述权、申辩权，你听清楚了吗？
答：_____
_____
_____
_____

询问人、被询问人、记录人在笔录末尾签字或盖章。

4.7.19 送达回证

送达回证

受送达人				
送达地点				
送达文件名称	文号	收到时间		受送达单位（人）签章
		年 月 日		
		年 月 日		
		年 月 日		
		年 月 日		
不能送达理由				
备注				
签发人			送达人	

注：1. 被送达人不在时可有其单位或同住的成年家属代收。
　　2. 发生拒收情况时，需有其他人员在场，记明情况，留下送达文件即为送达

4.7.20　行政处罚案件结案审查表

行政处罚案件结案审查表

<table>
<tr>
<td rowspan="4">当事人</td>
<td rowspan="2">单位</td>
<td>名称</td>
<td></td>
<td colspan="2">地址</td>
<td></td>
<td colspan="2"></td>
</tr>
<tr>
<td colspan="2">法定代表人（负责人）</td>
<td></td>
<td>职务</td>
<td></td>
<td>电话</td>
<td></td>
</tr>
<tr>
<td rowspan="2">公民</td>
<td>姓名</td>
<td></td>
<td>性别</td>
<td></td>
<td>年龄</td>
<td>电话</td>
<td></td>
</tr>
<tr>
<td>住址</td>
<td></td>
<td colspan="3">身份证号码</td>
<td colspan="2"></td>
</tr>
<tr>
<td colspan="2">案情
摘要</td>
<td colspan="6"></td>
</tr>
<tr>
<td colspan="2">处理
结果</td>
<td colspan="6"></td>
</tr>
<tr>
<td colspan="2">领导
审批
意见</td>
<td colspan="6">年　月　日</td>
</tr>
</table>

5 小城镇土地利用管理

5.1 小城镇土地利用现状分析

5.1.1 我国小城镇用地现状

近年来，我国小城镇发展速度加快，用地数量也在不断增加。但由于统计部门和统计口径不一，目前尚缺乏统一的小城镇用地面积数据。根据国家建设部门统计资料，1999年，全国共有建制镇（不含县城关镇）17341个，镇区用地面积1675298hm²，镇区平均用地96.61hm²，镇区人均用地面积143.98m²（详见表5-1）。

全国建制镇用地概况　　　　　　　　　　　表 5-1

年　份	建制镇数量 （个）	镇区用地面积 （hm²）	镇区人口 （万人）	镇均用地面积 （hm²/镇）	人均用地面积 （m²/人）
1990	10126	825083	6114.92	81.48	134.93
1991	10309	870498	6551.81	84.44	132.86
1992	11985	974888	7225.1	81.34	134.93
1993	12948	1118673	7861.93	86.40	142.29
1994	14293	1188071	8669.72	83.12	137.04
1995	15043	1386292	9295.91	92.16	149.13
1996	15779	1437306	9852.89	91.09	145.88
1997	16535	1553221	10440.39	93.94	148.77
1998	17015	1629690	10919.89	95.78	149.24
1999	17341	1675298	11635.48	96.61	143.98

69

从表1可以看出，近10年来，我国小城镇（不含县城关镇）数量从1990年的10126个发展到1999年的17341个，增加了71.3%；镇区用地总面积由825038hm²增加到1675298hm²，增加了103.1%；镇区平均用地面积由81.48hm²增加到96.61hm²，增加了18.6%；人均用地面积由134.93m²增加到143.98m²，增加了6.7%。小城镇及其用地增长趋势分别如图5-1～图5-4所示。

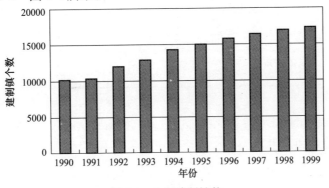

图 5-1　全国建制镇数

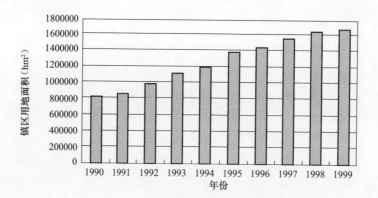

图 5-2　全国建制镇镇区用地总面积

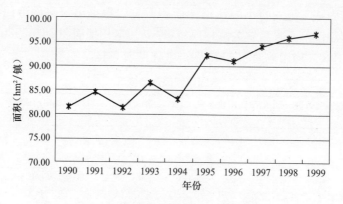

图 5-3　全国建制镇镇区平均用地面积

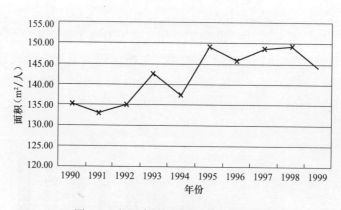

图 5-4　全国建制镇镇区人均用地面积

　　我国东中西部地区城市化发展水平存在差异，根据原建设部统计资料分析，从建制镇发展数量上看，东部地区占 44％，中部地区占 31％，西部地区占 25％。东中西部地区建制镇用地水平也有不同（详见表 5-2 和图 5-5、图 5-6）。

70

东中西部地区建制镇用地概况　　　　表 5-2

年　份	镇区平均用地面积（hm²）			人均用地面积（m²/人）		
	东部	中部	西部	东部	中部	西部
1990	79.15	104.89	46.63	124.83	167.7	95.11
1991	82.81	105.54	50.05	126.90	156.30	91.24
1992	85.37	105.89	39.07	131.05	161.67	90.31
1993	86.79	104.83	41.04	133.18	161.04	90.33
1994	91.36	104.50	39.82	139.39	157.86	91.25
1995	99.75	108.49	52.02	151.46	154.57	113.32
1996	96.56	109.17	51.39	146.38	157.81	111.87
1997	101.14	111.88	53.04	151.89	159.79	112.34
1998	103.44	112.82	54.12	151.63	160.16	111.99
1999	110.89	113.54	55.94	152.19	159.13	110.74

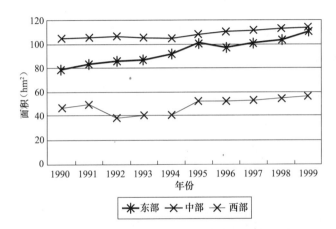

图 5-5　我国东中西部地区建制镇镇区平均用地面积

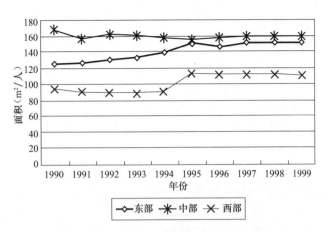

图 5-6　我国东中西部地区建制镇镇区人均用地面积

　　从表 5-2 和图 5-5、图 5-6 可以看出，从建制镇镇区用地规模上总体看来，中部地区每个建制镇镇区用地规模大约比东部地区高 10hm²，但目前已基本相等，镇区平均用地规模

110 多公顷。西部地区镇区用地规模较小，目前只有 50 多公顷，为东中部地区的一半。从东中西部地区本身来看，东部地区镇区用地规模扩展较快，由 1990 年的 79.15hm² 扩展到 1999 年的 110.89hm²，增加了 40.1%；中部地区镇区用地规模发展较平稳，从 1990 年的 104.89hm² 扩展到 1999 年的 113.54hm²，增加了 8.2%；西部地区镇区用地规模也有一定扩展，从 1990 年的 46.63hm² 增加到 1999 年的 59.94hm²，增加了 28.5%。由此可以说明，我国中部地区土地资源相对东部地区较为宽裕，建制镇镇区规模一直较大。东部地区人地矛盾突出，原来建制镇镇区规模较小，但东部地区经济发展较快，小城镇建设和发展迅速，其建制镇镇区规模也已赶上了中部地区。西部地区虽然可以说是地广人稀，但由于经济发展落后，城镇化水平低，建制镇镇区用地规模较小。

从建制镇镇区人均用地面积状况看，与镇区用地规模相似，也呈现出中部地区建制镇镇区人均用地面积大，东部地区次之，西部地区较小的特点。其中，中部地区镇区人均用地面积一直在 160m² 左右；东部地区镇区人均用地面积由 1990 年的 124.83m² 增加到 1999 年的 152.19m²，增加了 21.9%；西部地区镇区人均用地面积由 1990 年的 95.11m² 增加到 1999 年的 110.74m²，增加了 16.4%。东部地区随着镇区面积的快速外延，镇区人均用地面积也在较快增大。东部和中部地区的镇区人均用地面积达 150—160m²，即超过了我国现行的城市人均建设用地最高 120m² 的规划标准，也超过了村镇人均建设用地最高 150m² 的规划标准。

5.1.2　小城镇用地存在的主要问题

近几年来，随着我国工业化、城市化进程的加快，乡镇企业的异军突起，小城镇得到了迅速发展。与此同时，也出现了耕地锐减、用地效益低下等现象。据调查，大部分小城镇发展都是在增量土地上进行的，而且在这些小城镇新区中，大部分用地是通过征用小城镇周围的优质耕地而建成的，由此造成了小城镇发展中土地利用的许多问题。

（1）用地粗放，盲目扩张

由于缺少有效的节约用地和合理的调控、约束手段，小城镇土地长期不能被作为一种重要的经济资源来对待，过多采用粗放式外延扩张的用地模式，不合理占用和浪费土地现象十分普遍，出现了多征少用，多占少用，早征迟用，甚至征而不用，占而不用，好地劣用的粗放性用地模式，极大地浪费了土地资源。这种只进行外延平面式扩张，忽视内涵立体的综合开发与利用的土地利用方式，使小城镇建设用地总量和人均水平都有了较大幅度的提高。1999 年全国建制镇镇区用地总面积 1675298hm²，是 1990 年 825038hm² 的 2 倍多。一些小城镇原来一般不足 1km²，不到几年时间，就发展到 1—2km²，有的发展到 3—4km²。南方某市有一个城镇，总人口为 2700 人，总面积 143km²，原有镇区面积 0.6km²，居然规划到 2010 年，把镇区面积扩大到 50km²，即用 10 年的时间把辖区内 35% 的土地"化"为城镇。[1] 另据联合国开发计划署（UNDP）"中国小城镇可持续发展"项目专家对湖北溇口、安徽荻港和浙江新登三个试点镇的考察，三镇现有镇区面积均在 2km² 以上，但根据其修编的土地利用总体规划和建设规划，三镇的规划面积分别是现有镇区面积的 8.5、3.6、2.6 倍。以其小城镇整个镇域现有人口和人口自然增长率以及每年吸纳外来人

---

[1]　严金明，蔡运龙. 小城镇发展与合理用地. 农业经济问题，2000.1

口估算，再加上基础设施建设的压力及考虑保护耕地的重要性等，专家认为这是一个缺乏依据的规划。最后通过各方专家讨论，三个镇都修订了规划，除新登外，规划区面积压缩了 50％—60％。❶

小城镇用地粗放还表现在人均用地面积过大。根据《城市用地分类与规划建设用地标准》（GBJ 137—90）和《村镇规划标准》（GB 50188—93），城市人均建设用地指标分为 4 级，最低的每人 60m²，最高的每人 120m²。村镇人均建设用地指标分为 5 级，最低的每人 50m²，最高的每人 150m²。然而大多数城市在编制规划时都是就高不就低，根据现状人均建设用地水平所允许的调整幅度也都是只取上限，不取下限，造成人均建设用地指标增幅过大，使城镇用地规模急剧扩张。从上述分析看，1999 年我国建制镇人均用地面积 144m²，东部地区和中部地区达 150—160m²。在全国 31 个省、直辖市和自治区中，有 50％以上的省份（直辖市、自治区）建制镇人均用地面积在 150m² 以上，其中内蒙古、黑龙江、辽宁、海南、吉林等 7 个省、直辖市、自治区建制镇人均用地面积在 200m² 以上（详见表 5-3）。

全国省份建制镇人均用地面积分组情况 表 5-3

人均用地面积（m²）	<100.0	100.0～120.0	120.1～150.0	150.1～180.0	180.1～200.0	>200.0	合 计
省份个数	6	3	6	7	2	7	31
％	19.4	9.7	19.4	22.6	6.5	22.6	100.0

另据江苏省调查，江苏人多地少，属建设用地偏紧的省份。根据规定，全省小城镇人均占地标准应为二、三级，即人均 60—80m² 和 80—100m²。从江苏经济发展增长较快的实际出发，将全省小城镇建设的远期规划标准定为上限 100m²。但实际情况是，改革开放以来苏南乡镇工业的崛起推动了乡镇建设的快速发展，许多乡镇建成区面积翻了两番，而地理形势决定了城郊的大量优质农田被蚕食。苏州的建制镇从 1984 年的 8 个增加到 1995 年的 158 个，城镇建成区面积也由 1986 年 124.2km² 扩大到 1994 年 419km²，平均每个镇建成区由原来的 0.4km² 扩大到 2.23km²，扩大了 5 倍多。城镇规模扩张明显超前于人口增长的结果就是城镇人均占地面积严重超标。最近对全省不同地区 20 多个乡镇 1997 年小城镇建设有关情况的抽样调查中，镇区人均占地面积达 186.9m²，远远超过了规定的人均 100m² 的标准。

（2）用地结构不合理，土地利用效率低

城市和小城镇各类用地应有一个合理的结构比例。我国《城市用地分类与规划建设用地标准》规定，编制和修订城市总体规划时，居住工业、道路广场和绿地四大类用地占建设用地的比例应符合表 5-4。同时，据有关资料表明，国外城市用地理想结构如表 5-5。❷

城市规划建设用地结构 表 5-4

类别名称	占建设用地的比例（％）	类别名称	占建设用地的比例（％）
居住用地	20—32	道路广场用地	8—15
工业用地	15—25	绿地	8—15

❶ 叶剑平. 建立小城镇土地可持续发展利用新机制. 中国土地，2000.4
❷ 李云才. 小城镇经济学概论. 湖南人民出版社，2000.11

国外城市用地理想结构   表 5-5

用地种类	工 业	商业服务业	住 宅	交 通	市 政
比重（%）	15—17	15—20	20—25	18—20	10—12

我国小城镇用地结构缺乏统一规定，用地结构随意性很大，由于各地情况不同，小城镇用地结构也有较大差别。普遍存在的问题是：工业用地和居住用地比重过大，公共设施用地和绿化用地比重偏小，城镇布局分散，道路建设不规范，建筑布局零乱等。

例如，据有关调查，某些小城镇现状用地中，居住用地约占 60% 左右，公共设施用地约占 10%，生产性用地约占 7%，道路用地约占 12%，其他为绿地、空闲地、坑塘等。从这个结构看，公共设施用地和生产用地占的比例偏低，居住用地偏高，绿地太少。一定的用地结构反映了一定社会经济的发展水平，即从发展的眼光看，一些公共服务设施还不完善，工业生产落后，生态环境较差。

另据深圳市的小城镇用地情况，深圳市的宝安区与龙岗区 19 个镇的建成区总用地中，工商用地高达 53%；住宅用地占 38%；而公建用地只有 9%，最低的镇仅 4.4%，人均公建用地只有 6.8m²。这是在没有统一规划情况下造成的不合理的用地结构。利润率高的工商、住宅用地大量开发，而没有公建用地的很好配套。在这些城镇中，公共设施和基础设施极端缺乏，供排水系统只有少数镇中心区有，污水和垃圾处理设施基本没有，公共绿地、公共图书馆和公共体育场馆都没有，甚至连电影院、医院都极少。❶

此外，小城镇内部用地布局零碎，功能分区混乱，土地利用无序。从土地用途看，有工业、仓储、教育、公司、行政、商业服务、市政交通、商住和其他类型，相互混杂，布局不合理。从土地利用空间看，工业、行政、商业、交通、仓储等各类土地相互穿插、交错，相互影响和干扰。

（3）乡镇企业分散，用地浪费

城市大工业对农村剩余劳动力排斥和分割的户籍制度，福利制度等严格的将大量农民限制在农村，"离土不离乡"的乡镇企业应运而生，但这也从一开始就决定了乡镇企业不曾以集聚的方式进入城镇。所有制分割使得集体办的乡镇企业在发展中乡办乡有，村办村有，各自在其范围内布点办企业，直接造成了乡镇企业的过度分散。国家统计局曾经调查的结果表明，乡镇企业办在村里的占 92%，办在镇上的只有 7%，办在县城里的仅占 1%。特别是东南沿海经济发达地区，乡镇企业、村庄和小城镇犹如满天散落的星斗，正如有的人所说："走了一村又一村，村村是城市，看了一镇又一镇，镇镇是农村"。以江苏省江阴市为例。1996 年镇办工业单位 811 个，村办 2317 个，平均每个镇 28 个镇办企业，80 个村办企业，这还不包括那些散布在各镇各村的私营小企业。这种分散布局增加了乡镇企业对道路、供水、供电、供气等基础实施占地的总体需求。据有关专家调查测算，由于分散建设这个主导因素，乡镇企业人均用地比城市职工多出了 3 倍以上，这无疑加大了江苏人多地少的矛盾。❷

另外，乡镇企业内部的土地利用率也不尽如人意，乡镇企业用地大多数超过产业用地标准。例如，在厂区内兴建工厂小花园、亭台楼阁以及其他服务性保障用地都进一步扩大

❶ 孟晓晨. 小城镇发展中的土地利用及管理问题探讨. 中国土地科学，1996.5
❷ 余庆年. 江苏小城镇用地问题及对策. 中国土地，2000.2

了占地面积。一些乡镇企业关停下马造成土地闲置等。据调查，江苏省每个乡镇企业平均占地 10.9 亩，实际利用率为 75%，用地较粗放。

目前，乡镇企业向小城镇集中仍是有许多困难：一是投入渠道少。国家财政投入小城镇建设的资金每年只有 5000 万元，各省财政的投入平均每年也只有 1000 万元，远远不能满足小城镇建设的需要，因此小城镇不得不向进驻的乡镇企业收取有关费用，造成"门槛"过高。二是土地政策的制约。三是小城镇规划滞后。

（4）环境污染严重，土地利用综合效益差

我国小城镇建设和发展过程中的一个突出问题是环境污染得不到有效治理。当前小城镇的环境污染主要来自两方面，一是工业污染；二是生活污染。由于当前小城镇的产业结构普遍层次较低，越来越多的耕地被高能耗、高污染、劳动密集型的"夕阳工业"占用，工业污染正在加重，逐渐成为主要的污染源。加上农民的乱扔垃圾的习惯和管理不到位，如今不少小城镇到处都可见垃圾遍地、蚊蝇纷飞的景象，出现了"房子越来越漂亮，村子越来越肮脏"的奇怪现象。

同时，我国小城镇土地开发利用没有按照经济效益、社会效益与环境效益相统一的要求来选择产业配置，一些地方偏好于新区的开发，对旧城改造和城镇土地的再利用缺乏足够的人、财、物的投入，对城镇规划和城镇土地利用计划的实施缺乏硬约束，造成城镇功能的分区与城镇土地的实际用途不相契合，无法体现出综合效益。

（5）土地利用管理政策法规不完善

目前，小城镇土地利用管理政策法规有许多不完善之处，主要包括：

第一，土地规划衔接政策。首先是城市总体规划与土地利用规划没有衔接好。例如，以城镇总体规划的规划审批代替土地利用总体规划的建设用地审批，其直接后果是违法用地，查处起来很困难；城镇总体规划与土地总体规划的着眼点存在差异。城镇总体规划的着眼点是提高城镇化水平，推进城镇化发展，因而偏重于增大城镇数量，扩大城镇规模，强调外延发展。而土地利用总体规划着眼于保护耕地，节约用地，控制城镇规模，强调内涵挖潜。其次是与基本农田保护区规划没有衔接好。例如，小城镇用地规模过大，对保护耕地不利，小城镇用地规模过小，则不利于城镇化水平的提高，不能形成有规模的聚集效应。另外，有的地方基本农田保护区面积划定不切实际，保护率 90% 甚至 95% 以上，没有发展余地等。

第二，土地供应政策。一是用地主体多元化与供地方式单一化的矛盾，供地方式单一化制约了外来人员对用地的需求，影响城镇化的发展；二是城镇供地数量有限与城镇居民建房用地需求猛增的矛盾；三是个别小城镇加速发展与建设用地指标不足的矛盾；四是单一的供地方式激化了城郊集体土地的非法交易。

第三，宅基地使用政策。小城镇发展中，宅基地的管理使用是土地政策的一个很重要的内容。当前的主要问题有：一是一户两基问题，不少进镇的农民由于不同原因至今仍保留农村的旧宅基地；二是小城镇上的老居民和新迁入的居民新建住宅宅基地的使用面积标准问题；三是城镇居民购买城郊农户住房问题，一些本地居民和外来务工经商者购买城郊农户住房虽然未曾到土地部门办理手续，但却都办理房产过户手续，形成了"房产交易合法，土地交易非法"的被动局面；四是农民进镇建房用地成本太高问题。

75

第四，承包地去留政策。农民进镇后，是允许保留承包地还是应该放弃承包的土地，保留承包地怎样交纳有关提留税费，放弃承包地是否应该进行补偿，以及怎样进行补偿，进镇农民承包地流转制度的建立等问题。

第五，土地置换政策。土地置换包括权属和非权属性置换两大类。从运作的情况看，目前存在以下几个问题：一是置换的范围不明确，哪些单位和个人用地可以置换，哪些土地不可以置换，目前的政策规定相当含糊，各地做法也极不统一。二是置换的内涵不明确，例如进镇农民原有的宅基地可否置换镇上的国有土地，置换后的土地还要不要缴纳土地补偿费等。三是置换的程序不清楚。四是土地置换后的产权界定问题。

第六，土地收益分配政策。土地收益分配政策是加强土地管理、切实保护耕地的一个经济手段。但现行土地分配收益不利于小城镇的发展，主要问题：一是新增建设用地的土地有偿使用费留成比例不合理，土地所在地的小城镇土地有偿使用费留成比例及留与不留没有明确规定；二是土地出让金等有偿使用收益按有关规定只可用于城市的基础设施建设，没有留给镇级财政，没有规定可用于小城镇的有关建设；三是如耕地开垦费、闲置土地费等其他土地收益分配也存在不少问题。

小城镇用地存在的上述问题，必然制约和影响着小城镇建设与发展。因此，需要认真研究，采取政策、法律、经济、行政、技术等多项措施，逐步加以解决。

5.2 小城镇用地技术指标与用地规模的确定

5.2.1 小城镇用地技术指标

合理制定小城镇用地技术指标是确定小城镇合理规模的前提，对科学合理利用小城镇土地资源具有重要意义。

（1）小城镇人均建设用地指标

为了节约用他、合理用地、优化环境，对小城镇建设用地应制定严格的控制标准。由于我国幅员辽阔，自然环境、生产条件、风俗习惯多样，加之长期自发进行建设，致使现在人均建设用地水平差异很大，难于在规划期内合理调整到位，这就决定了在小城镇规划中，需要制定不同的用地标准。根据建设部门提供的村镇建设统计资料，全国各省（自治区、直辖市）现状建设用地指标的相差幅度依然很大，1988 年各省份建制镇镇区建设用地指标为 50—742m²/人，1999 年为 64—428m²/人，相差幅度由十几倍缩小为 7 倍左右；进一步分析还可以看出，1999 年人均建设用地指标超过 200m²/人的有 7 个，低于 70m²/人的有 2 个。

小城镇人均建设用地指标可参考城市规划和镇规划相关标准中的人均建设用地指标结合不同类别、不同小城镇的实际情况确定。其中：根据《城市用地分类与规划建设用地标准》（GB 50137—2011），规划人均城市建设用地标准按以下规定：

（2）规划人均城市建设用地面积指标

1）规划人均城市建设用地面积指标应根据现状人均城市建设用地面积指标、城市（镇）所在的气候区以及规划人口规模，按表 5-6 的规定综合确定，并应同时符合表中允许采用的规划人均城市建设用地面积指标和允许调整幅度双因子的限制要求。

规划人均城市建设用地面积指标（m²/人）　　　　　　表 5-6

气候区	现状人均城市建设用地面积指标	允许采用的规划人均城市用地面积指标	允许调整幅度		
			规划人口规模 ≤20.0 万人	规划人口规模 20.1～50.0 万人	规划人口规模 >50.0 万人
Ⅰ、Ⅱ、Ⅵ、Ⅶ	≤65.0	65.0—85.0	>0.0	>0.0	>0.0
	65.1—75.0	65.0—95.0	+0.1—+20.0	+0.1—+20.0	+0.1—+20.0
	75.1—85.0	75.0—105.0	+0.1—+20.0	+0.1—+20.0	+0.1—+15.0
	85.1—95.0	80.0—110.0	+0.1—+20.0	−5.0—+20.0	−5.0—+15.0
	95.1—105.0	90.0—110.0	−5.0—+15.0	−10.0—+15.0	−10.0—+10.0
	105.1—115.0	95.0—115.0	−10.0—−0.1	−15.0—−0.1	−20.0—−0.1
	>115.0	≤115.0	<0.0	<0.0	<0.0
Ⅲ、Ⅳ、Ⅴ	≤65.0	65.0—85.0	>0.0	>0.0	>0.0
	65.1—75.0	65.0—95.0	+0.1—+20.0	+0.1—+20.0	−0.1—+20.0
	75.1—85.0	75.0—100.0	−5.0—+20.0	−5.0—+20.0	−5.0—+15.0
	85.1—95.0	80.0—105.0	−10.0—+15.0	−10.0—+15.0	−10.0—+10.0
	95.1—105.0	85.0—105.0	−15.0—+10.0	−15.0—+10.0	−15.0—+5.0
	105.1—115.0	90.0—110.0	−20.0—−0.1	−20.0—−0.1	−25.0—−5.0
	>115.0	≤110.0	<0.0	<0.0	<0.0

注：1　气候区应符合《建筑气候区划标准》GB 50178—93 的规定，具体应按本标准附录 B 执行。
　　2　新建城市（镇）、首都的规划人均城市建设用地面积指标不适用本表。

2）新建城市（镇）的规划人均城市建设用地面积指标宜在 85.1—105.0 m²/人内确定。

3）首都的规划人均城市建设用地面积指标应在 105.1—115.0 m²/人内确定。

4）边远地区、少数民族地区城市（镇）以及部分山地城市（镇）、人口较少的工矿业城市（镇）、风景旅游城市（镇）等，不符合表 5-6 规定时，应专门论证确定规划人均城市建设用地面积指标，且上限不得大于 150.0 m²/人。

5）编制和修订城市（镇）总体规划应以本标准作为规划城市建设用地的远期控制标准。

（3）规划人均单项城市建设用地面积标准

1）规划人均居住用地面积指标应符合表 5-7 的规定。

人均居住用地面积指标（m²/人）　　　　　　表 5-7

建筑气候区划	Ⅰ、Ⅱ、Ⅵ、Ⅶ气候区	Ⅲ、Ⅳ、Ⅴ气候区
人均居住用地面积	28.0～38.0	23.0～36.0

2）规划人均公共管理与公共服务设施用地面积不应小于 5.5 m²/人。

3）规划人均道路与交通设施用地面积不应小于 12.0 m²/人。

4）规划人均绿地与广场用地面积不应小于 10.0 m²/人，其中人均公园绿地面积不应小于 8.0 m²/人。

5）编制和修订城市（镇）总体规划应以本标准作为规划单项城市建设用地的远期控制标准。

县城镇规划应参照上述城市人口规模≤20.0 万人的相应指标。

根据《镇规划标准》（GB 50188—2007），县城镇外的建制镇人均建设用地指标应符合以下规定：

1）人均建设用地指标应按表5-8的规定分为四级。

人均建设用地指标分级 表5-8

级　别	一	二	三	四
人均建设用地指标（m²/人）	>60—≤80	>80—≤100	>100—≤120	>120—≤140

2）新建镇区的规划人均建设用地指标应按表5-8中第二级确定；当地处现行国家标准《建筑气候区划标准》GB 50178的Ⅰ、Ⅶ建筑气候区时，可按第三级确定；在各建筑气候区内均不得采用第一、四级人均建设用地指标。

3）对现有的镇区进行规划时，其规划人均建设用地指标应在现状人均建设用地指标的基础上，按表5-9规定的幅度进行调整。第四级用地指标可用于Ⅰ、Ⅶ建筑气候区的现有镇区。

规划人均建设用地指标 表5-9

现状人均建设用地指标（m²/人）	规划调整幅度（m²/人）
≤60	增 0—15
>60—≤80	增 0—10
>80—≤100	增、减 0—10
>100—≤120	减 0—10
>120—≤140	减 0—15
>140	减至 140 以内

注：规划调整幅度是指规划人均建设用地指标对现状人均建设用地指标的增减数值。

根据城市规划和镇规划标准中的人均建设用地指标以及小城镇人均建设用地现状水平，参照各省、自治区、直辖市制定的人均建设用地指标，本着节约用地，严格控制建设用地的原则，确定小城镇规划人均建设用地标准的总体区间值为60—130m²/人，并确定不同地区、不同情况下小城镇人均建设用地规划指标。

（4）小城镇建设用地构成比例指标

小城镇建设用地构成比例是小城镇人均建设用地标准的辅助指标，是反映规划用地内容各项用地数量的比例是否合理的重要标志。因此，在编制小城镇的规划时，要调整各类建设用地的构成比例，使用地达到合理。根据《镇规划标准》GB 50188—2007，县城镇外建制镇镇区规划中的居住、公共设施、道路广场以及绿地中的公共绿地四类用地占建设用地的比例宜符合表5-10的规定。

建设用地比例 表5-10

类别代号	类别名称	占建设用地比例（%）	
		中心镇镇区	一般镇镇区
R	居住用地	28—38	33—43
C	公共设施用地	12—20	10—18
S	道路广场用地	11—19	10—17
G1	公共绿地	8—12	6—10
	四类用地之和	64—84	65—85

县城镇建设用地构成比例应符合《城市用地分类与规划建设用地标准》（GB 50137—2011）的要求，参照表 5-11 的规定。

城市规划建设用地结构 表 5-11

类别名称	占城市建设用地的比例（%）
居住用地	25.0—40.0
公共管理与公共服务用地	5.0—8.0
工业用地	15.0—30.0
交通设施用地	10.0—30.0
绿地	10.0—15.0

上述不同情况不同比例选择外，对于某些具有特殊要求的小城镇选用比例还可酌情适当调整，如通勤人口和流动人口较多的中心镇，其公共设施用地可选取规定幅度内的较大值；邻近旅游区及现状绿地较多的镇区，其公共绿地所占建设用地比例可大于所占比例的上限。

5.2.2 小城镇合理用地规模

小城镇是连接城乡的纽带。小城镇用地规模的确定，是以小城镇发展的动力和潜力为基础的。小城镇发展的动力：一是自身经济发展，拉动小城镇建设；二是大中城市辐射的影响，如产品、技术扩散，推动其发展；三是周边农村非农产业的较大发展，为聚集效益的发挥，促动其发展。这种内外推动的双向作用，成为小城镇发展的主要的动力。根据小城镇发展的动力和潜力，合理确定小城镇用地规模，对于有效利用土地资源，建立合理的城镇布局体系，促进小城镇健康发展，具有重要意义。

（1）小城镇用地规模确定原则

1）与土地利用总体规划相衔接原则

土地利用总体规划是指各级人民政府为了贯彻执行国家关于土地利用的政策，根据国民经济和社会发展规划、国土整治和环境保护的要求、土地供给能力以及各项建设对土地的需求而编制的分配土地资源、合理调整土地利用结构和布局的较为长期的总体安排和布局。土地利用总体规划的对象是本规划区内的全部土地资源，作用主要是协调各部门用地矛盾。土地利用总体规划对城乡规划及各土地利用专项规划和土地利用年度计划等具有宏观控制、协调和指导作用。规划中建设用地规模不得超过土地利用总体规划确定的城乡建设用地规模。

目前，在小城镇用地规模和土地利用总体规划关系上，存在两方面问题，一是小城镇用地缺乏科学客观分析，不能就其发展潜力的规模准确定位，导致小城镇规划区盲目扩大，甚至有的规划成小城市或中等城市，远远超过小城镇发展的实际可能，贪大求全思想突出。有的规划目标建成区就达 10 多平方公里，高出现建成区的几倍。二是全国各省、市、县已编制的土地利用总体规划中对小城镇用地规划重视不够，完善土地利用总体规划主要是指增加编制县域小城镇体系规模、数量并加以空间布局和迁村并点规划。县域小城镇体系规划要与县级土地利用总体规划相衔接，并为确定小城镇用地规模提供科学依据。县级土地利用总体规划要在建制镇、中心镇的数量、规模、位置等方面加以完善。

79

因此，必须坚持小城镇用地规模与土地利用总体规划相衔接的原则。一方面，在进行土地利用总体规划时，要充分考虑小城镇发展建设的用地需要。另一方面，小城镇建设用地规模必须以土地利用总体规划为依据，受土地利用总体规划的控制，不超过土地利用总体规划确定的小城镇建设用地规模。

2）节约用地原则

珍惜、合理利用土地和切实保护耕地是我国的基本国策。我国小城镇建设正处于发展时期，全国目前小城镇总量接近 2 万个，在"小城镇，大战略"的推动下，小城镇的数量和规模都会有较快发展。但如果不注意节约用地，盲目扩张和发展，必将占用大量土地特别是耕地，成为耕地减少的一个重要原因，危及农业生产和农产品供应，这不仅会反过来影响小城镇的健康发展，甚至会影响到我国整个经济和社会的发展。因此，小城镇用地规模的确定必须注意节约用地的原则。一方面，要充分利用小城镇现有的建设用地。另一方面，在利用增量土地进行建设时，要尽量少占用土地，特别是要少占或不占耕地。

3）提高小城镇经济效益原则

小城镇用地规模的确定要注意用地的经济效益。一方面，小城镇是一定区域范围内人口和产业的聚集体，只有通过人口和产业的聚集，形成以第二、三产业为主体的经济社会区域，才能具有城镇特征，实现农村城镇化。因此，小城镇用地规模的确定应满足人口聚集和产业聚集用地需要，根据小城镇未来人口发展规模和产业发展项目与规模，科学合理确定小城镇发展的用地数量和范围，保证小城镇经济发展的需要。另一方面，小城镇用地规模的确定应注重提高单位土地面积产出率，实现用地规模最佳经济效益。

4）保证小城镇环境和生活质量原则

现代小城镇要实现经济发达，生活富裕，环境良好的发展目标。因此，在用地方面不仅要考虑物质生活发展需要，保证生活居住和生产性用地，而且还要考虑精神文化生活需要，保证文化、教育、科研、休憩、娱乐、美化绿化等用地需要。在确定小城镇用地规模时，综合考虑多种用地需求，合理确定小城镇用地结构和布局，保证小城镇有一个良好的生产、工作和生活环境。

（2）小城镇用地规模的确定

小城镇用地规模主要应根据小城镇的人口规模，小城镇社会经济发展水平，小城镇在区域中的地位作用以及小城镇土地资源自然条件等因素确定。

根据镇规划标准（GB 50185—2007）县城镇外建制镇镇区规划规模应按人口数量划分为特大、大、中、小型四级。并应以规划期末常住人口的数量按表 5-12 的分级确定级别。

镇规划人口规模分级表

表 5-12

镇区规模	特 大 型	大 型	中 型	小 型
镇区人口（人）	＞50000	30001—50000	10001—30000	≤10000

根据镇人均建设用地规划指标和镇规划人口规模分级标准，综合考虑小城镇自然、经济和社会等不同情况，确定小城镇用地规模参考值为 50—600hm²。

5.3　小城镇用地条件评定与用地选择

小城镇建设用地的条件评定是在调查收集各项自然环境条件、建设条件等资料的基础上，按照规划与建设的需要，以及整备用地在工程技术上的可能性与经济性，对用地条件进行综合的质量评价，以确定用地的适用程度，为小城镇发展用地的选择与功能组织提供科学的依据。

用地条件评价包括了多方面的内容，主要体现在用地的自然环境条件、建设条件和其他条件（如社会、经济等条件）等三方面。这三方面条件的分析与评价不能孤立进行，必须以全面、系统的思想和方法综合作出。

5.3.1 自然环境条件分析与评定

（1）自然环境条件分析

自然环境条件与城镇的形成与发展关系十分密切，它不仅为城镇建设提供了必需的用地条件，同时也对城镇布局结构形式和城镇功能的健康运转起着很大的影响作用。城镇建设用地的自然环境条件分析主要在工程地质、水文、气候和地形等几个方面进行。见表5-13。

自然环境条件对规划建设的影响分析表　　　　　　表 5-13

自然环境条件	分析因素	对规划与建设的影响
地质	土质、风化层、冲沟、滑坡、熔岩、地基承载力、地震、崩塌、矿藏	规划布局、建筑层数、工程地基、防震设计标准、工程造价、用地指标、城镇规划、工业性质
水文	江河流量、流速、含沙量、水位、洪水位、水质、水温、地下水水位、水量、流向、水质、水温、水区、泉水	城镇规模、工业项目、城镇布局、用地选择、给水排水工程、污水处理、堤坝、桥涵、港口、农业用水
气候	风象、日辐射、雨量、湿度、气温、冻土深度、地温	城镇工业分布、居住环境、绿地、郊区农业、工程设计与施工
地形	形态、坡度、坡向、标高、地貌、景观	城镇布局与结构、用地选择、环境保护、道路网、排水工程、用地标高、水土保持、城镇景观
生物	野生动植物种类、分布，生物资源，植被，生物生态	用地选择、环境保护、绿化、郊区农副业、风景规划

1）工程地质条件

① 建筑土质与地基承载力。在小城镇建设用地范围内，由于地层的地质构造和土质的自然堆积情况存在差异，加之受地下水的影响，地基承载力大小相差悬殊。全面了解建设用地范围内各种地基的承载能力，对城镇建设用地选择和各类工程建设项目的合理布置以及工程建设的经济性，都是十分重要的。此外，有些地基土质常在一定条件下改变其物理性质，从而对地基承载力带来影响。例如湿陷性黄土，在受湿状态下，由于土层结构发生变化而下陷，导致上部建设的损坏。又如膨胀土，具有受水膨胀、失水收缩的性能，也会造成对工程建设的破坏。选择这些地段进行城镇建设时，应妥善安排建设项目，并采取相应的地基处理措施。

② 地形条件。不同的地形条件，对小城镇规划布局、道路的走向和线型、各项基础设施的建设、建筑群体的布置、小城镇的形态、轮廓与面貌等，都会产生一定的影响。结合自然地形条件，合理规划小城镇各项用地和各项工程建设，无论是从节约土地和减少平整土石方工程投资，还是从管理、景观等方面来看，都具有重要的意义。

从宏观尺度说，地形一般可分为山地、丘陵和平原三类；在小地区范围，地形还可进一步划分为多种形态，如山谷、山坡、冲沟、盆地、谷道、河漫滩、阶地等。为了便于城镇建设与运营，多数城镇选择在平原、河谷地带或低丘山岗、盆地等地方修建。平原大都是沉积或冲积地层，具有广阔平坦的地貌，建设城镇较为理想；山区由于地形、地质、气候等情况较为复杂，城镇布局困难较多；丘陵地区当然也可能有一些棘手的工程问题，但在一些低凹地区，若能恰当地选择用地、合理布局，也可以取得良好的效果。

就小城镇各项工程设施建设对用地的坡度要求来说，如在平地一般要求不小于0.3％，以利于地面水的汇集、排除；但在山区若地形过陡则将出现水土冲刷等问题，对道路的选线、纵坡的确定及土石方工程量的影响尤为显著，一般认为坡度大于20％的地区不宜作为城镇建设用地。

对丘陵地区或山区中地形比较复杂的城镇，地形分析是一项重要的工作。为直观、简洁地表达、分析地形特点，可以采取比较简单的地貌分析法在图纸上进行这项工作：

将原地形图的等高图加以简化，以便对地形的主要特点有一个了解；

按照建设用地分类规定的坡度，划出各类用地坡度的范围；

分析地形的空间特点，标明制高点、分水脊线、沟谷、洼地，以及分析景观视野角度范围等。

③ 冲沟。冲沟是由间断性流水在地层表面冲刷形成的沟槽。在冲沟发育地区，水土流失严重，往往损害耕地、建筑、道路和管道，给工程建设带来困难。所以规划前应弄清冲沟的分布、坡度、活动状况，以及冲沟的发育条件，以便规划时尽可能避免此类用地或及时采取必要的治理措施，如对地表水导流或通过绿化、工程等方法防止水土流失。

④ 滑坡与崩塌。滑坡是由于斜坡上大量滑坡体（土体或岩体）在风化、地下水以及重力作用下，沿一定的滑动面向下滑动而造成的，常发生在山区或丘陵地区。因此，山区或丘陵地区的城镇，在利用坡地或紧靠崖岩进行建设时，需要了解滑坡的分布及滑坡地带的界线、滑坡的稳定性状况。不稳定的滑坡体本身，处于滑坡体下滑方向的地段，均不宜作为城镇建设用地。如果无法回避，必须采取相应工程措施加以防治。崩塌的成因主要是由山坡岩层或土层的层面相对滑动，造成山坡体失去稳定而塌落。当裂隙比较发育，且节理面顺向崩塌方向时，极易发生崩落。另外，不恰当的人工开挖，也可能导致坡体失去稳定而造成崩塌。

⑤ 岩溶。地下可溶性岩石（如石灰岩、盐岩等）在含有二氧化碳、硫酸盐、氯等化学成分的地下水的溶解与侵蚀之下，岩石内部形成空洞（地下溶洞），这种现象称为岩溶，也叫喀斯特现象。地下溶洞有时分布范围很广、洞穴空间高大，若工程建筑物和水工构筑物不慎选在地下溶洞之上，其危险性是可以想象的。特别是有的岩溶发生在地下深处，在地面上并不明显。因此，小城镇规划时要查清溶洞的分布、深度及其构造特点，而后确定小城镇布局和地面工程建设的内容。条件适合的溶洞，还可以考虑作为城镇库房或游览场所。特别需要指出的是，因矿藏开采而形成的地下采空区，犹如地下空洞，不仅对地面的建筑和设施的荷载有限制，严重时会使地面塌陷。因此矿区附近的小城镇，在规划布局和建设时应高度重视地质条件的勘察和分析，避免采空矿层对地面建设的不利影响。

⑥ 地震。地震是一种自然地质现象，对城镇建设有极大的危害性。我国又是地震多发区，所以在进行地震设防地区的小城镇规划时，应高度重视、充分考虑地震的影响。由

于大多数地震是由地壳断裂构造运动引起的，因此了解和分析当地的地质构造非常重要。在有活动断裂带的地区，最易发生震害；而在断裂带的弯曲突出处或断裂带的交叉处往往又是震中所在。因此城镇布局和重要建设应尽量避开断裂破碎地段，断裂带上一般可设置绿化带，不要布置设防要求较高的建筑或设施，以减少震时可能发生的破坏。

地震震级是衡量地震释放能量大小的尺度，地震烈度则表示地震对地表和工程结构影响的强弱程度。一次地震只有一个震级，但由于距离震中远近的不同和地质构造的差异，地震烈度可能不一样。地震烈度分为12度，在6度和6度以下地区，地震对城镇建设的影响不大；在7—9度地区进行建设，应考虑防震工程措施；9度以上地区，一般不宜作为城镇建设用地。

在地震设防地区建设城镇，除应严格按设防标准对各项建设工程实施防震措施外，城镇上游不宜修建水库，以免震时水库堤坝受损，洪水下泄而危及城镇；有害的化工工厂或仓库不宜布置在居民密集地区的附近或上风、上游地带，以免直接威胁居民生命安全；城镇还应避免利用沼泽地区或狭窄的谷地，城镇重要设施和建筑不宜布置在软地基、古河道或易于塌陷的地区，以减轻地震可能带来的破坏和损失；为减少次生灾害的损失，小城镇规划时还必须充分考虑震后疏散和救灾等问题，建筑不宜连绵成片，对外交通联系要保证畅通，供水、供电、通信等要有多套应急供应的措施和网络，各种疏散避难的通道和场所要通畅、近便和充足。

2) 水文及水文地质条件

① 水文条件。江河湖泊等地表水体，不仅是城镇生产、生活用水的重要水源，而且在城镇水运交通、排水、美化环境、改善气候等方面具有重要作用。但某些水文条件也可能给城镇带来不利影响，如洪水侵袭、水流对沿岸的冲刷、河床泥砂淤积等。特别是我国许多沿江沿河的城市和小城镇，水利设施落后，常常受到洪水的威胁。为防范洪水带来的严重影响，规划时应采用不同的洪水设防标准，处理好用地选择、总体布局以及堤防工程建设等方面的问题。另外，城镇建设也可能造成对原有水系的破坏，如过量取水、排放大量污水、改变水道与断面、填埋河流等均能导致水文条件的变化，产生新的水文问题。因此，在长期的小城镇规划和建设过程中，需要经常对水体的流量、流速、水位、水质等水文资料进行调查分析，随时掌握水情动态，研究规划对策。

② 水文地质条件。水文地质条件一般是指地下水的存在形式、含水层的厚度、矿化度、硬度、水温以及水的流动状态等条件。地下水常常用作城镇的水源，特别是在远离江河湖泊或地面水水量不足或水质不符合卫生要求的地区，地下水往往是最主要的城镇水源。因此调查并探明水文地质条件对城镇用地选择、城镇规模确定、城镇布局和工业项目的建设等都有重要作用。由于地质情况和矿化程度不一，地下水的水质、水温、水位等对城镇水源和建筑工程都会产生不利影响，应特别关注它们的适用性。

地下水并不是取之不尽，用之不竭的，应根据地下水的蕴藏量和补给速度合理确定开采量。倘若地下水被过量开采，就会使地下水位大幅度下降，形成"漏斗"。漏斗外围的污染物质极易流向漏斗中心，使水质变坏，严重的还会造成水源枯竭，引起地面沉陷，从而对城镇的供水、防汛、排水、通航以及地面建筑和管网工程产生不利影响或造成破坏。小城镇规划布局时，还应根据地下水的流向和地下水与地面水的补给关系来安排城镇各项建设用地，特别要注意防止地下水的水源地受到污染，有污染物产生的建设项目应布置在地下水水源地的下游位置。

　　3）气候条件

　　气候条件对小城镇规划与建设有着多方面的影响，尤其在为城镇居民创造一个舒适的生活环境、防止污染等方面，关系更为密切。影响小城镇规划与建设的气象因素主要有：太阳辐射、风象、气温、降水、湿度等几个方面，其中风象对小城镇总体规划布局影响最大。

　　风是由空气的运动而形成的，用风向与风速两个量来表示。风向就是风吹来的方向，表示风向最基本的特征指标是风向频率。风向频率一般分 8 个或 16 个方位观测，累计某一时期内各个方位风向发生的次数，并以占该时期内不同风向总次数的百分比来表示。风速是指单位时间内风所移动的距离，表示风速最基本的特征指标是平均风速。平均风速是按每个风向的风速累计平均值来表示的。根据城镇多年风向、风速观测记录汇总表可绘制风向频率图和平均风速图，又称风玫瑰图。

　　进行小城镇用地规划布局时，为了减轻工业排放的有害气体对小城镇，尤其是生活居住区的危害，通常把工业区按当地盛行风向（又称主导风向，即最大频率的风向）布置于生活居住区的下风位或一侧，但应同时考虑最小风频风向、静风频率、各盛行风向的季节变换及风速等关系。有害气体排放对下风向污染的程度，除与风向频率有关外，还与风速、排放口高度、大气稳定度等有关。污染程度与风向频率成正比，与风速成反比。它们的关系可用下式表示：

$$污染系数 = \frac{风向频率}{平均风速}$$

　　因此，从减轻污染的角度出发，有害气体排放的污染工业应布置在污染系数最小的方位上，同时还应特别注意静风、局部环流等对环境的不利影响。总体布局中的绿地组织和道路系统规划也应充分结合盛行风向，加强自然通风效果。

　　除风象外，太阳辐射也具有重要的卫生价值。分析研究城镇所在地区的太阳运行规律和辐射强度，对建筑日照标准、建筑朝向、建筑间距的确定，以及建筑物遮阳和各项工程采暖设施的设置，都将提供重要依据。

　　随着纬度的变化，地球表面所接受的太阳辐射强度不一，气温也发生变化。另外，由于海陆位置不同，海陆气流变化对温度也有较大的影响。气温差异对小城镇建筑形式、居住形态、工业布局以及降温、采暖设施的配置等都有直接影响。温度影响还表现在由于气温日差较大而引起的"逆温层"等不利气温变化，它对小城镇的工业发展和环境保护有较大的制约，应在小城镇用地分析与布局规划时予以足够重视。

　　降水也是重要的自然环境条件之一，小城镇所在地区雨量的多少和降雨强度，是城镇地面排水工程规划设计的主要依据；山洪的形成、江河汛期的威胁等也给城镇用地的选择和城镇防洪工程建设带来直接影响。此外，湿度的大小不但对某些工业生产工艺有所影响，同时对居住区的居住环境是否舒适也有一定的关系。

　　（2）小城镇用地的自然条件评定

　　小城镇用地的自然条件评定是在调查分析自然环境条件各要素的基础上，综合各项自然环境条件的适用性和整备用地在工程技术上的可能性与经济性，按照规划与建设的需要，对用地的自然环境条件进行质量评价，以确定用地的适用程度，为正确选择和合理组织小城镇建设和发展用地提供依据。

小城镇用地的自然环境条件评定一般可分为三类。

1) 一类用地

一类用地,即适于修建的用地。这类用地一般具有地形平坦、规整、坡度适宜,地质条件良好,没有被洪水淹没的危险,自然环境条件比较优越等特点,能适应各项城镇设施的建设需要。这类用地一般不需或只需稍加工程措施即可用于建设。其具体要求是:

① 地形坡度在10%以下,符合各项建设用地的地形要求;

② 土层地基承载力满足一般建筑物对地基的要求;

③ 地下水位低于一般建筑物、构筑物的基础埋置深度;

④ 没有被百年一遇洪水淹没的危险;

⑤ 没有沼泽现象,采取简单的工程措施即可排除地面积水;

⑥ 没有冲沟、滑坡、崩塌、岩溶等不良地质现象。

2) 二类用地

二类用地,即基本上适于修建的用地。这类用地由于受某种或某几种不利条件的影响,需要采取一定的工程措施加以改善后,才适于建设。它对城镇各项设施的建设或工程项目的布置有一定的限制。其具体状况是:

① 地质条件较差,修建建筑物时需对地基采取人工加固措施;

② 地下水位较高,修建建筑物时需降低地下水位或采取排水措施;

③ 属洪水轻度淹没区,淹没深度不超过1—1.5m,需采取防洪措施;

④ 地形坡度较大,修建建筑物时,除要采取一定的工程措施外,有时还要实施较大的土石方工程;

⑤ 地表面有较严重的积水现象,需要采取专门的工程措施加以改善;

⑥ 有轻微的、非活动性的冲沟、滑坡、岩溶等不良地质现象,需采取一定的工程准备措施。

3) 三类用地

三类用地,即不适于修建的用地。这类用地条件极差,往往要采取特殊工程措施才能使用。其具体状况是:

① 地基承载力小于60kPa,存在厚度在2m以上的泥炭层或流砂层,需要采取很复杂的人工地基和加固措施才能修建建筑;

② 地形坡度超过20%,布置建筑物很困难;

③ 经常被洪水淹没,且淹没深度超过1.5m;

④ 有严重的活动性冲沟、滑坡、岩溶、断层带等不良地质现象,若采取防治措施需花费很大工程量和工程费用;

⑤ 具有很高农业生产价值的丰产农田;

⑥ 具有其他限制条件。如具有开采价值的矿藏。给水水源卫生防护地段,存在其他永久性设施和军事设施等。

我国地域辽阔,各地情况差异明显,城镇用地自然环境条件评定的用地类别划分应根据各地区的具体条件相对确定,类别的多少也可根据环境条件的复杂程度和规划要求灵活确定,不必强求统一。如有的城镇用地类别可分为四类或五类,也有的城镇则可分为两类。因此，用地条件的评定应具有较强的地方性和实用性。

特别需要指出的是，小城镇用地的自然环境条件评定，不应只是各项环境条件单项评定的简单累加，而要考虑它们相互的作用关系综合鉴别。特别是要根据不同城镇的具体情况，抓住对用地影响最突出的主导环境要素，因地制宜地进行重点分析与评价。例如，平原河网地区的城镇必须重点分析水文和地基承载力的情况；对于山区和丘陵地区的城镇，地形、地貌条件则往往成为评价的主要因素。又如，位于地震设防区内的城镇，对地质构造情况的分析和评定就显得十分重要；而矿区附近的城镇发展必须首先弄清地下矿藏的分布、开采等情况。同时，小城镇用地的自然环境条件评定还要尽可能地预计城镇建设过程中人为影响给自然环境条件可能带来的变化、对建设的可能影响等。另外，用地评定虽然以自然环境条件为主，但仍然需要同时考虑其他社会、经济因素。如是否是农业生产价值较高的良田，尤其是先期经济和时间投入均较高的高效蔬菜田，是用地条件评定的一项重要衡量指标。

用地自然环境条件评定的成果包括图纸和文字说明。评定图可以按评定的项目内容（如地基承载力、地下水等深浅、洪水淹没范围、坡度等）分项绘制；也可以综合绘制于一张图上。无论采取何种方式，评定图均应标明最终评定的分类等级和范围界限，它既可以单独成为一张图纸，也可以标注在综合图上，以表达清晰明了为目标。

5.3.2　建设条件分析与评定

小城镇用地的建设条件是指组成小城镇各项物质要素的现有状况、它们的服务水平与质量，以及它们在近期内建设或改进的可能。与建设用地的自然条件评价相比，小城镇用地的建设条件评价更强调人为因素所造成的方面。除了新建城镇之外，绝大多数城镇发展都不可能脱离现有建设的基础，所以，城镇既存的布局往往对城镇进一步发展的方向具有十分重要的影响。小城镇的建设条件包括建设现状条件，工程准备条件以及外部环境条件等。

（1）建设现状条件

小城镇用地的建设现状条件的分析与评价包括以下几个方面：

1）用地布局结构方面

小城镇的布局现状是历史发展过程的产物，有一定的稳定性。对小城镇用地布局结构的评价，应着重于这样几个方面：

① 小城镇用地布局结构是否合理；

② 小城镇用地布局结构能否适应发展；

③ 小城镇用地布局结构对生态环境的影响；

④ 小城镇内外交通结构的协调性、矛盾与潜力；

⑤ 小城镇用地布局结构是否满足小城镇性质的要求，或是否反映出小城镇特定自然地理环境和历史文化积淀的特色等。

2）市政设施和公共服务设施方面

对小城镇市政设施和公共服务设施的建设现状的分析和评价，应包括数量、质量、容量、布局以及进一步改造利用的潜力等，这些都将影响到用地的选择、土地开发利用的可能性与经济性，以及小城镇的发展方向等。

市政设施方面，包括现有道路、桥梁、给水、排水、供电、电信、燃气、供暖等的管网、厂站的分布及其容量等，它们是土地开发的前提条件。是否具备上述基础设施，或者使其具备上述基础设施的难易程度，都极大地影响小城镇建设用地的选择和小城镇的发展格局。

公共服务设施方面，包括商业服务、文化教育、医疗卫生等设施的分布、配套和质量等，它们作为用地开发的环境，是土地适用性评价的重要衡量条件。尤其是在居住用地开发方面，土地利用的价值往往取决于各种公共服务设施的配套程度和质量。

3）社会、经济构成方面

影响土地利用的社会构成状况主要表现在人口数量、结构及其分布的密度，小城镇各项物质设施的分布、容量同居民需求之间的适应性等。在城镇人口密集地区，为了改善设施和环境，强化综合功能，常常需要选择新的用地，以疏散人口、扩张功能。但高密度人口地区的改建，又会带来动迁居民安置困难、开发费用昂贵等问题。因此人口分布的疏密将直接影响土地利用的强度和效益，进而左右开发用地的评价和开发方式的选择。

小城镇经济的发展水平、产业结构和相应的就业结构对小城镇用地选择、用地结构和功能组织的影响更为明显。不同的经济发展阶段，会采取新区开发或旧城改建的不同方式；不同的经济实力，理解开发利用土地经济性的角度也不同；不同的产业结构，对小城镇用地的要求自然更不同。因此，小城镇的经济条件直接影响着用地分析与选择的价值判断标准。

（2）工程准备条件

分析与选择小城镇建设用地时，为了能顺利而经济地进行工程建设，以较少的资金投入获得较大的经济社会效益，总是倾向于选择有较好工程准备条件的用地。用地的工程准备视用地自然状态的不同而不同，常用的有地形改造、防洪、改良土层。降低地下水位、制止侵蚀和冲沟的形成、防止滑坡等。一般而言，现代工程技术拥有几乎所有用地的工程准备手段，只要用地的各种条件调查清楚，任何用地经过改造都能适应城镇建设要求，关键是看经济综合实力、科技发展水平和社会、经济与环境的综合效益。小城镇建设的用地准备应尽可能减少对自然环境的大规模破坏，避免过大的经济投入，以实现小城镇建设与土地资源、自然环境的可持续发展。

小城镇用地选择和发展方向的确定还要看所选择的用地方向是否具备充足的用地数量，能否满足城镇的长远发展需要，为城镇的进一步发展留有余地。同时，拟发展范围内农田质量和分布情况也是建设条件的重要分析因素，它对城镇发展方向和城镇规划布局有着重要影响。

（3）外部环境条件

小城镇用地建设条件的分析与评定，还需要充分考虑小城镇建设地区外部环境的技术经济条件，主要包括：

1）经济地理条件

小城镇与区域内城镇群体的经济联系、资源的开发利用以及产业的分布等。

2）交通运输条件

小城镇对区域内外的交通运输条件，如铁路、港口、公路等交通网络的分布与容量，以及接线接轨的条件等。

3）能源供应条件

主要是供电条件，包括区域供电网络、变电站的位置与容量等。

4）供水条件

小城镇所在区域内水源分布及供水条件，包括水量、水质、水温等方面与城乡、工农业等各部门用水需求间的矛盾分析等。

5.3.3 小城镇用地选择

小城镇在选择其建设发展用地时，除需要对用地的自然环境条件、建设条件等进行用地适用性的分析与评定外，还应对小城镇用地所涉及的其他方面，如社会政治方面（城乡关系、工农关系、民族关系、宗教关系等）、文化方面（历史文化遗迹、小城镇风貌、风景旅游及革命圣地、各种保护区等），以及地域生态等方面的条件进行分析。这是因为这些条件都作为小城镇用地的环境因素客观存在着，并对用地适用性的综合评定产生影响，进而影响着小城镇用地的选择和组织。

小城镇用地选择是小城镇总体规划的重要工作内容。对新建小城镇而言，用地选择是合理选择和确定小城镇的位置和范围；对现有小城镇，则主要是合理选择和确定小城镇用地的发展方向。它是在用地条件综合分析与评定的基础上，根据小城镇各项功能对用地环境的要求和小城镇用地组织与规划布局的需要进行的。小城镇用地选择的一般原则为：

（1）符合国家有关法律、法规和有关城镇建设、土地利用的方针政策，尽量少占农田、不占保护耕地、节约用地。

（2）尽可能满足城镇各项设施在土地使用、工程建设以及对外界环境方面的要求，充分考虑现有条件的利用，考虑与现状的关系，考虑规划的合理性和经济性。

（3）尽量避免不同功能用地之间的相互干扰，避免新发展用地与原有用地之间的相互干扰。特别是在选择工业用地时，必须结合工业自身特点，充分考虑它与其他用地、尤其是生活居住用地的布局关系，避免工业对其他用地的负面影响。

（4）用地选择时，应多方案比较、综合评定，尽可能采用先进的科学方法和技术手段，力求用地选择和功能组织的科学性。

此外，由于小城镇的特殊性，以下几方面也是小城镇用地选择时应该注意的。

（1）小城镇的发展用地应有良好的建设条件

由于小城镇的技术、经济条件有限，用地选择应尽可能避开不利的自然条件，使小城镇建设最大限度地符合经济、适用、安全条件。小城镇建设用地宜选择在水源充足、水质良好、便于排水、向阳通风以及地质条件适宜的地段；应避开山洪、风口、滑坡。泥石流、洪水淹没、地震断裂带等自然灾害影响地段；避开自然保护区、有开采价值的地下资源或地下采空区；尽量避免铁路、重要公路和高压输电线路穿越城镇。

（2）小城镇用地应位置适中，交通方便

小城镇的形成受行政区划影响较大，它们一般都是区、乡（镇）人民政府的所在地，从而也是区、乡（镇）的政治、经济、文化中心，承担着为周围地区服务的职能。为了便于管理、联系，小城镇的位置应相对居中。同时，交通运输条件既是小城镇赖以产生和生存的基础，又是促进小城镇繁荣、推动小城镇发展的动力。因此，交通的方便与否，是小城镇用地选择的重要标准之一。

（3）资源丰富，市场广大，能源供应等基础设施齐备

资源和市场是小城镇经济发展的两大支柱，因而也是影响小城镇用地选择的重要因素。再者，小城镇一般势单力薄，往往也不适合单独建设供水、供电等大型基础设施，因此用地选择应尽可能接近水源或能源供应设施，是小城镇用地选择的重要原则之一。

5.4 小城镇建设用地管理

5.4.1 农用地转为建设用地审批制度

（1）农用地转为建设用地审批制度

根据《土地管理法》规定，建设占用土地，涉及农用地转为建设用地的，应当办理农用地转用审批手续。建设占用土地，涉及农用地转为建设用地的，应当符合土地利用总体规划和土地利用年度计划中确定的农用地转用指标；城市和村庄、集镇建设占用土地，涉及农用地转用的，还应当符合城市规划和村庄、集镇规划。不符合规定的，不得批准农用地转为建设用地。

我国土地资源的特点是：第一，绝对数量大，但人均数量少；第二，山地多，平地少；第三，草原面积较大，耕地面积较少；第四，难以利用的土地多，后备耕地不足；第五，宜农土地不多，土地质量不高；第六，灌溉面积不多，土地退化严重。我国人均耕地只约为世界人均耕地面积的1/3，而我国的人口数却位列世界第一。所以农业问题特别是粮食问题是我国国民经济可持续发展的制约性因素。但就是在这样的严峻形势下，我国的农用地特别是耕地数量仍在逐年减少，其中大量的农用地被转为建设用地。

为了切实保护农用地，控制建设用地总量，首先应当明确农用地和建设用地的界限。按照《土地管理法》的规定，国家编制土地利用总体规划，规划中规定土地的用途，并将土地划分为农用地、建设用地和未利用地。所谓农用地，是指直接用于农业生产的土地，包括耕地、林地、草地、农田水利用地、养殖水面等。所谓建设用地，是指建造建筑物、构筑物的土地，包括城乡住宅和公共设施用地、工矿用地、交通水利设施用地、旅游用地、军事设施用地等。在对农用地和建设用地作了明确划分后，就必须严格限制农用地转为建设用地，因此，《土地管理法》明确规定：建设占用土地，涉及农用地转为建设用地的，应当办理农用地转用审批手续，实行农用地转为建设用地的严格审批制度。

（2）农用地转为建设用地的审批机关

按照《土地管理法》的规定，农用地转为建设用地的审批机关分别是：

1）国务院。省、自治区、直辖市人民政府批准的道路、管线工程和大型基础设施建设项目占用土地涉及农用地转为建设用地的，国务院批准的建设项目占用土地涉及农用地转为建设用地的，由国务院批准。

2）由批准土地利用总体规划的机关批准。在土地利用总体规划确定的城市和村庄、集镇建设用地规模范围内，为实施该规划而将农用地转为建设用地的，按土地利用年度计划分批次由原批准土地利用总体规划的机关批准。在已批准的农用地转用范围内，具体建设项目用地可以由市、县人民政府批准。按照《土地管理法》的规定，土地利用总体规划实行分级审批：省、自治区、直辖市的土地利用总体规划，报国务院批准；省、自治区人

民政府所在地的市、人口在 100 万以上的城市以及国务院指定的城市的土地利用总体规划，经省、自治区人民政府审查同意后，报国务院批准；除上述两类以外的土地利用总体规划，逐级上报省、自治区、直辖市人民政府批准，其中乡（镇）土地利用总体规划可以由省级人民政府授权的设区的市、自治州人民政府批准。因此，所谓由批准土地利用总体规划的机关批准，实际上也就是由国务院和省、自治区、直辖市人民政府批准，或者省级人民政府授权的设区的市、自治区人民政府批准。

3）除了上述由国务院批准和土地利用总体规划批准机关批准的以外，其他建设项目占用土地，涉及农用地转为建设用地的，由省、自治区、直辖市人民政府批准。

5.4.2 小城镇建设土地征用

（1）土地征用的概念

一般来说，土地征用是指国家或政府为了公共目的而强制取得私有土地并给予补偿的一种行为。在我国，土地征用是指国家为了公共利益的需要，依法将集体所有的土地有偿转为国有的措施。我国土地征用特征表现为：强制性、有偿性和土地所有权的转移。

（2）土地征用的审批

我国现行《土地管理法》根据中共中央、国务院关于对农用地和非农用地实行严格管制的精神，上收征用农民集体所有土地的审批权，只规定国务院和省、自治区、直辖市人民政府方可行使征地的审批权。

1）必须经国务院批准方可征用的土地

按照《土地管理法》的规定，必须经国务院批准方可征用的土地有三种：基本农田；基本农田以外的耕地超过 $35hm^2$ 的；其他土地超过 $70hm^2$ 的。

① 基本农田。所谓基本农田，是指根据土地利用总体规划，划入基本农田保护区，加以严格管理和保护的耕地。下列耕地应当根据土地利用总体规划划入基本农田保护区：经国务院有关主管部门或者县级以上地方人民政府批准确定的粮、棉、油生产基地内的耕地；有良好的水利与水土保护设施的耕地；正在实施改造计划以及可以改造的中、低产田；蔬菜生产基地；农业科研、教学试验田；国务院规定应当划入基本农田保护区的其他耕地。各省、自治区、直辖市划定的基本农田应当占本行政区域内耕地的 80％以上。基本农田保护区以乡（镇）为单位进行划区界定，划定的基本农田保护区，由县级人民政府设立保护标志，予以公告，任何单位或者个人不得破坏或者擅自改变基本农田保护区的保护标志。规定征用基本农田必须经过国务院的批准，目的就是为了从严管理基本农田，从严保护基本农田，从严控制基本农田被转化为建设用地。

② 基本农田以外的耕地超过 $35hm^2$ 的。至于基本农田以外的耕地，如果一个建设项目需要使用的耕地超过 $35hm^2$，也必须报经国务院批准。

③ 其他土地超过 $70hm^2$ 的。除了征用基本农田、基本农田以外的耕地外，征用其他土地的，如果超过 $70hm^2$ 的，也必须报经国务院批准。

2）由省级人民政府批准征用的土地

按照《土地管理法》的规定，由省、自治区、直辖市人民政府批准征用的土地有两种情况：第一，基本农田以外的耕地不超过 $35hm^2$ 的；第二，其他土地不超过 $70hm^2$ 的。这实际上是缩小了省级人民政府在审批征用土地方面的权限。此外，省、自治区、直辖市人民政府在批准征用土地后，还必须报国务院备案。

关于征用农用地与办理农用地转用审批的关系。按照《土地管理法》的规定，建设需要占用农用地，必须首先办理农用地转为建设用地的审批，然后再办理征用土地的审批。

由于《土地管理法》已经将征用土地的审批权没收，只有国务院和省、自治区、直辖市人民政府才有权批准征用土地，而国务院和省、自治区、直辖市人民政府又恰恰是农用地转为建设用地的审批机关，这就出现了国务院和省、自治区、直辖市人民政府是否就农用地转用和征用分别进行审批的问题。对此，《土地管理法》明确规定：经国务院批准农用地转用的，同时办理征地审批手续，不再另行办理征地审批；经省、自治区、直辖市人民政府在征地批准权限内批准农用地转用的，同时办理征地审批手续，不再另行办理征地审批。即在由省、自治区、直辖市人民政府批准农用地转为建设用地的时候，如果征用的是基本农田以外的不超过 35hm² 的耕地或者是不超过 70hm² 的其他土地，那么省、自治区、直辖市人民政府在批准农用地转用的同时办理征地审批手续，不再另行办理征地审批。如果征用的是基本农田或者是基本农田以外的超过 35hm² 的耕地或者是超过 70hm² 的其他土地，就已经超过了省级人民政府征用土地的审批权限，在这种情况下，就必须报请国务院对征用土地进行审批。

（3）土地征用补偿

1）征地补偿的原则和补偿费用的组成

征用土地的，按照被征用土地的原用途给予补偿。这是《土地管理法》确定的征地补偿的原则。也就是说，土地被征用前，如果是耕地的，就按照耕地的标准进行补偿，如果不是耕地的，就不能按照耕地的标准进行补偿。在以往确定征地补偿的实践中，确实也产生过被征地单位将原本不是耕地的土地强行要求按照耕地进行补偿的情况，同时，也有的用地单位通过不正当的手段将原本是耕地的土地强行按照其他土地的标准进行补偿的情况，增加了征地过程中的纠纷。所以《土地管理法》明确规定了征用土地的补偿按照土地被征用前的用途确定的原则。

征用耕地的补偿费用包括土地补偿费、安置补助费以及地上附着物和青苗的补偿费。所谓土地补偿费，是指对农村集体经济组织因土地被征用而使生产减少所进行的补偿；所谓安置补助费，是指对因土地被征用而造成的多余劳动力的安置而在经济上支付的补助费用；所谓地上附着物补偿费，是指对农村集体经济组织或者农民个人所有的建设在被征用土地上的各种建筑物、构筑物及各种设施、树木的价值的补偿；所谓青苗补偿费，是指对征地时生长在被征用土地上的农作物、苗木所给予的补偿。上述几种费用，合称为耕地补偿费用。

2）征用土地补偿费用的标准。

① 征用耕地的土地补偿费标准。按照《土地管理法》的规定，征用耕地的土地补偿费，为该耕地被征用前 3 年平均年产值的 6—10 倍。被征用耕地年产值的计算公式为：

$$被征用耕地年产值 = \frac{征地前 3 年产量之和}{3} \times 国家现行平均价格$$

其中国家现行平均价格的计算，可以由征地单位和被征地单位协商确定。但是，按照我国农村的现实状况，计算年产值的价格，既不应是国家对农产品的定购价，也不应是市场的最高价，而应当是国家定购价、保护价和市场价的混合体，如果国务院对此作出规定，则应当执行国务院的规定。此外，在计算耕地的年产值时，还应当将被征用耕地上的各种主、副产品如秸秆等都折价计算在内。

91

② 征用耕地的安置补助费标准。征用耕地的安置补助费，按照需要安置的农业人口数计算。而需要安置的农业人口数，按照被征用的耕地数量除以征地前被征用单位平均每人占有耕地的数量计算。每一个需要安置的农业人口的安置补助费标准，为该耕地被征用前 3 年平均年产值的 4—6 倍。因此，安置补助费的计算方式应为：

$$需要安置的农业人口数 = \frac{被征用的耕地数量}{征地前被征地单位人均占有耕地数量}$$

安置补助费 = 需要安置的农业人口数 × 被征耕地年产值 ×（4—6 倍）

安置补助费在一般情况下的限额为：每公顷被征用耕地的安置补助费，最高不得超过被征用前 3 年平均年产值的 15 倍。如果上述土地补偿费和安置补助费尚不能使需要安置的农民保持原有生活水平的，经省、自治区、直辖市人民政府批准，可以增加安置补助费；但是，土地补偿费和安置补助费的总和不得超过土地被征用前 3 年平均年产值的 30 倍。

此外，在特殊情况下，国务院根据社会、经济发展水平，可以提高征用耕地的土地补偿费和安置补助费的标准。

③ 征用其他土地的土地补偿费和安置补助费标准，由省、自治区、直辖市参照征用耕地的土地补偿费和安置补助费的标准规定。

④ 征用土地的附着物和青苗的补偿标准，被征用土地上的附着物和青苗的补偿标准，由省、自治区、直辖市规定。

⑤ 征用城市郊区菜地的补偿。用地单位征用菜地的，除了规定向被征地单位支付征用土地的补偿费用和安置补助费外，还须按照国家有关规定缴纳新菜地开发建设基金。按照 1985 年 4 月 5 日原农牧渔业部、原国家计划委员会、原商业部发布的《国家建设征用菜地缴纳新菜地开发建设基金暂行管理办法》的规定，所谓城市郊区菜地是指城市郊区为供应城市居民吃菜，连续 3 年以上常年种菜或者养殖鱼、虾等的商品菜地和精养鱼塘。新菜地开发建设基金的缴纳标准为：在城市人口（不含郊县人口，仅指市区和郊区的非农业人口，下同）100 万以上的市，每征用一亩菜地，缴纳 7000—10000 元；在城市人口 50 万以上、不足 100 万的市，每亩缴纳 5000—7000 元，在京、津、沪所辖县征用为供应直辖市居民吃菜的菜地，也按照该标准缴纳；在城市人口不足 50 万的市，每亩缴纳 3000—5000 元；各省、自治区、直辖市在上述额度内可以根据本地情况规定具体的标准。

（4）征地费用的管理和使用

土地补偿费归农村集体经济组织所有。

地上附着物及青苗补偿费归地上附着物及青苗的所有者所有。

征用土地的安置补助费必须专款专用，不得挪作他用。需要安置的人员由农村集体经济组织安置的，安置补助费支付给农村集体经济组织，由农村集体经济组织管理和使用；由其他单位安置的，安置补助费支付给安置单位；不需要统一安置的，安置补助费发放给被安置人员个人或者征得被安置人员同意后用于支付被安置人员的保险费用。

市、县和乡（镇）人民政府应当加强对安置补助费使用情况的监督。

5.4.3 建设项目用地的申请与审批

（1）建设项目用地的申请

建设项目使用土地，建设单位必须向政府提出申请，经批准后方可用地，是我国长期以来行之有效的用地管理办法。对建设用地实行审批制度，对于严格限制农用地转为建设用地，控制建设用地规模，提高建设用地的使用率，具有十分重要的意义和作用。

经批准的建设项目需要使用国有建设用地的，建设单位应当持法律、行政法规规定的有关文件提出建设用地申请。

这里的"经批准的建设项目"，是指按照国家基本建设程序已经得到批准的项目。"法律"，是指由行使国家立法权的全国人民代表大会及其常务委员会制定的规范性文件；"行政法规"，是指我国的最高国家权力机关的执行机关即国家最高行政机关国务院制定的规范性文件。目前一些法律、行政法规中对建设项目使用土地需要经过有关部门审批的问题作了规定，如2007年10月28日第十届全国人民代表大会常务委员会第三十次会议通过的我国城乡规划法第37条、38条分别对以划拨方式提供国有土地使用权相关申请用地等作有明确规定；《环境保护法》第十三条中规定，建设污染环境的项目，建设单位必须提出建设项目的环境影响报告书，对建设项目可能产生的污染和对环境的影响作出评价，规定防治措施，经项目主管部门预审并报环境保护行政主管部门批准。1984年9月20日第六届全国人民代表大会常务委员会第七次会议通过并根据1998年4月29日第九届全国人民代表大会常务委员会第二次会议通过的《关于修改中华人民共和国森林法的决定》修正的《森林法》第十八条中规定，进行勘察、开采矿藏和各项建设工程，应当不占或者少占林地，必须占用或者征用林地的，须经县级以上人民政府林业主管部门审核同意。因此，建设单位在提出用地申请的时候，必须按照法律、行政法规的规定，向土地行政主管部门提交有关文件，如果不按照规定提交有关文件的用地申请，土地行政主管部门应当不予受理，或者予以退回，要求补交。

（2）建设项目用地的审查

建设项目在可行性研究论证阶段，土地行政主管部门可以根据土地利用总体规划、土地利用年度计划和建设用地标准，对建设用地有关事项进行审查。审查的内容主要是：是否符合土地利用总体规划；是否符合土地利用年度计划；是否符合建设用地标准。土地行政主管部门在审查完毕后，应当提出审查意见，如果认为被审查的建设项目的建设用地符合土地利用总体规划、土地利用年度计划和建设用地标准的，应当提出该建设项目的建设用地符合土地利用总体规划、土地利用年度计划和建设用地标准的意见；如果发现被审查的建设项目的建设用地不符合土地利用总体规划、土地利用年度计划或者建设用地标准的，也应当提出该建设项目的建设用地不符合土地利用总体规划、土地利用年度计划或者建设用地标准的意见。

（3）建设项目用地的审批

按照《土地管理法》的规定，建设单位应当向有批准权的县级以上人民政府土地行政主管部门提出建设用地申请，经土地行政主管部门审查，报本级人民政府批准。建设单位提出建设用地申请，是向政府的土地行政主管部门提出申请，而不是直接向政府提出申请。土地行政主管部门作为政府在土地行政管理方面的职能部门，应当认真审查建设单位的用地申请，对于认为符合条件的用地申请，应当及时报请本级人民政府批准；对于认为不符合条件的用地申请，也应当向本级人民政府报告有关情况并向申请者予以说明。

具体建设项目需要使用土地的，建设单位应当根据建设项目的总体设计一次申请，办理建设用地审批手续；分期建设的项目，可以根据可行性研究报告确定的方案分期申请建

93

设用地，分期办理建设用地有关审批手续。

此外，建设项目施工和地质勘查需要临时使用国有土地或者农民集体所有的土地的，由县级以上人民政府土地行政主管部门批准。其中，在城市规划区内的临时用地，在报批前，应当先经有关城市规划行政主管部门同意。土地使用者应当根据土地权属，与有关土地行政主管部门或者农村集体经济组织、村民委员会签订临时使用土地合同，并按照合同的约定支付临时使用土地补偿费。临时使用土地的使用者应当按照临时使用土地合同约定的用途使用土地，并不得修建永久性建筑物。临时使用土地期限一般不超过两年。

5.4.4 乡（镇）村建设用地管理

（1）乡（镇）村建设用地概述

所谓乡（镇）村建设，是指在城市以外的村庄和乡进行各种工程建设，也称为村镇建设，是相对于城市建设而言的。乡（镇）村建设包括乡镇企业的建设、乡（镇）村公共设施与公益事业的建设以及农民住宅的建设，乡（镇）村建设用地，就是指上述各项建设的用地。

乡镇企业、乡（镇）村公共设施、公益事业、农村村民住宅等乡（镇）村建设，应当按照乡和村庄规划，合理布局，综合开发，配套建设；建设用地，应当符合乡（镇）土地利用总体规划和土地利用年度计划，并依法办理审批手续。

（2）乡（镇）村企业建设用地管理

1）乡（镇）村企业建设的用地范围。农村集体经济组织兴办企业或者与其他单位、个人以土地使用权入股、联营等形式共同举办企业，如果需要使用土地的，必须使用乡（镇）土地利用总体规划确定的建设用地。而且，必须是本集体经济组织所有的土地。

乡（镇）土地利用总体规划是指由乡（镇）人民政府依据国民经济和社会发展规划、国土整治和资源环境保护的要求、土地供给能力以及各项建设对土地的需求以及县级土地利用总体规划编制的本乡（镇）土地利用的综合性的长远计划。乡（镇）土地利用总体规划应当划分土地利用区，根据土地使用条件，确定每一块土地的用途，或者是建设用地，或者是农用地。规划由省级人民政府或者其授权的设区的市、自治州人民政府批准，一经批准，必须严格执行。因此，举办企业，必须使用乡（镇）土地利用总体规划中已经确定为建设用地的土地，而不能使用乡（镇）土地利用总体规划中确定为农用地的土地。

2）乡（镇）村企业建设用地的主体范围。按照《土地管理法》的规定，只有农村集体经济组织兴办企业，或者农村集体经济组织与其他单位、个人以土地使用权入股、联营等形式共同举办企业的，方可使用乡（镇）土地利用总体规划确定的建设用地。所谓"以土地使用权入股"举办企业，是指农村集体经济组织将其所有土地的使用权折合成股金与其他单位、个人共同组建企业；所谓"以土地使用权联营"举办企业，是指农村集体经济组织以其所有土地的使用权作为联营条件与其他单位、个人共同组建企业，联合经营。

3）乡（镇）村企业建设用地的审批。农村集体经济组织举办企业使用建设用地的，必须经过批准。其中，农村集体经济组织使用乡（镇）土地利用总体规划确定的建设用地举办企业的，应当持有关批准文件，向县级以上地方人民政府土地行政主管部门提出申请，按照省、自治区、直辖市规定的批准权限，由县级以上地方人民政府批准。省、自治区、直辖市规定的批准权限，通常是指由省、自治区、直辖市人民代表大会或者其常务委员会通过的有关土地管理方面的地方性法规如实施条例中规定的审批权限。

4）乡（镇）村企业建设用地的农用地转用审批。农村集体经济组织使用乡（镇）土地利用总体规划确定的建设用地兴办企业，或者与其他单位、个人以土地使用权入股、联营等形式共同举办企业，如果涉及占用农用地的，须依照法律规定办理审批手续，即必须经过省级以上人民政府的批准；如果是在为实施土地利用总体规划将农用地转为建设用地并按照年度土地利用计划经过批准的范围内，则可以由市、县人民政府批准。

5）乡（镇）村企业建设用地标准控制管理。农村集体经济组织兴办企业，或者与其他单位、个人以土地使用权入股、联营等形式共同举办企业，其建设用地必须严格控制。控制的具体方式是，授权省、自治区、直辖市按照乡镇企业的不同行业和经营规模，分别规定用地标准。

（3）乡（镇）村公共设施和公益事业建设用地管理

"乡（镇）村公共设施"，是指在乡（镇）、村中为满足农村居民生活需要和乡镇企业、农民生产需要而建设的各种基础设施，如道路、桥梁、电力通讯设施、供排水设施等。

"乡（镇）公益事业"，是指在乡（镇）、村中为满足农村居民的文化、教育、卫生、体育、社会保障等需要而举办的各种事业，如学校、幼儿园、卫生院、养老院、电影院、体育场等。

乡（镇）村公共设施、公益事业建设，需要使用土地的，建设单位必须先向乡人民政府提出用地申请，经乡人民政府审核后，再向县级以上地方人民政府土地行政主管部门提出申请，由县级以上地方人民政府按照省、自治区、直辖市规定的批准权限审批。如果涉及占用农用地的，必须按规定办理审批手续，即必须经过省级以上人民政府的批准；如果是在为实施土地利用总体规划将农用地转为建设用地并按照年度土地利用计划经过批准的范围内，则可以由市、县人民政府批准。

此外，乡（镇）村公共设施、公益事业的建设用地，必须符合乡（镇）土地利用总体规划和土地利用年度计划。

（4）农村村民建住宅用地管理

农村村民建住宅是指在农村或者集镇居住的具有农业户口的村民，使用本集体经济组织所有的土地建造居住用房。

1）农村村民建住宅的基本要求。农村村民建住宅应当符合下列基本要求：

第一，农村村民一户只能拥有一处宅基地，即实行一户一宅制，目的是为了制止一户村民拥有多处住宅的现象，防止浪费土地。

第二，农村村民建住宅，其宅基地的面积不得超过省、自治区、直辖市规定的标准。宅基地的面积中，应当包括居住用房和附属用房建筑用地、庭院、家前屋后少量绿化地等。由于全国各地之间人均拥有土地面积差距很大，法律上难以对农村村民建住宅的用地标准作出统一的规定，所以授权省、自治区、直辖市规定，事实上，许多地方已经在制定的有关土地方面的地方性法规如土地管理法实施条例中对农民宅基地用地标准作了规定，如江苏省在土地管理法实施办法中规定：城镇郊区和人均耕地在1亩以下的乡镇，每户宅基地应少于0.2亩；人均耕地在1—2亩的乡镇，每户为0.2—0.3亩；丘陵、山区和人均耕地在2亩以上的乡镇，每户可以多于0.3亩，但最多不得超过0.4亩。

第三，农村村民建住宅，应当符合乡（镇）土地利用总体规划，即应当符合乡（镇）土地利用总体规划中确定的土地用途，不得随便占地盖房。

第四，农村村民建住宅，应当尽量使用原有的宅基地和村内空闲地，即鼓励在原址上翻建和利用空闲地建房，以减少农村村民建住宅占用新地。

第五，农村村民出卖、出租住房后，再申请宅基地的，不予批准。这是为了防止有的人多占土地建房后出租、出卖谋取不正当的收入。

2）农村村民建住宅使用土地的审批。农村村民建住宅需要使用土地的，必须先经乡（镇）人民政府审核，然后再报请县级人民政府批准。如果使用土地涉及占用农用地的，还经过省级以上人民政府的批准；如果是在为实施土地利用总体规划将农用地转为建设用地并按照年度土地利用计划经过批准的范围内，则可以由市、县人民政府批准。

（5）集体所有土地出让、转让或者出租管理

按照《土地管理法》的规定，农民集体所有的土地的使用权不得出让、转让或者出租用于非农业建设。所谓出让，是指土地所有者将土地的使用权在一定期限内让与土地使用者，并由土地使用者为土地所有者支付土地使用权出让金的行为。所谓转让，是指通过出让取得土地使用权的土地使用者，将该土地使用权再次转移的行为，包括出售、交换等。所谓出租，是指土地使用者作为出租人将土地使用权随同地上建筑物以及其他附着物租赁给承租人使用，由承租人支付租金的行为。禁止农民集体所有的土地的使用权出让、转让或者出租后用于非农业建设，主要是为了防止擅自将农用地转为建设用地，防止耕地的减少。

但《土地管理法》在规定农民集体所有的土地的使用权不得出让、转让或者出租用于非农业建设的同时，又规定："符合土地利用总体规划并依法取得建设用地的企业，因破产、兼并等情形致使土地使用权依法发生转移的除外"。按照这一规定，企业在符合土地利用总体规划的情况下依法取得建设用地使用权的，如果发生了破产、兼并等情形，该土地使用权可以依法转移。在破产的情况下，该土地使用权将可能转移至债权人；在兼并的情况下，该土地使用权将从被兼并者转移至兼并者。

此外，按照我国《担保法》第三十四条关于可以抵押的财产范围中规定，"抵押人依法承包并经发包方同意抵押的荒山、荒沟、荒丘、荒滩等荒地的土地使用权"，可以抵押；第三十六条中规定，乡（镇）、村企业的土地使用权不得单独抵押，但以乡（镇）、村企业的厂房等建筑物抵押的，其占用范围内的土地使用权同时抵押；债务履行期届满时抵押权人未受清偿的，可以与抵押人协议以抵押物折价或者以拍卖、变卖该抵押物所得的价款受偿。在这种情况下，该土地使用权也发生了转移。同时，《担保法》还明确规定，依照本法规定以承包的荒地的土地使用权抵押的，或者以乡（镇）、村企业的厂房等建筑物占用范围内的土地使用权抵押的，在实现抵押权后，未经法定程序不得改变土地集体所有和土地用途。

（6）集体土地使用权的收回

集体土地使用权收回，是指农村集体经济组织作为集体土地的所有者，依法收回集体土地使用权的行为。农村集体经济组织在下列情况下可以要求收回土地使用权：

1）为乡（镇）村公共设施和公益事业建设，需要使用土地的。因为乡（镇）村公共设施和公益事业建设需要使用土地，实际上是为了本乡（镇）村范围的公共利益需要而使

用土地，所以作为土地所有者的农村集体经济组织也应当有权收回集体土地的使用权。但在此种情形下收回集体土地使用权的，应当对土地使用者给予适当的补偿，因为这不是由于土地使用者存在过错造成的。

2）土地使用者不按照批准的用途使用土地的。土地使用者使用农民集体所有的土地，必须按照批准的用途使用，如果违反规定，不按照批准的用途使用土地，等于是失去了原先批准其取得集体土地使用权并使用集体土地的理由。因此，在这种情况下，农村集体经济组织有权收回土地使用权，而且此种情况是由于土地使用者自身的过错造成的，所以也不能给予补偿。

3）土地使用者因撤销、迁移等原因而停止使用土地的。土地使用者经过批准取得集体土地的使用权，目的是为了实际使用土地，如果发生撤销、迁移等情况而停止使用土地的，也等于失去了当初批准其取得集体土地使用并使用集体土地的理由。在这种情况下，为了防止闲置土地，农村集体经济组织应当有权收回土地使用权；同时，由于停止使用土地是土地使用者自身的原因，所以农村集体经济组织也不能给予补偿。

农村集体经济组织收回集体土地使用权的程序是：

第一，由集体经济组织将需要收回集体土地使用权的情况呈报有关的人民政府，详细说明需要收回土地使用权的原因、理由。

第二，经过原批准用地的人民政府批准，农村集体经济组织就可以收回集体土地的使用权。

需要注意的是，如果土地使用者已经领取土地使用证的，农村集体经济组织还应当在经人民政府批准后，申请土地行政主管部门办理收回土地使用证、注销土地登记，以完成收回集体所有的土地的使用权的手续。

5.5　小城镇建设节约用地

5.5.1　小城镇建设节约用地的必要性

（1）节约用地是我国土地国情的客观要求

首先我国人多地少，耕地资源尤为珍贵。虽然当前农产品比较充足，但这只是阶段性的。考虑到人口的增长，消费水平的提高和国际环境，必须保护农业的生产能力，特别是保护耕地。我国人均耕地不及世界人均 $0.25hm^2$ 的 47%。到 2030 年，我国人口将达到 16 亿，但从现在起，必须占用耕地的因素相加将减少耕地 2070 万公顷（约 3.1 亿亩，其中生态退耕 1.1 亿亩，基础设施和水利、独立工矿 1.1 亩，灾毁和不可逆转的种养结构调整 0.9 亿亩）。在不包括小城镇用地的情况下，耕地将减少近 1/6，人口将增加近 1/3。虽然补充耕地的潜力有 1300 多万公顷（约 2 亿多亩），但至少需要投入 2 万多亿。在这一背景下，小城镇发展空间，必须立足于土地集约利用。其次，小城镇发展较快的地区一般是经济较为发达的地区，经济发达的地区往往又是土地资源最为紧缺、耕地质量高的地区，这些耕地资源流失了，很难靠开发后备资源来弥补。最后，小城镇与大城市的服务对象不同，小城镇辐射的周边区需要有适应农业产业化需要的大片高质量的农用地。因此，保护小城镇周边的耕地尤为重要。

（2）节约用地是小城镇建设资金来源的保证

小城镇发展的一条成功经验是实行土地有偿使用。以地生财，以财兴镇，靠的是做活土地这篇文章。做好这篇文章的前提是严格控制土地供应总量。只有这样才能充分显化小城镇土地的资产价值。如果土地供应失控，不仅不能以地生财，还会造成资金沉淀，并带来严重的社会后果。小城镇建设决不能重复"开发区热"、"房地产热"时的错误做法。这几年，全国严格控制了土地供应总量，闲置土地正在消化，土地招标拍卖的槌声又响起来了。云南在小城镇建设用地中普遍实行招标和拍卖。1999 年在全国城镇以招标拍卖方式获得 114 亿土地出让价款中，云南省就占了 35 亿。主要就是靠在小城镇建设中严格控制建设用地供应量，造成了招标拍卖的氛围，结果有力地支持了小城镇的建设。湖南省以浏阳大瑶镇为代表，不以土地贱卖来招商，而是在 20 世纪 90 年代中期，就推行小宗地拍卖。他们认为穷乡里有富村，穷村里有富户，穷户里有富人，只要组织得当，可以以土地吸引农民进镇。他们拍卖地价甚至高于中等城市，小城镇发展速度大大加快。

（3）节约用地可以为小城镇发展提供广阔空间

据统计，截至 1996 年，我国城乡居民点用地达 21.24 万平方公里，人均 173m²，其中城市人均 133m²，高于国家标准的高限（120m²），农村人均 182m²，大大超过了国家标准的高限（150m²）。今后，这方面的土地总量不可能也不应该增加，而是要进行易位（改变位置）、易用（改变用途）、易主（改变使用者）的调整和改造。湖南大瑶镇在 8 年时间内，从只有两条 4m 宽的街道小集镇，发展到有 15 条主要街道，9 个市场，1.5 万人口的新城镇。主要经验就是靠土地的集约利用，通过改造旧村旧镇整理出的土地，不仅做到了三年内不占一份耕地，而且还腾出 30 多亩土地，吸引 150 多家客商在老镇区建房。浙江湖州市正在实施一个 3 个镇范围内城乡联动的土地整理计划，通过一系列的政策，整理城镇、村庄的土地和农田，引导农民出村进镇，集中乡镇企业，不仅增加了农田，也增加了城乡建设用地。上海、江苏大规模的推行"三个集中"，提高了土地利用效率。总之，通过发展小城镇，使土地集约利用的程度大大提高，集约用地又为小城镇的建设提供广阔的空间。

5.5.2　小城镇建设与节约用地的关系

小城镇建设与节约用地的关系应针对不同情况进行具体分析，相对大城市用地而言，小城镇建设多占用了土地。但相对农村村庄用地而言，小城镇建设又会节约用地。因此，在城镇化发展过程中，适当提高人口和经济的聚集规模，对正确处理城镇化发展和节省土地、保护耕地的关系有积极的作用。

一方面，相对大城市用地而言，小城镇建设会多占用土地。随着城镇化的发展，城镇用地呈现增加的趋势，由此造成耕地数量的减少。根据 1978—1994 年 16 年间全国有关统计资料表明，城镇化水平每增加 1 个百分点，可使耕地减少 41 万公顷。在国际上日本和韩国乃至我国的台湾地区在实现城市化过程中每年耕地面积递减率为 1.2%—1.4%。但发展小城镇相对发展大城市而言，小城镇建设会占用更多的土地。根据《中国城市统计年鉴》（1997 年）资料整理，将 1996 年全国 666 个城市按人口分组，由小城市到超大城市依次是 20 万以下、（20—50）万、（50—100）万、（100—200）万、200 万以上，其人均用地依次为 131.6m²、105.3m²、99.0m²、86.2m²、66.2m²，说明城市越大，其人均用地越少，小城市（20 万以下）的人均用地是超大城市（200 万以上）的 2 倍。与此同时，按国家建设部门统计资料计算，1996 年我国小城镇人均用地 145.9m²，分别为小城市、中等城市、大城市、特大城市和超大城市的 1.1 倍、1.4 倍、1.5 倍、1.7 倍和 2.2 倍。大城市土地资源紧缺，人地关系矛盾突出，房价地价很高，这一特征决定了大城市发展必须提高土地开发强度，增加容积率，同时大的经济实力和技术力量也能建造大量的高层建筑，从而达到降低开发成本增加土地产出率的目的。1998 年，我国城市的平均容积率为 0.34，而上海、北京、重庆、沈阳、深圳、福州等市的容积率达 0.5—0.6，显著高于其他类型的城市，从而节约更多的用地。1998 年，全国 36 个区域中心城市（区域中心城市指一个较大区域范围内具有综合职能的政治、经济、文化中心。除了北京、上海、天津、重庆 4 个直辖市和大连、宁波、厦门、青岛、深圳计划单列市之外，还包括省会城市和自治区的首府，共 36 个。其数量虽少，因绝大多数都是经济实力雄厚、区域辐射力强的大城市，建成区面积大，它们的用地水平对全国城市人均用地面积具有重要的影响。）人均建设用地 83.6m²，比全国城市同期人均建设用地面积低 20m²。其中最低的沈阳市为 56.5m²/人；人均 70m² 以下的城市还有南京、武汉、重庆、济南、深圳；北京、天津、青岛的人均用地面积也低于 80m²。此外，上海 1990 年人均用地水平只有 32.1m²，是当时我国大陆人均用地最少的城市。❶

因此，就人均用地而言，特大城市用地最集约，城市越小，用地越粗放。这是因为人口越密集，经济效益越高，土地的产出率也越高，地价随之上升，导致土地利用的集约化。若单纯从节约用地考虑，不宜过多发展小城镇，应当加速发展大城市。特别是长江三角洲地区和珠江三角洲地区，人口密度密集，无论是大城市、还是小城市周围都是良田沃土，选择把多数城镇人口集中在大城市里，还是分散在广大小城镇里？从节约用地角度来说，结论是不言而喻的。但是决定我国城市发展和布局方针的因素是多方面的，不能单就人均用地这一因素来确定。由于我国人口众多，特别是农村人口众多，且大城市人口压力已经较大，吸纳农村人口的能力有限，兴建大城市既受多种因素制约，又对解决农村人口城镇化的程度有限。因此，从我国国情出发，中央提出"小城镇，大战略"，把发展小城镇作为发展我国城镇化的重要途径。

另一方面，小城镇建设对节约用地也有积极的正面效应。

首先，通过发展建设小城镇，可使小城镇基础建设和生活服务设施用地统一规划安排，避免分散重复建设，节约土地资源。

其次，节约乡镇企业用地。我国大多数乡镇企业是以原来的自然村落为依托发展起来的，具有明显的地域属性，它们零散地分布于农村，占地面积大，经济效益差。通过小城镇的发展可以把乡镇企业集中到小城镇，形成新的工业小区，可以共用基础设施，降低建设成本，改善企业生产的基础条件，这不仅可以改变当前乡镇企业"村村点火，家家冒烟"的分散格局，而且可使乡镇企业废物的统一排放和综合治理得到实现，避免乡镇企业因分散无序造成大面积的环境污染和生态恶化，同时可以腾出在农村中占用的土地，用于农业生产。根据江苏省昆山的调查，乡镇企业相对集中、连片发展后，可以节约 5%—10% 的用地和 10%—15% 的基础设施资金。❷

99

❶　袁利平，董黎明. 我国不同职能类型城市的用地水平分析. 中国土地科学，2001.3

❷　余庆年. 江苏小城镇用地问题及对策. 中国土地，2000.2

　　第三，通过发展建设小城镇，提高农民生活水平，改善农民生活方式和居住方式，由宅院式向多层楼房式发展，大大减少居住用地数量。小城镇的发展使得人均住房建设用地面积大大减少，节约了大量的土地资源。理论与实践证明，居民聚集的规模与人均建设用地的面积成反比，城镇规模越大，人均用地面积越少，单位土地面积的使用价值越高。按居民点的类型分析，村庄人均占地面积最大，依次是集镇、建制镇、县城，设市城市人均建设用地面积最小。如山东省建委的一项调查显示：1000 个村庄的人均建设用地为194.80m²，几个小城镇人均建设用地为146.15m²。再如，从江苏省人均占地情况来看，村庄比小城镇高出约 1/3。通过发展小城镇，吸引农村人口向小城镇集中，迁村并点，可以大量节约住宅用地。以昆山为例，其镇房屋建设开发公司兴建的农民住宅楼平均每户占地 5～6 厘，只相当于农村建房每户 3 分宅基地的 1/5～1/6。可见，通过发展小城镇吸纳农村人口，对节省农村宅基地，实现土地的集约化有重要意义。

　　在小城镇发展建设实践中，许多小城镇通过统一规划，实行"三位一体改造"，达到了节约土地资源，提高土地利用效益，完善城镇基础建设，提高城镇现代化程度，改善土地资源环境等多重目标。

　　所谓"三位一体改造"，就是在小城镇规划建设中，统一规划布局村和镇，并同乡镇企业改造，自然村庄的合并改造相结合。其具体做法是：首先，在建设与完善镇基础建设的基础上，将各村乡镇企业集中于小城镇周围开辟的"工业小区"；第二是在集中乡镇企业的同时，将零散的自然村庄进行合并改造，将村庄集中在新建的"农民新村"，并将原宅基地复耕还田，增加耕地面积；第三，重点建设集镇，特别是建制镇，在改造旧镇区的同时，相对集中建设新居区，安置进镇农民，使镇区人口相对集中，加快农村城市化进程。"三位一体改造"实际上是通过土地整理，实现合理、节约利用土地，加快小城镇建设，促进城镇化发展的目的。

　　这种"三位一体改造"模式在全国各地都有不同形式的存在。如湖北襄阳县黄渠河镇依托小城镇建设，在城镇规划区内建设居住小区，将一些村庄整个搬入集镇，黄渠河村 10组 100 户人家，原占宅基地 16.67hm²，搬迁到集镇后，新建宅基地仅 4.67hm²，腾出土地 12hm²，复耕为农田。芜湖市大桥镇，在城镇规划区内新辟工业小区，采取以地换地的形式，让其他村庄的企业进驻工业小区，腾出了企业原来的用地复耕，既节约了土地，也发挥了企业的集聚效益。

　　所以，由于小城镇人口密度的提高，人均用地较农村少，加上生产和居住较为集中，将会产生聚集效应，有利于合理利用土地，提高土地利用集约水平，节约大量土地资源。同时，小城镇建设有利于小城镇镇区土地及周边农地价格的增值，地价水平的大幅度上升也提高了土地使用者节约用地的积极性。

　　当然，发展小城镇是否节约土地，一方面要搞好规划，在积极发展小城镇的同时，就要严格控制小城镇的人均用地标准，从一开始就要引导小城镇走集约利用的道路，只有这样才有利于合理控制小城镇的总用地规模，达到节约用地的目的；另一方面，还决定于进镇农民的原宅基地和进镇企业原用地是否能复耕或农用。只要处理好有关问题，特别是农村宅基地和房屋的产权问题，考虑农民的利益，解决好进镇农民生活、就业和社会保障等问题，使进镇农民的农村居住点旧宅基地和进镇企业原用地复耕或农用，就可以节约更多的土地。

因此，怕失去土地或耕地而不搞城镇化，对经济社会发展肯定是得不偿失的，但不顾我国耕地资源状况去进行城镇化也不符合中国国情。我们要一手节约用地，保护耕地，一手发展城镇化。

5.5.3 小城镇建设节约用地途径

指导思想：搞好发展建设用地规划，严格控制土地供应总量，充分挖掘小城镇存量土地潜力，走内涵发展的道路。

（1）搞好小城镇建设用地规划

我国《国民经济和社会发展第十个五年计划纲要》指出，发展小城镇是推进我国城镇化的重要途径。小城镇建设要合理布局，科学规划，体现特色，规模适度，注重实效。要把发展重点放到县城和部分基础条件好、发展潜力大的建制镇，使之尽快完善功能，集聚人口，发挥农村地域性经济、文化中心的作用。根据"十五"计划要求，小城镇建设并不是遍地开花，而是要有重点的发展。因此，小城镇建设规划首先要合理布局小城镇，这样既能够发挥小城镇的农村地域性经济、文化中心的作用，又能够避免因小城镇遍地开花发展造成的不必要的土地大量占用。其次，在小城镇规划具体编制过程中，应严格控制建设用地，按照国家规定的规划指标和允许调整幅度来确定用地标准，并尽可能地采用下限指标。在规划编制和实施过程中，土地管理部门和规划管理部门应通力合作，互通情报，加强沟通和交流，并可通过用地编制设定城镇发展控制区和基本农田保护区。要通过制定科学的土地利用规划、小城镇建设规划和住宅修建规划，合理地进行功能分区，严格控制分散建厂和分散建房，充分发挥城镇建设用地的集聚效应，尽可能节约用地。

搞好小城镇建设用地规划需要注意的一个重要问题是要正确处理好土地利用总体规划与小城镇规划的关系，使小城镇规划与土地利用总体规划相衔接。土地利用总体规划的对象是一定行政范围内的全部土地。它是指各级人民政府为了贯彻执行国家关于土地利用的政策，根据国民经济和社会发展规划、国土整治和环境保护的要求、土地供给能力以及各项建设对土地的需求而编制的分配土地资源、合理调整土地利用结构和布局的较为长期的总体安排和布局。小城镇建设规划的任务是根据一定时期的经济和社会发展目标，确定区域自然经济社会条件，确定小城镇性质、规模和发展方向，按照工程技术和环境的要求，综合安排小城镇各项工程建设，并对小城镇内部的用地结构和功能分区进行总体安排与布局，它包括居住区规划，工业和商业用地规划，公共活动中心建筑群规划，道路和管线工程规划，绿地园林系统规划以及小城镇总体艺术布局等。从土地利用的角度，土地利用总体规划与小城镇规划这两个规划是"域"和"点"的关系或局部和整体的关系，土地利用总体规划是域的范围内研究土地利用结构的优化和空间布局，侧重于区域内部土地的利用，而小城镇规划是在小城镇规划区内进行的规划工作。小城镇是土地利用总体规划区域内的"一点"。相对于土地利用总体规划来说，小城镇规划都是专项规划，而土地利用总体规划是综合性规划。这就是说小城镇规划应当和土地利用总体规划相协调，小城镇规划应以土地利用总体规划为依据。2000 年 11 月 30 日国土资源部发布的《关于加强土地管理促进小城镇健康发展的通知》（国土资函〔2000〕337 号）指出，"各地在小城镇建设中，要认真贯彻'合理布局，科学规划，规模适度，注重实效'的精神，严格执行土地利用总体规划。做到县域城镇体系规划和建制镇、村镇建设规划与土地利用总体规划相衔接，建制镇和村镇规划的建设用地总规模要严格控制在土地利用总体规划确定的范围内。尚未完成县、乡级土地利用总体规划编制的，要加快编制。如果规划确需调整，必须经过法定程序。调整的规划批准后，仍须按规划管地用地。对已经完成县、乡级土地利用总体规划的，要优先分配农用地转用计划指标；县域范围内的农用地转用计划指标，要重点向县城和部分基础条件好、发展潜力大的建制镇倾斜。"

当然，在土地利用总体规划中，也必须充分考虑小城镇的规划，不能在制定土地利用总体规划时只讲用地指标控制和土地用途管制，而不考虑小城镇的建设规划。土地利用总体规划要对规划区域内的有关小城镇及其他村镇体系布局，各项建设占地指标，用地规模，用地范围，用地发展方向等作出具体规定。这样才能使土地利用总体规划更加科学和可行，真正起到用地总纲的作用。

（2）严格控制土地供应量

严格控制小城镇建设土地供应量首先要着眼于城镇存量建设用地，鼓励小城镇挖掘潜力，加强旧镇改造，进行土地整理，提高小城镇存量土地利用率。对小城镇建设需要增加的土地部分，主要是通过计划供地，节约集约利用土地，避免土地闲置浪费，提高土地利用效率。为此，在实施土地利用总体规划过程中，应编制和执行好土地利用年度计划。土地利用年度计划是依据土地利用总体规划，对计划年度农用地转用计划指标、耕地保有量计划指标和土地开发整理计划指标等的具体安排。其中，对小城镇建设来说，要根据土地利用总体规划和小城镇建设规划安排好年度小城镇建设土地供应量。土地利用年度计划管理应当遵循下列原则：严格依据土地利用总体规划，控制建设用地总量，保护耕地；以土地供应引导需求，合理、有效利用土地；优先保证重点建设项目和基础设施项目用地，占用耕地与补充耕地相平衡；保护和改善生态环境，保障土地的可持续利用。土地利用年度计划必须严格执行，没有农用地转用计划指标或者超过农用地转用计划指标的，不得批准新增建设用地。

因此，小城镇建设要在执行土地利用总体规划和土地利用年度计划的前提下，坚持分批次转用和按项目供地。政府必须统一管理和掌握土地的建筑发展权，决不允许单位和个人炒地皮，也决不允许个人私搭乱建，随意将用地变成建设用地。

（3）积极开展土地整理

土地整理是人类利用自然和改造自然的措施，是社会经济发展到一定阶段解决土地利用问题的必然选择。土地整理的基本内涵是：在一定区域内，按照土地利用规划或城市规划确定的目标和用途，采取行政、经济、法律和工程技术手段，对土地利用状况进行调整改造、综合整治，提高土地利用率和产出率，改善生产、生活条件和生态环境的过程。我国目前的土地整理可分为农地整理和非农地整理。可粗略归纳为七种类型。

一是以上海为代表的，以实行"三个集中"为主要内容的土地整理。即通过迁村并点，逐步使农民住宅向中心村和小集镇集中；通过搬迁改造，使乡镇企业逐步向工业园区集中；通过归并零散地块，使农田逐步向规模经营集中。

二是以江苏苏南地区、浙江湖州市和安徽六安地区为代表的，结合农田基本建设，对田、水、路、林、村综合整治的土地整理。

三是以山东五莲县以及西北一些省、市为代表的，以对小流域统一规划，综合整治，提高农业综合生产能力，改善生态环境为主要内容的山区土地整理。

　　四是以安徽、河北、山东、湖北等地为代表的结合农民住宅建设，迁村并点、退宅还耕，通过实施村镇规划增加耕地面积的村庄土地整理。

　　五是以河北邢台等一批城市为代表的，通过采取下达"圈城令"，控制城市外延，挖掘城市存量潜力，解决城市建设用地，实施城市规划的城市土地整理和以北海、昆山为代表，盘整闲置土地的闲置土地整理。

　　六是以徐州、淮北、唐山为代表的，通过对工矿生产建设形成的废弃土地进行复垦整治。增加农用地或建设用地，改善生态环境的矿区土地整理。

　　七是以湖南、湖北、江西、黑龙江等受灾地区为主的，结合灾后重建对水毁农田抢整、兴修水利和移民建镇对移民后旧宅基退宅还耕进行的灾区土地整理。

　　我国现阶段土地整理的目的，是依据土地利用规划，通过对土地利用状况的调整、改造，实现土地资源的合理配置，提高土地利用率，实现耕地总量动态平衡。改善生态环境，保证土地资源的可持续利用，促进经济和社会可持续发展。我国现阶段土地整理的主要任务是，在农村地区，通过对田、水、路、林、村的综合整治，增加有效耕地面积，提高耕地质量，改善农业生产条件和生态环境；在城镇，通过对闲置、存量等利用效率低的土地和按规划对农地转为建设用地的土地进行整理，提高土地利用率，一方面解决城镇发展用地；另一方面改善城镇生活、居住条件，减少城镇外延占地。

　　在我国，无论是城镇还是乡村，开展土地整理都有巨大的潜力。一是通过农地整理可以增加有效耕地面积。据土地整理的典型经验表明，不同类型地区，农地整理可以增加耕地面积5%—10%，若按增加耕地5%推算，全国可以增加耕地约1亿亩。二是通过非农地整理，可以有效挖掘存量土地潜力，提供城市建设用地，控制城市外延，减少占用耕地。如河北邢台市通过旧城改造，可以满足城市建设十年不出城。我国城镇和农村居民点（不包括独立工矿用地）人均用地达153m²，如通过旧城改造、盘活存量土地、治理空心村等整理措施，将人均用地逐步降到100m²，可提供建设用地9000多万亩，若降到120m²，也可提供建设用地5600万亩，相当于1996—2010年规划建设用地总量。可以满足一定时期的城镇建设用地需要，大幅度减少城市外延占用耕地❶。

　　（4）重视小城镇土地的空间利用

　　小城镇建设要转变土地利用方式，推进小城镇土地立体综合开发。由于土地是一种具有空间立体性的综合体，不仅有平面方位，而且还有垂直方向上的高度和厚度问题，具有三维空间。土地的稀缺加上城市化进程加快，人地矛盾日趋紧张，保护耕地已成为我国的基本国策，这要求小城镇建设的土地开发利用方式从粗放外延扩张转向集约立体综合开发，使多维空间利用成为小城镇土地开发利用的发展方向，不仅能缓解城镇土地稀缺的矛盾，节约大量土地，还可有效扩大黄金地段的利用效率，创造更大的经济效益。

　　从现实情况看，我国现有小城镇绝大多数地面可利用空间十分宽裕，地下空间的开发尚属空白。在现有小城镇中仍保留许多低矮的居民住房或院落，占地面积大。在我国小城镇中地下修筑商场、服务设施、仓库的几乎没有。而外国很重视地下空间的开发利用，修建商场、仓库、家庭储藏室等。根据日本小城镇建设的有关资料表明，由于地下建筑不必或少交纳土地税，建筑费用要比地面建筑投资低的多，地下仓库和底下冷库与地面仓库和

---

❶ 鹿心社. 我国土地整理的实践与发展. 中国国土资源报，1999.1.15，第三版

冷库相比，可降低成本约 20%。根据我国国情，在今后小城镇建设中，要向空间要土地，在地面上尽可能利用居民的空闲院落建房，利用街巷之间、院落之邻的边角空闲地进行园林绿化。在我国也不乏利用空间的实证，如山东省胶东半岛农民兴建多层生态住宅，备有日光温室种菜，顶层辟建大型日光温室果菜园，室内采用吊、靠、挂、组合布局、立体利用。浙江省永康县生态住宅，以沼气为中心，实现能源、物资、水分 3 个环流，组成新的人工生态系统。屋顶培土 20cm 建成质量菜园，四周建槽植果树，沼气电灯烧饭，沼液用作肥料施于菜地整幢住宅形成一个完整的生态系统。以上住宅用地的生产用地，实际上已更新了住宅用地的消费特征的观念，同时也证明空间利用将为土地资源提供广阔的空间。

（5）提高小城镇土地利用整体效益

长期以来，考核一个小城镇，一般所用的经济指标是总量指标，如 GNP、GDP 或其人均指标，很少考核土地是利用效益，即没有必要的用地指标和人均指标。因此，建立同土地相联系的评价和考核的指标体系应该提到议事日程。从土地集约利用角度评价利用程度和土地利用效益可采用如下一些指标：建筑容积率、建筑密度、土地利用率、土地生产率（产出率）、产值（产量）占地率等。其中，土地生产率和产值占地率互为倒数。但其作用各异，尤其产值占地率更为直观和便于土地资源的利用管理，国外已在评价城镇土地利用中广泛应用。

要使土地创造出更好的整体效应，关键是要优化城镇的产业结构和空间布局，小城镇土地利用效益的提高可仿效城市存量土地挖掘中的"腾笼换鸟"，"退二进三"等办法，将不适宜在小城镇中心布局的产业、行业置换到小城镇之外去，将黄金地段让给金融、商业、房地产等第三产业，使小城镇土地利用创造更多价值。通过产业合理布局，提高小城镇土地利用效益，促进小城镇土地节约利用。

5.5.4　小城镇建设节约用地方法

由于各地小城镇自然、经济条件不同，土地用途多样，小城镇建设节约用地的方法也是多种多样，下面主要从小城镇建设不占或少占耕地方面，提出小城镇建设节约用地的一些方法。

（1）山坡造地

我国是一个山地多于平地的国家，山地和丘陵的面积占全国总面积的 70%，开发利用山地是一项非常艰巨的任务。一般地说，坡度在 25°以上就完全不能用于耕地，但可以用作林地和建设用地。

山坡地用于建设用地大有潜力。因为有些山坡地土壤贫瘠，甚至不能用作林地，但经过一定的工程措施后，就可以用来建房。山坡地最主要的利用方向就是用于居住用地和工业用地。

山坡造地的一般方式有：

1）独立山坡的造地。在我国南方丘陵地区，独立的小山丘很多，如果水源条件好，非常适宜于小城镇居民点的选址，不仅能够节约耕地，而且地势高爽，不易受洪涝威胁，采光充足。也可以用来建设小型的工厂或仓库等。独立山坡造地主要有两种方式：

① 利用缓坡、保留山头。这种方式一般适用于坡度较缓而相对高程又较大的山坡，只宜利用其缓坡部分，工程量小，接近地面，适宜小城镇居民建房。这种方式可以将山头

用作绿化或其他用途，简便易行。具体有挖填结合方式（如图 5-7）和只挖不填方式（如图 5-8）。

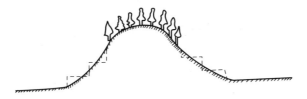

图 5-7　挖填结合方式

图 5-8　只挖不填方式

② 利用山头。这种方式往往因为有些丘陵山头部分较平坦，稍加改造便可利用。有些小型工厂可以利用这种造地方式，如图 5-9 所示。

图 5-9　利用山头造地

2）沟谷山坡造地。有些地区山近相连，形成沟谷地带，可在两山间沟谷地带造地。此种类型的地貌区要注意避开主要的洪水沟谷，不能因造地而堵塞了水流。要选择那些地质条件较好，沟谷两面的山坡相对较缓的地方造地。一般的做法可以将坡上的开挖土石方填到谷底，从而形成相对大一些的平坦地面，如图 5-10 所示。

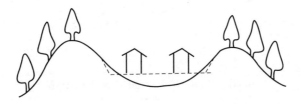

图 5-10　沟谷山坡造地

3）河畔山坡的造地。在有些地区，沿河的两岸有石质山坡，可以考虑造地修建居住建筑、园林建筑以及别墅等。但无论是用于工业或居住建筑，都要解决好排污问题，有污染的工厂不应建造在河畔。

山坡造地中，特别要注意以下问题：一是山坡地质。山坡地质往往较为复杂，石质山坡尤其如此。要对山坡地质有较详细地了解，最好避免易塌方、滑坡、凹陷的地质区域。二是防洪问题。要防止因开山造地而破坏水的流路。同时也要注意由于开挖和填方而给区域水资源体系造成的影响。三是水源问题。一般要考虑山坡上有无常年供应的溪水等，对于工业用的山坡地，则必须考虑有无人工供水的可能性。

（2）滩涂造地

滩涂包括海滩、海涂、河滩和湖滩地等。世界上很多国家都在积极地开发利用滩涂资源。日本在海涂上建立大量的工厂和建筑。滩涂造地可以是造耕地，也可以造建设用地。

1）海滩造地。海滩造地一般多用于发展工业，因为靠近港口，有利于原材料及产品的运输。按照工业港与自然海岸线的相互关系，主要有两种类型：填海式。即由岸线向海域推进，筑堤填海。一般选择在海湾和内海等波浪较弱可以不建或少建防波堤的地点；挖入式。即将岸线向内陆掘进而挖成港口，用挖出的泥砂填高一部分土地。多选择于直接面对外海，岸线平直的地点。

围海造地开发建设用地有很大的前途，比起用于农用地更为可行，这主要是因为：

① 我国沿海地区近年来发展较快，而主要的发展在工业方面，建设用地需求量大；

② 工业区濒临海城，为工厂利用海路运输创造了条件。同时也有利于发展外向型经济；

③ 工业生产需要的大量冷却水、海水量大而且低温，有了经过加工以后利用的前提；

④ 滩涂的含盐量较高，很难适宜农业生产。因此，与其考虑围海造耕地，不如考虑选建设用地而将广大的良田省下来。

2）河滩造地。河滩这里主要指沿河两岸，最高洪水位以下的河滩地。它与围海造田相比，工程量要小得多，同时也有利于河道整治，有利于工业基本建设相结合，是进行中小型建设用地开发的有效途径之一。河滩造地主要有裁弯取直造地、束流造地、改河造地、建库截流造地与筑堤造地几种方式：

① 截弯取直造地。截弯取直就是在两个凹岸间开凿一段新河段，使河流取直，如图 5-11 所示。

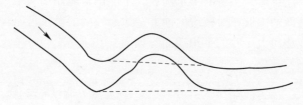

图 5-11　截弯取直造地

图中虚线表示取直后的河道，将旧河道的两岸洪水淹没区填高，则可得大片建设用地。这种方式一般造地面积较大。

② 束流造地。束流造地就是结合溪流整治，将其两岸或一岸采用衬砌或筑堤的办法，将溪流岸壁进行人工改造，砌直砌高或填高河滩地，形成有组织的排洪沟，从而将原来的大片溪水淹没河滩改造成建设用地。如图 5-12 所示。

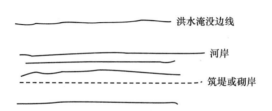

图 5-12 束流造地

③ 改河造地。在河流较多的地方，可将较小的溪流与就近的河流合并，填高旧河床及洪水淹没地带，用作建设用地。图 5-13 是某厂利用改河造地法同时配合截弯取直法而开发出的一块建设用地，很有启发性。

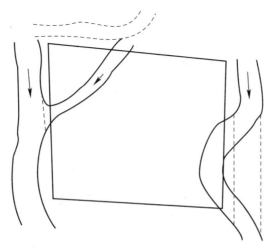

图 5-13 改河造地

④ 筑涵造地。即在溪流上筑砌涵洞排洪、排水，其上填土作为小平地。在工业生产中，有时可把它当作废渣的堆场，时间一长，便可填平，一举两得。这种情况在山区城市建设中比较常见。但要注意原溪流是否承担有排洪任务，以及新建涵洞能否满足排洪要求。同时，如用于建筑用地，则必须考虑涵洞本身的承载力，如图 5-14 所示。

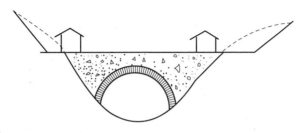

图 5-14 筑涵造地

（3）土地复垦

凡是在生产建设过程中因挖损、塌陷、压占等造成破坏而废弃的土地，均在复垦范围之列。大体包括以下几种情况：一是因采矿、挖沙、取土等对地表的直接挖损等活动，破坏了原来地形地貌的土地；二是因地下开采等引起的地表沉陷地；三是因采矿、冶炼、发电等工矿企业生产排放的废弃物堆积压占而废弃的土地，如排土场、尾矿场、储灰场、垃圾场等；四是工业排污造成对土的污染地；五是废弃的水利工程，因改线等原因废弃的各种道路路基，建筑搬迁等毁坏而遗弃的土地。

1）直接挖损地的复垦。直接挖损地因工程性质不同而有很大差别，大型采矿区的挖损往往范围大，深度也大，复垦工艺上适合采用回填的方法，利用矿区的尾矿等回填到不能开采的挖空区，这样既可节约运输费用，也避免尾矿再压占别的土地。一般挖沙和砖瓦窑取土而形成挖空地带，规模一般都比较小，可以根据情况灵活处理，如果附近有充足的填充物的，可以填实；如果没有填充物，可以考虑改为渔池等加以利用。因地下开采而引起的地表沉陷地一般可与采矿挖空等同处理。

2）堆场的复垦。这里的堆场一般指高于地平面而堆起来的场地，复垦难度较大，如果采用全部搬运的办法；不仅工程量大，也往往不易找到合适的去处。复垦时可采用梯形成等高压实的方法，使之高于地平面。再根据废弃物的性质来确定是用于耕地或建设用地。如图 5-15 所示。

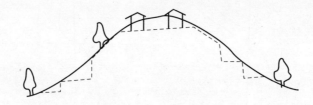

图 5-15　堆场的复垦

3）污染地复垦。污染地一般很难恢复农用，复垦时主要有两种途径。一是将地表土剥离后填充到别的挖空区，二是将原污染地铺垫一层物质后作建设用地。但必须注意，如果用于居住建筑，要查明原污染物是否会对人体造成伤害。

4）遗弃地复垦。主要是水利、道路、机场迁址而废弃的土地。这类土地的复垦应当考虑有无重新利用原有设施的可能性，不一定都要挖掉恢复农用。如有些地方在废弃的机场地上修建大型仓库，就较容易地解决了仓储或晒场的问题。

（4）工厂节约用地的方法

小城镇工业建设可主要在以下方面节约用地。

1）利用山坡地建厂。利用山坡建厂，要在下列方面充分利用山坡的高差，使之成为有利因素。

① 充分利用竖向运输方式。某些生产企业的生产过程，实质上是物料的运输过程，应充分利用物料在运动中的位能，不作或少作虚功。在山坡地建厂，就提供了这个有利条件，可利用山坡的自然位差，自高向低进行车间闲置，不但减少了提升设备，也压缩了车间之间的间距。

② 利用山坡坡度的变化，将不宜作为生产用地的地段作为绿化用地、隔离间距。由于山坡地地形复杂，有的地方坡度过大，如果全部采用工程方法减缓坡度势必大大增加土石方量，经济效益不好。为此，可以利用这些坡度大的地方，发展绿化，建立厂区公园，也可用来作为隔离生产区与生活区、危险地段的天然屏障。例如有的工厂将最难利用的山头建成供工人休息、游览的场所，使工厂别具一格。也可利用山坡地的自然景观，建成游

泳池、小型瀑布等。

③ 将山坡工厂分为相对独立的不同高程的地段。根据工厂的具体情况，将紧密联系又要求相对平坦的地形的车间或其他设施布置于同一高程的平坦地段。尽量减少不同地段之间的联系，增大同一地段之间的联系，以减弱山坡地带来的不利影响。

攀钢为我们提供了很好的例子，它的占地是 $2.5hm^2$，地面自然高差 80 多米的山坡地形，通过巧妙地把车间布置在 28 个不同标高的台阶上，使厂区布置十分紧凑，比过去同类钢厂占地大约减少一半以上。由于采用较多的竖向运输方式，减少了厂区铁路，节约了大量资金，建成了充分利用山坡地形的大型钢铁厂。像这样占地面积大，生产流程复杂，厂内运输繁忙，管网布置密集的大型钢铁厂尚能如此，其他中小型工业企业利用山坡建厂更不是一件十分困难的事。

2）采用紧凑的总图布局形式。总平面图的布置形式直接影响到工厂用地面积，同时也是工业建设用地最有潜力可挖的途径之一。通过认真地分析工厂的总平面图，采取紧凑布置的方式，可以大大地节约用地。下列途径能使工厂的总平面布置更加紧凑。

① 合并厂房。即将功能相同或相近，生产联系紧密的厂房合并起来。经验表明，这种做法较分散布置能节约用地一半以上。

合并厂房应本着下列原则进行：生产性质、工艺流程都比较相似，采用同一种运输方式的；对防火、安全、卫生等要求大致相同的；原材料、燃料消耗有共性的，成品、半成品运输条件相似的；生产上有密切联系，有依附关系的；动力、水、电等供应条件相同的；厂房高度相差不多，对大型吊车服务面积在合并后能充分利用的等。

除厂房可以合并外，生产服务设施如仓库、机修、电修、工具车间也可以合并。当然，不管哪种合并方式，都必须以不影响生产为前提。

② 合理组织厂区道路系统。厂区道路面积占工厂用地的很大比例，尤其是生产区的通道，具有交通、防火、卫生等多种功能，最为复杂。合理组织厂区道路系统可以从下面着手考虑：首先，尽可能地分清主干道路和次要道路，避免功能不分，所有的道路一律很宽的现象；其次，利用道路同时作为防火、卫生方面的间距，也可以将道路和绿化带、管线等结合起来布置；第三，选择合理的运输方式。

③ 采用规则建筑形式。工厂的各种建筑物、构筑物应尽量采取平面外形简单、规整的形式。如果平面外形不规则，极易造成一些很难利用起来的死角，导致场地面积损失严重。并且，规则的平面形式有利于区道路、管线、绿化等设施的配置。当然，在地形条件复杂的地方建厂，也不一定非采用规则的形状不可，而要充分利用地形，灵活运用。

规则的平面外形还有助于使整个厂区的平面布置更加紧凑，也更有利厂区通道的组织。当厂房进深方向尺寸不相同时，先求得主要通道上的建筑线整齐、一致，次要通道凹进部分的场地面积予以利用起来，布置某些辅助设施，如烟道、烟囱、收尘系统、露天变电设备、室外作业场地及临时堆放场地等。

④ 压缩厂前区用地。压缩厂前区用地的主要途径有：

当几个企业相邻布置时，可以尽可能地将厂前区布置在一起。以共同利用一些共用设施，节约用地。

厂前区的建筑尽可能采用多功能的楼房，将主要办公部门集中在一起。

在可能的条件下，将厂前区沿工厂短轴方向布置，可以减少厂前区与整个工厂的交通距离。

沿街的工厂可将办公楼沿街布置，兼做围墙。

⑤ 综合组织管线。工厂中的管线繁多，如输油管线、输水管线等，且对防火、防震有一定的间距要求，有的需要埋设，有的需要架设。如果处理不当，就会形成管线交错，占地面积过大的局面，为此，可在以下几方面作些努力：

对于工厂所需的管线，有一个全面、系统的了解。在管线的安排上，尽量使有关部门协作进行。

将管线按防火要求、地上或地下等进行分类，将可以布置在一起的管线集中埋设或架设。

尽量利用间隔用地、绿化用地等架设管线。

在技术条件允许的前提下，尽量使用埋设管线，以利用管线上的土地。

总之，工厂的总图布置形式直接影响到工厂的用地面积，并且是最有潜力的节约用地途径之一。

3）推行多层建筑。工厂的厂房近年来在向多层的方向发展。除重型设备，带冲击或有振动的机械设备和高精度的设备不宜布置在楼层建筑物中之外，已经有了把机械加工、轻工等主要生产车间和一些仓库，辅助部门布置在楼层上的先例。双层或双层以上的楼房与类似的单层厂房相比，不但降低造价 5％—10％，而且占地大大减少。

6 小城镇建筑设计与施工管理

小城镇建筑工程设计与施工管理，是对小城镇建设活动中的建筑工程设计与施工的组织与监督管理，是小城镇建设规划管理的进一步深化和延续。它关系到规划是否能够落实，蓝图是否能够变成现实，建筑产品是否安全、适用、经济、美观。因此，加强小城镇建筑工程设计与施工管理十分重要。

6.1 小城镇建筑设计管理

6.1.1 城镇设计的概念与内容

（1）城镇设计的概念

对城镇设计这一概念一直存在不同的说法，《中国大百科全书》（建筑园林城市规划）卷的"城市设计"条目定义为"城市设计是对城市体形环境所进行的设计。城市设计的任务是为人们各种活动创造出具有一定空间形式的物质环境，内容包括各种建筑、市政公用设施、园林绿化等方面，必须综合体现社会、经济、城市功能、审美等各方面的要求，因此也称为综合环境设计"。

《大不列颠百科全书》第二卷解释"城市设计（Urban design）"时，作者在强调物质空间环境设计的同时，指出还应当创造合理的社会环境。

F·吉伯特在《市镇设计》（程理尧译，中国建筑工业出版社）中描述为"城市是由街道、交通和公共工程等设施以及劳动、居住、游憩和集会等活动系统所组成，把这些内容按功能和美学原则组织在一起，就是城市设计的本质"。

国内一些学者对城市设计的概念进行了综合：

"城市设计的含义至少应该包括以下几个方面：城市设计是对城市体形环境所进行的三维空间的合理设计；城市设计要考虑空间艺术处理和美学原则；城市设计目的是为居民创造一个良好的生活环境，必须考虑市民社会生活和精神文明建设"（朱自煊，1990）。

"城市设计是一种三维空间的工程设计。它所设计的对象是建筑以外的城市空间环境，是城市的各种场所，是建筑之间的空间"（邹德慈，1990）。

可以看出，城市设计是物质空间环境的设计，重点是公共空间环境的设计，而且这种物质环境建立在经济、社会和人们的心理和生理基础上，并会对人们的心理和生理行为产生影响。

小城镇是介于城市和乡村之间，以实现城乡之间有机联系而形成的一个完整又相对独立的区域。它既是城市之"尾"，又是乡村之"首"，也可以说小城镇是城市在乡村的延伸，乡村中城市的雏形。

关于小城镇设计，可以理解为，按照小城镇的特点，将街道、交通和公共工程等设施以及劳动、居住、游憩和集会等活动系统所组成内容按功能和美学原则组织在一起，进行的设计。

但绝不是把小城镇简单地看作是城市的缩微和翻版，盲目地将城镇规划设计的做法移植于小城镇中。所以，在小城镇设计中应避免困扰城市的"城市病"在小城镇中重现。

（2）主要小城镇规划

小城镇规划主要包括县域城镇体系规划、小城镇总体规划与详细规划等三个层次。

（3）小城镇规划的特色

我国小城镇的兴起是在城乡经济一体化、农村现代化、农村城市化的条件下应运而生的，是联系农村经济与城市之间的纽带和桥梁。因此，小城镇是城市的雏形，具有规模小、功能齐全等特点，但它绝不是城市的缩微与翻版。小城镇的职能常会因所在自然环境、区位条件、产业特色、历史文化特征等条件的差异而有所不同，若盲目照抄照搬城市规划的内容和做法，违背小城镇自身的发展规律和特殊性，必然会造成千镇一模、千镇一面的局面，甚至于会使"城市病"在小城镇蔓延。我国沿海地区的小城镇建设，已出现了这种苗头。所以，要加强小城镇规划的科学性，制定有小城镇特色的规划。

规划应突出小城镇特色。根据小城镇产业特色不同，小城镇有不同的类型，如行政中心、商业集散、工业、风景旅游及休养、交通节点、边境口岸等，制订规划时就不能套用大中城市的规划内容，盲目追求产业功能小且全，而要突出其产业特色。

6.1.2 小城镇建筑设计管理

（1）小城镇建筑设计基本要求

1）设计要符合小城镇规划对建设的要求

作为实现规划的重要手段，建筑设计必须符合规划对小城镇建设提出的要求。例如原建设部提出建设试点镇要坚持高标准、高质量、高水平，因此在设计时，必须以此为依据，按照较高的设计标准进行设计。再如，不同性质的小城镇规划对小城镇建设也提出了不同的要求，旅游性质的小城镇和工矿业为主的小城镇，对小城镇建筑设计的要求是不同的，同一规划对不同规划小区（功能区）的建筑设计要求也是不同的。因此设计必须以规划为依据，通过设计方法展现规划要求的建筑风格和城镇风貌。

2）设计要符合国家和地方有关节约资源、抗御灾害的规定

节约建设用地，提高土地利用率，是小城镇建设的基本方针。小城镇建筑设计必须遵循这条基本原则，通过合理布局、科学设计，提高土地利用率。对于建设项目，也要通过设计，采取新工艺、新材料，节约能源、燃料和原材料，提高小城镇的总体功能水平。国家制定了不同地区抗灾防灾的设计标准（如地震），设计时必须严格遵守。

3）设计要适用、经济、安全和美观

设计要与当地的社会经济水平相适应，也要与适宜的小城镇规模相协调，不要一味追求大、洋、宽、高。应在现有技术条件下，通过精心设计，使城镇建筑做到安全、美观；改变过去千镇一面、造型单调的状况。

4）设计要充分体现地方特色和民族风格

我国许多小城镇都有其明显的地方特色，设计时要充分采用当地的建筑材料，对富有乡土味的旧街道与民居，通过设计，恢复其原貌；对新建建筑，也应从传统的建筑中吸取

精华，以保留地方特色；对于少数民族地区的小城镇或小城镇中少数民族集居地区的建筑，应保留并发扬具有民族民俗习惯的建筑形式，反映出民族风格。

5）设计要与周围环境相协调

小城镇是处在一定的自然环境中的。设计要充分体现规划意图，使建筑与周围环境相协调。设计时应充分利用小城镇中的山、水、草、木，设计出和谐、美观的景区、景点。

（2）小城镇建筑设计管理的主要内容

建设工程勘察设计是小城镇开发建设项目得以实现的关键环节之一。为了加强对建设工程勘察、设计活动的管理，保证建设工程勘察、设计质量，保护人民生命和财产安全，国务院于 2000 年 9 月颁布了《建设工程勘察设计管理条例》。

建设工程勘察，是指根据建设工程的要求，查明、分析、评价建设场地的地质、地理环境特征和岩土工程条件，编制建设工程勘察文件的活动。

建设工程设计，是指根据建设工程的要求，对建设工程所需的技术、经济、资源、环境等条件进行综合分析、论证，编制建设工程设计文件的活动。

（3）小城镇勘察设计单位的资质管理

为加强工程勘察和工程设计单位的资质管理，保障国家财产和人身安全，促进技术进步，提高工程勘察设计水平，原建设部于 2001 年 7 月发布了《建设工程勘察设计企业资质管理规定》。国家对从事建设工程勘察、设计活动的单位，实行资质管理制度。

建设工程勘察、设计资质分为工程勘察资质、工程设计资质。工程勘察资质分为工程勘察综合资质、工程勘察专业资质、工程勘察劳务资质。

工程勘察综合资质只设甲级；工程勘察专业资质根据工程性质和技术特点设立类别和级别；工程勘察劳务资质不分级别。

工程设计资质分为工程设计综合资质、工程设计行业资质、工程设计专项资质。工程设计综合资质只设甲级；工程设计行业资质和工程设计专项资质根据工程性质和技术特点设立类别和级别。

建设工程勘察、设计单位应当在其资质等级许可的范围内承揽建设工程勘察、设计业务。禁止建设工程勘察、设计单位超越其资质等级许可的范围或者以其他建设工程勘察、设计单位的名义承揽建设工程勘察、设计业务。禁止建设工程勘察、设计单位允许其他单位或者个人以本单位的名义承揽建设工程勘察、设计业务。

国务院有关专业部门和县级以上人民政府建设行政主管部门，对持证单位的资质实行资质年检制度。建设工程勘察、设计企业有下列行为之一的，由颁发证书部门和建设行政主管部门依照有关法律、行政法规责令改正，没收违法所得，处以罚款，可以责令停业整顿，降低资质等级；情节严重的，吊销资质证书：

1）超越资质级别或者范围承接勘察设计业务的；

2）允许其他单位、个人以本单位名义承揽建设工程勘察、设计业务的；

3）以其他建设工程勘察、设计企业的名义承揽建设工程勘察、设计业务的；

4）将所承揽的建设工程勘察、设计业务转包或者违法分包的。

建设工程勘察、设计企业未按照工程建设强制性标准进行勘察、设计，建设工程设计企业未根据勘察成果文件进行工程设计，建设工程设计企业违反规定指定建筑材料、建筑构配件的生产厂、供应商，造成工程质量事故的，责令停业整顿，降低资质等级；情节严重的，吊销资质证书。

国家对从事建设工程勘察、设计活动的专业技术人员，实行执业资格注册管理制度。未经注册的建设工程勘察、设计人员，不得以注册执业人员的名义从事建设工程勘察、设计活动。建设工程勘察、设计注册执业人员和其他专业技术人员只能受聘于一个建设工程勘察、设计单位；未受聘于建设工程勘察、设计单位的，不得从事建设工程的勘察、设计活动。

（4）小城镇勘察设计市场的管理

为加强建设工程勘察设计市场管理，规范建设工程勘察设计市场行为，保证建设工程勘察设计质量，维护市场各方当事人的合法权益，原建设部于 1999 年 1 月发布《建设工程勘察设计市场管理规定》。建设工程勘察设计市场活动，是指从事勘察设计业务的委托、承接及相关服务的行为。

1）勘察设计业务的委托

凡在国家建设工程设计资质分级标准规定范围内的建设工程项目，均应当委托勘察设计业务。勘察设计的委托应遵守如下规定：

① 委托方应当将工程勘察设计业务委托给具有相应工程勘察设计资质证书且与其证书规定的业务范围相符的承接方。

② 工程勘察设计业务的委托可以通过竞选委托或直接委托的方式进行。竞选委托可以采取公开竞选或邀请竞选的形式。

③ 委托方原则上应将整个建设工程项目的设计业务委托给一个承接方，也可以在保证整个建设项目完整性和统一性的前提下，将设计业务按技术要求，分别委托给几个承接方。委托方将整个建设工程项目的设计业务分别委托给几个承接方时，必须选定其中一个承接方作为主体承接方，负责对整个建设工程项目设计的总体协调。承接部分设计业务的承接方直接对委托方负责，并应当接受主体承接方的指导与协调。

④ 委托方在委托业务中不得有下列行为：

（A）收受贿赂、索取回扣或者其他好处；

（B）指使承接方不按法律、法规、工程建设强制性标准和设计程序进行勘察设计；

（C）不执行国家的勘察设计收费规定，以低于国家规定的最低收费标准支付勘察设计费或不按合同约定支付勘察设计费；

（D）未经承接方许可，擅自修改勘察设计文件，或将承接方专有技术和设计文件用于本工程以外的工程；

（E）法律、法规禁止的其他行为。

2）勘察设计业务的承接

① 承接方必须持有由建设行政主管部门颁发的工程勘察资质证书或工程设计资质证书，在证书规定的业务范围内承接勘察设计业务，并对其提供的勘察文件的质量负责。

② 从事勘察设计活动的专业技术人员不得私自挂靠承接勘察设计任务。严禁勘察设计专业技术人员和执业注册人员出借、转让、出卖执业资格证书、执业印章和职称证书。

③ 承接方应当自行完成承接的勘察设计业务，不得接受无证组织和个人的挂靠。经委托方同意，承接方也可以将承接的勘察设计业务中的一部分委托给其他具有相应资质条件的分承接方，但须签订委托合同，并对分承接方所承担的业务负责。分承接方未经委托

方同意，不得将所承接的业务再次分委托。

④ 承接方在承接业务中不得有下列行为：

（A）不执行国家的勘察设计收费规定，以低于国家规定的最低收费标准进行不正当竞争；

（B）采用行贿、提供回扣或给予其他好处等手段进行不正当竞争；

（C）不按规定程序、修改变更勘察设计文件；

（D）使用或推荐使用不符合质量标准的材料或设备；

（E）未经委托方同意，擅自将勘察设计业务分委托给第三方，或者擅自向第三方扩散、转让委托方提交的产品图纸等技术经济资料；

（F）法律、法规禁止的其他行为。

⑤ 外国勘察设计单位及其在中国境内的办事机构，不得单独承接中国境内建设项目的勘察设计业务。承接中国境内建设项目的勘察设计业务，必须与中方勘察设计单位进行合作勘察或设计，也可以成立合营单位，领取相应的勘察设计资质证书，按国家有关中外合作、合营勘察设计单位的管理规定开展勘察设计业务活动（我国加入WTO后5年内开始允许外商成立独资企业，单独承接中国境内建设项目的勘察设计任务）。

3）小城镇建筑工程设计审查

① 设计审查

按照小城镇工程建设的基本程序，应在进行施工图设计前，完成一些手续，取得施工图设计的条件，否则，不能出施工图。

进行小城镇建筑工程施工图纸设计应具备的条件主要包括：项目建设计划任务书、初步设计、规划用地许可证（或选址定点意见书）、土地使用证、审批的年度建设计划、勘察设计资料等。

② 小城镇工程设计质量监督与施工图审查

小城镇建设管理部门具有对设计图纸审批的权力，负有对施工图进行审查监督的职责。小城镇工程设计质量监督与施工审查工作的主要内容包括：

（A）施工图是否满足规划要求。小城镇建设管理部门在核发《建设工程规划许可证》或准建证时，要审核工程用地界线、地面标高、建筑面积、层高、装修与环境的协调等要求是否在施工图中体现。

（B）审查设计是否体现"适用、安全、经济、美观"的原则。

所谓适用，指建筑工程应该最大限度地满足小城镇居民生活、生产活动的要求，做到布置合理，面积适度，通风有光，使用舒适。

所谓安全，指建筑工程要保证建筑物结构安全可靠，有足够的安全系数并符合防火、抗震要求。

所谓经济，指在保证建筑物适用、坚固的条件下充分考虑建筑物的经济性，不取华而不实的建筑形式。

所谓美观，指建筑的形式既有地方传统风味，又有现代气息。

（C）审查图纸的规范性、准确性及图纸是否齐全。

小城镇建筑工程设计文件与图纸必须严格执行国家有关规定，图纸必须完整，资料齐全，计算准确，说明清楚。

(D) 施工图必须严格执行审批制度。

施工图应经审查批准后使用。小城镇住宅及其构配件的通用图或标准图，须经省级主管部门审查批准。

(5) 小城镇勘察设计的发包与承包

建设工程勘察设计应当依照《中华人民共和国招标投标法》的规定，实行招标发包。

第一，建设工程勘察、设计方案评标，应当以投标人的业绩、信誉和勘察、设计人员的能力以及勘察、设计方案的优劣为依据，进行综合评定。

第二，建设工程勘察、设计的招标人应当在评标委员会推荐的候选方案中确定中标方案。但是，建设工程勘察、设计的招标人认为评标委员会推荐的候选方案不能最大限度满足招标文件规定的要求的，应当依法重新招标。

第三，经有关主管部门批准，可以对下列建设工程的勘察、设计直接发包：

1) 采用特定的专利或者专有技术的；

2) 建筑艺术造型有特殊要求的；

3) 国务院规定的其他建设工程的勘察、设计。

第四，发包方可以将整个建设工程的勘察、设计发包给一个勘察、设计单位；也可以将建设工程的勘察、设计分别发包给几个勘察、设计单位。但不得将建设工程勘察、设计业务发包给不具有相应勘察、设计资质等级的建设工程勘察、设计单位。

第五，除建设工程主体部分的勘察、设计外，经发包方书面同意，承包方可以将建设工程其他部分的勘察、设计再分包给其他具有相应资质等级的建设工程勘察、设计单位。建设工程勘察、设计单位不得将所承揽的建设工程勘察、设计转包。承包方必须在建设工程勘察、设计资质证书规定的资质等级和业务范围内承揽建设工程的勘察、设计业务。

(6) 小城镇建设工程勘察、设计的监督管理

国务院建设行政主管部门对全国的建设工程勘察、设计活动实施统一监督管理。县级以上地方人民政府建设行政主管部门对本行政区域内的建设工程勘察、设计活动实施监督管理。县级以上地方人民政府交通、水利等有关部门在各自的职责范围内，负责对本行政区域内的有关专业建设工程勘察、设计活动的监督管理。

建设工程勘察、设计单位在建设工程勘察、设计资质证书规定的业务范围内跨部门、跨地区承揽勘察、设计业务的，有关地方人民政府及其所属部门不得设置障碍，不得违反国家规定收取任何费用。

县级以上人民政府建设行政主管部门或者交通、水利等有关部门应当对施工图设计文件中涉及公共利益、公众安全、工程建设强制性标准的内容进行审查。施工图设计文件未经审查批准的，不得使用。

(7) 注册建筑师制度

为了加强对注册建筑师的管理，提高建筑设计质量与水平，保障公民生命和财产安全，维护社会公共利益，国务院于 1995 年 9 月发布了《中华人民共和国注册建筑师条例》，1996 年 7 月，原建设部发布了《中华人民共和国注册建筑师条例实施细则》。

1) 注册建筑师是指依法取得注册建筑师证书并从事房屋建筑设计及相关业务的人员。注册建筑师制度是建筑设计人员执业技术资格认证和设计行业管理的一种国际惯例，是被世界大多数发达国家实践证明的一种以法制手段进行管理的行之有效的办法，包括严格的

资格审查与考试制度、注册制度和相应的管理制度。

我国注册建筑师级别设置分为一级注册建筑师和二级注册建筑师。其中一级注册建筑师注册标准不低于目前发达国家现行注册标准。这就为国际间相互承认注册建筑师资格和相互开放设计市场提供了前提条件。同时考虑到我国目前建筑设计市场的特点和高水平设计人员还比较少的现实情况，设置了二级注册建筑师，以完成建筑面积较小、结构较简单的建筑设计工作。

2) 注册建筑师实行全国统一考试制度和注册管理办法。为确保注册建筑师的质量，特别对一级、二级注册建筑师接受专业教育的学历、职业实践、年限等分别作出了具体的规定。在建筑师注册过程中，主要考察其专业技术水平、职业道德等是否达到要求。一级注册建筑师由全国注册建筑师管理委员会负责注册和管理，并报建设部备案。二级注册建筑师由省、自治区、直辖市注册建筑师管理委员会负责注册和管理，报建委（或建设厅）备案。

3) 注册建筑师的执业范围，包括建筑设计、建筑设计技术咨询、建筑物调查与鉴定以及对本人主持设计的项目进行施工指导和监督等。只有注册的建筑师才能以注册建筑师的名义从事建筑设计业务活动。注册建筑师执行建筑设计业务必须受聘于有设计法人资格的设计单位，并由设计单位委派。但注册建筑师不得同时受聘于两个或两个以上设计单位。设计单位出具的设计图纸须由负责该项目的注册建筑师签字。由于设计质量造成的经济损失由设计单位赔偿，设计单位有权对签字注册建筑师进行追偿。

(8) 注册结构工程师制度

为了加强对结构工程设计人员的管理，提高工程设计质量与水平，保障公众生命和财产安全，维护社会公共利益，国家把注册结构工程师资格制度纳入专业技术人员执业资格制度中，注册结构工程师由国家确认批准。

注册结构工程师，是指取得中华人民共和国注册结构工程师资格证书和注册证书，从事房屋结构、桥梁结构及塔架结构等工程设计及相关业务的专业技术人员。

有关注册结构工程师资格制度规定如下：

1) 注册结构工程师分为一级注册结构工程师和二级注册结构工程师。

2) 注册结构工程师考试实行全国统一大纲、统一命题、统一组织的办法，原则上每年举行一次。取得注册结构工程师资格证书者，要从事结构工程业务的，须申请注册。

3) 注册结构工程师注册有效期为 2 年，有效期届满需要继续注册的，应当在期满前30 日内办理注册手续。

4) 注册结构工程师的执业范围包括：

① 结构工程设计；

② 结构工程设计技术咨询；

③ 建筑物、构筑物、工程设施等调查和鉴定；

④ 对本人主持设计的项目进行施工指导和监督；

⑤ 住建部和国务院有关部门规定的其他业务。

一级注册结构工程师的执业范围不受工程规模及工程复杂程度的限制。

5) 注册结构工程师有权以注册结构工程师的名义执行注册结构工程师业务。非注册结构工程师不得以注册结构工程师的名称执行注册结构工程师业务。

117

注册结构工程师执行业务，应当加入一个勘察设计单位，由勘察设计单位统一接受委托并统一收费。

6）因结构设计质量造成的经济损失，由勘察设计单位承担赔偿责任；勘察设计单位有权向签字的注册结构工程师追偿。

6.2　小城镇建筑施工管理

6.2.1　小城镇工程建设施工队伍管理

小城镇建设施工队伍管理主要是指对施工单位资质证书的管理和建筑施工企业项目经理管理。

（1）建筑业企业的资质管理

2001年4月原建设部发布第87号令《建筑业企业资质管理规定》。国家对建筑业企业实行资质管理制度。

1）建筑业企业分为施工总承包、专业承包和劳务分包三类。根据工程性质及技术特点，按企业的建设业绩、人员素质、管理水平、资金数量、技术装备等，将施工总承包企业资质等级分为特级、一、二、三级；专业承包企业资质等级分为一至三级；劳务分包企业分为一级、二级和无等级。

2）企业资质等级实行分级审批。施工总承包序列特级和一级企业、专业承包序列一级企业（不含中央管理的企业）资质经省级建设行政主管部门审核同意后，由国务院建设行政主管部门审批；施工总承包序列和专业承包序列二级及二级以下企业资质，由企业注册所在地省、自治区、直辖市人民政府建设行政主管部门审批；劳务分包序列企业资质由企业所在地省、自治区、直辖市人民政府建设行政主管部门审批。经审查合格的企业由资质管理部门颁发《建筑业企业资质证书》。

3）国务院有关专业部门和县级以上人民政府建设行政主管部门，对持证单位的资质实行资质年检制度。施工企业有下列行为之一的，由颁发证书部门和建设行政主管部门依照有关法律、行政法规责令改正，处以罚款；情节严重的，责令停业整顿，降低资质等级或者吊销资质证书：

① 施工中偷工减料的，使用不合格的建筑材料、建筑构配件和设备的，或者有不按照工程设计图纸或者施工技术标准施工的其他行为的；

② 未对建筑材料、建筑构配件、设备和商品混凝土进行检验，或者未对涉及结构安全的试块、试件以及有关材料取样检测的；

③ 其他违法违规行为。

（2）建筑施工企业项目经理管理

随着小城镇建设的不断发展，为了保证建设项目的技术要求、质量要求、工期要求和投资额控制等。需要有一支过硬的小城镇建设队伍，不断改进施工的管理方法，以保证获得较好的经济效益，建设施工的项目经理负责制是一种较好的方式。

为培养一支懂技术、会管理、善经营的施工企业项目经理队伍，1995年1月原建设部发布了《建设施工企业项目经理资质管理办法》。全面规范、加强对施工企业项目经理的管理，以提高管理水平，保证高质量、高水平、高效益地搞好工程建设。

1）施工企业项目经理是指受企业法人委托对工程项目施工过程全面负责管理者，是施工企业法人在工程项目上的代表人。

2）项目经理实行持证上岗制度。应经过培训、考核和注册，获得《建筑施工企业项目经理资质证书》。项目经理资质分一至四级，其中一级项目经理须报住建部认可。

3）2003年7月4日建设部发布了《关于建筑业企业项目经理资质管理制度向建造师职业资格制度过渡有关问题的通知》，主要精神为：取消建筑施工企业项目经理资质核准，由注册建造师代替并设立过渡期，过渡期为五年，即从2003年2月27日起，至2008年2月27日止，在过渡期内，原项目经理资质证书仍然有效。

6.2.2 小城镇建设工程的招标投标管理

为了规范招标投标活动，保护国家利益、社会公众利益和招标投标活动当事人的合法权益，提高经济效益，保证项目质量，小城镇建设工程也要依照《中华人民共和国招标投标法》的规定进行招标投标。

（1）建设工程招标投标的范围

在我国境内进行下列工程建设项目包括项目的勘察、设计、施工、监理以及与工程建设有关的重要设备、材料等的采购，必须进行招标：

1）大型基础设施、公用事业等关系社会公共利益、公众安全的项目；

2）全部或者部分使用国有资金投资或者国家融资的项目；

3）使用国际组织或者外国政府贷款、援助资金的项目；

4）法律或者国务院对必须进行招标的其他项目的范围有规定的，依照其规定。

（2）建设工程招标投标的原则

1）招标投标活动应当遵循公开、公平、公正和诚实信用的原则；

2）任何单位和个人不得将依法必须进行招标的项目化整为零或者以其他任何方式规避招标；

3）依法必须进行招标的项目，其招标活动不受地区或者部门的限制。任何单位和个人不得违法限制或者排斥本地区、本系统以外的法人或者其他组织参加投标，不得以任何方式非法干涉招标投标活动。

（3）对建设工程招标的管理

1）招标分为公开招标和邀请招标。公开招标，是指招标人以招标公告的方式邀请不特定的法人或者其他组织投标；邀请招标，是指招标人以投标邀请书的方式邀请特定的法人或者其他组织投标。国家和地方重点项目，如不适宜公开招标的，经批准，可以进行邀请招标。

招标人采用公开招标方式的，应当发布招标公告。招标公告应当载明招标人的名称和地址、招标项目的性质、数量、实施地点和时间以及获取招标文件的办法等事项。

招标人采用邀请招标方式的，应当向三个以上具备承担招标项目的能力、资信良好的特定的法人或者其他组织发出投标邀请书。

2）工程建设项目招标代理机构。工程招标代理机构是依法设立对工程的勘察、设计、施工、监理以及与工程建设有关的重要设备（进口机电设备除外）、材料采购等从事招标业务代理的社会中介组织。

国家对工程招标代理机构实行资格认定制度。国务院建设行政主管部门负责全国工程招标代理机构资格认定的管理。省、自治区、直辖市人民政府建设行政主管部门负责本行政区的工程招标代理机构资格认定的管理。

从事工程招标代理业务的机构，必须依法取得工程招标代理机构资格。工程招标代理机构资格分为甲、乙两级。

申请工程招标代理机构资格的单位应当具备下列条件：

① 是依法设立的中介组织；

② 与行政机关和其他国家机关没有行政隶属关系或者其他利益关系；

③ 有固定的营业场所和开展工程招标代理业务所需设施及办公条件；

④ 有健全的组织机构和内部管理的规章制度；

⑤ 具备编制招标文件和组织评标的相应专业力量；

⑥ 具有可以作为评标委员会成员人选的技术、经济等方面的专家库。

3）建设工程的招标文件。招标人应当根据招标项目的特点和需要编制招标文件。招标文件应当包括招标项目的技术要求、对投标人资格审查的标准、投标报价要求和评标标准等所有实质性要求和条件以及拟签订合同的主要条款。

国家对招标项目的技术、标准有规定的，招标人应当按照其规定在招标文件中提出相应的要求。招标项目需要划分标段、确定工期的，招标人应当合理划分标段、确定工期，并在招标文件中载明。

招标文件不得要求或者标明特定的生产供应者以及含有倾向或者排斥潜在投标人的其他内容。

招标人不得向他人透露已获取招标文件的潜在投标人的名称、数量以及可能影响公平竞争的有关招标投标的其他情况。招标人设有标底的，标底必须保密。

（4）对建设工程投标的管理

投标人是响应招标、参加投标竞争的法人或者其他组织。投标人应当具备承担招标项目的能力。对投标的管理内容主要有：

1）投标人应当按照招标文件的要求编制投标文件。投标文件应当对招标文件提出的实质性要求和条件作出响应。招标项目属于建筑施工的，投标文件的内容应当包括拟派出的项目负责人与主要技术人员的简历、业绩和拟用于完成招标项目的机械设备等。

2）两个以上法人或者其他组织可以组成一个联合体，以一个投标人的身份共同投标。联合体各方均应当具备承担招标项目的相应能力。由同一专业的单位组成的联合体，按照资质等级较低的单位确定资质等级。

联合体各方应当签订共同投标协议，明确约定各方拟承担的工作和责任，并将共同投标协议连同投标文件一并提交招标人。联合体中标的，联合体各方应当共同与招标人签订合同，就中标项目向招标人承担连带责任。招标人不得强制投标人组成联合体共同投标，不得限制投标人之间的竞争。

3）投标人不得相互串通投标报价，不得排挤其他投标人的公平竞争，损害招标人或者其他投标人的合法权益。

4）投标人不得与招标人串通投标，损害国家利益、社会公众利益或者他人的合法权益。

5) 投标人不得以低于成本的报价竞标，也不得以他人名义投标或者以其他方式弄虚作假，骗取中标。

（5）对开标、评标和中标的管理

1) 开标由招标人主持，邀请所有投标人参加。开标时间应当在招标文件确定的提交投标文件截止时间之后的同一时间公开进行，开标地点应当为招标文件中预先确定的地点。开标时，由投标人或者其推选的代表检查投标文件的密封情况，经确认无误后，由工作人员当众拆封，宣读投标人名称、投标价格和投标文件的其他主要内容。

2) 评标由招标人依法组成的评标委员会负责。评标委员会成员的名单在中标结果确定前应当保密。评标委员会应当按照招标文件确定的评标标准和方法，对投标文件进行评审和比较；设有标底的，应当参考标底。评标委员会完成评标后，应当向招标人提出书面评标报告，并推荐合格的中标候选人。

中标人的投标应当符合下列条件之一：能够最大限度地满足招标文件中规定的各项综合评价标准；能够满足招标文件的实质性要求，并且经评审的投标价格最低；但是投标价格低于成本的除外。

3) 中标人确定后，招标人应当向中标人发出中标通知书，并同时将中标结果通知所有未中标的投标人。中标人应当按照合同约定履行义务，完成中标项目。中标人不得向他人转让中标项目，也不得将中标项目肢解后分别向他人转让。但中标人按照合同约定或者经招标人同意，可以将中标项目的部分非主体、非关键性工作分包给他人完成。接受分包的人应当具备相应的资格条件，并不得再次分包。

6.2.3 小城镇建筑工程质量管理

（1）工程质量管理的内容

小城镇建筑工程质量管理的目标是贯彻"百年大计，质量第一"和"预防为主"的方针，监督施工单位严格执行施工操作规程、工程验收规范和质量检验评定标准，预防和控制影响小城镇建筑工程质量的各种因素的出现，从而保证建筑产品的质量。

小城镇建筑工程质量监督管理主要应抓好以下几个方面工作：

1) 施工质量监督

① 监督用于施工的材料、构配件、设备等物资是否合格。

② 监督施工人员是否严格按操作规程和施工规范进行施工。如混凝土、砂浆的材料配合比分量是否称量；钢筋配置、绑扎、焊接是否合乎规定标准；混凝土工程是否严格按操作规程施工等。

③ 监督是否做好分项工程的质量检查工作。分项工程质量是分部工程和单项工程质量的基础，必须及时进行检查，发现问题，查明原因，迅速纠正，以确保分项工程施工质量。

2) 预制构件质量监督

① 审核预制厂（场）的生产能力和技术水平。

② 审查预制厂（场）是否严格按照项目设计的构件生产图纸或经省级以上主管部门审查批准的构件标准图纸进行生产。

③ 检查预制厂（场）是否严格按照施工规范进行作业。

④ 检查预制构件厂（场）是否有切实可行的质量保证措施和检验制度。

3）建筑工程检查验收

① 隐蔽工程的检查验收。指对那些在施工过程中，上一工序的工作成果将被下道工序所掩盖的工程部位进行的检查验收。例如，基础工程的土质情况、基础的尺寸、配置位置。焊接接头的情况和各种埋地管道的标高、坡度、防腐、焊接情况等。这些工程部位在下一道工序施工前，应由施工单位邀请建设单位、设计单位、城镇建设主管部门共同进行检查验收，并及时办理鉴证手续。

② 分部分项工程检查验收。指施工安装工程在某一阶段工程结束或某一分部分项工程完工后进行的检查验收。如对土方工程、砌砖工程、钢筋工程、混凝土工程、屋面工程等的检查验收。

③ 工程竣工验收。指对工程建设项目完工后所进行的一次综合性的检查验收。验收由施工单位、建设单位、设计单位、城镇建设主管部门共同进行。所有建设项目和单项工程，都要严格按照国家规定进行验收，评定质量等级，办理验收手续，不合格的工程不能交付使用。

4）建筑工程质量等级评定

建筑安装工程质量评定，要严格依据国家颁发的《建筑安装工程质量检查评定标准》进行。工程质量评定程序是先分项工程，再分部工程，最后是单位工程。工程质量等级分为合格和优良两种。

（2）建设工程施工与质量管理制度

住建部及有关部门为规范工程建设实施阶段的管理，保障工程施工的顺利进行，维护各方合法权益，先后颁布了一系列法规、规定，构成了我国现行的建设工程施工和施工企业的管理制度。其主要内容有：

1）项目报建制度

1994 年 8 月原建设部发布了《工程建设项目报建管理办法》。根据该管理办法：

① 凡在我国境内投资兴建的房地产开发项目，包括外国独资、合资、合作的开发项目都必须实行报建制度，接受当地建设行政主管部门或其授权机构的监督管理。未报建的开发项目不得办理招投标和发放施工许可证，设计、施工单位不得承接该项工程的设计和施工。

② 报建的程序为：开发项目立项批准列入年度投资计划后，须向当地建设行政主管部门或其授权机构进行报建，交验有关批准文件。领取《工程建设项目报建表》，认真填写后报送，并按要求进行招标准备。

③ 报建内容主要包括：工程名称；建设地点；投资规模；资金来源；当年投资额；工程规模；开工、竣工日期；发包方式；工程筹建情况共九项。

2）施工许可制度

为了加强对建筑活动的监督管理，维护建筑市场秩序，保证建筑工程的质量和安全，原建设部于 1999 年 10 月发布《建筑工程施工许可管理办法》。

① 建筑工程施工许可管理的原则

第一，在中华人民共和国境内从事各类房屋建筑及其附属设施的建造、装修装饰和与其配套的线路、管道、设备的安装，以及城镇市政基础设施工程的施工，建设单位在开工前应当向工程所在地的县级以上人民政府建设行政主管部门（以下简称发证机关）申请领取施工许可证。

第二，工程投资额在 30 万元以下或者建筑面积在 300m² 以下的建筑工程，可以不申请办理施工许可证。

第三，按照国务院规定的权限和程序批准开工报告的建筑工程，不再领取施工许可证。

第四，必须申请领取施工许可证的建筑工程未取得施工许可证的，一律不得开工。任何单位和个人不得将应该申请领取施工许可证的工程项目分解为若干限额以下的工程项目，规避申请领取施工许可证。

② 申领施工许可证的条件

建设单位申请领取施工许可证，应当具备下列条件，并提交相应的证明文件：

（A）已经办理该建筑工程用地批准手续；

（B）在城市规划区的建筑工程，已经取得建设工程规划许可证；

（C）施工场地已经基本具备施工条件，需要拆迁的，其拆迁进度符合施工要求；

（D）已经确定施工企业；按照规定应该招标的工程没有招标，应该公开招标的工程没有公开招标，或者肢解发包工程，以及将工程发包给不具备相应资质条件的，所确定的施工企业无效；

（E）已满足施工需要的施工图纸及技术资料，施工图设计文件已按规定进行了审查；

（F）有保证工程质量和安全的具体措施；施工企业编制的施工组织设计中有根据建筑工程特点制定的相应质量、安全技术措施，专业性较强的工程项目编制的专项质量、安全施工组织设计，并按照规定办理了工程质量、安全监督手续；

（G）按照规定应该委托监理的工程已委托监理；

（H）建设资金已经落实；建设工期不足一年的到位资金原则上不得少于工程合同价的 50%，建设工期超过一年的，到位资金原则上不少于工程合同价的 30%；建设单位应当提供银行出具的到位资金证明，有条件的可以实行银行付款保函或者其他第三方担保；

（I）法律、行政法规规定的其他条件。

③ 建筑施工许可证的管理

申请办理施工许可证，应当按照下列程序进行：

（A）建设单位向发证机关领取《建筑工程施工许可证申请表》。

（B）建设单位持加盖单位及法定代表人印鉴的《建筑工程施工许可证申请表》，并按规定的证明文件，向发证机关提出申请。

（C）发证机关在收到建设单位报送的《建筑工程施工许可证申请表》和所附证明文件后，对于符合条件的，应当自收到申请之日起十五日内颁发施工许可证；对于证明文件不齐全或者失效的，应当限期要求建设单位补正，审批时间可以自证明文件补正齐全后作相应顺延；对于不符合条件的，应当自收到申请之日起十五日内书面通知建设单位，并说明理由。

建筑工程在施工过程中，建设单位或者施工单位发生变更的，应当重新申请领取施工许可证。

（D）建设单位申请领取施工许可证的工程名称、地点、规模，应当与依法签订的施工承包合同一致。施工许可证应当放置在施工现场备查。

（E）施工许可证不得伪造和涂改。

（F）建设单位应当自领取施工许可证之日起三个月内开工。因故不能按期开工的，应当在期满前向发证机关申请延期，并说明理由；延期以两次为限，每次不超过三个月。既不开工又不申请延期或者超过延期次数、时限的，施工许可证自行废止。

（G）对于未取得施工许可证或者为规避办理施工许可证将工程项目分解后擅自施工的，由有管辖权的发证机关责令改正，对于不符合开工条件的责令停止施工，并对建设单位和施工单位分别处以罚款。

3）建设工程质量监督管理制度

① 建设工程质量监督管理机构。

（A）国务院建设行政主管部门对全国的建设工程质量实施统一监督管理。

县级以上地方人民政府建设行政主管部门对本行政区域内的建设工程质量实施监督管理。县级以上地方人民政府交通、水利等有关部门在各自的职责范围内，负责对本行政区域内的专业建设工程质量的监督管理。

（B）国务院建设行政主管部门和国务院铁路、交通、水利等有关部门加强对有关建设工程质量的法律、法规和强制性标准执行情况的监督检查。

② 建设工程质量监督管理的实施。

（A）建设工程质量监督管理，可以由建设行政主管部门或者其他有关部门委托的建设工程质量监督机构具体实施。

从事房屋建筑工程和市政基础设施工程质量监督的机构，必须按照国家有关规定经国务院建设行政主管部门或者省、自治区、直辖市人民政府建设行政主管部门考核；从事专业建设工程质量监督的机构，必须按照国家有关规定经国务院有关部门或者省、自治区、直辖市人民政府有关部门考核。经考核合格后，方可实施质量监督。

（B）县级以上地方人民政府建设行政主管部门和其他有关部门应当加强对有关建设工程质量的法律、法规和强制性标准执行情况的监督检查。在履行监督检查职责时，有权采取下列措施：要求被检查的单位提供有关工程质量的文件和资料；进入被检查单位的施工现场进行检查；发现有影响工程质量的问题时，责令改正。

（C）有关单位和个人对县级以上人民政府建设行政主管部门和其他有关部门进行的监督检查应当支持与配合，不得拒绝或者阻碍建设工程质量监督检查人员依法执行职务。

（D）供水、供电、供气、公安消防等部门或者单位不得明示或者暗示建设单位、施工单位购买其指定的生产供应单位的建筑材料、建筑构配件和设备。

（E）建设工程发生质量事故，有关单位应当在 24 小时内向当地建设行政主管部门和其他有关部门报告。对重大质量事故，事故发生地的建设行政主管部门和其他有关部门应当按照事故类别和等级向当地人民政府和上级建设行政主管部门和其他有关部门报告。任何单位和个人对建设工程的质量事故、质量缺陷都有权检举、控告、投诉。

4）建设工程质量保修办法

为保护建设单位、施工单位、房屋建筑所有人和使用人的合法权益，维护公共安全和公众利益，建设部于 2000 年 6 月发布了《房屋建筑工程质量保修办法》，适用于我国境内新建、扩建、改建各类房屋建筑工程（包括装修工程）的质量保修。

房屋建筑工程质量保修，是指对房屋建筑工程竣工验收后在保修期限内出现的质量缺陷，予以修复。质量缺陷，是指房屋建筑工程的质量不符合工程建设强制性标准以及合同的约定。房屋建筑工程在保修范围和保修期限内出现质量缺陷，施工单位应当履行保修义务。

① 房屋建筑工程质量保修期限

建设单位和施工单位应当在工程质量保修书中约定保修范围、保修期限和保修责任等，双方约定的保修范围、保修期限必须符合国家有关规定。

在正常使用下，房屋建筑工程的最低保修期限为：

（A）地基基础和主体结构工程，为设计文件规定的该工程的合理使用年限；

（B）屋面防水工程、有防水要求的卫生间、房间和外墙面的防渗漏，为 5 年；

（C）供热与供冷系统，为 2 个采暖期、供冷期；

（D）电气系统、给水排水管道、设备安装为 2 年；

（E）装修工程为 2 年。

其他项目的保修期限由建设单位和施工单位约定。

房屋建筑工程保修期从工程竣工验收合格之日起计算。

② 房屋建筑工程质量保修责任

第一，房屋建筑工程在保修期限内出现质量缺陷，建设单位或者房屋建筑所有人应当向施工单位发出保修通知。施工单位接到保修通知后，应当到现场核查情况，在保修书约定的时间内予以保修。发生涉及结构安全或者严重影响使用功能的紧急抢修事故，施工单位接到保修通知后，应当立即到达现场抢修。

第二，发生涉及结构安全的质量缺陷，建设单位或者房屋建筑所有人应当立即向当地建设行政主管部门报告，采取安全防范措施；由原设计单位或者具有相应资质等级的设计单位提出保修方案，施工单位实施保修，原工程质量监督机构负责监督。

第三，保修完后，由建设单位或者房屋建筑所有人组织验收。涉及结构安全的，应当报当地建设行政主管部门备案。

第四，施工单位不按工程质量保修书约定保修的，建设单位可以另行委托其他单位保修，由原施工单位承担相应责任。

第五，保修费用由质量缺陷的责任方承担。

第六，在保修期内，因房屋建筑工程质量缺陷造成房屋所有人、使用人或者第三方人身、财产损害的，房屋所有人、使用人或者第三方可以向建设单位提出赔偿要求。建设单位向造成房屋建筑工程质量缺陷的责任方追偿。因保修不及时造成新的人身、财产损害，由造成拖延的责任方承担赔偿责任。

房地产开发企业售出的商品房保修，还应当执行《开发经营条例》和其他有关规定。

（3）建设工程的竣工验收管理制度

竣工验收，是建设工程施工和施工管理的最后环节，任何建设工程竣工后，都必须进行竣工验收。单项工程完工进行单项工程验收；分期建设的工程，进行分期验收；全面工程竣工，进行竣工综合验收。凡未经验收或验收不合格的建设工程和开发项目，不准交付

125

使用。

原建设部于 2000 年 6 月发布了《房屋建筑工程和市政基础设施工程竣工验收暂行规定》。凡在我国境内新建、扩建、改建的各类房屋建筑工程和市政基础设施工程的竣工验收（以下简称工程竣工验收），应当遵守《房屋建筑工程和市政基础设施工程竣工验收暂行规定》。

1）建设工程竣工验收的监督管理机构

国务院建设行政主管部门负责全国工程竣工验收的监督管理工作。县级以上地方人民政府建设行政主管部门负责本行政区域内工程竣工验收的监督管理工作。

工程竣工的验收工作，由建设单位负责组织实施。县级以上地方人民政府建设行政主管部门应当委托工程质量监督机构对工程竣工验收实施监督。

2）建设工程竣工验收的条件

建设工程符合下列要求方可进行竣工验收：

① 完成工程设计和合同约定的各项内容。

② 施工单位在工程完工后对工程质量进行了检查，确认工程质量符合有关法律、法规和工程建设强制性标准，符合设计文件及合同要求，并提出工程竣工报告。工程竣工报告应经项目经理和施工单位有关负责人审核签字。

③ 对于委托监理的工程项目，监理单位对工程进行了质量评估，具有完整的监理资料，并提出工程质量评估报告。工程质量评估报告应经总监理工程师和监理单位有关负责人审核签字。

④ 勘察、设计单位对勘察、设计文件及施工过程中由设计单位签署的设计变更通知书进行了检查，并提出质量检查报告。质量检查报告应经该项目勘察、设计负责人和勘察、设计单位有关负责人审核签字。

⑤ 有完整的技术档案和施工管理资料。

⑥ 有工程使用的主要建筑材料、建筑构配件和设备的进场试验报告。

⑦ 建设单位已按合同约定支付工程款。

⑧ 有施工单位签署的工程质量保修书。

⑨ 城乡规划行政主管部门对工程是否符合规划设计要求进行检查，并出具认可文件。

⑩ 有公安消防、环保等部门出具的认可文件或者准许使用文件。

⑪ 建设行政主管部门及其委托的工程质量监督机构等有关部门责令整改的问题全部整改完毕。

3）建设工程竣工验收的程序

① 工程完工后，施工单位向建设单位提交工程竣工报告，申请工程竣工验收。实行监理的工程，工程竣工报告须经总监理工程师签署意见。

② 建设单位收到工程竣工报告后，对符合竣工验收要求的工程，组织勘察、设计、施工、监理等单位和其他有关方面的专家组成验收组，制定验收方案。

③ 建设单位应当在工程竣工验收 7 个工作日前将验收的时间、地点及验收组名单书面通知负责监督该工程的工程质量监督机构。

④ 建设单位组织工程竣工验收。

（A）建设、勘察、设计、施工、监理单位分别汇报工程合同履约情况和在工程建设各个环节执行法律、法规和工程建设强制性标准的情况；

(B) 审阅建设、勘察、设计、施工、监理单位的工程档案资料；

(C) 实地查验工程质量；

(D) 对工程勘察、设计、施工、设备安装质量和各管理环节等方面作出全面评价，形成经验收组人员签署的工程竣工验收意见。

工程竣工验收合格后，建设单位应当及时提出工程竣工验收报告。工程竣工验收报告主要包括工程概况，建设单位执行基本建设程序情况，对工程勘察、设计、施工、监理等方面的评价，工程竣工验收时间、程序、内容和组织形式，工程竣工验收意见等内容。

负责监督该工程的工程质量监督机构应当对工程竣工验收的组织形式、验收程序、执行验收标准等情况进行现场监督，发现有违反建设工程质量管理规定行为的，责令改正，并将对工程竣工验收的监督情况作为工程质量监督报告的重要内容。

(4) 建设监理管理制度

1) 建设监理制度简介

建设工程项目管理简称建设监理，国外统称工程咨询，是建设工程项目实施过程中一种科学的管理方法。建设监理是对建设前期的工程咨询，建设实施阶段的招标投标、勘察设计、施工验收、直至建设后期的运转保修在内的各个阶段的管理与监督。建设监理机构，指符合规定条件而经批准成立、取得资格证书和营业执照的监理单位，受业主委托依据国家法律、法规、规范、批准的设计文件和合同条款，对工程建设实施的监理。社会监理是委托性的，业主可以委托一个单位监理，也可同时委托几个单位监理；监理范围可以是工程建设的全过程监理，也可以是阶段监理，即项目决策阶段的监理和项目实施阶段的监理。我国目前建设监理主要是项目实施阶段的监理。在业主、承包商和监理单位三方中，是以经济为纽带、合同为根据进行制约的，其中经济手段是达到控制建设工期、造价和质量三个目标的重要因素。

实施建设监理是有条件的。其必要条件是须有建设工程，有人委托；充分条件是具有监理组织机构、监理人才、监理法规、监理依据和明确的责、权、利保障。

2) 建设监理委托合同的形式与内容

建设监理一般是项目法人通过招标投标方式择优选定监理单位。监理单位在接受业主的委托后，必须与业主签订建设监理委托合同，才能对工程项目进行监理。建设监理委托合同主要有四种形式。

第一种形式是根据法律要求制定，由适宜的管理机构签订并执行的正式合同。

第二种形式是信件式合同，较简单，通常是由监理单位制定，由委托方签署一分备案，退给监理单位执行。

第三种形式是由委托方发出的执行任务的委托通知单。这种方法是通过一份份的通知单，把监理单位在争取委托合同时提出的建议中所规定的工作内容委托给他们，成为监理单位所接受的协议。

第四种形式就是标准合同。现在世界上较为常见的一种标准委托合同格式是国际咨询工程师联合会（FIDIC）颁布的《业主、咨询工程师标准服务协议书》。

3) 工程建设监理的主要工作任务和内容

监理的基本方法就是控制，基本工作是"三控"、"两管"、"一协调"。"三控"是指监理工程师在工程建设全过程中的工程进度控制、工程质量控制和工程投资控制；"两管"是指监理活动中的合同管理和信息管理；"一协调"是指全面的组织协调。

① 工程进度控制是指项目实施阶段（包括设计准备、设计、施工、使用前准备各阶段）的进度控制。其控制的目的是：通过采取控制措施，确保项目交付使用时间目标的实现。

② 工程质量的控制。实际上是指监理工程师组织参加施工的承包商，按合同标准进行建设，并对形成质量的诸因素进行检测、核验，对差异提出调整、纠正措施的监督管理过程，这是监理工程师的一项重要职责。在履行这一职责的过程中，监理工程师不仅代表了建设单位的利益，同时也要对国家和社会负责。

③ 工程投资控制不是指投资越省越好，而是指在工程项目投资范围内得到合理控制。项目投资目标的控制是使该项目的实际投资小于或等于该项目的计划投资（业主所确定的投资目标值）。

总之，要在计划投资的范围内，通过控制的手段，以实现项目的功能、建筑的造型和质量的优化。

④ 合同管理。建设项目监理的合同管理贯穿于合同的签订、履行、变更或终止等活动的全过程，目的是保证合同得到全面认真的履行。

⑤ 信息管理。建设项目的监理工作是围绕着动态目标控制展开的，而信息则是目标控制的基础。信息管理就是以电子计算机为辅助手段对有关信息的收集、储存、处理等。

⑥ 协调是建设监理能否成功的关键。协调的范围可分为内部的协调和外部的协调。内部的协调主要是工程项目系统内部人员、组织关系、各种需求关系的协调。外部的协调包括与业主有合同关系的城建单位、设计单位的协调和与业主没有合同关系的政府有关部门、社会团体及人员的协调。

4）建设工程的监理

实行监理的建设工程，建设单位应当委托具有相应资质等级的工程监理单位进行监理，也可以委托具有工程监理相应资质等级并与被监理工程的施工承包单位没有隶属关系或者其他利害关系的该工程的设计进行监理。

① 建设工程监理范围。下列建设工程必须实行监理：

（A）国家重点建设工程；

（B）大、中型公用事业工程；

（C）成片开发建设的住宅小区工程；

（D）利用外国政府或者国际组织贷款、援助资金的工程；

（E）国家规定必须实行监理的其他工程。

② 建设工程监理单位的质量责任和义务。

第一，工程监理单位应当依法取得相应等级的资质证书，并在其资质等级许可的范围内承担工程监理业务。禁止工程监理单位超越本单位资质等级许可的范围或者以其他工程监理单位的名义承担工程监理业务。禁止工程监理单位允许其他单位或者个人以本单位的名义承担工程监理业务。工程监理单位不得转让工程监理业务。

第二，工程监理单位与被监理工程的施工承包单位以及建筑材料、建筑构配件和设备供应单位有隶属关系或者其他利害关系的，不得承担该项建设工程的监理业务。

第三，工程监理单位应当依照法律、法规以及有关技术标准、设计文件和建设工程承包合同，代表建设单位对施工质量实施监理，并对施工质量承担监理责任。

第四，工程监理单位应当选派具备相应资格的总监理工程师和监理工程师进驻施工现场。未经监理工程师签字，建筑材料、建筑构配件和设备不得在工程上使用或者安装，施工单位不得进行下一道工序的施工，未经总监理工程师签字，建设单位不拨付工程款，不进行竣工验收。

第五，监理工程师应当按照工程监理规范的要求，采取旁站、巡视和平行检验等形式，对建设工程实施监理。

5）建设监理程序与管理

① 建设监理程序。监理单位应根据所承担的监理任务，组建工程建设监理机构。承担工程施工阶段的监理，监理机构应进驻施工现场。

工程建设监理一般按下列程序进行：

（A）编制工程建设监理规划；

（B）按工程建设进度、分专业编制工程建设监理细则；

（C）按照建设监理细则进行建设监理；

（D）参与工程竣工预验收，签署建设监理意见；

（E）建设监理业务完成后，向项目法人提交工程建设监理档案资料。

② 监理单位资质审查与管理。监理单位实行资质审批制度。《工程监理企业资质管理规定》对监理单位的资质审查、分级标准、申请程序、监理业务范围及管理机构与相应职责均做了详细的规定。扼要介绍如下：

监理单位的资质根据其人员素质、专业技能、管理水平、资金数量及实际业绩分为甲、乙、丙三级。

设立监理单位或申请承担监理业务的单位须向监理资质管理部门提出申请，经资质审查后取得《监理申请批准书》，再向工商行政管理机关注册登记，核准后才可从事监理活动。

③ 监理工程师的考试、注册与管理。监理工程师实行注册制度。《监理工程师资格考试和注册试行办法》规定监理工程师应先经资格考试，取得《监理工程师资格证书》，再经监理工程师注册机关注册，取得《监理工程师岗位证书》，并被监理单位聘用，方可从事工程建设监理业务。未取得两证或两证不全者不得从事监理业务；已注册的监理工程师不得以个人名义从事监理业务。

6.2.4 小城镇建设工程合同管理

小城镇建设工程合同是发包方（建设单位）和承包方（施工单位）履行双方各自承担的责任和分工的经济契约，也是当事人按有关法令、条例签订的权利和义务的协议。

（1）工程合同的内容

小城镇建设工程合同的主要内容包括：签订合同所依据的有关文件、资料、工程名称；工程地点、签约时间、签约双方单位名称；承包范围、建设工期；建设单位的权限、施工图交付时间和责任、工程变更；明确变更工程设计权限以及当发生变更时向对方交付变更通知的时间及由此而承担的费用和工期上的责任；材料构配件、设备与供应的责任划分；交工验收的手续；工程造价、拨款和结算的方法、手续；保证金、保险金等规定；施工用地、发包单位提供水、电、道路以及房屋作为施工设施的规定；奖惩办法、奖惩范围、奖惩计算方法，包括有益于工程的发明创造和合理化建议的奖励规定以及违约赔偿；因发生特殊事件而中止和变更合同的规定与人力不可抗拒的灾祸责任的规定。

（2）工程合同的分类

按合同的适用范围可分为：

1）工程勘察设计合同；

2）工程施工准备合同；

3）工程承包合同；

4）物资供应合同；

5）成品、半成品加工订货合同；

6）劳务及劳动合同。

合同按工程价格确定方式可分为：

1）固定总造价合同；

2）固定单位造价合同；

3）固定造价加酬金的合同。

合同按承包方式可分为：

1）工程总承包合同；

2）工程分包合同。通常有以下几种：机械施工工程分包合同、设备安装工程分包合同、分部（分项）工程分包合同、工程联合承包合同。此外，还有设计、施工一体承包合同等。

（3）工程合同管理

1）合同的生效、失效和无效。建筑工程合同经双方签字盖章后即为生效。工程合同在履行全部条款并结清一切手续项目后，自动失效。如果工程合同经合同管理机关和人民法院确认，有下列情况之一者属无效合同：违反法律和国家政策，采取欺骗或威胁手段所签订的合同；代理人超越其权限，或以被代理人的名义而未经被代理人允许所签订的合同；违反国家利益、社会公共利益的合同。

合同被确认无效后，原双方根据合同应承担相应的责任，如属一方的过错，那么有过错的一方应赔偿对方因此而蒙受的经济损失。

2）合同的变更和解除。工程合同签订后，不得因承办人或法定代表人的变更而变更或解除。

但属于下列情况之一者允许变更或解除：签约双方协商同意但并不损害国家利益和国家计划；签约合同所依据的国家计划被迫修改或取消；由于不可抗拒或签约一方虽无过失，但无法防止的外因致使合同无法履行；由于一方违约，使合同履行成为不必要。

因变更或解除合同使一方遭受损失的，除依法可以免除责任外，均应由责任方负责赔偿。

3）合同纠纷的调解与仲裁。工程合同在执行中发生纠纷时，签约双方应本着实事求是的原则加以协商解决。协商不成时，任何一方都可以向合同管理机关申请裁决。解决的办法有调解和仲裁两种方式。

调解是根据当事人的申请，由国家认定的合同管理机关依法主持，双方自愿协商达成协议的一种办法。当协商不成时，根据当事人一方的申请，由合同管理机关裁决处理称为仲裁。

4）工程索赔。工程索赔在施工过程中较多，由于发包方或其他方（非承包企业方面）的原因使承包企业在施工中付出了额外的费用，承包企业可通过合法的途径和程序要求发包方偿还损失。常见的索赔有：工程变动索赔；施工条件变化索赔；工程停建、缓建索赔；材料涨价补偿；灾害风险索赔等。

6.2.5 小城镇工程建设施工安全生产管理

小城镇工程建设施工安全生产是建筑生产劳动保护的指导方针。原建设部于1982年颁布的《关于加强集体所有制建筑企业安全生产的暂行规定》中提出了包括城镇在内的集体建筑企业应当建立和遵守的五项安全生产管理制度：

（1）建立安全生产责任制度。它要求企业的负责人要负责安全工作，生产班组要有不脱产的安全员，每个工人要自觉遵守规章制度，不违章作业。

（2）建立安全生产教育制度。如新工人要进行安全教育，机械、电气、焊接、司机等工种要通过培训、考核，取得合格证后才准许上岗操作。

（3）建立安全生产技术措施制度。

（4）建立安全生产检查制度。

（5）建立职工伤亡报告制度。

6.2.6 小城镇建筑工程造价管理

6.2.6.1 工程造价管理及其基本内容

（1）工程造价管理的含义

工程造价管理有两种含义，一是工程投资费用管理，二是工程价格管理。工程造价确定依据的管理和工程造价专业队伍建设的管理则是为这两种管理服务的。

作为建设工程的投资费用管理，它属于工程建设投资管理范畴。工程建设投资管理，就是为了达到预期的效果（效益）对建设工程的投资行为进行计划、预测、组织、指挥和监控等系统活动。但是，工程造价第一种含义的管理侧重于投资费用的管理，而不是侧重工程建设的技术方面。建设工程投资费用管理，是指为了实现投资的预期目标，在拟定的规划、设计方案的条件下，预测、计算、确定和监控工程造价及其变动的系统活动。这一含义既涵盖了微观层次的项目投资费用的管理，也涵盖了宏观层次的投资费用的管理。

作为工程造价第二种含义的管理，即工程价格管理，属于价格管理范畴。在市场经济条件下，价格管理分两个层次。在微观层次上，是生产企业在掌握市场价格信息的基础上，为实现管理目标而进行的成本控制、计价、定价和竞价的系统活动。它反映了微观主体按支配价格运动的经济规律，对商品价格进行能动的计划、预测、监控和调整，并接受价格对生产的调节。在宏观层次上，是政府根据社会经济发展的要求，利用法律手段、经济手段和行政手段对价格进行管理和调控，以及通过市场管理规范市场主体价格行为的系统活动。

(2) 我国工程造价管理的基本内容

1) 工程造价管理的目标和任务

① 工程造价管理的目标

工程造价管理的目标是按照经济规律的要求，根据市场经济的发展形势，利用科学管理方法和先进管理手段，合理地确定造价和有效地控制造价，以提高投资效益和建筑安装企业经营效果。

② 工程造价管理的任务

工程造价管理的任务是：加强工程造价的全过程动态管理。强化工程造价的约束机制，维护有关各方的经济利益，规范价格行为，促进微观效益和宏观效益的统一。

2) 工程造价管理的基本内容

工程造价管理的基本内容就是合理确定和有效地控制工程造价。

① 工程造价的合理确定

所谓工程造价的合理确定，就是在建设程序的各个阶段，合理确定投资估算、概算造价、预算造价、承包合同价、结算价、竣工决算价。

(A) 在项目建议书阶段，按照有关规定，应编制初步投资估算。经有权部门批准，作为拟建项目列入国家中长期计划和开展前期工作的控制造价。

(B) 在可行性研究阶段，按照有关规定编制的投资概算，经有权部门批准，即为该项目控制造价。

(C) 在初步设计阶段，按照有关规定编制的初步设计总概算，经有权部门批准，即作为拟建项目工程造价的最高限额。对初步设计阶段，实行建设项目招标承包制签订承包合同协议的，其合同价也应在最高限价（总概算）相应的范围以内。

(D) 在施工图设计阶段，按规定编制施工图预算，用以核实施工图阶段预算造价是否超过批准的初步设计概算。

(E) 对施工图预算为基础招标投标的工程，承包合同价也是以经济合同形式确定的建筑安装工程造价。

(F) 在工程实施阶段要按照承包方实际完成的工程量，以合同价为基础，同时考虑因物价上涨所引起的造价提高，考虑到设计中难以预计的而在实施阶段实际发生的工程和费用，合理确定结算价。

(G) 在竣工验收阶段，全面汇集在工程建设过程中实际花费的全部费用，编制竣工决算，如实体现该建设工程的实际造价。

② 工程造价的有效控制

所谓工程造价的有效控制，就是在优化建设方案、设计方案的基础上，在建设程序的各个阶段，采用一定的方法和措施把工程造价的发生控制在合理的范围和核定的造价限额以内。具体说，要用投资估算价控制设计方案的选择和初步设计概算造价；用概算造价控制技术设计和修正概算造价；用概算造价或修正概算造价控制施工图设计和预算造价。以求合理使用人力、物力和财力，以取得较好的投资效益。控制造价在这里强调的是控制项目投资。

有效控制工程造价应体现以下三项原则：

(A) 以设计阶段为重点的建设全过程造价控制。工程造价控制贯穿于项目建设全过程，但工程造价控制的关键在于施工前的投资决策和设计阶段，而在项目作出投资决策后，控制工程造价的关键在于设计。建设工程全寿命费用包括工程造价和工程交付使用后的正常开支费用（含经营费用、日常维护修理费用、使用期内大修理和局部更新费用），以及该项目使用期满后的报废拆除费用等。

（B）主动控制，以取得令人满意的结果。传统决策系统是建立在绝对的逻辑基础上的一种封闭式决策模型，它把人看作具有绝对理性的"理性的人"或"经纪人"，在决策时，会本能地遵循最优化原则（即取影响目标的各种因素的最有利的值）来选择实施方案。

人们将系统论和控制论研究成果用于项目管理后，将"控制"立足于事先主动地采取决策措施，以尽可能地减少以至避免目标值与实际值的偏离，这是主动的、积极的控制方法，因此被称为主动控制。

（C）技术与经济相结合是控制工程造价最有效的手段。要有效地控制工程造价，应从组织、技术、经济等多方面采取措施。从组织上采取的措施，包括明确项目组织结构，明确造价控制者及其任务，明确管理职能分工；从技术上采取措施，包括重视设计多方案选择，严格审查监督初步设计、技术设计、施工图设计、施工组织设计，深入技术领域研究节约投资的可能；从经济上采取措施，包括动态地比较造价的计划值和实际值，严格审核各项费用支出，采取对节约投资的有力奖励措施等。

③ 工程造价管理的工作要素

工程造价管理围绕合理确定和有效控制工程造价这个基本内容，采取全过程、全方位管理，其具体的工作要素大致归纳为以下几点：

（A）可行性研究阶段对建设方案认真优选，编好、定好投资估算，考虑风险，打足投资。

（B）从优选择建设项目的承建单位、咨询（监理）单位、设计单位，搞好相应的招标。

（C）合理选定工程的建设标准、设计标准，贯彻国家的建设方针。

（D）按估算对初步设计（含应有的施工组织设计）推行量财设计，积极、合理地采用新技术、新工艺、新材料，优化设计方案，编好、定好概算，打足投资。

（E）对设备、主材进行择优采购，抓好相应的招标工作。

（F）择优选定建筑安装施工单位、调试单位，抓好相应的招标工作。

（G）认真控制施工图设计，推行"限额设计"。

（H）协调好与各有关方面的关系，合理处理配套工作（包括征地、拆迁、城建等）中的经济关系。

（I）严格按概算对造价实行静态控制、动态管理。

（J）用好、管好建设资金，保证资金合理、有效地使用，减少资金利息支出和损失。

（K）严格合同管理，做好工程索赔价款结算。

（L）强化项目法人责任制，落实项目法人对工程造价管理的主体地位，在法人组织内建立与造价紧密结合的经济责任制。

（M）社会咨询（监理）机构要为项目法人积极开展工程造价提供全过程、全方位的咨询服务，遵守职业道德，确保服务质量。

（N）各造价管理部门要强化服务意识，强化基础工作（定额、指标、价格、工程量、

133

造价等信息资料）的建设，为建设工程造价的合理确定提供动态的可靠依据。

（O）各单位、各部门要组织造价工程师的选拔、培养、培训工作，促进人员素质和工作水平的提高。

6.2.6.2　造价工程师执业资格制度

（1）造价工程师

造价工程师是经全国造价工程师执业资格统一考试合格，并注册取得《造价工程师注册证》，从事建设工程造价活动的人员。未经注册的人员，不得以造价工程师的名义从事建设工程造价活动。凡从事工程建设活动的建设、设计、施工、工程造价咨询等单位，必须在计价、评估、审查（核）、控制等岗位配备有造价工程师执业资格的专业技术人员。

1）造价工程师的素质要求

造价工程师的工作关系到国家和社会公众利益，技术性很强，因此，对造价工程师的素质有特殊要求。造价工程师的素质包括以下几个方面。

① 思想品德方面的素质

造价工程师在执业过程中，往往要接触许多工程项目，这些项目的工程造价相对较高。造价确定是否准确，造价控制是否合理，不仅关系到国力，关系到国民经济发展的速度和规模，而且关系到多方面的经济利益关系。这就要求造价工程师具有良好的思想修养和职业道德，既能维护国家利益，又能以公正的态度维护有关各方合理的经济利益，绝不能以权谋私。

② 专业方面的素质

集中表现在以专业知识和技能为基础的工程造价管理方面的实际工作能力。造价工程师应掌握和了解的专业知识主要包括：

（A）相关的经济理论；

（B）项目投资管理和融资；

（C）建筑经济与企业管理；

（D）财政税收与金融实务；

（E）市场与价格；

（F）招投标与合同管理；

（G）工程造价管理；

（H）工作方法与动作研究；

（I）综合工业技术与建筑技术；

（J）建筑制图与识图；

（K）施工技术与施工组织；

（L）相关法律、法规和政策；

（M）计算机应用和信息管理；

（N）现行各类计价依据（定额）。

③ 身体方面的素质

造价工程师要有健康的身体，以适应紧张而繁忙的工作。同时，应具有肯于钻研和积极进取的精神面貌。

2）造价工程师的技能结构

造价工程师是建设领域工程造价的管理者，其执业范围和担负的重要任务，要求造价工程师必须具备现代管理人员的技能结构。

按照行为科学的观点，作为管理人员应具有三种技能，即技术技能、人文技能和观念技能。技术技能是指能使用由经验、教育及训练上的知识、方法、技能及设备，来达到特定任务的能力。人文技能是指与人共事的能力和判断力。观念技能是指了解整个组织及自己在组织中地位的能力，使自己不仅能按本身所属的群体目标行事，而且能按整个组织的目标行事。但是，不同层次的管理人员所需具备的三种技能的结构并不相同，造价工程师应同时具备这三种技能。特别是观念技能和技术技能。

3）造价工程师的执业

① 执业范围

造价工程师的执业范围包括：

（A）建设项目投资估算的编制、审核及项目经济评价；

（B）工程概算、工程预算、工程结算、竣工决算、工程招标标底价、投标报价的编制、审核；

（C）工程变更和合同价款的调整和索赔费用的计算；

（D）建设项目各阶段的工程造价控制；

（E）工程经济纠纷的鉴定；

（F）工程造价计价依据的编制、审核；

（G）与工程造价有关的其他事项。

② 权利与义务

经造价工程师签字的工程造价成果文件，应当作为办理审批、报建、拨付工程款和工程结算的依据。造价工程师享有下列权利：

（A）称谓权，即使用造价工程师名称；

（B）执业权，即依法独立执业；

（C）签章权，即签署工程造价文件、加盖执业专用章；

（D）立业权，即申请设立工程造价咨询单位；

（E）举报权，即对违反国家法律、法规的不正当计价行为，有权向有关部门举报。

造价工程师应履行下列义务：

（A）遵守法律、法规，恪守职业道德；

（B）接受继续教育，提高业务技术水平；

（C）在执业中保守技术和经济秘密；

（D）不得允许他人以本人名义执业；

（E）按照有关规定提供工程造价资料。

③ 执业道德准则

为了规范造价工程师的职业行为，提高行业声誉，造价工程师在执业中应信守以下职业道德行为准则：

（A）遵守国家法律、法规和政策，执行行业自律性规定，珍惜职业声誉，自觉维护国家和社会公共利益。

(B) 遵守"诚信、公正、敬业、进取"的原则，以高质量的服务和优秀的业绩，赢得社会和客户对造价工程师职业的尊重。

(C) 勤奋工作，独立、客观、公正、正确地出具工程造价成果文件，使客户满意。

(D) 诚实守信，尽职尽责，不得有欺诈、伪造、作假等行为。

(E) 尊重同行，公平竞争，搞好同行之间的关系，不得采取不正当的手段损害、侵犯同行的权益。

(F) 廉洁自律，不得索取、收受委托合同约定以外的礼金和其他财物，不得利用职务之便谋取其他不正当的利益。

(G) 造价工程师与委托方有利害关系的应当回避，委托方有权要求其回避。

(H) 知悉客户的技术和商务秘密，负有保密义务。

(I) 接受国家和行业自律性组织对其职业道德行为的监督检查。

(2) 我国造价工程师执业资格制度

1) 造价工程师的注册

① 注册管理部门。国务院建设行政主管部门负责全国造价工程师注册管理工作，造价工程师注册的具体工作委托中国建设工程造价管理协会办理。省、自治区、直辖市人民政府建设行政主管部门（以下简称部门注册机构）经国务院建设行政主管部门认可，负责本行业内造价工程师注册管理工作。

② 初始注册。经全国造价工程师执业资格统一考试合格的人员，应当在取得造价工程师执业资格考试合格证书后的 3 个月内，持有关材料到省级注册机构或者部门注册机构申请初始注册。

超过规定期限申请初始注册的，还应提交国务院建设行政主管部门认可的造价工程师继续教育证明。

有下列情形之一的，不予初始注册：

(A) 丧失民事行为能力的；

(B) 受过刑事处罚，且自刑事处罚执行完毕之日起至申请注册之日不满 5 年的；

(C) 在工程造价业务中有重大过失、受过行政处罚或者撤职以上行政处分，且处罚、处分决定之日至申请注册之日不满 2 年的；

(D) 在申请注册过程中有弄虚作假行为的。

申请造价工程师初始注册，按照下列程序办理：

(A) 申请人向聘用单位提出申请；

(B) 聘用单位审核同意后，连同规定的材料一并报省级注册机构或者部门注册机构；

(C) 省级注册机构或者部门注册机构对申请注册的有关材料进行初审，签署初审意见，报国务院建设行政主管部门；

(D) 国务院建设行政主管部门对初审意见进行审核，对符合注册条件的，准予注册，并颁发《造价工程师注册证》和造价工程师执业专用章。

造价工程师初始注册的有效期为 2 年，自核准注册之日起计算。

③ 续期注册。造价工程师注册期满要求继续执业的，应当在注册有效期满前 2 个月向省级注册机构或部门注册机构申请续期注册。

申请造价工程师续期注册，应当提交下列材料：

（A）从事工程造价活动的业绩证明和工作总结；

（B）国务院建设行政主管部门认可的工程造价继续教育证明。

有下列情形之一的，不予续期注册：

（A）在注册期内参加造价工程师执业资格年检不合格的；

（B）无业绩证明和工作总结的；

（C）同时在两个以上单位执业的；

（D）未按规定参加造价工程师继续教育或者继续教育未达到标准的；

（E）允许他人以本人名义执业的；

（F）在工程造价活动中有弄虚作假行为的；

（G）在工程造价活动中有过失，造成重大损失的。

申请续期注册，按照下列程序办理：

（A）申请人向聘用单位提出申请；

（B）聘用单位审核同意后，连同规定的材料一并上报省级注册机构或者部门注册机构；

（C）省级注册机构或者部门注册机构对有关材料进行审核，对符合条件的，予以续期注册；

（D）省级注册机构或者部门注册机构应当在准予续期注册后 30 日内，将予以续期注册的人员名单，报国务院建设行政主管部门备案。

续期注册的有效期为 2 年。自准予注册之日起计算。

④ 变更注册。造价工程师变更工作单位，应当在变更工作单位后 2 个月内到省级注册机构或者部门注册机构办理变更注册。

申请变更注册，按照下列程序办理：

（A）申请人向聘用单位提出申请；

（B）聘用单位审核同意后，连同申请人与原聘用单位的解聘证明，一并上报省级注册机构或者部门注册机构；

（C）省级注册机构或者部门注册机构对有关情况进行审核，情况属实的，予以变更注册；

（D）省级注册机构或者部门注册机构应当在准予变更之日起 30 日内，将变更注册人员情况报国务院建设行政主管部门备案。

2）造价工程师的管理

① 资格年检。为了加强对造价工程师执业的监督和管理，造价工程师执业资格实行年检制度。造价工程师执业资格年检工作由建设行政主管部门负责，凡取得造价工程师注册证的造价工程师应接受年检。造价工程师执业资格年检应报送上年度的业绩和继续教育的证明材料。

凡有下列情形之一的造价工程师，不予通过年检：

（A）无工作业绩证明的；

（B）调离工程造价业务岗位的；

（C）同时在 2 个以上单位执业的；

（D）未按规定参加继续教育或继续教育不合格的；

(E) 在工程造价业务活动中有过失，造成重大损失，并受到行政处罚的。年检不合格的，由建设部注销其造价工程师执业资格，并予以公告。

② 继续教育。造价工程师继续教育是指为提高造价工程师的业务素质，不断更新和掌握新知识、新技能、新方法所进行的岗位培训、专业教育、职业进修教育等。继续教育的组织和管理工作由政府行政主管部门会同造价协会负责。继续教育贯穿于造价工程师的整个工作过程。造价工程师每年接受继续教育时间累计不得少于 40 学时。

(A) 继续教育要与时俱进，其内容主要包括：

(a) 国家有关工程造价方面的法律、法规、政策；

(b) 行业自律规则和有关规定；

(c) 工程项目全面造价管理理论知识；

(d) 国内外工程造价管理的计价规则及计价方法；

(e) 造价工程师执业所需的有关专业知识与技能；

(f) 国际上先进的工程造价管理经验与方法；

(g) 各省级、部门注册机构补充的相关内容。

(B) 继续教育一般采取以下形式：

(a) 参加各种国内外工程造价培训、专题研讨活动；

(b) 参加有关大专院校工程造价专业的课程进修；

(c) 编撰出版专业著作或在相关刊物上发表专业论文；

(d) 承担专业课题研究，并取得研究成果。

(C) 继练教育培训学时的计算方法。

(a) 参加国内外工程造价学术交流、研讨会，每满 1 天计 8 学时；

(b) 参加有关大专院校工程造价继续教育培训，每满 1 小时计算 1 学时。

(c) 发表专业论文或著作：

• 在国际杂志上发表工程造价管理方面的专业论文，每篇论文 30 学时；

• 在公开发行的国家级杂志上发表工程造价管理方面的专业论文，每篇论文计 15 个学时；

• 在公开发行的省级杂志上发表工程造价管理方面的专业论文，每篇论文计 10 个学时；

• 由正式出版社出版的工程造价管理方面的著作，每本计 40 个学时。

(d) 参加继续教育讲课的教师，每讲一次计 20 学时。

③ 违规处罚。申请造价工程师注册的人员，在申请初始注册、续期注册、变更注册过程中，隐瞒真实情况、弄虚作假的，由国务院建设行政主管部门注销《造价工程师注册证》，并收回执业专用章。

未经注册以造价工程师名义从事工程造价活动的，由省级注册机构责令其停止违法活动并可处以 5000 元以上 3 万元以下的罚款；造成损失的应当承担赔偿责任。

造价工程师同时在两个以上单位执业的，由国务院建设行政主管部门注销《造价工程师注册证》，并收回执业专用章。

造价工程师允许他人以本人名义执业的，由国务院建设行政主管部门注销《造价工程师注册证》，并收回执业专用章。

7　小城镇房地产开发管理

7.1　小城镇房地产法规政策管理

（1）概述

房地产开发是通过多种资源的组合使用而为人类提供入住空间、并改变人类生存的物质环境的一种活动。这里的资源包括了土地、建筑材料、城镇基础设施、城镇公共配套设施、劳动力、资金和专业人员经验等诸多方面。

发展小城镇是带动农村经济和社会发展的一个大战略。随着我国城市化进程的进一步加快，房地产市场将向小城镇拓展，房地产业是小城镇建设中具有很大发展潜力的产业，也是小城镇发展的一个重要支撑点。在小城镇建设中，要积极有效地推进住房制度改革，引入市场机制，推进城镇住宅建设的产业化运作。要认真借鉴城市住房制度改革的经验，取消小城镇公职人员的福利性分房，全面实行住房分配商品化、货币化。小城镇住宅要逐步由庭院式向公寓式发展，严格控制城镇居民分散建房，加快推行小城镇住宅统一规划、统一开发建设，引导和鼓励小城镇居民购买成套房、商品房。要逐步放开小城镇住宅二级市场，建立规范的小城镇住房出售、出租市场和已购公房的再交易市场。抓紧进行房屋的产权登记及发证工作，建立完整、准确的产权户籍资料，逐步建立房地产中介机构，促进正常的房地产交易。鼓励和支持房地产开发商下乡，在经济基础较好的乡村投资，进行整体改造开发，发挥示范作用，启动和激活农村住宅市场，带动小城镇房地产业快速发展。

（2）小城镇房地产法规政策管理

法规政策是小城镇房地产管理的依据与行动准则。目前，小城镇房地产管理工作刚刚起步，还没有形成一套系统、完整的管理法规与制度。因此，小城镇房地产管理工作的首要问题，就是要制定一系列的小城镇房地产管理法规、制度和政策。小城镇建设管理部门应根据国家有关房地产管理的方针和政策，参照我国城市房地产管理法规与管理经验，紧密结合小城镇所在地的实际情况，制定各种具体政策和法规制度。针对当前小城镇建设中的盲目性、随意性和自发性，农民建房浪费耕地、华而不实、缺乏规划、设计不当、多次翻新的现象，小城镇房地产管理部门和小城镇政府要加强对房地产市场的管理，尽快制定出台《农村房地产管理法》，加强法制宣传教育，及时调解建房纠纷，对滥占宅基地进行统一清理，对小城镇房地产的占有、使用、经营、维修等方面进行有效的审查、确认、监督与指导，只有这样，才能使小城镇房地产管理纳入法制轨道。

7.1.1　小城镇房地产开发的主要程序

开发商自有投资意向开始至项目建设完毕出售或出租并实施全寿命周期的物业管

理，大都遵循一个合乎逻辑和开发规律的程序。一般说来，这个程序包括八个步骤，即投资机会寻找、投资机会筛选、可行性研究、获取土地使用权、规划设计与方案报批、签署有关合作协议、施工建设与竣工验收、市场营销与物业管理。这八个步骤又可以划分为四个阶段，即投资机会选择与决策分析、前期工作、建设阶段和租售阶段。当然，房地产开发的阶段划分并不是一成不变的，某些情况下各阶段的工作可能要交替进行。

(1) 投资机会选择与决策分析

投资机会选择与决策分析，是整个开发过程中最为重要的一个环节，类似于我们通常所说的项目可行性研究。

所谓投资机会选择，主要包括投资机会寻找和筛选两个步骤。在机会寻找过程中，开发商往往根据自己对某地房地产市场供求关系的认识，寻找投资的可能性，亦即通常所说的"看地"。此时，开发商面对的可能有几十种投资可能性，对每一种可能性都要根据自己的经验和投资能力，快速地在头脑中初步判断其可行性。在紧接的机会筛选过程中，开发商就将其投资设想落实到一个具体的地块上，进一步分析其客观条件是否具备，通过与土地当前的拥有者或使用者、潜在的租客或买家、自己的合作伙伴以及专业人士接触，提出一个初步的方案，如认为可行，就可以草签购买土地使用权或有关合作的意向书。

投资决策分析主要包括市场分析和项目财务评价两部分工作。前者主要分析市场的供求关系、竞争环境、目标市场及其可支付的价格水平，后者则是根据市场分析的结果，就项目的经营收入与费用进行比较分析。这项工作要在尚未签署任何协议之前进行。市场研究对于选择投资方向、初步确定开发目标与方案、进行目标市场定位起着举足轻重的作用，它往往关系到一个项目的成败问题。

(2) 前期工作

通过初步投资分析，开发商可以找出一系列必须在事先估计的因素，在购买土地使用权和签订建设合同之前，必须设法将这些因素尽可能精确地量化。这样做的结果，可能会使得初步投资决策分析报告被修改，或者在项目的收益水平不能接受时被迫放弃这个开发投资计划。

在初步投资决策分析的主要部分没有被彻底检验之前，开发商应尽量推迟具体的实施步骤，比如购买土地使用权。当然，在所有影响因素彻底弄清楚以后再购买土地是最理想不过了。

前期工作的内容主要包括以下几个方面：

1) 分析拟定开发项目用地的范围与特性、规划允许用途及获益能力的大小；

2) 获取土地使用权；

3) 征地、拆迁、安置、补偿；

4) 规划设计及建设方案的制定；

5) 与城市规划管理部门协商、获得规划部门许可；

6) 施工现场的水、电、路通畅和场地平整；

7) 市政设施接驳的谈判与协议；

8) 安排短期和长期信贷；

9) 对拟建中的项目寻找预租（售）的客户；

10) 对市场状况进行进一步的分析，初步确定目标市场、租金或售价水平；

11) 对开发成本和可能的工程量进行更详细的估算；

12) 对承包商的选择提出建议，也可与部分承包商进行初步洽商；

13) 开发项目保险事宜洽谈。

上述工作完成后，对项目应再进行一次财务评估。因为前期工作需要花费一定时间，而决定开发项目成败的经济特性可能已经发生了变化。所以，明智的开发商一般在其初始投资分析没有得到验证，或修订后的投资分析报告还没有形成一个可行的开发方案之前，通常不会轻举妄动。

当然，通过市场机制以招标、拍卖或协议方式获取土地使用权时，土地的规划使用条件已在有关"公告"、"文件"中列明（如容积率、建筑覆盖率、用途、限高等），但有关的具体设计方案，仍有待规划部门审批。

作为一条行业准则，开发商必须时刻抑制自己过高的乐观态度，并且保持一种"健康的怀疑"态度来对待其所获得的专业咨询意见。使自己既不期望过高的租金、售价水平，也不期望过低的开发成本。同时。开发商还必须考虑到某些意外事件可能导致的损失。如果开发商这样做了，即使他可能会失去一些投资机会，但也会避免由于盲目决策带来的投资失误。

获取土地使用权后的最后准备工作就是进行详细设计、编制工程量清单、与承包商谈判并签订建设工程施工承包合同。进行这些工作往往要花费很多时间，在准备项目可行性研究（财务评估）报告时必须考虑这个时间因素。

最后，在开发方案具体实施以前，还必须制定项目开发过程的监控策略，以确保开发项目工期、成本、质量和利润目标的实现。这里要做的主要工作包括：

① 安排有关现场办公会、项目协调会的会议计划；

② 编制项目开发进度表，预估现金流；

③ 对所有工程图纸是否准备就绪进行检查，如不完备，需要在议定的时间内完成。

（3）建设阶段

建设阶段是将开发过程中所涉及的所有原材料聚集在一个空间和时间点上的过程，即开发项目建筑工程的施工过程。项目建设阶段一开始，对有些问题的处理就不像前面两个阶段那样具有弹性。尤其对许多小项目而言，一旦签署了承包合同，就几乎不再有变动的机会了。

开发商在此阶段的主要任务转为如何使建筑工程成本支出不突破预算；同时，开发商还要出面处理工程变更问题；解决施工中出现的争议，签付工程进度款；确保工程按预先进度计划实施。

由于在建设阶段存在着追加成本或工期拖延的可能性，因此开发商必须密切注意项目建设过程的进展，定期视察现场，定期与派驻工地的监理工程师会晤，以了解整个建设过程的全貌。

（4）租售阶段

当项目建设完毕后，开发商除了要办理竣工验收和政府批准入住的手续外，往往要看预计的开发成本是否被突破，实际工期较计划工期是否有拖延。但开发商此时更为关注的是：在原先预测的期间内能否以预计的租金或价格水平为项目找到买家或使用者。在很多情况下，开发商为了分散投资风险，减轻借贷的压力，在项目建设前或建设过程中就通过预租或预售的形式落实了买家或使用者；但在有些情况下，开发商也有可能在项目完工或接近完工时才开始市场营销工作。

对出租或出售两种处置方式而言，一般要根据市场状况、开发商对回收资金的迫切程度和开发项目的类型来选择。对于居住物业，通常以出售为主，而且多为按套出售；对写字楼、酒店、商业用房和工业厂房常是出租、出售并举，但以出租为主。

虽然租售阶段常常处于开发过程的最后阶段，但租售战略是可行性研究的一个重要组成部分。且市场营销人员一开始就作为开发队伍当中的一部分来进行工作，不管营销人员是开发商自己的职员还是在社会上聘请的物业代理。

如果建成的物业用于出租，开发商还必须决定是永久出租还是出租一段时间后将其卖掉。因为这将涉及财务安排上的问题，开发商必须按有关贷款合约在租售阶段全部还清项目贷款。如果开发商将建成的物业用于长期出租，则其角色转变为物业所有者或投资者，在这种情况下，开发商要进行有效的物业管理，以保持物业对租客的吸引力、延长其经济寿命，进而达到理想的租金回报和使物业保值、增值的目的。出租物业作为开发商的固定资产，往往还要与其另外的投资或资产相联系、以便其价值或效用得到更充分的发挥。

应该进一步指出的是，上述开发过程主要程序中的每一阶段都对其后续阶段产生重要的影响。所以，开发商在整个开发过程中每一阶段的决策或工作，既要"瞻前"，更需"顾后"，这是开发商成功与否的关键所在。

7.1.2 城镇房地产开发企业的管理

（1）房地产开发企业的设立条件

房地产开发企业是依法设立，具有企业法人资格的经济实体。《房地产开发经营管理条例》对房地产企业设立、管理有明确的规定。设立房地产开发企业应符合下列条件：

1）有符合公司法人登记的名称和组织机构；

2）有适应房地产开发经营需要的固定的办公用房；

3）注册资本100万元以上；

4）有4名以上持有资格证书的房地产专业、建筑工程专业的专职技术人员，2名以上持有资格证书的专职会计人员；

5）法律、法规规定的其他条件。

（2）房地产开发企业资质等级

为了加强对房地产开发企业管理，规范房地产开发企业行为，原建设部于2000年3月发布了《房地产开发企业资质管理规定》。国家对房地产开发企业实行资质管理。

房地产开发企业资质按照企业条件为一级、二级、三级、四级四个资质等级。有关资质等级企业的条件如下表：

资质等级	注册资本（万元）	从事房地产开发经营时间	近3年房屋建筑面积累积竣工（10^4m^3）	连续几年建筑工程质量合格率达到100%（年）	上一年房屋建筑施工面积（10^4m^3）	专业管理人员（人数）		
						中级以上职称管理人员	持有资格证书的专职会计人员	其中：
一级资质	≥5000	≥5	≥30	5	≥15	≥40	≥20	≥4
二级资质	≥2000	≥3	≥15	3	≥10	≥20	≥10	≥3
三级资质	≥800	≥2	≥5	2		≥10	≥5	≥2
四级资质	≥100	≥1		已竣工的建筑工程		≥5	≥2	

（3）房地产开发企业设立的程序

新设立的房地产开发企业，应当自领取营业执照之日起30日内，持下列文件到登记机关所在地的房地产开发主管部门备案：

1）营业执照复印件；

2）企业章程；

3）验资证明；

4）企业法定代表人的身份证明；

5）专业技术人员的资格证书和聘用合同；

6）房地产开发主管部门认为需要的其他文件。

房地产开发主管部门应当在收到备案申请后30日内向符合条件的企业核发《暂定资质证书》。《暂定资质证书》有效期1年。

房地产开发主管部门可以视企业经营情况，延长《暂定资助证书》有效期，但延长期不得超过2年。自领取《暂定资质证书》之日起1年内无开发项目的，《暂定资质证书》有效期不得延长。

（4）房地产开发企业资质管理机构与管理

1）管理机构

国务院建设行政主管部门负责全国房地产开发企业的资质管理工作；县级以上地方人民政府房地产开发主管部门负责本行政区域内房地产开发企业的资质管理工作。

2）房地产开发企业资质登记实行分级审批

一级资质由省、自治区、直辖市建设行政主管部门初审，报国务院建设行政主管部门审批；二级及二级以下资质的审批办法由省、自治区、直辖市人民政府建设行政主管部门制定。

3）房地产开发企业资质实行年检制度

对于不符合原定资质条件或者有不良经营行为的企业，由原资质部门予以降级或注销资质证书。企业有下列行为之一的，由原资质审批部门公告资质证书作废，收回证书，并可处以1万元以上3万元以下的罚款：

① 隐瞒真实情况，弄虚作假骗取资质证书的；

② 无正当理由不参加资质年检的，视为年检不合格；

③ 工程质量低劣，发生重大工程质量事故的；

④ 超越资质等级从事房地产开发经营的；

143

⑤ 涂改、出租、出借、转让、出卖资质证书的。

7.1.3 城镇房地产开发项目管理

(1) 确定房地产开发项目的原则

1) 确定房地产开发项目，应当符合土地利用总体规划、年度建设用地计划和城镇规划、房地产开发年度计划的要求；按照国家有关规定需要经计划主管部门批准的，还应当报计划主管部门批准，并纳入年度固定资产投资计划。

2) 房地产开发项目，应当坚持旧区改建和新区建设相结合的原则，注重开发基础设施薄弱、环境污染严重的区域，特别注重保护和改善城镇生态环境，保护历史文化遗产。

3) 房地产开发项目的开发建设应当统筹安排配套基础设施，并根据先地下、后地上的原则实施。

(2) 房地产开发项目土地使用权的取得

1) 土地使用权的取得方式

《房地产开发经营管理条例》第十二条规定，房地产开发用地应当以出让的方式取得。但法律和国务院规定可以采用划拨方式的除外。

2) 建设条件书面意见的内容

《房地产开发经营管理条例》规定，土地使用权出让或划拨前，县级以上地方人民政府城乡规划行政主管部门和房地产开发主管部门应当对下列事项提出书面意见，作为土地使用权出让或者划拨的依据之一：

① 房地产开发项目的性质、规模和开发期限；

② 城镇规划设计的条件；

③ 基础设施和公共设施的建设要求；

④ 基础设施建成后的产权界定；

⑤ 项目拆迁补偿、安置要求。

(3) 房地产项目实行资本金制度

1996 年 8 月 23 日国务院发布了《关于固定资产投资项目试行资本金制度的通知》，该通知规定从 1996 年开始，对各种经营性投资项目，包括国有单位的基本建设、技术改造、房地产开发项目和集体投资项目试行资本金制度，投资的项目必须首先落实资本金才能进行建设。

1) 项目资本金的概念

投资项目资本金，是指在投资项目总投资中，由投资者认购的出资额，对投资项目来说是非债务性资金，项目法人不承担这部分资金的任何利息和债务；投资者可按其出资的比例依法享有所有制权益，也可转让其出资，但不得以任何方式抽出。

2) 项目资本金的出资方式

项目投资资本金可以用货币出资，也可以用实物、工业产权、非专利技术、土地使用权，必须经过有资格的资产评估机构依照法律、法规评估作价，不得高估或低估。以工业产权、非专利技术作假出资的比例不得超过投资项目资本金总额的 20%，国家对采用高新技术成果有特别规定的除外。

3）房地产项目资本金

《房地产开发经营管理条例》规定："房地产开发项目应当建立资本金制度，资本金占项目总投资的比例不得低于 20％"。

房地产开发项目实行资本金制度，并规定房地产开发企业承揽项目必须有一定比例的资本金，可以有效地防止部分不规范的企业的不规范行为。

（4）对不按期开发的房地产项目的处理原则

《房地产开发经营管理条例》规定，房地产开发企业应当按照土地的使用权出让合同约定的土地用途、动工开发期限进行项目开发建设。出让合同约定的动工开发期限 1 年未动工开发的，可以征收相当于土地使用权出让金 20％以下的土地闲置费；满两年未动工开发的，可以无偿收回土地使用权。

这里所指的满一年未动工开发的起止日是土地的使用权出让合同生效之日算起至次年同月同日止。动工开发日期是指开发建设单位进行实质性投入的日期。动工开发，必须进行实质性投入，开工后必须不间断地进行基础设施、建房建设。在有拆迁的地段进行拆迁、三通一平，即视为启动。一经启动，无特殊原因则不应当停工，如稍作启动即停工无期，不应算作开工。

《房地产开发经营管理条例》还规定了以下三种情况造成的违约和土地闲置，不征收土地闲置费。

1）因不可抗拒力造成开工延期。不可抗拒力是指依靠人的能力不能抗拒的因素。

2）因政府或者政府有关部门的行为而不能如期开工的或中断建设一年以上的。

3）因动工开发必须的前期工作出现不可预见的情况而延期动工开发的。如发现地下文物、拆迁中发现不是开发商努力能解决的问题等。

（5）对开发项目实行质量责任制度

1）房地产开发企业应对其开发的房地产项目承担质量责任。

《房地产开发经营管理条例》规定，房地产开发企业开发建设的房地产开发项目，应当符合有关法律、法规的规定和建筑工程质量、安全标准、建筑工程勘察、设计、施工的技术规范以及合同的约定。房地产开发企业应当对其开发建设的房地产开发项目的质量承担责任。勘察、设计、施工、监理等单位应当依照有关法律、法规的规定或者合同的约定，承担相应的责任。

房地产开发企业作为房地产项目建设和营销的主体，是整个活动的组织者。尽管在建设环节许多工作都由勘察设计、施工等单位承担，出现质量责任可能是由于勘察设计、施工或者材料供应商的责任，但开发商是组织者，其他所有参与部门都是开发商选择的，都和开发商发生合同关系，出现问题也理应由开发商与责任单位协调。此外，消费者是从开发商手里购房，也应由开发企业承担对购房者的责任。

房地产开发企业开发建设的房地产项目，必须要经过工程建设环节，符合《建筑法》及建筑方面的有关法律规定，符合工程勘察、设计、施工等方面的技术规范，符合工程质量、工程安全方面的有关规定和技术标准，这是对房地产开发项目在建设过程中的基本要求，同时还要严格遵守合同的约定。

2）对质量不合格的房地产项目的处理方式

房屋主体结构质量涉及房地产开发企业，工程勘察、设计单位，施工单位，监理单

145

位，材料供应部门等，房屋主体结构质量的好坏直接影响房屋的合理使用和购房者的生命财产安全。房屋竣工后，必须验收合格后方可交付使用。商品房交付使用后，购买人认为主体结构质量不合格的，可以向工程质量监督单位申请重新核验。经核验，确属主体结构质量不合格的，购买人有权退房，给购买人造成损失的，房地产开发企业应当依法承担赔偿责任。

对于经工程质量监督部门申请核验，确属房屋主体结构质量不合格的，消费者有权要求退房，终止房屋买卖关系。也有权采取其他办法，如双方协商换房等，选择退房还是换房，权利在消费者。

3）申请核验

商品房交付使用后，购买人认为主体结构质量不合格的，可以向工程质量监督单位申请重新核验。这里所说的质量监督部门是指专门进行质量验收的质量监督站，其他单位的核验结果不能作为退房的依据。

4）购房人有退房权

经核验，确属主体结构质量不合格的，购房人有权退房。

5）损失的赔偿

因主体不合格给购房人造成损失的，房地产开发企业应当依法承担赔偿责任。但只应包含直接损失，不应含精神损失等间接损失。

（6）竣工验收制度

1）房地产开发项目需经验收方能交付使用

《开发经营条例》规定，房地产开发项目竣工，经验收合格后，方可交付使用；未经验收合格的，不得交付使用。

2）住宅小区等群体房地产开发项目竣工，还应当按照下列要求进行综合验收：

① 城镇规划和设计条件的落实情况；

② 城镇规划要求配套的基础设施和公共设施的建设情况；

③ 单项工程的工程质量验收情况；

④ 拆迁安置方案的落实情况；

⑤ 物业管理的落实情况。

7.1.4 城镇房地产经营管理

（1）房地产项目转让

1）转让条件

① 以出让方式取得的土地使用权

《房地产管理法》规定了以出让方式取得的土地使用权，转让房地产开发时的条件。

（A）要按照出让合同约定已经支付全部土地使用权出让金，并取得土地使用权证书，这是出让合同成立的必要条件，也只有出让合同成立，才允许转让；

（B）要按照出让合同约定进行投资开发，完成一定开发规模后才允许转让，这里又分为两种情形，一是属于房屋建设的，开发单位除土地使用权出让金外，实际投入房屋建设工程的资金额应占全部开发投资总额的25％以上；二是属于成片开发土地的，应形成工业或其他建设的用地条件，方可转让。这两项条件必须同时具备，才能转让房地产项目。

② 以划拨方式取得的土地使用权

《房地产管理法》第三十九条规定了以划拨方式取得的土地使用权，转让房地产开发项目时的条件。对于以划拨方式取得土地使用权的房地产项目，要转让的前提是必须经有批准权的人民政府审批。经审查除不允许转让外，对准予转让的有两种处理方式。

（A）一是由受让方先补办土地使用权出让手续，并依照国家有关规定缴纳土地使用权出让金后，才能进行转让；

（B）二是可以不办理土地使用权出让手续而转让房地产，但转让方应将转让房地产所获收益中的土地收益上缴国家或作其他处理。

2）转让的程序

《房地产开发经营管理条例》规定，转让房地产开发项目，转让人和受让人应当自土地使用权变更登记手续办理完毕之日起 30 日内，持房地产开发项目转让合同到房地产开发主管部门备案。

房地产项目转让涉及房地产项目建设单位的转移，涉及项目转让方已经签订的合同的效力。为了保护已经与房地产开发项目转让人签订合同的当事人的权利，要求房地产项目转让的双方当事人在办完土地使用权变更登记后 30 天内，到房地产开发主管部门办理备案手续。

房地产开发企业转让房地产开发项目时，尚未完成拆迁安置补偿的，原拆迁安置补偿合同中有关的权利、义务随之转移给受让人。项目转让人应当书面通知被拆迁人。

（2）商品房销售

为了规范商品房销售管理办法，根据《房地产开发经营管理条例》规定，2001 年 4 月 4 日颁布了《商品房销售管理办法》。

1）商品房销售的条件

商品房销售，必须符合以下条件：

① 出售商品房的房地产开发企业应当具有企业法人营业执照和房地产开发企业资质证书。

② 取得土地使用权证书或使用土地的批准文件。

③ 持有建设工程规划许可证和施工许可证。

④ 已通过竣工验收。

⑤ 拆迁安置已经落实。

⑥ 供水、供电、供热、燃气、通信等配套设施设备交付使用条件，其他配套基础设施和公共设备交付使用条件或已确定施工进度和交付日期。

⑦ 物业管理方案已经落实。

2）商品房销售代理

房地产销售代理是指房地产开发企业或其他房地产拥有者将物业销售业务委托专门的房地产中介服务机构代为销售的一种经营方式。

① 实行销售代理必须签订委托合同。房地产开发企业应当与受托房地产中介服务机构订立书面委托合同，委托合同应当载明委托期限、委托权限以及委托人和被委托人的权利、义务。中介机构销售商品房时，应当向商品房购买人出示商品房的有关证明文件和商品房销售委托书。

147

② 房地产中介服务机构的收费。受托房地产中介服务机构在代理销售商品房时，不得收取佣金以外的其他费用。

③ 房地产销售人员的资格条件。房地产专业性强、涉及的法律多，因此对房地产销售人员的资格有一定的要求，必须经过专业培训后，才能从事商品房销售业务。

3）商品房销售中禁止的行为

① 房地产开发企业不得在未解除商品房买卖前，将作为合同标的物的商品房再行销售给他人。

② 房地产开发企业不得采取返本销售或变相返本销售的方式销售商品房。

③ 不符合商品房销售条件的，房地产开发企业不得销售商品房，不得向买受人收取任何预定款性质费用。

④ 商品住宅必须按套销售，不得分割拆零销售。

4）商品房买卖合同

房地产开发企业应与购房者签订商品房买卖合同，我国目前使用建设部、国家工商行政管理局联合颁发的《商品房买卖合同示范文本》（以下简称《示范文本》）。

① 商品房买卖合同应包括以下主要内容

（A）当事人名称和姓名和住所；

（B）商品房基本情况；

（C）商品房的销售方式；

（D）商品房价款的确定方式及总价款、付款方式、付款时间；

（E）交付使用条件及日期；

（F）装饰、装备标准承诺；

（G）供水、供电、供热、燃气、通信、道路、绿化等配套基础设施和公共设施的交付承诺和有关权益、责任；

（H）公共配套建筑的产权归属；

（I）面积差异的处理方式；

（J）办理产权登记有关事宜；

（K）解决争议的办法；

（L）违约责任；

（M）双方约定的其他事项。

房地产开发企业、房地产中介服务机构发布的商品房销售广告和宣传资料所明示的事项，当事人应当在商品房买卖合同中约定。

② 计价方式

商品房销售既可以按套（单元）计价，也可以按套内建筑面积或按套建筑面积计价等三种方式进行。但是，产权登记方式需要按建筑面积方式进行，按套、套内建筑面积计价并不影响用建筑面积进行产权登记。

商品房建筑面积由套内建筑面积和分摊的共有建筑面积组成，套内建筑面积部分为独立产权，分摊的共有面积部分为共有产权，买受人按照法律、法规的规定对其享有权利、承担责任。按套（单元）计价或者按套内建筑面积计价的，商品房买卖合同中应当注明建筑面积和分摊的共有建筑面积。

③ 误差的处理方式

按套内建筑面积或者建筑面积计价的，当事人应当在合同中载明合同约定面积与产权登记面积发生误差的处理方式。

合同未作约定的，按以下原则处理：

（A）面积误差比绝对值在 3% 以内（含 3%）的，据实结算房价款；

（B）面积误差比绝对值超过 3% 时，买受人有权退房。买受人退房的，房地产开发企业应当在买受人提出退房日期 30 日内将买受人已付房价款退还给买受人，同时支付已付房价款利息。买受人不退房的，产权登记面积大于合同约定面积时，面积误差比在 3% 之内（含 3%）的房价款由买受人补足；超出 3% 部分的房价款由房地产企业承担，产权归买受人。产权登记面积小于合同约定面积时，面积误差比绝对值在 3%（含 3%）以内部分的房价款由房地产开发企业返还买受人；绝对值超过 3% 的房价款由房地产开发企业双倍返还买受人。

按建筑面积计价的，当事人应当在合同中约定套内建筑面积和分摊的共有建筑面积，并约定建筑面积不变而套内建筑面积发生误差以及建筑面积与套内建筑面积均发生误差时的处理方式。

④ 中途变更规划、设计

房地产开发企业应当按照批准的规划、设计，建设商品房。商品房销售后，房地产开发企业不得擅自变更规划、设计。经规划部门批准的规划变更、设计单位同意的设计变更导致商品房的结构形式、户型、空间尺寸、朝向变化，以及出现合同当事人约定的其他影响商品房质量或使用功能情形的，房地产开发企业应当在变更确立之日起 10 日内，书面通知买受人。

买受人有权在通知到达之日起 15 日内作出是否退房的书面答复。买受人在通知到达之日起 15 日内未作出书面答复的，视同接受规划、设计变更以及由此引起的房价款的变更。房地产开发企业未在规定时限内通知买受人的，买受人有权退房；买受人退房的，由房地产开发企业承担违约责任。

⑤ 保修责任

当事人应当在合同中就保修范围、保修期限、保修责任等内容做出约定。保修期从交付之日起计算。

5）交付使用

① 逾期交付

房地产开发企业应当按照合同约定，将符合交付使用条件的商品房按期交付给买受人。未能按期交付的，房地产开发企业应当承担违约责任。因不可抗拒力或者当事人在合同约定的其他原因，需延期交付的，房地产开发企业应当及时告知买受人。

② 实行《住宅质量保证书》和《住宅使用说明书》制度

房地产开发企业销售商品住宅时，应当根据《商品住宅实行质量保证书和住宅使用说明书制度的规定》（以下简称《规定》）向买受人提供《住宅质量保证书》和《住宅使用说明书》。

（3）房地产广告

《房地产开发经营管理条例》规定，房地产开发企业不得进行虚假广告宣传。

房地产广告，指房地产开发企业、房地产权利人、房地产中介服务机构发布的房地产项目预售、预租、出售、出租、项目转让以及其他房地产项目介绍的广告。为了加强房地产广告管理，规范房地产广告制作单位、发布单位以及房地产广告用语等行为，1996 年 12 月 30 日原国家工商行政管理局发布了《房地产广告发布暂行规定》，对房地产广告作了以下规范性的规定：

1）房地产广告应当遵守的原则及要求

发布房地产广告，应当遵守《广告法》、《房地产管理法》、《土地管理法》及国家有关广告监督管理和房地产管理的规定。房地产广告必须真实、合法、科学、准确，符合社会主义精神文明建设要求，不得欺骗和误导公众。房地产广告不得含有风水、占卜等封建迷信内容，对项目情况进行的说明、渲染，不得有悖社会良好风尚。

2）禁止发布房地产广告的几种情形

凡下列情况的房地产，不得发布广告：

① 在未经依法取得国有土地使用权的土地上开发建设的；

② 在未经国家征用的集体所有的土地上建设的；

③ 司法机关和行政机关依法规定、决定查封或者以其他形式限制房地产权利的；

④ 预售房地产，但未取得该项目预售许可证的；

⑤ 权属有争议的；

⑥ 违反国家有关规定建设的；

⑦ 不符合工程质量标准，经验收不合格的；

⑧ 法律、行政法规规定禁止的其他情形。

3）发布房地产广告应当提供的文件

发布房地产广告，应当具有或者提供下列相应真实、合法、有效的证明文件，主要包括：

① 房地产开发企业、房地产权利人、房地产中介服务机构的营业执照或者其他主体资格证明；

② 建设主管部门颁发的房地产开发企业资质证书；

③ 土地主管部门颁发的项目土地使用权证明；

④ 工程竣工验收合格证明；

⑤ 发布房地产项目预售、出售广告，应当具有地方政府建设主管部门颁发的预售、销售许可证证明。出租、项目转让广告，应当具有相应的产权证明；

⑥ 中介机构发布所代理的房地产项目广告，应当提供业主委托证明；

⑦ 工商行政管理机关规定的其他证明。

4）房地产广告的内容

房地产预售、销售广告，必须载明以下事项：

① 开发企业名称；

② 中介服务机构代理销售的，载明该机构名称；

③ 预售或者销售许可证书号。

广告中仅介绍房地产项目名称的，可以不必载明上述事项。

5）房地产广告的要求

① 房地产广告中涉及所有权或者使用权的，所有或者使用的基本单位应当是有实际

意义的完整的生产、生活空间。

② 房地产广告中对价格有表示的，应当清楚表示为实际的销售价格，明示价格的有效期限。

③ 房地产中表现项目位置，应以从该项目到达某一具体参照物的现有交通干道的实际距离表示，不得以所需时间来表示距离。

房地产广告中的项目位置示意图，应当准确、清楚，比例恰当。

④ 房地产广告中涉及的交通、商业、文化教育设施及其他市政条件等，如在规划或者建设中，应当在广告中注明。

⑤ 房地产广告中涉及面积的，应当表明是建筑面积或者使用面积。

⑥ 房地产广告涉及内部结构、装修装饰的，应当真实、准确。预售、预租商品房广告，不得涉及装修装饰内容。

⑦ 房地产广告中不得利用其他项目的形象、环境作为本项目的效果。

⑧ 房地产广告中使用建筑设计效果图或者模型照片的，应当在广告中注明。

⑨ 房地产广告中不得出现融资或者变相融资的内容，不得含有升值或者投资回报的承诺。

⑩ 房地产广告中涉及贷款服务的，应当载明提供贷款的银行名称及贷款额度、年期。

⑪ 房地产广告中不得含有广告主能够为入住者办理户口、就业、升学等事项的承诺。

⑫ 房地产广告中涉及物业管理内容的，应当符合国家有关规定；涉及尚未实现的物业管理内容，应当在广告中注明。

151

⑬ 房地产广告中涉及资产评估的，应当表明评估单位、估价师和评估时间；使用其他数据、统计资料、文摘、引用语的，应当真实、准确，表明出处。

7.2 小城镇房地产交易管理

7.2.1 城镇房地产交易管理概述

（1）小城镇房地产市场管理

小城镇房地产市场管理是国家根据有关法律、法规对房地产市场经济主体（房地产投资开发经营者、中介服务者、消费者）的经济活动以及房地产价格、合同、税收等方面进行审批、组织、协调、控制、检查和监督等活动。小城镇房地产市场管理的主要内容有：

1）房地产交易者的管理。对参与房地产交易活动的各主体进行指导、服务和监督，并对这些主体进行资格审查和营业注册登记、发证。

2）房地产交易管理。规定房地产交易的范围，颁布房地产市场管理条例，严格履行交易手续，进行交易鉴证，取缔非法交易，对房地产价格进行管理，制定房地产估价办法和标准，评估交易价格是否公正合理，运用经济杠杆调节市场供求结构等。

3）调解和处理交易纠纷。加强小城镇房地产市场的管理，首先是要注重规划管理，农村建房要做到"统一规划、合理布局、集中建设、控制用地、配套建设"。其次是要重视农村房地产开发，鼓励小城镇形成和发展自己的规划力量和施工力量，尽快改变农村传统的住房结构和建造形式，加速建设风格各异、形式多样的小康住宅。再次是要加强施工队伍的素质审查，有条件的地方可以建立小城镇建设综合开发公司，统一建设，也可挑选素质好、管理严、能打硬仗、信誉好的施工队伍承担施工任务。小城镇城建部门要开展农村建房的质检业务，使农村建筑市场走上规范化的轨道。

（2）房地产交易的概念

房地产交易管理是指政府设立的房地产交易管理部门及其他相关部门以法律的、行政的、经济的手段，对房地产交易活动行使指导、监督等管理职能。

房地产交易管理是房地产市场管理的重要内容。城镇房地产交易，包括各种所有制房屋的买卖、租赁、转让、抵押，城市土地使用权的转让以及其他在房地产流通过程中的各种经营活动，均属房地产交易活动管理的范围，其交易活动应通过交易所进行。房地产交易包括房地产转让、房地产抵押和房屋租赁三种形式。

（3）房地产交易中的基本制度

1）房地产价格申报制度

房地产交易价格不仅关系着当事人之间的财产权益，而且也关系着国家的税费收益。因此，加强房地产交易价格管理，对于保护当事人合法权益和保障国家的税费收益，促进房地产市场健康有序的发展，有着极其重要的作用。

国家实行房地产成交价格申报制度，房地产权利人转让房地产，应当向县级以上地方人民政府规定的部门如实申报成交价，不得瞒报或者作不实的申报。房地产管理部门核实申报的成交价格，并根据需要对转让的房地产进行现场勘察和评估；房地产转让应当以申报的成交价格作为缴纳税费的依据。成交价格明显低于正常市场价格的，以评估价格作为缴纳税费的依据。

房地产权利人转让房地产、房地产抵押权人依法拍卖房地产，应当向房屋所在地县级以上地方人民政府房地产行政主管部门如实申报成交价格，由国家对成交价格实施登记审验后，才予办理产权转移手续，取得确定的法律效力。房地产管理部门在接到价格申报后，如发现成交价格明显低于市场价格的，应当及时通知交易双方，按不低于房地产行政主管部门确认的评估价格缴纳了有关部门税费后，方为其办理房地产交易手续，核发权属证书。

房地产行政主管部门发现交易双方的成交价格明显低于市场正常价格时，并不是要求交易双方当事人更改成交价格，只是通知交易双方应当按什么价格交纳有关税费。只要交易双方按照不低于正常市场价格交纳了税费，无论其合同价格为多少，都不影响办理房地产交易和权属登记的有关手续。如果双方对房地产行政主管部门确认的评估价格有异议，可以要求重新评估。重新评估一般应由交易双方和房地产管理部门共同认定的房地产评估机构进行评估。如果评估的结果证明，交易双方申报的成交价格明显低于正常市场价格，重新评估的费用将由交易双方支付；如果评估的结果证明，交易双方申报的成交价格与市场价格基本相符，重新评估的费用将由房地产管理部门支付。交易双方对重新评估的价格仍有异议，可以按照法律程序，向人民法院提起诉讼。通过对房地产成交价格申报的管理，既能使房地产价格不至于出现不正常的大起大落，又能防止交易双方为偷漏税费对交易价格作不实的申报。

2）房地产价格评估制度

我国实行房地产价格评估制度。房地产价格评估，应当遵循公正、公平、公开的原则，按照国家规定的技术标准和评估程序，以基准地价、标定地价和各类房屋的重置价格为基础，参照当地的市场价格进行评估。基准地价、标定地价和各类房屋重置价格应当定期确定并公布。具体办法由国务院规定。

3）房地产价格评估人员资格认证制度

国家实行房地产价格评估人员资格认证制度。房地产价格评估人员分为房地产估价师和房地产估价员。房地产估价师必须是经国家统一考试、执业资格认证，取得《房地产估价师执业资格证书》，并经注册登记取得《房地产估价师注册证》的人员。未取得《房地产估价师注册证》的人员，不得以房地产估价师的名义从事房地产估价业务。

（4）房地产交易的管理机构及其职责

房地产交易的管理机构主要是指由国家设立的从事房地产交易管理的职能部门及其授权的机构。包括建设部，各省、自治区建设厅和直辖市房地产管理局，各市、县房地产管理部门以及房地产管理部门授权的房地产交易管理所（房地产市场产权管理处、房地产交易中心等）。

房地产交易管理机构的主要任务是：

1）对房地产交易、经营等活动进行指导和监督，查处违法行为，维护当事人的合法权益；

2）办理房地产交易登记、鉴证及权属转移初审手续；

3）协助财政、税务部门征收与房地产交易有关的税款；

4）为房地产交易提供洽谈协议，交流信息，展示行情等各种服务；

5）建立定期信息发布制度，为政府宏观决策和正确引导市场发展服务。

7.2.2 房地产转让

（1）房地产转让的概述

房地产转让的概念

房地产转让是指房地产权利人通过买卖、赠与或者其他合法方式将其房地产转移给他人的行为。《房地产转让管理规定》对此概念中的其他合法方式作了进一步的细化，规定其他合法方式主要包括下列行为：

1）以房地产作价入股、与他人成立企业法人，房地产权属发生变更的；

2）一方提供土地使用权，另一方或者多方提供资金，合资、合作开发经营房地产，而使房地产权属发生变更的；

3）因企业被收购、兼并或合并，房地产权属随之转移的；

4）以房地产抵债的；

5）法律、法规规定的其他情形。

房地产转让的实质是房地产权属发生转移。房地产转让时，房屋所有权和该房屋所占用范围内的土地使用权同时转让。

（2）房地产转让的条件

房地产转让最主要的特征是发生权属变化，即房屋所有权与房屋所占用的土地使用权发生转移。《房地产管理法》及《房地产转让管理规定》中采取排除法规定了下列房地产不得转让：

1）对以出让方式取得土地使用权用于投资开发的，按照土地使用权出让合同约定进行投资开发，属于房屋建设工程的，应完成开发投资总额的 25% 以上；属于成片开发的，形成工业用地或者其他建设用地条件。同时规定应按照出让合同约定已经支付全部土地使用权出让金，并取得土地使用权证书。

2）司法机关和行政机关依法裁定、决定查封或以其他形式限制房地产权利的，司法机关和行政机关可以根据合法请求人的申请或社会公共利益的需要，依法裁定、决定限制房地产权利，如查封、限制转移等，在权利受到限制期间，房地产权利人不得转让该项房地产。

3）依法收回土地使用权的。根据国家利益或社会公共利益的需要，国家有权决定收回出让或划拨给他人使用的土地，任何单位和个人应当服从国家的决定，在国家依法做出收回土地使用权决定之后，原土地使用权人不得再行转让土地使用权。

4）共有房地产，未经其他共有人书面同意的。共有房地产，是指房屋的所有权、土地使用权为两个或两个以上权利人所共同拥有。共有房地产权利的行使需经全体共有人同意，不能因某一个或部分权利人的请求而转让。

5）权属有争议的。权属有争议的房地产，是指有关当事人对房屋所有权和土地使用权的归属发生争议，致使该项房地产权属难以确定。转让该类房地产，可能影响交易的合法性，因此在权属争议解决之前，该项房地产不得转让。

6）未依法登记领取权属证书的。产权登记是国家依法确认房地产权属的法定手续，未履行该项法律手续，房地产权利人的权利不具有法律效力，因此也不得转让该项房地产。

7）法律和行政法规规定禁止转让的其他情况。法律、行政法规规定禁止转让的其他情形，是指上述情形之外，其他法律、行政法规规定禁止转让的其他情形。

（3）房地产转让的程序

房地产转让应当按照一定的程序，经房地产管理部门办理有关手续后，方可成交。《房地产转让管理规定》对房地产转让的程序作了如下规定：

1）房地产转让当事人签订书面转让合同；

2）房地产转让当事人在房地产转让合同签订后 90 日内持房地产权属证书、当事人的合法证明、转让合同等有关文件向房地产所在地的房地产管理部门提出申请，并申报成交价格；

3）房地产管理部门对提供的有关文件进行审查，并在 7 日内作出是否受理申请的书面答复，7 日内未作书面答复的，视为同意受理；

4）房地产管理部门核实申报的成交价格，并根据需要对转让的房地产进行现场查勘和评估；

5）房地产转让当事人按照规定缴纳有关税费；

6）房地产管理部门办理房屋权属登记手续，核发房地产权属证书。

此外，凡房地产转让或变更的，必须按照规定的程序先到房地产管理部门办理交易手续和申请转移、变更登记，然后凭变更后的房屋所有权证书向同级人民政府土地管理部门申请土地使用权变更登记，不按上述法定程序办理的，其房地产转让或变更一律无效。

（4）房地产转让合同

房地产转让合同是指房地产转让当事人之间签订的用于明确各方权利、义务关系的协议。房地产转让时，应当签订书面转让合同。合同的内容由当事人协商拟定，一般应包括：

1) 双方当事人的姓名或者名称、住所；

2) 房地产权属证书的名称和编号；

3) 房地产坐落位置、面积、四至界限；

4) 土地宗地号、土地使用权取得的方式及年限；

5) 房地产的用途或使用性质；

6) 成交价格及支付方式；

7) 房地产交付使用的时间；

8) 违约责任；

9) 双方约定的其他事项。

(5) 以出让方式取得土地使用权的房地产转让

以出让方式取得土地使用权的房地产转让时，受让人所取得的土地使用权的权利、义务范围应当与转让人所原有的权利和承担的义务范围相一致。转让人的权利、义务是由土地使用权出让合同载明的，因此，该出让合同载明的权利、义务随土地使用权的转让而转移给新的受让人。以出让方式取得土地使用权，可以在不同土地使用者之间多次转让，但土地使用权出让合同约定的使用年限不变。以房地产转让方式取得出让土地使用权的权利人，其实际使用年限不是出让合同约定的年限，而是出让合同约定的年限减去原土地使用权已经使用年限后的剩余年限。例如土地使用权出让合同约定的使用年限为50年，原土地使用者使用10年后转让，受让人的使用年限只有40年。

以出让方式取得土地使用权的，转让房地产后，受让人改变原土地使用权出让合同约定的土地用途的，必须取得原土地出让方和市、县人民政府城镇规划行政主管部门的同意，签订土地使用权出让合同变更协议或者重新签订土地使用权出让合同，相应调整土地使用权出让金。

(6) 以划拨方式取得土地使用权的房地产转让

以划拨方式取得土地使用权的房地产，在转让的价格或其他形式收益中，包含着土地使用权转让收益，这部分收益不应完全由转让人获得，国家应参与分配。由于所转让土地的开发投入情况比较复杂，转让主体、受让主体和转让用途情况也不相同，因此处理土地使用权收益不能简单化和"一刀切"。划拨土地使用权的转让，按国务院国发〔1992〕61号文件《国务院关于发展房地产业若干问题的通知》的规定，须经当地房地产市场管理部门审查批准。划拨土地使用权的转让管理有两种不同的处理方式，一种是需办理出让手续，变划拨土地使用权为出让土地使用权，由受让方缴纳土地出让金；另一种是不改变原有土地的划拨性质，对转让方征收土地收益金。

7.2.3 商品房预售

(1) 商品房预售的概念

商品房预售是指房地产开发企业将正在建设中的房屋预先出售给承购人，由承购人预先定金或房价款的行为。

由于从预售到竣工交付的时间一般较长，具有较大的风险性和投机性，涉及广大购房者的切身利益。为规范商品房预售行为，加强商品房预售管理，保障购房人的合法权益，

《房地产管理法》明确了"商品房预售实行预售许可证制度"。

（2）商品房预售的条件

1）已交付全部土地使用权出让金，取得土地使用权证书；

2）持有建设工程规划许可证和施工许可证；

3）按提供预售的商品房计算，投入开发建设的资金达到工程建设总投资的25％以上，并已经确定施工进度和竣工交付日期；

4）开发企业向城市、县人民政府房产管理部门办理预售登记，取得《商品房预售许可证》。

（3）商品房预售许可

《房地产管理法》规定"商品房预售实行预售许可证制度"，房地产开发企业取得《商品房预售许可证》方能预售商品房。

房地产开发企业申请办理《商品房预售许可证》应当向市、县人民政府房地产管理部门提交下列证件及资料：

1）土地使用权证书；

2）建设工程规划许可证和施工许可证；

3）投入资金达到工程建设总投资25％以上的证明；

4）开发企业的《营业执照》和资质等级证书；

5）工程施工合同；

6）商品房预售方案。预售方案应当说明商品房的位置、装修标准、竣工交付日期、预售总面积、交付使用后的物业管理等内容，并应当附商品房预售总平面图、分层平面图；

7）其他有关资料。

（4）商品房预售合同登记备案

房地产开发企业取得了商品房预售许可证后，就可以向社会预售其商品房，开发企业应当与承购人签订书面预售合同。商品房预售人应当在签约之日起30日内持商品房预售合同到县级以上人民政府房产管理部门和土地管理部门办理登记备案手续。

（5）商品房预售中的违法行为及处罚

《房地产开发经营管理条例》、《城市商品房预售管理办法》规定，开发经营企业有下列行为之一的，由主管部门责令停止预售、补办手续，吊销《商品房预售许可证》，没收违法所得，可以并处以已收取的预付款1％以下的罚款：

1）未办理《商品房预售许可证》的；

2）挪用商品房预售款项，不用于有关的工程建设的；

3）未按规定办理备案和登记手续的。

7.2.4　城镇房屋租赁管理

（1）房屋租赁的概念及分类

1）房屋租赁的概念

房屋租赁是房地产市场中重要的一种交易形式。《房地产管理法》规定："房屋租赁，是指房屋所有权人作为出租人将其房屋出租给承租人使用，由承租人向出租人支付租金的行为。"《房屋租赁管理办法》（建设部第 42 号令）（以下简称《租赁管理办法》）对此概念作了细化，规定："房屋所有权人将房屋出租给承租人居住或提供给他人从事经营活动及以合作方式与他人从事经营活动的，均应遵守本办法"，即这几种行为也应按照房屋租赁关系进行管理。

2）房屋租赁的分类

按房屋所有权的性质，房屋租赁分为公有房屋的租赁和私有房屋的租赁。公有房屋的所有权人是国家，但在租赁关系中，国家并不作为民事法律主体出现，而是采取授权的方式，由授权的单位具体管理。按照目前我国的管理体制，直管公房一般由各级人民政府房地产行政主管部门管理，房地产行政主管部门作为直管公房所有人的代表，依法行使占有、使用、收益和处分的权利；自管公房由国家授权的单位管理。私有房屋的所有权人是指持有完全的房屋所有权证的个人。对于持有共有权证书的私房主，只能称为共有权人，共有权人必须在所有共有权人同意后方可将房屋出租。

按房屋的使用用途，房屋租赁分为住宅用房的租赁和非住宅用房的租赁。其中，非住宅用房的租赁包括办公用房和生产经营用房的租赁。

（2）房屋租赁的政策

租赁政策是指由各级人民政府制定的用于规范租赁行为的法律、法规和规范性文件。为保证居民合法的住房利益不受影响，并使房屋管理尽快适应社会主义市场经济的客观规律，我国对采取住宅用房与非住宅用房区别对待、分别管理的做法。对于住宅用房的租赁，《房地产管理法》规定："住宅用房的租赁，应当执行国家和房屋所在地城市人民政府规定的租赁政策。"对于租用房屋从事生产、经营活动的，《房地产管理法》规定："租用房屋从事生产、经营活动的，由租赁双方协商议定租金和其他租赁条款。"在社会主义市场经济的条件下，对于租用房屋从事生产、经营活动的，在不违背政策法律的前提下，可以由租赁双方根据平等、自愿的原则协商议定租金和其他租赁条款，而不应当由政府规定统一租金标准，要靠市场来进行调节和制约。

房屋租赁政策在一些单行法规及地方性法规中有许多规定，在不与《房地产管理法》相抵触及新的法规尚未出台之前，这些政策仍将成为房屋租赁的重要依据，主要有：

1）公有房屋租赁，出租人必须持有《房屋所有权证》和人民政府规定的其他证明文件，承租人必须持有房屋所在地人民政府规定的租房证明和身份证明（法人单位介绍信）。私有房屋出租人必须持有《房屋所有权证》，承租人必须持有身份证明。

2）承租人在租赁期内死亡，租赁房屋的共同居住人要求继承原租赁关系的，出租人应当继续履行原租赁合同。

3）共有房屋出租时，在同等条件下，其他共有人有优先承租权。

4）租赁期限内，房屋所有权人转让房屋所有权，原租赁协议继续履行。

（3）房屋租赁的条件

公民、法人或其他组织对享有所有权的房屋和国家授权管理和经营的房屋可以依法出租。但有下列情形之一的房屋不得出租：

1）未依法取得《房屋所有权证》的；

2）司法机关和行政机关依法裁定、决定查封或者以其他形式限制房地产权利的；

3）共有房屋未取得共有人同意的；

157

4）权属有争议的；

5）属于违章建筑的；

6）不符合安全标准的；

7）抵押，未经抵押权人同意的；

8）不符合公安、环保、卫生等主管部门有关规定的。

（4）房屋租赁合同

1）房屋租赁合同的概念及内容

租赁合同是出租人与承租人签订的，用于明确租赁双方权利义务关系的协议。《租赁管理办法》对租赁合同的内容作了进一步的规定，规定租赁合同应当具备以下条款：

① 当事人姓名或者名称及住所；

② 房屋的坐落、面积、装修及设施状况；

③ 租赁用途；

④ 租赁期限；

⑤ 租金及交付方式；

⑥ 房屋修缮责任；

⑦ 转租的约定；

⑧ 变更和解除合同的条件；

⑨ 违约责任；

⑩ 当事人约定的其他条款。

租赁期限。租赁行为应有明确的租赁期限，出租人有权在签订租赁合同时明确租赁期限，并在租赁期限届满后收回房屋。《合同法》规定，租赁期限不得超过 20 年，超过 20 年的，超过部分无效。租赁期间届满当事人可以续订租赁合同，但约定的租赁期限自续订之日起不得超过 20 年。承租人有义务在租赁期限届满后返还所承租的房屋。如需继续承租原租赁的房屋，应当在租赁期满前，征得出租人的同意，并重新签订租赁合同。出租人应当按照租赁合同约定的期限将房屋交给承租人使用，并保证租赁合同期限内承租人的正常使用。出租人在租赁合同届满前需要收回房屋的，应当事先商得承租人的同意，并赔偿承租人的损失；收回住宅用房的，同时要做好承租人的住房安置。

租赁用途，是指房屋租赁合同中规定的出租房屋的使用性质。承租人应当按照租赁合同规定的使用性质使用房屋，不得变更使用用途，确需变动的，应当征得出租人的同意，并重新签订租赁合同；承租人与第三者互换房屋时，应当事先征得出租人的同意，出租人应当支持承租人的合理要求。换房后，原租赁合同即行终止，新的承租人应与出租人另行签订租赁合同。

租金及交付方式。租赁合同应当明确约定租金标准及支付方式。同时租金标准必须符合有关法律、法规的规定。出租人除收取房租外，不得收取其他费用。承租人应当按照合同约定交纳租金，不得拒交或拖欠，承租人如拖欠租金，出租人有权收取滞纳金。

房屋的修缮责任。出租住宅用房的自然损坏或合同约定由出租人修缮的，由出租人负责修复。不及时修复致使房屋发生破坏性事故，造成承租人财产损失或者人身伤害的，应当承担赔偿责任。租用房屋从事生产经营活动的，修缮责任由双方当事人在租赁合同中约定。房屋修缮责任人对房屋及其设备应当及时、认真地检查、修缮，保证房屋的使用安全。房屋修缮责任人对形成租赁关系的房屋确实无力修缮的，可以与另一方当事人合修，责任人因此付出的修缮费用，可以折抵租金或由出租人分期偿还。

2）租赁合同的终止

合法租赁合同的终止一般有两种情况：一是合同的自然终止，二是人为终止。自然终止主要包括：

① 租赁合同到期，合同自行终止，承租人需继续租用的，应在租赁期限届满前 3 个月提出，并经出租人同意，重新签订租赁合同；

② 符合法律规定或合同约定可以解除合同条款的；

③ 因不可抗力致使合同不能继续履行的。

因上述原因终止租赁合同的，使一方当事人遭受损失的，除依法可以免除责任的外，应当由责任方负责赔偿。

人为终止主要是指由于租赁双方人为的因素而使租赁合同终止。一般包括无效合同的终止和由于租赁双方在租赁过程中的人为因素而使合同终止。对于无效合同的终止《合同法》中有明确的规定，不再赘述。由于租赁双方的原因而使合同终止的情形主要有：

（A）将承租的房屋擅自转租的；

（B）将承租的房屋擅自转让、转借他人或私自调换使用的；

（C）将承租的房屋擅自拆改结构或改变承租房屋使用用途的；

（D）无正当理由，拖欠房租 6 个月以上的；

（E）公有住宅用房无正当理由闲置 6 个月以上的；

（F）承租人利用承租的房屋从事非法活动的；

（G）故意损坏房屋的；

（H）法律、法规规定的其他可以收回的。

发生上述行为，出租人除终止租赁合同，收回房屋外，还可索赔由此造成的损失。

（5）房屋租赁登记备案

房屋租赁合同登记备案是《房地产管理法》规定的一项重要内容。实行房屋租赁合同登记备案一方面可以较好地防止非法出租房屋，减少纠纷，促进社会稳定；另一方面也可以有效防止国家税费流失。

1）申请

签订、变更、终止租赁合同的，房屋租赁当事人应当在租赁合同签订后 30 日内，持有关部门证明文件到市、县人民政府房地产管理部门办理登记备案手续。申请房屋租赁登记备案应当提交的证明文件包括：

① 书面租赁合同；

②《房屋所有权证书》；

③ 当事人的合法身份证件；

④ 市、县人民政府规定的其他文件。

出租共有房屋，还需提交其他共有权人同意出租的证明。出租委托代管房屋，还需提交代管人授权出租的书面证明。

2）登记备案

房屋租赁登记备案包括审查的含义。房屋租赁审查的主要内容应包括：

① 审查合同的主体是否合格，即出租人与承租人是否具备相应的条件；

② 审查租赁的客体是否允许出租，即出租的房屋是否是法律、法规允许出租的房屋；

③ 审查租赁合同的内容是否齐全、完备，如是否明确了租赁的期限、租赁的修缮责任等；

④ 审查租赁行为是否符合国家及房屋所在地人民政府规定的租赁政策；

⑤ 审查是否按有关部门规定缴纳了税费。

（6）房屋租金

房屋租金是承租人为取得一定期限内房屋的使用权而付给房屋所有权人的经济补偿。房屋租金可分为成本租金、商品租金、市场租金。成本租金是由折旧费、维修费、管理费、融资利息和税金五项组成的；商品租金是由成本租金加上保险费、地租和利润等八项因素构成的；市场租金是在商品租金的基础上，根据供求关系而形成的。其他经营性的房屋和私有房屋的租金标准则由租赁双方协商议定。

《房地产管理法》规定："以营利为目的，房屋所有权人将以划拨方式取得土地使用权的国有土地上建成的房屋出租的，应当将租金中所含土地收益上缴国家。具体办法由国务院规定。"《租赁管理办法》中规定："土地收益的上缴办法，应当按照财政部《关于国有土地使用权有偿使用征收管理的暂行办法》和《关于国有土地使用权有偿使用收入若干财政问题的暂行规定》的规定，由市、县人民政府房地产管理部门代收代缴。国务院颁布新的规定时，从其规定。"

（7）转租

房屋转租，是指房屋承租人将承租的房屋再出租的行为。《租赁管理办法》规定："承租人经出租人同意，可以依法将承租房屋转租。出租人可以从转租中获得收益。"承租人在租赁期限内，如转租所承租的房屋，在符合其他法律、法规规定的前提下，还必须征得房屋出租人的同意，在房屋出租人同意的条件下，房屋承租人可以将承租房屋的部分或全部转租给他人。房屋转租，应当订立转租合同。转租合同除符合房屋租赁合同的有关部门规定外，还必须由出租人在合同上签署同意见，或由原出租人同意转租的书面证明。转租合同也必须按照有关部门规定办理登记备案手续。转租合同的终止日期不得超过原租赁合同的终止日期，但出租人与转租双方协商一致的除外。转租合同生效后，转租人享有并承担新的合同规定的出租人的权利与义务，并且应当履行原租赁合同规定的承租人的义务，但出租人与转租双方协商一致的除外。

转租期间，原租赁合同变更、解除或者终止，转租合同也随之变更、解除或者终止。

（8）房屋租赁中的违法行为及处罚

《租赁管理办法》规定，有下列行为之一的，由市、县人民政府房地产管理部门对责任者给予行政处罚：

1）伪造、涂改《房屋租赁证》的，注销其证书，并可处以罚款；

2）不按期申报、领取房屋租赁证的，责令限期补办手续，并可处以罚款；

3）未征得出租人同意和未办理登记备案，擅自转租房屋的，其租赁行为无效，除没收其非法所得，并可处以罚款。

7.2.5 城镇房地产抵押管理

（1）房地产抵押的概念

房地产抵押是指抵押人以其合法的房地产以不转移占有的方式向抵押权人提供债务履行担保的行为。债务人不履行债务时，抵押权人有权依法以抵押的房地产拍卖所得的价款优先受偿。

抵押人是指将依法取得的房地产提供给抵押权人，作为本人或者第三人履行债务担保的公民、法人或者其他组织。抵押权人是指接受房地产抵押作为债务人履行债务担保的公民、法人或者其他组织。预购商品房贷款抵押，是指购房人在支付首期规定的房价款后，由贷款金融机构代其支付其余的购房款，将所购商品房抵押给贷款银行作为偿还贷款履行担保的行为。

在建工程抵押，是指抵押人为取得在建工程继续建造资金的贷款，以其合法方式取得的土地使用权连同在建工程的投入资产，以不转移占有的方式抵押给贷款银行作为偿还贷款履行担保的行为。

（2）作为抵押物的条件

房地产抵押的抵押物随土地使用权的取得方式不同，对抵押物要求也不同。房地产抵押中可以作为抵押物的条件包括两个基本点方面：一是依法取得的房屋所有权连同该房屋占用范围内的土地使用权同时设定抵押权。对于这类抵押，无论土地使用权来源于出让还是划拨，只要房地产权属合法，即可将房地产作为统一的抵押物同时设定抵押权。二是以单纯的土地使用权抵押的，也就是在地面上尚未建成建筑物或其他地上定着物时，以取得的土地使用权设定抵押权。对于这类抵押，设定抵押的前提条件是，要求土地必须是以出让方式取得的。

《房地产抵押管理办法》（建设部令第 98 号）规定下列房地产不得设定抵押权：

1）权属有争议的房地产；

2）用于教育、医疗、市政等公共福利事业的房地产；

3）列入文物保护的建筑物和有重要纪念意义的其他建筑物；

4）已依法公告列入拆迁范围的房地产；

5）被依法查封、扣押、监管或者以其他形式限制的房地产；

6）依法不得抵押的其他房地产。

（3）房地产抵押的一般规定

1）房地产抵押，抵押人可以将几宗房地产一并抵押，也可以将一宗房地产分割抵押。以两宗以上房地产设定同一抵押权的，视为同一抵押物，在抵押关系存续期间，其承担的共同担保义务不可分割，但抵押当事人另有约定的，从其约定。以一宗房地产分割抵押的，首次抵押后，该财产的价值大于所担保债权的余额部分可以再次抵押，但不得超出其余额部分。房地产已抵押的，再次抵押前，抵押人应将抵押事实明示拟接受抵押者。

2）以依法取得的国有土地上的房屋抵押的，该房屋占用范围内的国有土地使用权同时抵押。以出让方式取得的国有土地使用权抵押的，应当将该国有土地上的房屋同时抵押。以在建工程已完工部分抵押的，其土地使用权随之抵押。《担保法》还规定，"乡（镇）、村企业的土地使用权不得单独抵押。以乡（镇）、村企业的厂房等建筑物抵押的，其占用范围内的土地使用权同时抵押。"

3）以享受国家优惠政策购买的房地产抵押的，其抵押额以房地产权利人可以处分和收益的份额为限。

4）以集体所有制企业的房地产抵押的，必须经集体所有制企业职工（代表）大会通过，并报其上级主管机关备案。

5）以中外合资企业、合作经营企业和外商独资企业的房地产抵押的，必须经董事会通过，但企业章程另有约定的除外。

6）以股份有限公司、有限责任公司的房地产抵押的，必须经董事会或者股东大会通过，但企业章程另有约定的除外。

7）有经营期限的企业以其所有的房地产抵押的，所担保债务的履行期限不应当超过该企业的经营期限。

8）以具有土地使用年限的房地产抵押的，所担保债务的履行期限超过土地使用权出让合同规定的使用年限减去已经使用年限后的剩余年限。

9）以共有的房地产抵押的，抵押人应当事先征得其他共有人的书面同意。

10）预购商品房贷款抵押的，商品房开发项目必须符合房地产转让条件并取得商品房预售许可证。

11）以已出租的房地产抵押的，抵押人应当将租赁情况告知债权人，并将抵押情况告知承租人。原租赁合同继续有效。

12）企、事业单位法人分立或合并后，原抵押合同继续有效。其权利与义务由拥有抵押物的企业享有和承担。

抵押人死亡、依法被宣告死亡或者被宣告失踪时，其房地产合法继承人或者代管人应当继续履行原抵押合同。

13）订立抵押合同时，不得在合同中约定在债务履行期届满抵押权人尚未受清偿时，抵押物的所有权转移为抵押权人所有的内容。

（4）抵押合同

房地产抵押合同是抵押人与抵押权人为了保证债权债务的履行，明确双方权利与义务的协议。房地产抵押是担保债权债务履行的手段，是随着债权债务合同的从合同，债权债务的主合同无效，抵押这一从合同也就自然无效。法律规定房地产抵押人与抵押权人必须签订书面抵押合同。

房地产抵押合同一般应载明下列内容：

1）抵押人、抵押权人的名称或者个人姓名、住所；

2）主债权的种类、数额；

3）抵押房地产的处所、名称、状况、建筑面积、用地面积以及四至界限等；

4）抵押房地产的价值；

5）抵押房地产的占用管理人、占用管理方式、占用管理责任以及意外损毁、灭失的责任；

6）债务人履行债务的期限；

7）抵押权灭失的条件；

8）违约责任；

9）争议解决的方式；

10）抵押合同订立的时间与地点；

11）双方约定的其他事项。

抵押物须保险的，当事人应在合同中约定，并在保险合同中将抵押权人作为保险赔偿金的优先受偿人。

抵押权人需在房地产抵押后限制抵押人出租、出借或者改变抵押物用途的，应在合同中约定。

（5）抵押登记

《房地产管理法》规定房地产抵押应当签订书面抵押合同并办理抵押登记，《担保法》规定房地产抵押合同自登记之日起生效。房地产抵押未经登记的，抵押权人不能对抗第三人，对抵押物不具有优先受偿权。法律规定以城市房地产或者乡（镇）、村企业的厂房等建筑物抵押的，其登记机关由县级以上人民政府规定。由于房地产转让或者变更先申请房产变更登记后申请土地使用权变更登记是《房地产管理法》规定的法定程序，就房、地合一的房地产而言，房地产管理部门是唯一可确保未经抵押权人同意的抵押房地产不能合法转让的登记机关，因此各地普遍规定，以房、地合一的房地产抵押的，房地产管理部门为抵押登记机关；以地上无定着物的出让土地使用权抵押的，由核发土地使用权证书的土地管理部门办理抵押登记。

《房地产抵押管理办法》规定房地产当事人应在抵押合同签订后的 30 日内，持下列文件到房地产所在地的房地产管理部门办理房地产抵押登记：

1）抵押当事人的身份证明或法人资格证明；

2）抵押登记申请书；

3）抵押合同；

4）《土地使用证》、《房屋所有权证》或《房地产权证》，共有的房后还应提交《房屋共有权证》和其他共有人同意抵押的证明；

5）可以以证明抵押人有权设定抵押权的文件与证明材料；

6）可以证明抵押房地产价值的资料；

7）登记机关认为必要的其他文件。

登记机关应当对申请人的申请进行审核，审查的内容主要包括：抵押物是否符合准许进入抵押交易市场的条件；抵押物是否已经抵押，重点审查是否超值抵押；抵押人提供的房地产权利证明文件与权属档案记录内容是否相符，查对权证证号与印章的真伪等，并由审核人签字在案。

（6）抵押的效力

抵押期间，抵押人转让已办理抵押登记的房地产的，应当通知抵押权人并告知受让人转让的房地产已经抵押的情况；抵押人未通知抵押权人或者未告知受让人的，转让行为无效。转让抵押物的价款明显低于其价值的，抵押权人可以要求抵押人提供相应的担保；抵押人不提供的，不得转让抵押物。在抵押权人同意，抵押人转让抵押物时，转让所得的价款，应当向抵押权人提前清偿所担保的债权或者向与抵押权人约定的第三人提存。超过债权数额的部分，归抵押人所有，不足部分由债务人清偿。

房地产抵押关系存续期间，房地产抵押人应当维护抵押房地产的安全完好，抵押权人

163

发现抵押人的行为足以使抵押物价值减少的，有权要求抵押人停止其行为。抵押物价值减少时，抵押权人有权要求抵押人恢复抵押物的价值，或者提供与减少的价值相当的担保。抵押人对抵押物价值减少无过错的，抵押权人只能在抵押人因损害而得到的赔偿范围内要求提供担保。抵押物价值未减少的部分，仍作为债权的担保。

（7）房地产抵押的受偿

抵押合同属于经济合同，依照房地产抵押合同偿还债务是房地产抵押人的义务。房地产抵押合同一经签订，签约双方应当严格执行，债务履行期届满抵押权人未受清偿的，可以与抵押人协议折价或者以抵押物拍卖、变卖该抵押物所得的价款受偿；协议不成的，抵押权人可以向人民法院提起诉讼。

同一财产向两个以上债权人抵押的，拍卖、变卖抵押物所得的价款按照抵押物登记的先后顺序清偿。

抵押物折价或者拍卖、变卖后，其价款超过债权数额的部分归抵押人所有，不足部分由债务人清偿。抵押人未按合同规定履行偿还债务义务的，依照法律规定，房地产抵押权人有权解除抵押合同，拍卖抵押物，并用拍卖所得价款，优先得到补偿，而不使自己的权利受到侵害。

对于设定房地产抵押权的土地使用权是以划拨方式取得的，依法拍卖该房地产后，应当从拍卖所得的价款中缴纳相当于应缴纳的土地使用权出让金的款额后，抵押权人方可优先受偿。

房地产抵押合同签订后，土地上新增的房屋不属于抵押财产。需要拍卖该抵押的房地产时，可以依法将土地上新增的房屋与抵押财产一同拍卖，但对拍卖新增房屋所得，抵押权人无权优先受偿。

抵押权因抵押物灭失而消灭。因灭失所得的赔偿金，应当作为抵押财产。

7.3　小城镇房地产产权产籍管理

小城镇房地产产权产籍管理是小城镇房地产管理的主要工作之一。为了确定房屋产权的归属关系，保护产权人的合法权益，必须认真进行房屋的普查登记，审查和确认房产产权关系，发放产权证件，建立健全完整、准确的小城镇房屋产籍图表与卡片等档案资料，这是搞好小城镇房地产管理的基础，也是小城镇建设工作的基础。

其中房地产产权管理，是政府房地产管理机关依照宪法规定的原则，并区别不同房地产的性质、类别，制定有关政策法规，审查和确定产权，以保障产权人的合法权益；搜集、整理、汇总统计产权资料，为小城镇的建设和管理提供服务。而房地产产籍管理则是通过经常性的房地产测绘和房地产权的登记、变更登记，不断修正和完善产籍资料，保持产籍资料的完整、准确，有效地为产权管理工作、小城镇规划和建设提供数据资料而对产籍资料进行的综合管理。产权管理是产籍管理的基础，产籍管理则是产权管理的依据和手段。两者相互依存，相互促进。

7.3.1　房地产产权

房地产的占有方式是通过对它的权属关系，即产权的确认来实现的。

（1）房地产产权含义

产权，广义地说就是财产所有权，也称物权。一般认为包括占有、使用、收益、处分四种权利。房地产的产权即是房屋的所有权，及其占用的宅基地、院落等土地的使用权，是房屋所有权和土地使用权的一致统一。它是产权人在法律规定的范围内对其房地产行使占有、使用、收益和处分的权利。产权的取得和确认，必须经过房屋所有权人和土地使用权人（即产权人）依照政府法令规定，向房地产管理机关申请登记，并领取房地产证件后，才能得到正式的承认和受到国家法律的保护。

房地产产权具有绝对性和排他性。绝对性是指只有产权人对其拥有的房屋，以及该房屋占有的土地的使用权才享有直接的权益和充分而完整的支配性；房地产产权排他性是指当某产权人对其房地产享有所有权的同时，就排除了其他人对该宗房地产的所有权。

（2）房地产产权的发生和灭失

房地产产权既是一种经济法律关系，也是一种民事财产关系，它是通过一定的法律事实而发生和灭失的。

1）房地产产权的发生

房地产产权的发生按其取得的方式不同，可分为原始取得和继受取得两种，它们是以是否按原所有权人的所有权及其意志为依据而取得所有权来区分的。

① 产权的原始取得

凡是产权人取得其房产的所有权（含该处房屋的土地使用权）是最初的、且不是以原产权人的意志为依据的，均称为原始取得，也可称之为最初取得。房地产产权原始取得主要有：

（A）没收、征收、收购。这是国家所有权取得的特有方式。没收分两种情况：一是剥夺剥夺者，依靠革命的法律实行国有化，这是作为革命措施的没收。如建国后对帝国主义、封建主义、官僚资本主义房产的没收。二是作为法律惩罚措施的没收。如对某些犯罪分子的个人财产房屋予以没收，即无偿收归国有等。

征收是国家依法向公民和法人无偿地取得财产。如房产改造和土改中国家对祠堂、庙宇等房产的征收。

征购则是国家以有偿的方式取得所有权，如国家因生产建设的需要，有偿地取得土地及房产。在农村，常见的是土地征购。

（B）新建房屋。即通过生产活动创造出新的财产，其土地使用权通过划拨、出让、转让等方式取得。房屋建成后，按其投资、购买等方式，确认产权人。如公民用自己所有的材料建造住宅，他就是该房产的所有人。

（C）无主房地产。即所有（使用）权人不明，或没有产权人的房屋，依法收归国家或集体组织所有。

② 产权的继受取得

根据法律或合同规定，继受人从原产权人处取得房产的所有权和土地使用权，称为继受取得。继受取得必须确定有关所有权（使用权）转移的表意人、代理手续、代理行为等方面有无缺陷。常见的房地产继受取得主要有：

（A）买卖。指通过买卖合同关系进行财产所有权的转移。通过买卖，买受人就从出卖人那里取得了买卖标的物的所有权。如某公民向国家或他人买了一套住房，则该公民便取得了该住房的所有权。

（B）继承。在所有人死亡后，其遗产（房地产）由其合法继承人继承。合法继承人通过继承而取得对该项遗产的所有权。

（C）受赠。即公民或法人通过接受遗赠或赠与而取得对受赠财产的所有权。如某公民将两间房屋捐献给某学校，则该校就取得这两间房屋的所有权。

应当指出，法律对于房地产产权的取得、变更和丧失规定了登记制度。因此，无论通过何种合法方式取得房产的所有权，都必须履行所有权的登记手续。

2）房地产产权的灭失

房地产产权的灭失，是指产权人失去了他对房产的所有权及其相应的土地使用权。产权灭失可分为：

① 产权客体的灭失。房地产产权客体灭失是由于房地产法律关系客体的灭失而引起的。主要是指由于所有人对其房屋进行事实的处分（如房屋的拆除）、自然灾害（如地震、火灾、水灾等）或第三者的过错而导致作为所有权客体的灭失，即房屋本身的灭失。

② 产权转移。即某一特定产权人失去了房地产产权，但其他人仍可取得其产权，如房地产通过买卖、受赠、交换等方式将房地产产权转移给他人。原产权人的所有权即归灭失，其土地使用权也随之转移给他人。

③ 产权抛弃。房屋所有权和土地使用权人由于各种原因放弃了自己的房地产的所有权，形成的产权（如无主房地产）灭失既属于产权抛弃。当产权人自愿抛弃某宗财产，法律是允许的，但前提是不能给他人和社会利益带来损害。

④ 产权因强制手段被消灭。产权因强制手段而被消灭，其情况通常有两种，即行政命令和法院判决，当国家以强制手段依法将产权人的房产征用、征购、拆迁、收归国有，或法院依法判决没收产权人的房产等，都使原产权人对其房地产的权利随之灭失。

⑤ 产权主体的灭失。指自然产权人死亡和法人解散，他们对房地产的产权也就随之灭失。自然人产权人死亡后，其财产由继承人继承或受遗赠人接受遗赠；法人解散后，其财产的归属问题，按法人的章程和有关法令的规定处理。

在以上几种产权的灭失原因中，第一种情况，即所有权客体的消灭，将导致在物之上的所有权永远不复存在，因此称为产权的绝对灭失。在后几种情况下，物的原所有权发生消灭，但在物上又产生了新的所有权，新的产权人取代了旧的产权人，产权仍然存在。这种情况，称为产权的相对灭失。

（3）房地产产权种类

房地产产权的种类，是按照所有制的不同来划分产权的类别。由于我国城市土地实行国有，土地所有权属于国家，农村土地所有权属于集体。因此，房地产产权只能按照房产的所有权来确定，主要有以下几类：

1）国有房产

国有房产即全民所有制房产，是国家财产的重要组成部分、国家按照统一领导、分级管理的原则，授权国家机关、人民团体、企事业单位和部队分别管理国有房产。这些单位在国家授权范围内，对国有房产行使占有、使用、收益和处分的权利，同时负有保护国有房产不受损失的义务。被授权单位转移和处置房产时，必须经上级主管机关同意，并经当地房产管理机关审查批准。

实际上，国家的财产和这些机关、团体、企事业单位的财产是整体和局部的关系，国家的财产正是由无数个这样的单位的财产所组成。

2）集体所有房产

集体所有房产，是指劳动群众集体组织所有的房产。集体所有房产的产权来源主要是这些集体单位投资建造或购置的，集体组织依法对其行使占有、使用、收益和处分的权利。当转移或处置房地产时，应到政府所在的房地产管理部门备案及办理有关房地产变动手续。集体所有房产所有权的主体是各个具有法人资格的集体组织，集体组织的某个成员或部分成员则不是集体所有权的主体。

3）私有房产

私有房产是指公民个人所有的房产。这类房产包括私人住宅，私人出租的房屋，华侨、侨眷、归侨、外侨的房屋，以及国家或企业出售给个人的住宅和补贴出售的住宅。私有房产的产权人对房产权依法享有占有、使用、收益和处分的权利。当转让和买卖房产时，应到政府所在的房地产管理部门备案及办理有关房地产变更手续。

4）宗教团体所有房产

宗教团体所有房产是一种特殊形式的公有房产。任何组织和个人不得随意侵占和破坏宗教团体的合法财产。宗教团体对于依法属于其所有的房屋，享有占有、使用、收益和处分的权利。

5）外产和中外合资产

外产是指外国政府、企业、团体、国际性机构及外国侨民在我国境内所有的房产。如外国使馆的房屋、外资企业房产及外国人的私有房屋等。

中外合资产是指我国企业或其他经济组织与境外企业、个人或外国政府等合资建造、购置或作价入股的房产。中外合资产是伴随中外合资企业的出现而产生的一种房产所有制形式，其产权归合资企业所有。

6）国营集体合营房产

国营集体合营是联营经济的一种。联营经济是指不同所有制的企业或其他经济组织之间投资组成的新的法人经济类型。国营集体合营企业的房产所有权属于这一新的法人所有。

7）股份制企业房产

股份制经济是指全部注册资本由全体股东出资，所有股东只是对其所认购的股份或出资额对企业负责的经济形式。股东按其持有股份的类别和份额享有权利，承担义务。虽然股份是股东权利、义务的来源，但不等于股东就是股份制企业房产的所有权人。公司一旦解散或破产，不是将公司的房产分割给股东，而是采用类似债权的办法将剩余财产变价后分别偿还。股份并不是一种所有权关系。股份制企业的房产所有权的权利主体应是企业，而不是股东，因而，也不存在"股份所有权"。

（4）房地产产权的保护

房地产产权的保护，是指国家通过司法和行政的程序保障房产所有人依法对其房屋行使占有、使用、收益和处分权利的制度。

对房屋所有权的保护而言，从民法角度来看，主要有下列五种保护方法：

1）确认产权

确认产权是指当房屋所有权的归属在事实上发生争议、处于不确定状态时，当事人有权向人民法院提起诉讼，请求解决房屋归属的争议，确认所有权。这是保护房屋所有权的重要方法，是采取其他保护方法的前提。

2）返还原物

房屋所有人在其房屋被他人不法占有时，有权向人民法院提起诉讼，请求法院依法强令不法占有人返还房屋。房屋所有人采取返还原物请求的条件必须是：

①原房依然存在；

②该房被不法占有；

③房屋所有人无法享有和行使所有权。

3）恢复原状

恢复原状是指房屋所有人的房屋被他人非法侵害而遭到损坏，但仍有恢复的可能，则所有人有权要求加害人恢复房屋的原来状态。

4）排除妨害

所有人对其房屋虽未丧失占有，但是由于他人的不法行为，妨碍其行使房屋的所有权，所有人有权请求人民法院责令他人排除妨害。如在他人房屋门前堆放垃圾或有毒物品，请求邻居对其可能倒塌的建筑物予以拆除等。

5）赔偿损失

所有人的房屋因他人的过错和不法行为而造成毁坏或灭失时，在无法返还原物和恢复原状的情况下，房屋所有人可以向人民法院提起诉讼，要求加害人赔偿损失。

上述五种方法可以同时采用，也可以只适用其中的一种，以切实保护房产的所有权，并根据不同情节对不法行为分别给予民事制裁、行政制裁，以至刑事制裁。

7.3.2　小城镇房地产产权登记

产权登记即是指房屋所有权登记，包括房产所有权登记和房产的他项权利登记。

房地产产权登记是土地使用权登记发证和房屋所有权登记发证制度的总称，是依法确认房屋所有权的法定手续。是房地产行政管理的重要的基础性工作。房屋所有权登记是指房地产行政主管部门代表政府对房屋所有权以及由上述权利产生的抵押权、典权等房屋他项权利进行登记，并依法确认房屋产权归同关系的行为。它包括对确认房地产权属关系所必须依据的房地产证明文件、资料而进行的综合性管理，即权属档案管理。只有通过房屋所有权登记，才能对各类房屋产权实施有效的管理。

（1）房地产产权登记的种类

房地产产权登记，属于权属登记，按照登记的原因的不同分类，我国目前分为总登记、土地使用权初始登记、房屋所有权初始登记、转移登记、变更登记、他项权利登记、注销登记七种。

1）总登记

是在一定行政区域和一定时间内进行的房屋权属登记。进行总登记是因为没有建立完整的产籍或原有的产籍因其他原因造成产籍散失、混乱，必须全面清理房屋产权、整理产籍，建立新的产权管理秩序。也叫"第一次登记"。这种登记是对房屋进行的静态态势记录，故又称静态登记。总登记是编制和整理产权、产籍资料的一个程序，也是一个主要手段。通过总登记编制成的房地产地籍图、档案、卡片、簿册，是全部房屋产权、产籍管理的基础资料。因此，总登记是房屋所有权登记中最基本的一项登记。

2）土地使用权初始登记

以出让或划拨方式取得土地使用权的，权利人应申请办理土地使用权初始登记。土地使用权初始登记，申请人应提交批准用地或土地使用合同等证明文件。

3）房屋所有权初始登记

初始登记是指新建房屋申请人，或原有但未进行过登记的房屋申请人原始取得所有权而进行的登记。在依法取得的房地产开发用地上新建成的房屋和集体土地转化为国有土地上的房屋，权利人应当自事实发生之日起30日内向登记机关申请办理房屋所有权初始登记。在开发用地上新建成的房屋登记，权利人应向登记机关提交建设用地规划许可证、建设工程规划许可证及土地使用权证书等证明文件；集体土地转化为国有土地上的房屋，权利人应向登记机关提交用地证明等有关文件。房地产开发公司出售商品房应在销售前到登记机关办理备案登记手续。

4）转移登记

转移登记是指房屋因买卖、赠与、交换、继承、划拨、转让、分割、合并、裁决等原因致使其权属发生转移而进行的登记，权利人应当自事实发生之日起90日内申请转移登记。申请转移登记，权利人应提交原房地产权属证书以及与房地产转移相关的合同、协议、证明等文件。

5）变更登记

变更登记是指房地产权利人因法定名称改变，或是房屋状况发生变化而进行的登记。如权利人法定名称变更或者房地产现状、用途变更、房屋门牌号码的改变、路名的更改、房屋的翻建、改建或添建而使房屋面积增加或减少、部分房屋拆除时，房地产权利人均应自事实发生之日起30天内申请变更登记，由房地产权利人提交房地产权属证书以及相关的证明文件办理。

6）他项权利登记

他项权利是指设定抵押、典权等他项权利而进行的登记。申请他项权利登记，权利人应提交的证明文件有：

① 以地上无房屋（包括建筑物、构筑物及在建工程）的国有土地作为抵押物的，应提交国有土地使用权证，土地使用权出让、抵押合同及相关协议和证明文件；

② 以房屋及其占用土地作为抵押物的，除应提交前款所列证明文件外，还应提交房屋权属证书。

7）注销登记

注销登记是指房屋权利因房屋或土地灭失、土地使用年限届满、他项权利终止、权利主体灭失等而进行的登记。以下几种情况均应申请注销登记：

① 房屋灭失，所有权的要素之一客体灭失，房屋所有权不复存在。

② 土地使用权年限届满，房屋所有权人未按城市房地产管理法的规定申请续期，或虽申请续期而未获批准的，土地使用权由国家无偿收回。按房屋所有权和该房屋占用范围内土地使用权权利主体一致的原则，原所有人的房屋所有权也不复存在。

③ 他项权利终止：抵押权是因主债权的消灭，如债的履行以及房屋灭失或抵押权的行使而使抵押权归于消灭。典权是因典期已满、出典人回赎或转典为卖，以及房屋灭失而

169

使典权归于消灭。

房地产权利丧失时、原权利人应申请注销登记。申请注销登记，申请人应提交房地产权属证书、相关的合同、协议文件。无权利承受人或不能确定承受人的，由登记机关代为注销登记。

（2）房地产产权登记程序

房屋权属登记按受理登记申请、权属审核、公告、核准登记并颁发房屋权属证书等程序进行。

1）受理登记申请

受理登记申请是申请人向房屋所在地的登记机关提出书面申请，填写统一的登记申请表，提交有关证件。如其手续完备，登记机关则受理登记。房屋所有权登记申请必须由房屋所有权人提出，房屋他项权利登记应由房屋所有人和他项权利人共同申请。

申请人申请权属时应填写登记申请表时，权利人必须使用法定名称，权利人为法人或其他组织的，应由其法定代表人申请，权利人为自然人的，应使用与其身份证件相一致的姓名。对委托代理申请登记的，应收取委托书并查验代理人的身份证件。不能由其他人持申请人的身份证件申请登记。

登记机关自受理登记申请之日起 7 日内应当决定是否予以登记，对暂缓登记、不予登记的，应当书面通知权利人（申请人）。

2）权属审核

权属审核是房地产权属登记机关对受理的申请进行权属审核。主要是审核查阅产籍资料、申请人提交的各种证件，核实房屋现状即权属来源等。权属审核一般采用"三审定案"的方法。即采用初审、复审和审批的方法。

① 初审。是对申请人提交的证件、证明以及墙界情况、房屋状况等进行核实。并初步确定权利人主张产权的依据是否充分、是否合法，初审工作要到现场查勘，并着重对申请事项的真实性负责。

现场勘丈：现场勘丈和房地产测绘不同，除了对房屋坐落位置、面积进行核实外，要核对权属经界、核对墙界情况，对邻户的证明，也要予以核定，其中包括签字、印章的真实性。对有租户或属共有的房产，如果属于房屋买卖以后的转移登记，还要查核有无优先购买权问题。

② 复审。是权属审查中的重要环节，复审人员一般不到现场调查，但要依据初审中已确定的事实，按照法律、法规及有关规定，并充分利用登记机关现存的各项资料及测绘图件，反复核对，以确保权属审核的准确性。复审人员应对登记件负责全面审查，着重对登记所适用的法律、法规负责。

③ 审批。

3）公告

公告是对可能有产权异议的申请，采用布告、报纸等形式公开征询异议，以便确认产权。公告并不是房屋权属登记的必经程序，登记机关认为有必要进行时进行公告。

但房屋权属证书遗失的，权利人应当及时登报声明作废，并向登记机关申请补发，登记机关应当作出补发公告，经 6 个月无异议的方可予以补发房屋权属证书。

4）核准登记、颁发房屋权属证书

① 核准登记。经初审、复审、公告后的登记件，应进行终审，经终审批准后，该项登记即告成立，终审批准之日即是核准登记之日。

终审一般由直接负责权属登记工作的机构如产权管理处的领导或领导指定的专人进行。终审是最后的审查，终审人员应对登记的全过程负责，对有疑问的问题，应及时向有关人员指出，对复杂的问题，也可采用会审的办法，以确保确权无误。

② 权属证书的制作。经终审核准登记的权利，可以制作权属证书。

填写房屋权属证书应当按建设部关于制作颁发全国统一房屋权属证书的通知的规定来填写。无论是使用计算机缮证或是手工缮证，在缮证后都要由专人进行核对，核对各应填写项目是否完整、准确，附图与登记是否一致，相关的房屋所有权证、房屋他项权证和共有权保持证的记载是否完全一致。核对人员要在审批表核对人栏内签字以示负责。核对无误的权属证书就可编造清册，并在权属证书上加盖填发单位印章。

③ 权属证书的颁发。向权利人核发权属证书是权属登记程序的最后一项。

（A）通知权利人领取权属证书。

（B）收取登记费用。登记费用一般包括登记费、勘丈费和权证工本费。

（C）发证。房屋权属证书应当发给权利人或权利人所委托的代理人。房屋他项权登记时房屋所有权证应发还给房屋所有权人，他项权证应发给他项权利人。发证完毕后，将收回的收件收据及全部登记文件及时整理，装入资料袋，及时办理移交手续，交由产籍部门管理。

171

7.3.3 小城镇房地产产籍管理

产籍是房地产地籍的简称。籍是书册、登记簿籍。产籍则是通过房地产登记形成的各种档案资料的总称。房地产产籍是集房屋与土地要素于一起的新的工作项目或学科，是房地产产权产籍管理的基础。

小城镇房地产产籍是对在房地产登记过程中产生的各种图表、证件等登记资料，经过整理加工、分类而形成的图、档、卡、册等资料的总称，是房地产产权情况的真实记录。产籍资料是审查和确认产权的重要依据。

（1）房地产产籍的基本内容

产籍主要由图、档、卡、册组成。它是通过图形、文字记载、原始证件等记录，反映房屋产权状况及其使用国有土地的情况。

1）图

图指房地产地籍平面图。它一般反映各类房屋及用地的关系位置、产权经界、房屋结构、面积、层数、使用土地范围、街道门牌等。它包括下列图种：

① 房地产分幅平面图。它是以城市坐标系统为基础，绘制房地产要素的1/500的平面图。

② 分户分丘平面图。简称分丘图，是以产权人为单位测绘的1/500或1/200的平面图。

③ 分层分户平面图。当一幢房屋有多个产权人的情况，按每个产权人为单位绘制的房屋平面。

分幅平面图，主要是工作用图，分丘、分户平面图，如作为权证附图贴在产权证上，便是具有法律效力的产权图。

2）档

这里所指的"档"，即房地产档案。它是通过房屋产权登记，办理所有权转移、变更登记等把各种产权证件、证明，各种文件、历史资料等收集起来，用科学的方法加以整理、分类装订而成的卷册。

房地产档案主要记录、反映产权人及房屋、用地状况的演变。它包括产权登记的各种申请表、墙界表、调查材料、原始文字记载、原有契证等，它反映房产权利及房地演变的过程和纠纷处理结果及其过程。房地产档案是审查、确认产权的重要依据。

3）卡

将产权申请书中产权人情况、房屋状况、使用土地状况及其来源等情况，扼要摘录而制成的卡片，称为房地产卡片。它是按丘号（地号）顺序，以一处房屋中的一幢房屋为单位填制一张卡片的形式建卡。房地产卡片的作用是为了查阅房地产的基本情况，以及对各类房屋进行分类统计使用。

4）册

即房地产登记簿册。它是根据产权登记的成果和分类管理的要求，按丘号顺序，以一处房屋为单位分行填制、装订成册，它包括登记收件簿、发证记录簿、房屋总册。房地产登记簿册的作用是用来掌握房屋基本状况和变动情况，是房地产产权管理的基础资料。由上述内容可知，图、档、卡、册的内容应该是一致的，它们应同时变更、注记，因此也可以互相校正。

（2）房地产产籍管理的任务和作用

1）房地产产籍管理的任务

产权产籍管理的任务主要有下列四个方面：

① 贯彻执行国家有关房地产的法规和政策；

② 办理产权申请登记，审查确认各类房地产产权；

③ 掌握房屋所有权、土地使用权占有的状况和变更情况，办理变更登记手续；

④ 建立。健全房地产地籍资料档案。根据权属变更做好产籍资料的增、灭籍和变更注记，保持产权资料的准确。为产权管理，房地产交易、仲裁，城市规划、改造和建设提供统计资料和证明材料。

2）产籍管理的作用

产籍管理的作用如下：

① 它是产权管理的基础。审查产权，首先要查清产籍资料（即图、档、卡、册中对产权人、产权经界、来源、历史等基本情况），然后和申请人的申述及现状进行比较，才能正确确认产权。可以说没有产籍便无从谈产权管理。

② 为房地产业发展提供必要的基础资料。如房地产的买卖、交易、抵押、典当等的进行，必须要根据产籍资料核实其产权。

③ 为处理房地产民事纠纷，开展房地产仲裁、审判提供依据。

④ 为制订国民经济计划，特别是城镇规划、改造旧城镇、进行住房制度改革等提供基础资料。

8 城镇建设项目的可行性评估

小城镇建设项目可行性评估与小城镇规划建设管理有密切关系。

小城镇建设项目除其本身建设项目外，也包括国家、省、市、自治区发改委批准设在小城镇的建设项目。因而与城镇建设项目的可行性评估有许多共同之处，熟悉城镇建设项目的可行性评估，可更多了解小城镇建设项目可行性评估。

8.1 建设工程立项与报建

8.1.1 项目建议书的编制和审批

8.1.1.1 项目建议书的目的和作用

项目建议书是要求建设（或选择）某一具体项目的建议性文件，也是基本建设程序中最初阶段的一个初始文件，它是投资决策前对拟建项目的轮廓设想，对建设项目的全过程和各个方面都有很大影响，是整个项目发展周期中的一个重要环节。

国家规定，所有项目都必须有项目建议书阶段。项目建议书批准后，才可进行可行性研究工作。项目建议书不是项目是否决定建设的最终文件，而是提出项目建设的重要建议性文件，项目建议书的目的在于：

（1）为了加强项目前期工作，使项目论证工作更扎实、更可靠，把项目建设的主要方面和重大问题搞得更准确，为项目决策的合理性、科学性提供重要的基础条件；

（2）为了使基建计划和管理部门能有时间更好地进行综合平衡，协调各地区、各行业间项目的衔接和配套建设；

（3）为了充分研究和规划协调项目的同步配套建设，从整体上提高投资效益，加快建设步伐。

项目建议书的主要作用是：

（1）对拟建项目的初步说明；

（2）论述建设的必要性、条件的可行性和获利的可能性；

（3）供基建、计划和管理部门选择并确定是否进行下一步的项目可行性研究工作。

8.1.1.2 项目建议书的内容

项目建议书主要包括以下几个方面的内容：

（1）建设项目提出的必要性和依据

说明项目建设的主要理由和建设的必要性；项目提出的主要依据文件（如国家的产业政策、国民经济的行业发展规划、地区发展规划、生产力布局规划以及国家其他有关文件的规定等）。对引进技术和进口设备的，还要说明国内外技术差距、概况以

173

及进口理由。在论述必要性和依据时，还要着重说明产品市场的调查和初步预测情况。

（2）产品方案、拟建规模和建设地点的初步设想。说明项目的主要产品品种、规格、产量，项目建设后的全部生产能力，项目建设初步选定的地区。

（3）资源情况、建设条件、协作关系和引进国别、厂商的初步分析。主要说明原料、燃料、供电、供水、运输、环保、公共辅助设施等基本情况，协作关系及初步签订的有关协议。对需要引进技术和进口设备的，要说明拟引进技术和进口设备的国别和厂商的技术水平、设备特点以及有关的研究分析材料。

（4）投资估算和资金筹措设想。主要说明项目建设所需投资总额，以及项目内主要工程所需投资的估算。资金筹措是影响今后项目建设的重要因素，筹措办法必须切实可行，要分别列出各种资金来源的渠道及数额。

（5）项目的进度安排。主要说明项目内外部的条件要求，项目建设拟安排的进度和竣工时间。

（6）经济效益和社会效益的初步分析。主要说明项目投资的回收情况和时间，项目为国家和所在地区产生的作用，以及项目本身的内部收益率、投资利润率和投资的利税率等。

8.1.1.3 项目建议书的编制和审批

项目建议书由部门、地区、企业根据国民经济和社会发展的长远规划、行业规划、地区规划、城镇规划等要求，经过调查、预测、分析后编制。

按照建设总规模和限额的划分：

（1）属于大中型和限额以上的项目建议书，由各省、市、自治区及计划单列市发改委、国务院各部门（总公司）或计划单列企业集团负责提出；

（2）对于中央与地方合资建设的重大项目（如石油化工、港口、电站等），其项目建议书由中央有关部门（总公司）与项目所在省市区联合组织编制、审议并提出；

（3）小型或限额以下项目建议书的编制，由中央各部门（总公司）、省、市、自治区及计划单列市的项目提出单位负责编制。

项目建议书按要求编制完成后，应按照建设总规模和限额划分的审批权限报批。项目建议书的审批程序、审批内容和审批单位的具体规定如表 8-1 所示：

项目建议书审批程序与审批单位　　　　　　　　　　　　表 8-1

项目的性质	审批程序	审批内容	审批单位	备　注
大中型或限额以上的项目	初审	资金来源、建设布局、资源合理利用、经济合理性、技术政策	行业主管部门	
	终审	建设总规模、生产力布局、资源优化配置、资金供应可能、外商协作条件等，进行综合平衡	国家发改委	（1）对于重大项目还要委托有资格的工作咨询单位评估后审批； （2）超过 2 亿元的经国家发改委审批后由国务院审批

项目的性质		审批程序	审批内容	审批单位	备　注
小型或限额以下的项目	一般情况	终审	中央各部门（公司）各省、自治区、市及计划列单市发改委		（3）对国家需要加强控制、问题较严重的少数产品的固定资产投资项目，除按规模和限额分级审批外，还要按照国家产业政策和建设、改造、规模相结合的审批办法进行管理，凡列入目录的产品，不论其规模大小、投资多少、资金来源，一律由省、自治区、市和计划单列市发改委，按现行审批基本建设、技术改造项目的分工，报经国家行业归口部门按国家产业政策和国家批准的固定资产投资规模核准后，再按现行审批程序审批
	1000万元以上	审批	省发改委	
	1000万元以下	审批	各专区、市发改委	
	300万元以上	审批	市发改委	
	300万元以下	审批	各区、局（公司）	

8.1.2　建设项目的可行性研究

可行性研究是建设项目在规划阶段与建设前期，对拟投资的项目所进行的全面的综合性技术经济分析和论证研究工作，也就是建设项目在投资前的决策研究，为拟建项目提供能否建设及如何建设的依据。同时，可行性研究也是工程项目以最小的消耗取得最佳经济效益的有效手段，是工程建设中按客观经济规律办事的重要形式。

具体地讲，就是在工程项目投资决策前，对与项目有关的社会、经济和技术等方面情况进行深入细致的研究；对拟定的各种可能建设方案或技术方案进行认真的技术经济分析、比较和论证；对项目的经济、社会、环境效益进行科学的预测和评价。在此基础上，综合研究建设项目的技术先进性和适用性、经济合理性以及建设的可能性和可行性，由此确定该项目是否应该投资和如何投资等结论性意见，为决策部门最终决策提供可靠的、科学的依据，并作为开展下一步工作的基础。

8.1.2.1　可行性研究的目的和作用

（1）可行性研究目的

可行性研究，一是对新建或改建工程项目的主要问题，从技术的先进性和经济的有效性进行全面、系统的研究分析；二是对投产后的经济效果进行预测，以判断该项目是否可行。

可行性研究的根本目的是实现项目决策的科学化、民主化，减少或避免投资决策的失误，提高项目开发建设的经济、社会和环境效益。

（2）可行性研究的作用

1）是项目投资决策的依据。一个开发建设项目，特别是大中型项目，花费的人力、物力、财力很多，不是只凭经验或感觉就能确定的，而是要通过投资决策前的可行性研究，明确该项目的建设地址、规模、建设内容与方案等是否可行、项目的产品有无销路、有无竞争能力、投资效果如何等，从而得出这项工程应不应该建或建设时应按哪种方案会取得最佳的效果，作为开发建设项目投资决策的依据。

2）是筹集建设资金的依据。银行等金融机构都把可行性研究报告作为建设项目申请贷款的先决条件。他们对可行性研究报告进行全面、细致的分析评估后，才能确定是否给予贷款。

175

3）是开发商与有关各部门签订协议、合同的依据。项目所需的建筑材料、协作条件以及供电、供水、供热、通信、交通等很多方面，都需要与有关部门协作。这些供应的协议、合同都需根据可行性研究报告进行商谈。有关技术引进和设备进口必须在可行性研究报告审查批准后，才能据以同国外厂商正式签约。

4）是编制下一阶段规划设计方案的依据。在可行性研究报告中，对项目的规模、地址、建筑设计方案构想、主要设备选型、单项工程结构形式、配套设施和公用辅助设施的种类、建设速度等都进行了分析和论证，确定了原则，推荐了建设方案。可行性研究报告批准后，规划设计工作就可据此进行。

5）作为企业组织管理、机构设置、职工培训等工作安排的依据。

6）作为环保部门审查项目对环境影响的依据。

7）作为国家各级计划部门编制固定资产投资计划的依据。

8.1.2.2 可行性研究的依据和步骤

（1）可行性研究的依据

1）国家和地区经济建设的方针、政策和长远规划；

2）批准的项目建议书和同等效力的文件；

3）国家批准的城市总体规划、详细规划、交通等市政基础设施规划等；

4）自然、地理、气象、水文地质、经济、社会等基础资料；

5）有关工程技术方面的标准、规范、指标、要求等资料；

6）国家所规定的经济参数和指标；

7）项目备选方案的土地利用条件、规划设计条件以及备选规划设计方案等。

（2）可行性研究的步骤

1）接受委托确定目标。

在项目建议被批准之后，可委托咨询评估公司对拟开发项目进行可行性研究。双方签订合同协议，明确规定可行性研究的工作范围、目标意图、进度安排、费用支付办法及协作方式等内容；承担单位接受委托时，应获得项目建议书和有关项目背景介绍资料，搞清楚委托者的目的和要求，明确研究内容，制定计划，并收集有关的基础资料、指标、规范、标准等基本数据。

2）调查研究。主要从市场调查和资源调查两方面进行。市场调查应查明和预测市场的供给和需求量、价格、竞争能力等，以便确定项目的经济规模和项目构成。资源调查包括建设地点调查、开发项目用地现状、交通运输条件、外围基础设施、环境保护水文地质、气象等方面的调查，为下一步规划方案设计、技术经济分析提供准确的资料。

3）方案选择和优化。根据项目建议书的要求，结合市场和资源调查，在收集到的资料和数据的基础上，建立若干可供选择的开发方案，进行反复的方案论证和比较，会同委托部门明确方案选择的重大原则问题和优选标准，采用技术经济分析的方法，评选出合理的方案。研究论证项目在技术上的可行性，进一步确定项目规模、构成、开发进度。

4）财务评价和国民经济评价。对经上述分析后所确定的最佳方案，在估算项目投资、成本、价格、收入等基础上，对方案进行详细财务评价和国民经济评价。研究论证项目在经济上的合理性和盈利能力。进一步提出资金筹措建议和项目实施总进度计划。

上述3）、4）项，包括列出可能的技术方案、技术先进性分析、经济效益分析和在经济评价的基础上，同时考虑非经济因素的综合评价。

5）编制可行性研究报告。经过上述分析与评价，即可编制详细的可行性研究报告，推荐一个以上的可行方案和实施计划，提出结论性意见、措施和建议，供决策者作为决策依据。

可行性研究的工作程序流程如图 8-1 所示。

8.1.2.3 可行性研究报告的编制

（1）可行性研究报告的基本构成

在正式编写前，先要筹划一下可行性研究报告应包括的内容。一般来说，一份正式的可行性研究报告应包括封面、摘要、目录、正文、附表和附图六个部分。

1）封面：要能反映评估项目的名称、为谁所作、谁作的评估以及可行性研究报告写作的时间。

2）摘要：用简洁的语言，介绍被评估项目所处地区的市场情况、项目本身的情况和特点、评估的结论。摘要的读者对象是没有时间看详细报告但又对项目的决策起决定性作用的人，所以摘要的文字要字斟句酌，言必达意，绝对不能有废词冗句，字数以不超过 1000 字为宜。

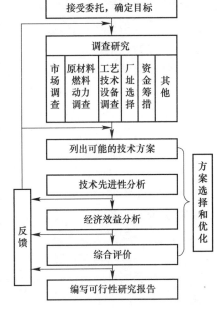

图 8-1

3）目标：如果可行性研究报告较长，最好要有目录，以使读者能方便地了解可行性研究报告所包括的具体内容及前后关系，使之能根据自己的兴趣快速地找到其所要阅读的部分。

4）正文：这是可行性研究报告的主体，一般要按照逻辑的顺序，从总体到细节循序进行。要注意的是，报告的正文也不要太繁琐。报告的厚度并非取得信誉的最好方法，最重要的是尽可能简明地回答未来读者所关心的问题。对于一般的可行性研究报告，通常包括的具体内容有：项目总说明、项目概况、投资环境研究、市场研究、项目地理环境和附近地区竞争性发展项目、规划方案及建设条件、建设方式与进度安排、投资估算及资金筹措、项目评估基础数据的预测和选定、项目经济效益评价、风险分析和项目评估的结论与建议等十二个方面。项目可行性研究报告如用于向国家计划管理部门办理立项报批手续，还应包括环境分析、能源消耗及节能措施、项目公司组织机构等方面的内容。因此，报告的正文中应包括些什么内容，要视评估的目的和未来读者所关心的问题来具体确定，没有固定不变的模式。

5）附表：附表是对于正文中不便于插入的较大型表格，为了使读者便于阅读，通常将其按顺序编号附于正文之后。附表按照在评估报告中的顺序，一般包括：项目工程进度计划表、项目投资估算表、投资计划和资金筹措表、项目销售计划表、项目销售收入测算表、营业成本预测表、营业利润测算表、财务现金流量表（全部投资）、财务现金流量表（自有资金）、资金来源与运用表、贷款还本付息估算表和敏感性分析表。当然，有时在投资环境分析、市场研究、投资估算等部分的表格也可以附表的形式出现在报告中。

6）附图：为了辅助文字说明，使读者很快建立起空间的概念，通常要有一些附图。这些附图一般包括：项目位置示意图、项目规划用地红线图、建筑设计方案平面图、项目

177

所在城市总体规划示意图和与项目性质相关的土地利用规划示意图、项目用地附近的土地利用现状图和项目用地附近竞争性项目分布示意图等。有时附图中还会包括评估报告中的一些数据分析图如直方图、饼图、曲线图等。

当然，有时报告还应包括一些附件，如土地使用权证、建设用地规划许可证、施工许可证、销售许可证、规划设计方案审定通知书、建筑设计方案平面图、公司营业执照、经营许可证等。这些附件通常由开发商或委托评估方准备，与评估报告一同送有关读者。

(2) 可行性研究报告的正文编写

编写可行性研究报告正文，一般按照以下几个方面：

1) 项目总说明

在项目总说明中，应着重就项目背景、项目主办者或参与者、项目评估的目的、项目评估报告编制的依据及有关说明等向读者予以介绍。

2) 项目概况

在这一部分内容中，应重点介绍项目的合作方式和性质、项目所处的地址、项目拟建规模和标准、项目所需市政配套设施的情况及获得市政建设条件的可能性、项目建成后的服务对象。

3) 投资环境研究

主要包括当地总体社会经济情况、城市基础设施状况、土地使用制度、当地政府的金融和税收等方面的政策、政府鼓励投资的领域等。

4) 市场研究

按照所评估项目的特点，分别就当地与所评估项目相关的市场等进行分析研究。市场研究的关键是占有大量的第一手市场信息资料，通过列举市场交易实例，令读者信服你对市场价格、供求关系、发展趋势等方面的理解。

5) 项目地理环境和附近地区竞争性发展项目

这一部分主要应就项目所处的地理环境（邻里关系）、项目用地的现状（熟地还是生地、需要哪些前期土地开发工作）和项目附近地区近期开工建设或筹备过程中的竞争性发展项目。竞争性发展项目的介绍十分重要，它能帮助开发商做到知己知彼，正确地为自己所开发的项目进行市场定位。

6) 规划方案及建设条件

主要介绍开发项目的规划建设方案和建设过程中市政建设条件（水、电、路等）是否满足工程建设的需要。在介绍规划建设方案的过程中，可行性研究报告撰写者最好能根据所掌握的市场情况，就项目的规模、项目拟发展的档次、建筑物的装修标准和功能面积分配等提出建议。

7) 建设方式及进度安排

项目的建设方式是指建设工程的发包方式，发包方式的差异往往会带来工程质量、工期、成本等方面的差异，因此这里有必要就建设工程的承发包方式提出建议。这一部分中还应就建设进度安排、物料供应（主要建筑材料的需要量）作出估计或估算，以便为投资估算做好准备。

8) 投资估算及资金筹措

这一部分的主要任务是就项目的总投资进行估算，并按项目进度安排情况作出投资分年度使用计划和资金筹措计划。项目总投资的估算，应包括项目投资概况、估算依据、估算范围和估算结果，一般投资估算结果汇总中应包括土地费用、前期工程费用（含专业费用）、房屋开发费用、开发间接费、管理费、销售费用、财务费用和不可预见费。投资分年度使用计划实际是项目财务评估过程中有关现金流入的主要部分，应该分别就开发建设投资（又称固定资产投资）和建设投资利息分别列出。资金筹措计划主要是就项目投资的资金来源进行分析，包括自有资金（股本金）、贷款和预售收入三个部分。应该特别指出的是，当资金来源中包括预售收入时，还要和后面的销售收入计划配合考虑。

9）项目评估基础数据的预测和选定

这一部分通常包括销售收入测算，成本及税金和利润分配三个部分。要测算销售收入，首先要根据项目设计情况确定按功能分类的可销售或出租面积的数量；再依据市场研究结果，确定项目各部分功能面积的租金或售价水平；然后再根据工程建设进度安排和开发商的市场销售策略，确定项目分期或分年度的销售或出租面积及收款计划；最后汇总出分年度的销售收入。成本和税金部分，一是要对项目的开发建设成本、流动资金、销售费用和投入运营后的经营成本进行估算；二是对项目需要交纳的税项种类及其征收方式和时间、税率等作出说明，以便为后面的现金流分析提供基础数据。利润分配主要反映项目的获利能力和可分配利润的数量，属于项目盈利性分析的一种。

10）项目经济效益评价

这是项目评估报告中最关键的部分，在这里，要充分利用前述各部分的分析研究结果，对项目的经济可行性进行分析。这部分的内容一般包括现金流量分析、资金来源与运用表（财务平衡表）与贷款偿还分析。现金流量分析，要从全投资和自有资金（股本金）两个方面对反映项目经济效益的财务内部收益率、财务净现值和投资回收期进行分析测算。资金来源与运用表集中体现了项目自身资金收支平衡的能力，是财务评价的重要依据。贷款偿还分析主要是就项目的贷款还本付息情况作出估算，用以反映项目在何时开始、从哪项收入中偿还贷款本息，以及所需的时间长度，以帮助开发商安排融资计划。

11）风险分析（不确定性分析）

一般包括盈亏平衡分析和敏感性分析，根据委托方的要求，有时还要进行概率分析。风险分析的目的，是就项目面临的主要风险因素如建造成本、售价、租金水平、开发周期、贷款利率、可建设建筑面积等因素的变化对项目经济效果评价主要技术经济指标如财务内部收益率、财务净现值和投资回收期等的影响程度进行定量研究；对当地政治、经济、社会条件可能变化的影响进行定性分析。

其中，盈亏平衡分析主要是求取项目的盈亏平衡点，以说明项目的安全程度；敏感性分析则要说明影响项目经济效益的主要风险因素为总开发成本（建造成本）、售价、开发建设周期和贷款利率的在一定幅度内变化时，对全投资和自有资金的经济评价指标的影响情况，敏感性分析一般分单因素敏感分析和多因素敏感分析（两种或两种以上因素同时变化）。敏感性分析的关键是找出对项目影响最大的敏感性因素和最可能、最乐观、最悲观的几种情况，以便项目实施过程中的操作人员及时采取对策并进行有效的控制。

概率分析目前在我国应用尚不十分普遍，因为概率分析所需要依据的大量市场基础数据目前还很难收集。但精确的概率分析在西方发达国家的应用日渐流行，因为概率分析能通过模拟市场可能发生的情况，就项目获利的数量及其概率分布、最可能获取的收益及其

179

可能性大小给出定量的分析结果。

12）可行性研究的结论

可行性研究的结论主要是说明项目的经济效益评价结果，是否表明项目具有较理想的财务内部收益率（是否达到了同类项目的社会平均收益率标准）是否有较强的贷款偿还和自身平衡能力，较强的抗风险能力，项目是否可行。

（3）可行性研究报告的依据和要求

编制可行性研究报告的主要依据：

1）国家经济社会发展的长期计划，部门与地区规划，经济建设的方针、任务、产业政策、投资政策和技术经济政策，国家和地方的有关法规；

2）批准的项目建议书及项目建议书批准后签订的意向性协议等；

3）国家批准的资源报告，国土开发整治规划，区域规划，工业基地规划等；

4）国家进出口贸易和关税政策；

5）拟选厂址的当地自然、经济、政治等基础资料；

6）有关行业的工程技术、经济、社会等基础资料；

7）国家颁布的项目评价的评价方法和国家参数，如社会折现率、行业基准收益率。影响价格换算系数、影子汇率等。

编制可行性研究报告的原则要求：

1）实事求是，公正客观。只有实事求是，才能保证可行性研究报告有正确的评价和论证；只有保持公正、客观的立场，才能反对事前定调子和行政干预。

2）编制内容和深度要有严格标准。根据不同的项目、不同的条件，内容要有不同的侧重，基本内容要完整，避免粗制滥造，坚持多方案论证，编制深度要满足投资政策的要求。

3）编制单位要具备一定的条件。编制单位要具备较强的技术力量和实践经验，目前，一般可以委托经国家正式批准颁发证书的设计单位或工程咨询公司承担。应保证必要的编制周期，大型项目要1年以上；中小型项目3—6个月，不能采用突击方式草率出成果。

4）审批。可行性研究报告编制完成后，主管部门要正式上报审批，经批准后，才能进行设计工作。

（4）可行性研究报告的主要内容

由于建设项目的性质、规模和复杂程度不同，其可行性研究的内容不尽相同，各有侧重。一般建设项目可行性研究的内容主要包括以下几个方面：

1）项目概况

① 项目名称、开发建设单位。

② 项目的地理位置。包括项目所在城镇、区和乡，项目周围主要建筑物等。

③ 项目所在地周围的环境状况。主要从工业、商业及相关行业现状及发展潜力、项目建设的时机和自然环境等方面说明项目建设的必要性和可行性。

④ 项目的性质及主要特点。

⑤ 项目开发建设的社会、经济意义。

⑥ 可行性研究工作的目的依据和范围。

2）项目用地的现状调查及动迁安置

① 土地调查。包括项目用地范围内的各类土地面积及使用单位等。

② 人口调查。包括项目用地范围内的总人口数、总户数，需动迁的人口数及户数等。

③ 调查开发项目用地范围内建筑物的种类，各种建筑物的数量及面积，需要拆迁的建筑物种类、类量和面积等。

④ 调查生产、经营企业以及个体经营者的经营范围、占地面积、建筑面积、营业面积、职工人数、年营业额、年利润额等。

⑤ 各种市政管线。主要应调查上水管线、雨水管线、污水管线、热力管线、燃气管线、电力和电信管线的现状及规划目标和其可能实现的时间。

⑥ 其他地下、地上物现状。项目用地范围内地下物调查了解的内容包括水井、人防工程、菜窖、各种管线等；地上物包括各种树木、植物等。项目用地的现状一般要附平面示意图。

⑦ 制订动迁计划。

⑧ 确定安置方案。包括需要安置的总人数和户数，需要安置的各房屋套数及建筑面积，需要安置的劳动力人数等。

⑨ 拆迁安置方案。包括需要安置的总人数和户数，需要安置的各房屋套数及建筑面积，需要安置的劳动力人数等。

3）市场分析和建设规模的确定

① 市场供给现状分析及预测。

② 市场需求现状分析及预测。

③ 市场交易的数量与价格。

④ 服务对象分析、制订租售计划。

⑤ 拟建项目建设规模的确定。

4）规划设计方案选择

① 市政规划方案选择。市政规划方案的主要内容包括各种市政设施的布置、来源、去路和走向，大型商业房地产开发项目重点要规划安排好交通的组织。

② 项目构成及平面布置。

③ 建筑规划方案选择。建筑规划方案的内容主要包括各单项工程的占地面积、建筑面积、层数、层高、房间布置、各种房间的数量、建筑面积等。附规划设计方案详图。

5）资源供给

① 建筑材料的需要量、采购方式和供应计划。

② 施工力量的组织计划。

③ 项目施工期间的动力水等供应。

④ 项目建成投入生产或使用后水、电、热力、燃气、交通、通信等供应条件。

6）环境影响和环境保护

① 建设地区的环境现状。

② 主要污染源和污染物。

③ 开发项目可能引起的周围生态变化。

④ 设计采用的环境保护标准。

⑤ 控制污染与生态变化的初步方案。

⑥ 环境保护投资估算。

⑦ 环境影响的评价结论和环境影响分析。

⑧ 存在问题及建议。

7）项目开发组织机构管理费用的研究

① 项目的管理体制、机构设置。

② 管理人员的配务方案。

③ 人员培训计划，年管理费用估算。

8）开发建设计划

① 前期开发计划。包括项目从立项、可行性研究、下达规划任务、征地拆迁、委托规划设计、取得开工许可证直至完成开工前准备等一系列工作计划。

② 工程建设计划。包括各个单项工程的开工、竣工时间，进度安排，市政工程的配套建设计划等。

③ 建设场地的布置。

④ 施工队伍选择。

9）项目经济及社会效益分析

① 项目总投资估算。包括固定资产投资和流动资金两部分。

② 项目投资来源、筹措方式的确定。

③ 开发成本估算。

④ 销售成本、经营成本估算。

⑤ 销售收入、租金收入、经营收入和其他营业收入估算。

⑥ 财务评估。运用静态和动态分析方法分析计算项目投资回收期、净现值、内部收益率和投资利润率、借款偿还期等技术经济指标，对项目进行财务评估。

⑦ 国民经济评价。对于大型建设项目，还需运用国民经济评价方法计算项目经济净现值、经济内部收益率等指标，对项目进行国民经济评价。

⑧ 风险分析。一方面采用盈亏平衡分析、敏感性分析、概率分析等定量分析方法进行风险分析；另一方面从政治形势、国家方针政策、经济发展状况、市场周期、自然等方面进行定性风险分析。

⑨ 项目环境效益、社会效益及综合效益评价。

10）结论及建议

① 运用各种数据从技术、经济、财务等方面论述开发项目的可行性，并推荐最佳方案。

② 存在的问题及相应的建议。

（5）可行性研究的工作阶段

可行性研究是在投资前期所做的工作，它分为四个工作阶段，每阶段的内容由浅到深。

1）投资机会研究

该阶段的主要任务是对投资项目或投资方向提出建议，即在一定的地区和部门内，以自然资源和市场的调查预测为基础，寻找最有利的投资机会。

投资机会研究分为一般投资机会研究和特定项目的投资机会研究，前者又分三种：地区研究、部门研究和以利用资源为基础的研究，目的是指明具体的投资方向。后者是要选择确定项目的投资机遇，将项目意向变为概略的投资建议，使投资者可据以决策。

投资机会研究的主要内容有：地区情况、经济政策、资源条件、劳动力状况、社会条件、地理环境、国内外市场情况、工程项目建成后对社会的影响等。

投资机会研究相当粗略，主要依靠笼统的估计而不是依靠详细的分析。该阶段投资估算的精确度为±30%，研究费用一般占总投资的0.2%—0.8%。

如果机会研究认为是可行的，就可以进行下一阶段的工作。

2）初步可行性研究

初步可行性研究亦称"预可行性研究"。在机会研究的基础上，进一步对项目建设的可能性与潜在效益进行论证分析。主要解决的问题包括：分析机会研究的结论，在详细资料的基础上作出是否投资的决定；是否有进行详细可行性研究的必要；有哪些关键问题需要进行辅助研究。

在初步可行性研究阶段需对以下内容进行粗略的审查：市场需求与供应、建筑材料供应状况、项目所在地区的社会经济情况。项目地址及其周围环境、项目规划设计方案、项目进度、项目销售收入与投资估算、项目财务分析等。

初步可行性研究阶段投资估算的精度可达±20%，所需费用约占总投资的0.25%—1.5%。所谓辅助研究，是对投资项目的一个或几个重要方面进行单独研究，用作初步可行性研究和详细可行研究的先决条件，或用以支持这两项研究。

3）详细可行性研究

详细可行性研究是开发建设项目投资决策的基础，是在分析项目技术、经济可行性后做出投资与否决策的关键步骤。

这一阶段对建设投资估算的精度在±10%，所需费用，小型项目约占投资的1.0%—3.0%，大型复杂的工程约占0.2%—1.0%。

4）项目的评估和决策

按照国家有关规定，对于大中型和限额以上的项目及重要的小型项目，必须经有权审批单位委托有资格的咨询评估单位就项目可行性研究报告进行评估论证。未经评估的建设项目，任何单位不准审批，更不准组织建设。

项目评估是由决策部门组织或授权于建设银行、投资银行、咨询公司或有关专家，代表国家对上报的建设项目可行性研究报告进行全面审核和再评估阶段。

8.1.2.4 可行性研究报告的审批程序

（1）基本建设项目可行性研究报告的审批。大中型建设项目的可行性研究报告，由国务院各主管部门、各省市区或全国性专业公司负责预审，报国家发改委审批或由国家发改委委托有关单位审批。重大项目和特殊项目的可行性研究报告，由国家计委会同有关部门预审，报国务院审批。小型项目的可行性研究报告，由各主管部、各省市区或全国性专业公司审批。

（2）技术改造项目可行性研究报告的审批。限额以上技术改造项目，由企业或其委托的咨询设计单位编制可行性研究报告，经省、市、区、计划单列市或国务院主管部门审查认可后，报国家发改委，国家发改委委托中国国际工程咨询公司等有资格的咨询单位提出评估报告，由国家发改委会同国家商务部审批。限额以下技术改造项目，由企业或其委托的咨询、科研。设计单位编制可行性研究报告，由国务院主管部门或省市区和计划单列市审批。对地方投资总额在500万元以上的技术改造项目，在审批可行性研究报告前，要与国务院主管部门协商，审批后须同时抄报国务院主管部门。国务院主管部门如有异议，可在一个月之内提出复议；超出一个月未提出异议的，地方即可组织实施。

（3）中外合资经营项目可行性研究报告的审批。总投资限额以上项目的可行性研究报告，分别由省市区和计划单列市的计委、国务院主管部门提出初审意见，报国家发改委，由国家发改委会同国家商务部等有关部门审批。超过1亿美元以上的重大项目，由国家发改委会同有关部门提出初审意见，报请国务院审批。限额以下的中外合资项目的可行性研究报告，凡省市区和计划单列市安排的，由地方计委会同地方有关部门审批；国务院主管部门自行安排的，由部门自行审批。

按照国家投资体制改革的设想，将实行地方和企业投资自行审批决策的制度，但大中型和限额以上的项目，其可行性研究报告仍须报国家发改委备案，并抄送行业主管部门。

8.1.3 建设项目的评估

8.1.3.1 建设项目评估的基本内容

对项目可行性研究报告评估主要论证以下3个方面：

（1）项目是否符合国家政策、法律、法规有关规定；

（2）项目是否符合国家宏观经济意图，符合国民经济长远规划和布局是否合理；

（3）项目的技术是否先进适用，是否经济合理。

评估的主要内容：

（1）对项目建设的必要性进行评估

从国民经济和社会发展的宏观角度论证项目建设的必要性，分析项目是否符合国家规定的投资方向，是否符合国家产业政策、行业规划和地区规划，是否符合经济和社会发展需要。

（2）对建设规模和产品方案评估

分析市场预测是否准确，项目建设规模是否经济、合理，产品的性能、品种、规格构成和价格是否符合国内外市场需求的趋势和有无竞争能力。

（3）对采用工艺、技术、设备分析论证

1）分析项目采用的工艺、技术、设备是否符合国家的技术政策，是否先进、适用、可靠，采用的国内科研成果是否经过工业试验和技术鉴定，引进的国外工艺、技术、设备是否符合国家有关规定和国情；是否成熟，有无盲目、重复引进现象，引进的专利技术是否有失效的专利或不属于专利的技术。

2）大型项目和对国民经济有重要作用的项目，所用技术指标应与国内外同类型企业的先进水平进行对比。

3）有条件进行综合利用的项目，综合利用方案是否合理、可行。

（4）对项目建设和生产条件进行评估

分析项目建设厂址、坝址、线路方案，有无多方案比选，所定方案是否经济合理，是否符合国土规划、城镇规划、土地管理、文物保护的要求和规定，有无多占土地和提前征地的情况。

（5）建设工程的方案和标准是否符合国家规定

1）建筑工程有无不同的方案比选，分析选定的方案是否经济、合理；

2）论证工程地质、水文、气象、地震等自然条件对工程的影响和采取的治理措施；

3）建筑工程采取的标准是否符合国家有关规定。

（6）外部协作配合条件和配套项目

要研究建设过程中和建成投资后，原材料、燃料的供应条件及供电、供水、供热、交通运输等是否落实、可靠，是否取得有关方面的协议或意向性文件，配套项目能否同步建设。

（7）环境保护

项目的"三废"治理是否符合保护生态环境的要求，有无环保部门审查同意的文件。

（8）投资估算和资金来源

投资估算是否合理，有无高估冒算、任意提高标准、扩大规模以及有无漏项、少算、压低造价等情况；项目的资金来源是否可靠，是否符合国家规定。

（9）财务评价

采用国家现行财税制度和价格，对项目本身的投入费用、产业效益，偿还贷款能力、外汇效益等财务状况进行计算和核实，衡量项目的经济效益。

（10）国民经济评价

从国家、社会的角度，衡量建设项目需国家付出的代价和给国民经济带来的效益，从宏观上比较得失，确定项目的可行性。

（11）不确定性分析

在进行财务和国民经济评价时，都要作不确定性分析。应进行盈亏平衡分析和敏感性分析，有条件时应进行概率分析，确定项目在财务上、经济上的抗风险能力。

（12）社会效益评价

包括生态平衡、科技发展、就业效果、社会进步等方面，应分析可能产生的主要社会效益。

（13）项目的总评估

汇总以上十二个方面的分析、评价，进行综合研究，提出结论性的意见和建议，提出评估报告。

国内合资项目，还需要补充评估项目的合资方式、经济管理方式、收益分配和债务承担方式等是否恰当，是否符合国家有关规定。利用外资、中外合资、中外合作经营等项目，还需要补充评估外商的资信是否良好；项目的合资方式、经营管理方式、收益分配和债务承担方式是否合适，是否符合国家有关规定；借用外资贷款的条件是否有利，创汇和还款能力是否可靠，返销产品的价格和数量是否合理；以及国内投资和国内配套项目是否落实等内容。

8.1.3.2 建设项目评估的程序

（1）评估单位应做好开展评估工作的准备，及早组织力量参与待评项目的有关调查、考察、文件编制和预审等工作。

（2）委托单位需提供待评项目的文件资料及主管部门审查意见等，评估单位接到待评项目的文件资料后，如发现不符合国家有关规定和评估要求的，应向委托单位报告，并请报送单位补做工作或补送文件资料，同时可着手进行适当准备，待所需文件资料达到规定和要求后，正式开展评估工作。

（3）评估单位要定期检查评估工作的进度。质量和存在问题，除采取必要措施外，应及时向委托单位通报情况，取得有关单位的支持和协助。

（4）项目评估结束后，评估单位应及时了解评估意见的采纳情况和对评估工作的反映。

凡中央参与投资和使用统借国外贷款项目的可行性研究报告，应先由主管部门和地方预审后报国家发改委，由国家发改委委托中国国际工程咨询公司进行评估，提出评估报告，作为国家发改委审批决策的参考依据。利用银行贷款的项目，由工程咨询公司与提供贷款的银行共同评估。小型项目的可行性研究报告，审批单位可指定或委托有资格的咨询单位，对认为需要评估的项目进行评估，提出评估报告。

对于不经过评估的项目，不审批其可行性研究报告。

8.1.4 建设项目的选址报告

8.1.4.1 建设项目选址报告的基本内容

（1）选址的依据及选址经过，选址中采用的主要技术经济指标，拟建地点（中观地域概念）的概况和自然条件，拟建项目所需原材料、燃料、动力供应、水源、交通运输情况及协作条件。

（2）选址方案的比较

1）选址方案优缺点比较，包括建设场地的位置、地形、地质、土石方工程量、土地的使用情况、现有建筑物及需拆迁安置的方法和费用、交通运输条件、与城市和居住区的关系、与邻近企业协作条件等。

2）选址方案建设投资的比较，包括土地补偿及拆迁安置费用，土石方工程，铁路、道路工程、给水、排水、动力、通信工程，居住及文化福利设施，施工用水、用电和大型临时设施等费用。

3）选址方案的经济费用比较，包括原料、燃料、产品的运费，"三废"治理费用及给水、排水、动力等所需的费用。

4）对建设场地选定的推荐方案。

（3）城镇规划行政主管部门核发的《建设项目选址意见书》、《建设用地规划许可证》、《建设工程规划许可证》

（4）主要附件

1）各项协议文件，包括兴建高层建筑、大型公共建筑或锅炉房等易燃易爆工程的消防部门的签证和防火安全设施方案的会审意见，有污染物排放的应取得环保部门同意并填报《建设项目环境报告书》及《建设项目环境影响报告表》，兴建配电房、变电站时应取得与供电部门签订的协议书，涉及文物古迹、园林绿化和河道保护范围时需取得经文物、园林、河道管理等部门同意的意见书，铁路接轨、取用水源、利用城市邮电通信设施等须取得铁路局（或分局）、水利部门、邮电部门的同意并签订协议书，涉及航空、高压线走廊、无线电收发、人防等事项须经航空、电力、电信、人防等部门同意并签订协议书，涉及卫生防疫时须经卫生防疫部门同意并签署意见。

2）拟建项目场地位置草图，包括厂区和居住区位置，水源地和污水排放口的位置，厂外交通运输线及接轨（线）点的位置，输电线路的电压等级及走向等。

3）拟建项目总平面布置示意图。

8.1.4.2　建设项目选址报告的审批

大中型建设项目，如在项目建议书、可行性研究阶段已选定建设场址的，则可作为上述两个文件的主要内容之一，在报批项目建议书、可行性研究报告的同时，由国家发改委一并审查批准；重大项目或特殊项目，由国家发改委预审，报国务院批准。在可行性研究报告批准后选址的，须单独报国家发改委审批。小型建设项目，由国务院主管部门或省市区计划主管部门审查批准，也可由其授权的下级机关审查批准。建设项目选址报告一经批准，即成为建设和设计的依据。

8.1.5　建设项目选址意见书

各级政府计划行政主管部门在审批项目建议书时，对拟安排在城镇规划区内的建设项目，要征求同级政府城镇规划行政主管部门的意见。城镇规划行政主管部门应当参加建设项目可行性研究阶段的选址工作，对确定安排在城镇规划区内的建设项目从城镇规划方面提出选址意见书。可行性研究报请批准时，必须附有城镇规划行政主管部门的选址意见书。

建设项目选址意见书的主要内容包括：

(1) 建设项目的基本情况。主要是建设项目的名称、性质，用地与建设规模，供水与能源的需求量，采取的运输方式与运输量，以及废水、废气、废渣的排放方式和排放量。

(2) 建设项目规划选址的主要依据。经批准的项目建议书；建设项目与城市规划布局的协调；建设项目与城市交通、通信、能源、市政、防灾规划的衔接与协调；建设项目配套的生活设施与城市生活居住及公共设施规划的衔接与协调；建设项目对城市环境可能造成的污染影响，以及与城市环境保护规划和风景名胜、文物古迹保护规划的协调。

(3) 建设项目选址、用地范围和具体规划要求，以及建设项目地址、用地范围的附图和明确有关问题的附件。附图和附件是建设项目选址意见书的配套证件，具有与其同等的法律效力。附图和附件由发证单位根据法律、法规规定和实际情况确定。

申请建设项目选址意见书一般经过以下程序：

(1) 凡计划在城镇规划区内进行建设，需编制设计任务书（可行性研究报告）的，建设单位须向当地市、县人民政府城镇规划行政主管部门提出选址申请。

(2) 建设单位填写建设项目选址申请表后，由城镇规划行政主管部门分级核发建设项目选址意见书。

(3) 按规定应由上级城镇规划行政主管部门核发选址意见书的建设项目，市、县城镇规划行政主管部门应对建设单位的选址报告进行审核、并提出选址意见，报上级城镇规划行政主管部门核发建设项目选址意见书。

对符合手续的建设项目，各级城镇规划行政主管部门应当在规定的审批期限内核发选址意见书，不得无故拖延。

8.1.6　建设用地规划许可证的申办

(1) 申办程序

1) 凡在城镇规划区内进行建设需要申请用地的，必须持国家批准建设项目的有关文件，向城镇规划行政主管部门提出定点申请；

2）城市规划行政主管部门根据用地项目的性质、规模等，按照城市规划的要求，初步选定用地项目的具体位置和界限；

3）根据需要，征求有关行政主管部门对用地位置和界限的具体意见；

4）城镇规划行政主管部门根据城镇规划的要求，向用地单位提供规划设计条件；

5）审核用地单位提供的规划设计总图；

6）核发建设用地规划许可证；

7）建设单位或者个人取得建设用地规划许可证后，方可向县级以上地方人民政府土地管理部门申请用地。

（2）建设用地规划许可证，应包括标有建设用地具体界限的附图和明确具体规划要求的附件。附图和附件是建设用地规划许可证的配套证件，具有同等的法律效力。附图和附件由发证单位根据法律、法规的规定和实际情况制定。

8.1.7 建设工程规划许可证的申办

（1）申办程序

1）凡在城镇规划区新建、扩建和改建建筑物、构筑物、道路、管线和其他工程设施的单位与个人，需持有关批准文件向城镇规划行政主管部门提出建设申请。

2）城镇规划行政主管部门根据城镇规划，提出建设工程规划设计要求。

3）城镇规划行政主管部门征求并综合协调有关行政主管部门对建设工程设计方案的意见，审定建设工程初步设计方案。

4）城镇规划行政主管部门审核建设单位或个人提供的工程施工图后，核发建设工程规划许可证。

5）建设单位或个人取得建设工程规划许可证和其他有关批准文件后，方可申请办理开工手续。

（2）建设工程规划许可证所包括的附图和附件

按照建筑物、构筑物、道路、管线以及个人建房等不同要求，由发证单位根据法律、法规规定和实际情况制定。附图和附件是建设工程规划许可证的配套证件，具有同等法律效力。

建设用地规划许可证和建设工程规划许可证，设市城市由市规划行政主管部门核发；县政府所在地的镇和其他建制镇，由县人民政府规划行政主管部门核发。

8.1.8 投资许可证的申办

凡在我国境内进行的各种固定资产投资项目，包括全民所有制单位的基本建设、技术改造项目，中外合资、合作项目，城乡集体所有制单位项目，个体工业项目和不同所有制合资的项目，都要颁发投资许可证；零税项目和不征收投资方向调节税的项目，也要颁发投资许可证。军事、国防等部门的保密项目，原则上也要颁发投资许可证。所有项目不论其资金来源和所有制形式，凡总投资在 5 万元以上的（不含单纯设备购置），一律颁发投资许可证。

8.1.8.1 发证机关

投资项目不论属于何种所有制、建设性质和隶属关系，均由省、自治区、直辖市及计划单列市发改委按规定统一发放投资许可证（有些省如发证工作量大，可将部分项目委托地、市发改委代发）。其他任何单位都无权发放。技改项目的投资许可证，也由发改委统一发放。

8.1.8.2 申办管理

（1）申请投资许可证的项目，须先按规定经有权单位审查批准，并纳入国家下达的投资计划。

（2）接到项目投资计划后，建设单位应到项目所在地的税务、银行等单位办理投资方向调节税手续，然后持纳（免）税凭证到项目所在地省级及计划单列市发改委（或由省级发改委委托的地、市计委）领取投资许可证。

（3）对于没有取得投资许可证的项目，银行不得拨款。贷款，施工单位不得施工，供电、城建部门不得供电、供水，其他部门不得办理有关施工事项。

（4）投资许可证一次发给，多年使用，直至工程竣工。每一年度按规定进行年检。对于符合规定，办理了当年投资方向调节税征免手续的项目，在许可证上盖章可继续使用；凡未经年检盖章的投资许可证不得继续使用，相应的项目不得继续建设。

（5）各级审计部门应对各投资项目进行检查。凡发现无投资许可证的项目或不符合发放许可证条件的项目，由审计部门告知地方计委（计经委）和有关部门，一律不准施工。

投资许可证按统一格式印制并编号。正本由建设单位保存以备有关部门查阅；副本由施工单位制成牌子，在施工现场公开悬挂，尺寸不得小于长 1.2m、宽 0.8m。

8.1.9 建设项目环境影响报告书的审批

8.1.9.1 环境影响报告书的内容

建设项目的环境影响报告书，应包括以下主要内容：

（1）编制环境影响报告书的目的、依据、采用标准、控制与保护目标；

（2）建设项目概况；

（3）建设项目周围地区的环境状况调查；

（4）建设项目对周围地区和环境在近期和远期影响分析和预测，包括建设过程投产、服务期间的正常与异常情况；

（5）环境监测制度建议；

（6）环境影响经济效益简要分析；

（7）主要结论，包括对环境质量的影响、建设规模、性质、选址是否合理和符合环保要求、防治措施是否可行、经济上是否合理等；

（8）存在的问题和建议。

建设项目的环境影响报告，一般按项目前期工作的不同阶段，在内容上有不同的规定：

1）在项目建议书阶段可根据拟建项目的性质、规模、厂址、环境现状等有关资料，对建设项目建成后可能造成的环境影响进行简要说明。

2）在可行性研究阶段，应当提出建设项目的环境影响报告书或环境影响报告表。对环境影响较小的大中型基本建设项目和限额以上技术改造项目，经省级环保部门确认，可填环境影响报告表；小型基建项目和限额以下技改项目（包括乡镇、街道、个体生产经营者的建设项目），可填环境影响报告表。但是，经县级或县级以上环保部门确认对环境有较大影响的建设项目，则须编制环境影响报告书。

3）在初步设计阶段，必须有环境保护篇章。其内容包括：环境保护措施的设计依据，环境影响报告书或环境影响报告表及其审批的各项要求和措施；防治污染的处理工艺流程、预期效果，对资源开发引起的生态变化所采取的防范措施；绿化设计、监测手段、环境保护投资的概预算。

8.1.9.2 环境影响报告书的审批

环境影响报告书的审批权限及程序是：

（1）凡对环境有影响的建设项目，建设单位负责提出项目环境影响报告书或环境影响报告表，并落实环境保护措施。

（2）大中型基本建设项目和限额以上技术改造项目的环境影响报告书或环境影响报告表，经省级以上（含省级）的项目主管部门预审后，报项目所在地的省级环保部门审批，同时报国家环保局备案。

（3）大中型基本建设项目和限额以上技改项目，属于跨省、自治区、直辖市的建设项目或特殊性质的项目（如核设施、绝密工程等），其环境影响报告书须报送国家环保局审查或批准，特大型建设项目报国务院审批。

（4）小型基建项目和限额以下技改项目的环境影响报告书或环境影响报告表，按各规定的审批权限办理。

（5）对环境问题有争议的建设项目，其环境影响报告书或环境影响报告表可提交上一级环保部门审批。

（6）当建设项目的性质、规模、建设地点等发生较大改变时，报审建设项目的单位应适时修改环境影响报告书或环境影响报告表，并按规定的审批程序重新报批。

8.1.10 工程建设项目的报建及施工许可证领取

凡在我国境内投资兴建的工程建设项目，包括外国独资、合资、合作的工程建设项目，都必须实行报建制度，接受当地建设行政主管部门或其授权机构的监督管理。

（1）报建内容

工程建设项目在可行性研究报告或其他立项文件被批准后，其建设单位或代理机构须向当地建设行政主管理部门或其授权机构进行报建，交验工程项目立项的批准文件，包括银行出具的资信证明以及批准的建设用地等其他有关文件。工程建设项目的报建内容主要包括：

1）工程名称；

2）建设地点；

3）投资规模；

4）资金来源；

5）当年投资额；

6）工程规模；

7）开工、竣工日期；

8）发包方式；

9）工程筹建情况。

（2）报建程序

工程建设项目的报建，按下列程序进行：

1）建设单位到建设行政主管部门或其授权机构领取《工程建设项目报建表》；

2）按报建表的内容及要求认真填写；

3）向建设行政主管部门或其授权机构报送《工程建设项目报建表》，并按要求进行招标准备。

工程建设项目的投资和建设规模有变化时，建设单位应及时到建设行政主管部门或其授权机构进行补充登记；筹建负责人变更时，应重新登记。

凡未报建的工程建设项目，不得办理招投标手续和发放施工许可证，设计、施工单位不得承接该项工程的设计和施工任务。

8.2 房地产开发项目投资与收入估算

一个房地产开发项目从可行性研究到竣工投入使用，需要投入大量资金，在项目的前期阶段，为了对项目进行经济效益评价并做出投资决策，必须对项目投资进行准确的估算。投资估算的范围包括土地费用、前期工程费、房屋开发费、管理费、财务费、销售费用及有关税费等项目全部成本和费用投入。各项成本费用的构成复杂、变化因素多、不确定性大，尤其是由于不同建设项目类型的特点不同，其成本费用构成存在较大的差异。

8.2.1 房地产开发项目成本费用构成与估算方法

8.2.1.1 房地产开发项目成本费用构成

房地产开发项目成本及费用的构成如下：

（1）土地费用。包括：

1）土地使用权出让金、征地费；

2）城市建设配套费；

3）拆迁安置补偿费。

（2）前期工程费。包括：规划勘察设计费、可行性研究费、三通一平费。

（3）房屋开发费。包括：

1）建安工程费；

2）公共配套设施建设费；

3）基础设施建设费。

（4）管理费。

（5）销售费用。

（6）财务费用。

（7）其他费用。

（8）不可预见费。

（9）税费。

8.2.1.2 房地产开发项目成本费用估算方法

（1）土地费用估算

土地费用是指为取得项目用地使用权而发生的费用。由于目前存在着有偿出让转让和行政划拨两种获取土地使用权的方式，所以对土地费用的估算要就实际情况而定。

1) 土地使用权出让金

土地使用权出让金的估算一般可参照政府近期出让的类似地块的出让金数额并进行时间、地段、用途、临街状况、建筑容积率、土地出让年限、周围环境状况及土地现状等因素的修正得到；也可以依据城市人民政府颁布的城市基准地价，根据项目用地所处的地段等级、用途、容积率、使用年限等项因素修正得到。

2) 土地征用费

征用农村土地发生的费用主要有土地补偿费、土地投资补偿费（青苗补偿费、树木补偿费、地面附着物补偿费）、人员安置补助费、新菜地开发基金、土地管理费、耕地占用税和拆迁费等。国家和各省市对各项费用的标准都做出了具体的规定，因此农村土地征用费的估算可参照国家和地方有关标准进行。

3) 城市建设配套费

城市建设配套费是因政府投资进行城市基础设施如自来水厂、污水处理厂、燃气厂、供热厂和城市道路等的建设而由受益者分摊的费用。这些费用的估算可根据各地的具体规定或标准进行。

4) 拆迁安置补偿费

拆迁安置补偿费实际包括两部分费用，即拆迁安置费和拆迁补偿费。拆迁安置费是指开发建设单位对被拆除房屋的使用人，依据有关规定给予安置所需的费用。被拆除房屋的使用人因拆迁而迁出时，作为拆迁人的开发建设单位应付给搬迁补助费或临时安置补助费。拆迁补偿费是指开发建设单位对被拆除房屋的所有权人，按照有关规定给予补偿所需的费用。拆迁补偿的方式，可以实行货币补偿，也可以实行房屋产权调换。

（2）前期工程费

前期工程费主要包括开发项目的前期规划、设计、可行性研究、水文地质勘察以及"三通一平"等土地开发工程费支出。项目的规划、设计、可行性研究所需的费用支出一般可按项目总投资的一个百分比估算。"三通一平"等土地开发费用，主要包括地上原有建筑物拆除费用、场地平整费用和通水、电、路的费用。这些费用的估算可根据实际工作量，参照有关计费标准估算。

（3）房屋开发费

房屋开发费包括建安工程费、附属工程费和室外工程费。

1) 建安工程费。建安工程费是指直接用于工程建设的总成本费用，主要包括建筑工程费（结构、建筑、特殊装修工程费）、设备及安装工程费（给水排水、电气照明及设备安装、空调通风、弱电设备及安装、电梯及其安装、其他设备及安装等）和室内装饰家具费等。

2) 公共配套设施建设费。指居住小区内为居民服务配套建设的各种非营利性的各种公共配套设施（或公建设施）的建设费用。主要包括居委会、派出所、托儿所、幼儿园、公共厕所、停车场等。一般按规划指标和实际工程量估算。

3) 基础设施建设费。指建筑物2m以外和项目红线范围内的各种管线、道路工程，其费用包括自来水、雨水、污水、燃气、热力、供电、电信、道路、绿化、环卫、室外照明等设施的建设费用，以及各项设施与市政设施干线、干管、干道等的接口费用。一般按实际工程量估算。

在可行性研究阶段，房屋开发费尤其是其中建筑安装工程费的估算，可以采用单元估算法、单位指标估算法、工程量近似匡算法、概算指标估算法等，也可根据类似工程经验估算。

单元估算法是指以基本建设单元的综合投资乘以单元数得到项目或单项工程总投资的估算方法。如以每间客房的综合投资乘以客房数估算一座酒店的总投资、以每张病床的综合投资乘以病床数估算一座医院的总投资等。

单位指标估算法是指以单位工程量投资乘以工程量得到单项工程投资的估算方法。一般来说，土建工程、给水排水工程、照明工程可按建筑平方米造价计算，采暖工程按耗热量指标计算，变配电安装按设备容量指标计算，集中空调安装按冷负荷量指标计算，供热锅炉安装按每小时产生蒸汽量指标计算，各类围墙、室外管线工程按长度米指标计算，室外道路按道路面积平方米指标计算等。

工程量近似匡算法采用与工程概预算类似的方法，先近似匡算工程量，配上相应的概预算定额单价和取费，近似计算项目投资。

概算指标法采用综合的单位建筑面积和建筑体积等建筑工程概算指标计算整个工程费用。常使用的估算公式是：直接费＝每平方米造价指标×建筑面积，主要材料消耗量＝每平方米材料消耗量指标×建筑面积。

（4）管理费

管理费是指企业行政管理部门为管理和组织经营活动而发生的各种费用，包括公司经费、工会经费、职工教育培训经费、劳动保险费、待业保险费、董事会费、咨询费、审计费、诉讼费、排污费、房产税、土地使用税、开办费摊销、业务招待费、坏账损失、报废损失及其他管理费用。管理费可按项目投资或前述四项直接费用的一个百分比计算。

（5）销售费用

销售费用是指开发建设项目在销售其产品过程中发生的各项费用以及专设销售机构或委托销售代理的各项费用。包括销售人员工资、奖金、福利费、差旅费，销售机构的折旧费、修理费、物料消耗费、广告宣传费、代理费、销售服务费及销售许可证申领费等。

（6）财务费用

财务费用是指企业为筹集资金而发生的各项费用，主要为借款或债券的利息，还包括金融机构手续费、融资代理费、承诺费、外汇汇兑净损失以及企业筹资发生的其他财务费用。

（7）其他费用

其他费用主要包括临时用地费和临时建设费、施工图预算和标底编制费、工程合同预算或标底审查费、招标管理费、总承包管理费、合同公证费、施工执照费、工程质量监督费、工程监理费、竣工图编制费、保险费等杂项费用。这些费用一般按当地有关部门规定的费率估算。

（8）不可预见费

不可预见费根据项目的复杂程度和前述各项费用估算的准确程度，以上述各项费用的3％—7％估算。

（9）税费

开发建设项目投资估算中应考虑项目所负担的各种税金和地方政府或有关部门征收的

费用。在一些大中型城市，这部分税费在开发建设项目投资中占有较大比重。各项税费应根据当地有关法规标准估算。

8.2.2　房地产开发项目租售方案及租售收入的测算

从可行性研究的角度出发，市场分析与预测的最终目的是研究项目租售方案、租金价格水平和租售收入的测算。

租售方案一般应包括以下几个方面的内容：

（1）项目是出租、出售还是租售并举？出租面积和出售面积的比例；

（2）可出租面积、可出售面积和可分摊建筑面积及各自在建筑物中的位置；

（3）出租和出售的时间进度安排和各时间段内租售面积数量的确定；

（4）租金和售价水平的确定；

（5）收款计划的确定。

8.3　房地产开发项目财务评价

8.3.1　财务评价的基本概念

财务评价是根据国家现行财税制度和价格体系，分析、计算项目直接发生的财务效益和费用，编制财务报表，计算评价指标，考察项目的盈利能力、清偿能力以及外汇平衡等财务状况，据以判别项目的财务可行性。

房地产开发项目的财务效益主要表现为生产经营过程中的经营收入；财务支出费用主要表现为开发建设项目总投资、经营成本和税金等各项支出。财务效益和费用的范围应遵循计算口径对应一致的原则。

8.3.2　财务评价的主要技术经济指标

（1）财务内部收益率

财务内部收益率（简写为 FIRR）是指项目在整个计算期内，各年净现金流量的现值累计等于零时的折现率。FIRR 是评估项目盈利性的基本指标。这里的计算期，对房地产开发项目而言是指从购买土地使用权开始到项目全部售出为止的时间。FIRR 的计算公式为：

$$\sum_{t=0}^{n}(C_i - C_o)(1 + FIRR)^{-t} = 0$$

式中　C_i——现金流入量；

　　　C_o——现金流出量；

$(C_i - C_o)$——项目在第 t 年的净现金流量；

　　$t = 0$——项目开始进行的时间点；

　　　n——计算期，即项目的开发或经营周期（年、半年、季度或月）。

财务内部收益率的经济含义是，项目在这样的折现率下，到项目寿命终了时，所有投资可以被完全收回。

财务内部收益率可以通过内插法求得，即先按目标收益率或基准收益率求得项目的财务净现值，如为正，则采用更高的折现率使净现值为接近于零的正值和负值各一个，最后用内插公式求出，内插公式为：

$$\text{FIRR} = i_1 + \frac{|\text{NPV}_1|(i_2 - i_1)}{|\text{NPV}_1| + |\text{NPV}_2|}$$

式中　i_1——当净现值为接近于零的正值时的折现率；

　　　i_2——当净现值为接近于零的负值时的折现率；

　NPV_1——采用低折现率时净现值的正值；

　NPV_2——采用高折现率时净现值的负值。

式中 i_1 与 i_2 之差不应超过 2%，否则，折现率 i_1、i_2 和净现值之间不一定呈线性关系，从而使所求得的内部收益率失真。

理论上讲，内部收益率表明了项目投资所能支付的最高贷款利率。如果贷款利率高于内部收益率，项目投资就会面临亏损。因此所求出的内部收益率是可以接受贷款的最高利率（当考虑风险、不确定性等因素时，内部收益率应大于贷款利率）。将所求出的内部收益率与部门或行业的基准收益率或目标收益率 i_c 比较，当 FIRR$>i_c$ 时，则认为项目在财务上是可以接受的。

从净现值与折现率 i 的关系（如图 8-2）中也能看出，当 FIRR$>i_c$ 时，对所有的 i_c 值对应的财务净现值都为正值；当 FIRR$>i_c$ 时，项目必有大于等于零的财务净现值。

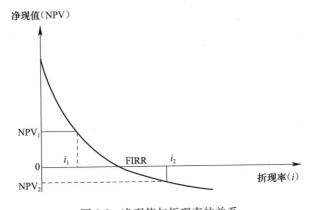

图 8-2　净现值与折现率的关系

（2）财务净现值

财务净现值（FNPV）是房地产开发项目财务评价中的另一个重要经济指标。它是指项目按行业的基准收益率或设定的目标收益率 i_c，将各年的净现金流量折算到开发活动起始点的现值之和，其计算公式为：

$$\text{FNPV} = \sum_{t=0}^{n} (\text{Ci} - \text{Co})_t (1 + i_c)^{-t}$$

式中　FNPV——项目在起始时间点的财务净现值；

　　　i_c——基准收益率或设定的目标收益率。

如果 FNPV$\geqslant$0，说明项目的获利能力达到或超过了基准收益率的要求，因而在财务上是可以接受的。

195

当投资项目的现金流量具有一个内部收益率时，其净现值函数 NPV(i) 如图 8-2 所示。从图中可以看出，当 i 值小于 FIRR 时，对于所有的 i 值，NPV 都是正的；当 i 值大于 FIRR 时，对于所有的 i 值，NPV 都是负的。

（3）动态投资回收期

动态投资回收期是指项目以净收益抵偿全部投资所需的时间，是反映开发项目投资回收能力的重要指标。对房地产开发项目来说，动态投资回收期自开发投资起始点算起，累计净现值等于零或出现正值的年份即为投资回收终止年份，其计算公式为：

$$\sum_{t=0}^{P_t} (\mathrm{Ci} - \mathrm{Co})_t (1 + i_c)^{-t} = 0$$

式中　P_t——动态投资回收期。

动态投资回收期以年表示，其具体计算公式为：

$$动态投资回收期 = \left[累计折现值开始出现正值的年份 - 1\right] + \left[\frac{上年累计折现值的绝对值}{当年净现金流量的折现值}\right]$$

上式中的小数部分也可以折算成月数，以年和月表示，如 3 年零 9 个月或 3.75 年。

在项目财务评价中，动态投资回收期 P_t 与基准回收期 P_c 相比较，如果 $P_t \leqslant P_c$，则开发项目在财务上就是可以接受的。动态投资回收期指标一般用于评价开发完结后用来出租或经营的房地产开发项目。

（4）开发商成本利润率

开发商成本利润率是初步判断房地产开发项目财务可行性的指标，其计算公式为：

$$开发商成本利润率 = \frac{项目总开发价值 - 总开发成本}{总开发成本} \times 100\%$$

在计算项目总开发价值时，如果项目全部销售测等于扣除销售税金后的净销售收入；当项目用于出租时，为项目在整个持有期内所有净经营收入的现值累计之和。项目的总开发成本，一般包括土地费用、前期工程费、房屋开发费、管理费、财务费用、销售费用和其他费用。

计算房地产开发项目的总开发价值和总开发成本时，可依评估时的价格水平进行估算，因为在大多数情况下，开发项目的收入与支出受市场价格水平变动的影响大致相同，使项目收益的增长基本能抵消成本的增长。

开发商利润实际是对开发商所承担的开发风险的回报。一般来说，对于一个开发期为2—3 年的项目，如果项目建成后出售，其开发商成本利润率大体应为 30%—50%。

（5）成本收益率

开发商成本收益率等于开发投资项目竣工后项目正常盈利年份的年净经营收入与总开发成本之比。当开发商进行商业房地产开发项目的投资决策时，必须考虑如果不能按预期设想出售楼宇的情况，即如果不能出售，在市场条件只能选择出租经营时，项目是否可行，此时计算成本收益率就显得非常必要。另外，如果开发商开发项目的本来目的是建成后出租经营，将项目作为企业的长期投资，并以此改善企业的资产组合状况时，成本利润率就很难描述项目的投资效果，此时必须计算开发商成本收益率指标。

（6）投资收益率

投资收益率是指开发项目达到正常盈利年份时，项目年净收益与项目投资的资本价值之比。房地产投资是国民经济整个投资体系的一部分，其收益率水平和其他行业的投资收益率有着密切的联系。如果开发商建成的商业房地产项目是用于出售，那必然有另外一个房地产长期投资者进入，该长期投资者购买此商业房地产项目进行出租经营时的收益率水平是否满足其要求，就成为开发商能否顺利出售其楼宇的关键。房地产投资收益率标准的确定，一般要综合考虑以下一些因素：

① 当前的宏观经济状况、银行贷款利率和其他各行业的投资收益率水平；

② 房地产的类型、地点以及对未来租金增长的预期；

③ 承租者能够连续支付租金的能力；

④ 房地产产品自然寿命和经济寿命的长短；

⑤ 投资规模的大小。

通常情况下，如果开发商对项目建成后获利能力的期望值越高，那么他确定的投资收益率就会低些；反之，如果项目预期收入增长缓慢，他就会把投资收益率定得高一些，以便尽快收回投资。

8.3.3 房地产开发投资项目财务评价指标计算示例

【例8-1】 某房地产开发商以5000万元的价格获得了一宗占地面积为4000m^{2}的土地50年的使用权，建筑容积率为5.5，建筑覆盖率为60%，楼高14层，1～4层建筑面积均相等，5～14层为塔楼（均为标准层），建造成本为3500元/m^2，专业人员费用为建造成本预算的8%，行政性收费等其他费用为460万元，管理费为土地成本、建造成本、专业人员费用和其他费用之和的3.5%，市场推广费、销售代理费和销售税费分别为销售收入的0.5%、3.0%和6.5%，预计建成后售价为12000元/m^2。项目开发期为3年，建造期为2年，地价于开始时一次投入，建造成本。专业人员费用、其他费用和管理费在建造期内均匀投入；年贷款利率为12%，按季度计息，融资费用为贷款利息的10%。问项目总建筑面积、标准层每层建筑面积和开发商成本利润率分别是多少？

【解】

（1）项目总开发价值

1）项目总建筑面积：$4000×5.5＝22000m^2$

2）标准层每层建筑面积：$(22000－4000×60\%×4)/10＝1240m^2$

3）项目总销售收入：$22000×12000＝26400$ 万元

4）销售税费：$26400×6.5\%＝1716$ 万元

5）项目总开发价值：$26400－1716＝24684$ 万元

（2）项目总开发成本

1）土地成本：5000 万元

2）建造成本：$22000×3500＝7700$ 万元

3）专业人员费用（建筑师，结构、造价、机电、监理工程师等费用）：$7700×8\%＝$ 616（万元）

4）其他费用：460 万元

5）管理费：$(5000＋7700＋616＋460)×3.5\%＝482.16$ 万元

6）财务费用

① 土地费用利息：

$$5000 \times [(1+12\%/4)^{3 \times 4} - 1] = 2128.80 \text{ 万元}$$

② 建造费用、专业人员费用、其他费用、管理费用利息：

$$(7700+616+460+482.16) \times [(1+12\%/4)^{(2/2) \times 4} - 1] = 1161.98 \text{ 万元}$$

③ 融资费用：$(2128.80+1161.98) \times 10\% = 329.08$ 万元

④ 财务费用总计：$128.80+1161.98+329.08 = 3619.86$ 万元

7）市场推广及销售代理费用：$26400 \times (0.5\%+3.0\%) = 924$ 万元

8）项目开发成本总计：

$$5000+7700+616+460+482.16+3619.86+924 = 18802.02 \text{ 万元}$$

（3）开发商利润：$24684-18802.02 = 5881.98$ 万元

（4）开发商成本利润率为 $(5881.98/18802.02) \times 100\% = 31.28\%$

[例 8-1] 中项目建成后出售或在建设过程中就开始预售，这只是在房地产市场上投资和使用需求旺盛时的情况。在市场较为平稳的条件下，开发商常常将开发建设完毕后的项目出租经营，这时项目就变为开发商的长期投资。在这种情况下通过计算开发商成本利润率对项目进行初步财务评价时，总开发价值和总开发成本的计算就有一些变化出现。[例 8-2] 就反映了这些变化。

【例 8-2】　某开发商在一个中等城市以 425 万元的价格购买了一块写字楼用地 50 年的使用权。该地块规划允许建筑面积为 4500m²。开发商通过市场研究了解到当前该地区中档写字楼的年净租金收入为 450 元/m²，银行同意提供的贷款利率为 15% 的基础利率上浮 2%，融资费用为贷款利息的 10%。开发商的造价工程师估算的中档写字楼的建造成本为 1000 元/m²，专业人员费用为建造成本的 12.5%，行政性收费等其他费用为 60 万元，管理费为土地成本、建造成本、专业人员费用和其他费用之和的 3.0%，市场推广及出租代理费为年净租金收入的 20%，当前房地产投资的收益率为 9.5%。项目开发期为 18 个月，建造期为 12 个月，可出租面积系数为 0.85。试通过计算开发商成本利润率对该项目进行初步评估。

【解】

（1）项目总开发价值

1）项目可出租建筑面积：$4500 \times 0.85 = 3825$m²

2）项目每年净租金收入：$3825 \times 450 = 172.125$ 万元

3）项目总开发价值：$172.125 \times (P/A, 9.5\%, 48.5) = 1789.63$ 万元

（2）项目总开发成本

1）土地成本：425 万元

2）建造成本：$4500 \times 1000 = 450$ 万元

3）专业人员费用（建筑师，结构造价机电、监理工程师等费用）：$450 \times 12.5\% = 56.25$ 万元

4）其他费用：60 万元

5）管理费：$(425+450+56.25+60) \times 3.0\% = 29.74$ 万元

6）财务费用

（A）土地费用利息：$425 \times [(1+17\%/4)^{1.5 \times 4} - 1] = 120.56$ 万元

(B) 建造费用、专业人员费用、其他费用、管理费用利息：

$$(450＋56.25＋60＋29.74)＝[(1＋17\%/4)^{0.5×4}－1]$$
$$＝51.74 万元$$

(C) 融资费用：$(120.56＋51.74)×10\%＝17.23$ 万元

(D) 财务费用总计：$120.56＋51.74＋17.23＝189.53$ 万元

7) 市场推广及出租代理费：$172.125×20\%＝34.43$ 万元

8) 项目开发成本总计：

$$425＋450＋52.65＋60＋29.74＋189.53＋34.43 ＝ 1241.35 万元$$

(3) 开发商利润：$1789.63－1241.35＝548.28$ 万元

(4) 开发商成本利润率为 $548.28/1241.35×100\%＝44.17\%$ 应当指出的是，当项目建成后用于出租经营时，由于经营期限很长，计算开发商成本利润率就显得意义不大，因为开发商成本利润率中没有考虑经营期限的因素。此时可通过计算项目投资或成本收益率指标，来评价项目的经济可行性。在［例 8-2］中，成本收益率＝年净租金收入/总开发成本×$100\%＝172.125/1241.35×100\%＝13.87\%$。

8.4 工程建设项目初步可行性研究与可行性研究

工程建设项目的初步可行性研究与可行性研究是项目建设前期工作的两个重要阶段，是基本建设程序中的重要组成部分。根据国家有关规定，一般新建大、中型工程建设项目，都要进行初步可行性研究与可行性研究，扩建改建的大、中型工程建设项目，可直接进行可行性研究。

以火电厂建设项目为例，工程建设项目的初步可行性研究和可行性研究，是对拟建工程项目在技术上经济上是否可行，进行多方案的分析，论证和比较，推荐出最佳建厂方案，为编制和审批项目建议书和设计任务书提供依据。

8.4.1 初步可行性研究

8.4.1.1 初步可行性研究任务

火电厂工程项目的初步可行性研究的任务是根据电力系统的发展规划与要求和上级下达（或委托）的任务，在几个地区（或指定地区）分别调查各地可能建厂的条件，着重研究电力规划的要求，燃料资源与供应。交通运输（包括燃料和设备运输）、水源、除灰、防洪、环境保护、文物保护、军事设施、厂址场地的地形地貌（包括土石方量、占地、出线走廊）、地震地质、工程地质、水文地质、矿产资源分布等主要建厂条件，并结合电力系统规划，进行技术经济比较与论证，择优推荐出建厂地区的顺序及可能建厂的厂址与规模，提出下阶段开展可行性研究的厂址方案，并为编制和审批项目建议书提供依据。

8.4.1.2 初步可行性研究报告内容和深度

火电厂工程建设项目初步可行性研究报告内容深度应符合以下几个方面要求：

(1) 概述

1) 本项目的任务依据、范围及背景情况。

2) 进行初步可行性研究工作的组织情况及参加研究工作人员的姓名、职别、所属单位。

3）简要说明工作时间、地点及工作过程。

（2）电力系统

1）电力系统的现状。

2）电力负荷预测及电力平衡。

3）本厂在电力系统中的作用和建厂的必要性及建设规模。

4）电厂与系统连接方案的设想、出线电压、出线方向和回路数。

（3）燃料

1）燃料的几种可能来源、品种、煤质、储量、煤矿近期与远期产量规划、服务年限、建设规模与进度。

2）电厂燃料消耗量、煤矿可能供给电厂的数量及运输条件，存在的主要问题，要求或建议等。

（4）建厂条件

1）厂址方案概述：地区概况、区域特征、气象条件，厂址位置、自然环境、厂址百年一遇的洪水位（或潮位）和内涝水位、地下矿藏资源情况和当地社会经济情况。提出厂址（包括厂区、水源地、水库、水管、灰管、灰场、码头、铁路、公路、生活区用地等）的总占地数，施工用地，占耕地数，单位产量，拆迁量（房屋面积，户数与人数，其他设施等），厂址总的土石方工程量估算。

2）交通运输：铁路运输能够承担电厂运煤量的能力及电厂大件设备运输的通过条件，铁路接轨点，专用线长度，燃料运输距离，水运条件及能力，航道情况，可通航的船舶吨位，建设码头的条件和位置等。由于电厂建设运量增加而引起的火车站、铁路、航道、码头、桥梁、隧道、船闸等的改造或新建情况，进行工程量和费用估算，铁路航道等有关部门的意见和要求，运输上存在的主要问题等。

3）水源：可供电厂使用的水源、水量及水质。如为地下水源，可收集已有的水文地质资料，做出初步的判断。必要时要提出水文地质初勘报告，以满足规划选点的需要。要说明电厂的供水及冷却方式，进排水管（沟）的长度。应弄清工农（牧）业以及生活等用水量的现状及规划情况，与电厂用水有无矛盾，分析电厂用水的保证率为97％枯水年时的可靠性。如与电厂用水有矛盾，要提出解决矛盾的初步方案，并应征得地方和水利等有关部门对电厂用水的意见与要求。由于建电厂而引起新建或改建水库和其他水工建筑物的工程量和费用估算。

4）灰场：灰场面积、容积、存灰年限，灰场与主厂房的距离、相对高程，灰场占地亩数、每亩产量、拆迁户数、人数和房屋间数，山洪流量，拟建灰场坝址的工程地质条件、坝型选择、建坝材料及灰坝工程量的估算。

5）厂址的区域稳定与工程地质：根据火电厂工程地质勘测规范的规定，在收集分析区域地质、地震、地形、地貌、水文地质、矿产资源及文物古迹等资料的基础上，通过现场踏勘，进一步了解地质构造，地基土的性质，不良地质现象，地下水情况，压矿及压文物古迹的可能性。分析区域构造断裂与历史地震资料以及场地的不良地质现象，对场地稳定性和厂址的工程地质条件作出初步评价，并提出在下阶段尚应查清或解决的问题。

（5）工程设想

1）电厂分期建设的规模、机组容量与建设进度的初步设想。

2）电厂总体布置、输煤、供水、除灰方案的初步设想。

（6）环境保护

1）厂址所在地区环境的现状。

2）结合当地气象、地形、地貌、周围环境和电厂煤、灰、水等条件，根据国家环境保护的有关规定进行综合分析，提出拟采取的环境保护及治理措施的初步设想。

3）地方和环境保护部门的意见和要求。

4）存在问题及在环保方面应该继续进行的工作。

（7）厂址方案与技术经济比较

综合以上问题，进行初步的、综合的技术经济比较，提出推荐的建厂地区或几个建厂地区的顺序和推荐厂址的意见，并进行投资估算和初步的经济效益分析测算。

（8）结论及存在的主要问题

1）推荐厂址所在地区和推荐厂址方案的意见。

2）电厂规模与分期建设的意见。

3）电压等级与系统连接的意见。

4）存在的主要问题及下阶段应进行的工作。

（9）附图与附件

1）附图

① 地区电力系统接线图；

② 不同厂址与系统连接方案图；

③ 厂址地理位置图（包括厂区、水源、交通运输、灰场的位置等）。

2）附件

在初步可行性研究阶段，一般应取得如下文件：

① 同意厂址位置的文件；

② 同意使用水源的文件；

③ 同意灰场用地的文件；

④ 原则同意铁路专用线接轨的文件；

⑤ 其他同意文件（包括机场、军事设施、压矿、文物保护、水产、航道码头等）。

8.4.2 可行性研究

8.4.2.1 可行性研究任务

火电厂工程项目的可行性研究任务是在已审定的初步可行性研究和国家发展计划委员会批准的项目建议书的基础上，进一步落实各项建厂条件，进行必要的水文气象、供水水源的水文地质、工程地质勘探工作和必要的水工模型试验。对车站站场改造、专用线接轨、运煤码头及专用供水水库的可行性研究，也需要同步进行。对在山区建设的电厂，还要着重研究边坡稳定与不良地质现象，环境保护要求和减少土石方工程量等问题。设计单位与主管局及建设单位共同研究重大技术经济原则，落实各项建厂条件（如煤源、水源、灰场、交通运输、专用线接轨、用地、拆迁、环保、出线走廊、地震、地质及压矿等），并协助主管局和建设单位向有关部门取得原则性协议或书面同意文件。在掌握比较充分的技术经济基础资料的基础上，提出电厂接入系统，原则性工艺系统和布置方案；并经过全

201

面的综合性的技术经济分析论证和多方案的比较，推荐出具体厂址及建厂规模；对主机和主要辅机的选型，新设备、新工艺、新技术和建厂方案提出建议；提出电厂的投资估算及经济效益评价，为计划部门编制和审批设计任务书提供可靠的依据。

8.4.2.2 可行性研究报告的内容和深度

火电厂工程项目可行性研究报告的内容和深度应符合以下几个方面的要求：

（1）概述

1）项目概况：说明本项目的编制依据（上级下达任务的文件名称等），电厂规模，前一阶段的工作情况，以及上级对前一阶段工作的意见等。

2）研究范围：说明本阶段可行性研究工作范围，以及其他专题研究或委托单位专门要求的项目。

3）主要技术原则。

4）工作经过：工作时间、地点以及工作过程，参加单位、工作人员、职别、所属单位。

（2）电力系统

1）概述：说明本电网的负荷现状（包括电网结构、负荷情况、电网存在的主要问题等），本电厂在系统中的作用和任务。

2）负荷预测：按照工农业和人民生活用电负荷的增长速度，对本电网的负荷增长进行10—15年的负荷预测计算，并分析其发展趋势。

3）电力平衡和分析：根据负荷增长速度，结合地区与电网结构情况进行电力平衡，对本电厂的性质和规模，装机容量，装机进度及分期建设进行分析，并提出意见。

4）电厂与系统的连接：研究电厂与系统的连接方案，论证电厂出线电压等级及出线回路数，与建设电厂应配套建设的送变电项目及内容。

（3）燃料供应

1）根据国家计委批准的项目建设书中确定的煤源，收集有关煤矿的储量，供应数量，燃煤煤质（灰分、含硫量、发热量、灰熔点、颗粒度等化学、物理性能分析，为锅炉选型准备条件），价格及运输方式等。

2）燃料供应方面存在的主要问题，要求和建议等。

（4）厂址条件

1）厂址概述：说明各厂址方案地区概况、区域特征、水文气象条件，厂址位置与工矿区、居民区、城市规划等的相对关系。自然环境（如周围有名胜古迹和文物风景区，应特别指出），洪水位，地下矿藏和当地社会经济情况，附近机场、电台、军事设施等及其影响。

厂址总的永久占地数（包括厂区、水源地、专用水库、水管、灰场、灰管、铁路、码头、公路、生活区等）和施工用地。其中占用耕地、林场、畜牧草地数，单位产量。拆迁量（包括房屋面积，结构类型，户数、人口及其他设施等），是否有铁路、公路、河流、通信线路改道。厂址总的土石方量及其各项补偿费用的估算。

2）交通运输：按厂址方案分别说明各自的交通运输情况（包括铁路、水运、公路等）；接轨点位置；专用线长度及投资估算；运输吨位、距离、码头位置等。对由于电厂建设而引起接轨点车站的改造和港口码头的新建、改建或扩建，及河道整治等工程项目。必须要有铁路、水运专业设计部门提供的单项设计方案或可行性研究报告，并由主管电业管理局（电力局）商请铁路、交通主管部门单独进行审查，并将电厂专用线、专用码头的投资费用列入电厂的投资估算中。接轨点车站改造和码头改造的投资费用由主管部门审定，列入协作配套工程项目中。

3）电厂水源：说明各厂址的供水水源，冷却水量，冷却方式及在采取节约用水措施条件下所需要的补充水量，提出不同供水水源的水文报告和水文地质初勘报告，并征得地方水资源管理部门同意，明确允许开采范围。对利用水库、湖泊、河道、海水水面冷却的电厂还应提出这方面的专题论证报告或水工模型试验报告。在掌握比较可靠的基础资料的基础上，提出各种冷却方式的初步供水方案和技术经济比较。电厂水源必须落实可靠；应弄清枯旱年份近期与远期工农（牧）业以及城市居民生活等用水量的情况，着重分析在保证率为97%枯水年电厂用水的可靠程度，如电厂用水与工农（牧）业及城市用水有矛盾，应提出解决矛盾的意见。如果因电厂建设而需要新建水库或对现有水库进行改造，必须要有水利设计部门提供的新建或改造水库的可行性研究报告，并经过有关主管部门审查，确定由电厂承担的投资部分，并将其列入电厂的投资估算中。

4）除灰系统及贮灰场：说明各厂址方案除灰系统的初步方案，灰管长度，输送高度。

各厂址与贮灰场的相对位置。贮灰场的容积应能满足电厂规划容量贮灰20年左右的要求。贮灰场应考虑分期建设，分块使用。贮灰场初期容积以能满足电厂本期容量的灰渣存放10年左右为宜，还应考虑复土造地还田的可能条件。

灰场占地面积，房屋拆迁面积、户数，山洪流量、洪水位、潮水位，除灰水量，工程地质与水文地质条件，建坝材料储量、运距及运输条件。灰场堤坝的建设条件及主要工程量、投资。灰场用地及征地费用。

灰坝坝型的选择应在优化的基础上，提出经济合理的坝体结构方案及工程量。

5）工程地质：根据火力发电厂工程地质勘测规范，进行厂址工程地质勘测工作，提出厂址的工程地质勘测报告。必须查明厂址和厂址稳定性有关的构造断裂，落实厂址处的地震基本烈度。当厂址存在构造断裂，厂址地区的地震基本烈度等于或大于Ⅶ度时，应对厂址进行稳定性研究，分析判断场地的地震效应和地基土振动液化的可能性及其对策，并对厂址稳定性作出评价；对危害厂址的不良地质现象，应查明其危害程度、发展趋势、分布范围并提出处理方案。当采用人工地基时，应提出地基处理方案和不同方案的技术经济比较。查明厂址地区的地形地貌特征，及厂址范围内地层成因、时代、分布及各层岩（土）的主要物理力学性质，并查清地下水位及其变化，是否对地下建（构）筑物有侵蚀性或其他影响。

厂址及地下水源不应设在有开采价值的矿藏上，如厂址有压煤、压矿、压文物古墓等情况，应查明压矿类别、储量、深度、开采价值及其影响。

6）厂址选择意见：根据建厂的基本条件和各厂址方案的技术经济比较，提出推荐厂址的意见。

（5）工程设想

本章主要对新建、扩建或改建电厂的主要工艺系统及项目的主要技术原则与方案进行研究，并作为对本项目进行投资估算和经济效益分析的基础。为了对本项目的经济效果作出比较准确的判断，要求投资估算的总额（扣除货币浮动及设备材料涨价的因素）与初步设计概算的误差不得大于10%。

1）电厂总平面布置：对推荐的厂址进行厂区总平面规划、包括用地范围（永久用地和施工临时用地），进出厂址道路（铁路、公路和水路）的联接地点，高压出线走廊和进出管网的走向，主厂房、冷却塔、配电装置、煤场与输煤栈桥等主要建（构）筑物位置和方向的选择以及辅助、附属建筑物的分区、厂区、厂前区、生活福利和施工区的总体规划等。

2）装机方案：机组形式的选择和装机方案的论证，提出推荐意见。

3）电气部分：说明电厂主结线方案的比较选择；各级电压出线回路数；主要设备选择和布置等。

4）热力系统：拟定原则性热力系统，选择主要附属设备。

5）燃料系统：拟定原则性燃烧系统和选择主要附属设备。

6）燃料运输系统：根据燃料种类消耗量，制粉系统及运输的要求，选择卸煤机械、煤场机械及输送设备。

7）除灰系统：拟定原则性除灰系统，选择主要设备。对灰场形式，灰坝（提）结构进行研究，提出推荐方案，并尽量考虑利用灰渣分期筑坝的可能条件。

8）供水系统：拟定供水系统，选择主要设备以及泵房，取水和排水口位置，选择供水和排水管道的走向等。

9）化学水处理系统：拟定化学水处理系统，选择主要设备。

10）热力控制：拟采用的主要控制方式和控制水平。

11）主要生产建筑物的建筑结构选型：初步拟定主厂房的布置原则和结构形式，各主要生产建（构）筑物（包括主厂房、冷却塔、烟囱等）的基础，结构和建筑形式。如有液化、溶洞和复杂地基，要提出处理方案及费用。

（6）环境保护

按国家颁发的《环境保护法》和水利电力部颁发的"火电厂大气污染物排放标准"及"火电厂可行性研究阶段环境影响报告书内容深度暂行规定"编制"环境影响报告书"，报省（自治区、直辖市）环保部门审批。

（7）节约能源

根据原国家计划委员会计节［1984］1207号文"关于在工程设计中认真贯彻节约能源、合理利用能源，并加速修订补充设计规范的通知"精神，对新建、扩建或改建的电厂，在主要工艺系统设计中拟定采取节约能源和降低电能消耗的措施。

（8）电厂定员

根据电厂建设规模配备各类人员。

（9）工程项目实施的条件和轮廓进度

工程项目实施的条件包括：施工场地条件，大件运输条件，地方建筑材料，施工能力供应等。

工程项目实施的轮廓进度包括：设计前期工作，现场勘测，工程设计，工程审批，施工准备，土建施工，设备安装，调试及投产等。

（10）经济效益分析

根据推荐的厂址和工程设想考虑的各主要工艺系统和主要技术原则与方案进行工程项目的投资估算，发电成本的计算，经济效益指标的计算等。具体计算方法，按照原水利电力部电力规划设计总院颁发的"火力发电工程项目经济评价暂行办法"进行。

（11）结论

1）综合上述可行性研究各章所研究的问题，提出主要结论意见及总的评价，存在的问题和建议。

2）主要技术经济指标：

① 总投资。

② 单位千瓦投资。

③ 年供电量。

④ 年利用小时。

⑤ 总占地面积：

（A）厂区占地面积；

（B）灰场占地面积；

（C）生活区占地面积；

（D）水源地及水管占地面积；

（E）铁路及公路占地面积；

（F）除灰管路占地面积（包括灰渣泵房）；

（G）码头占地面积；

（H）施工用地面积。

3）总土石方量：

① 厂区（包括施工场地、生活福利区）土石方量；

② 灰场（包括坝体、排水、泄洪及其他设施等）土石方量；

③ 铁路和公路土石方量；

④ 码头土石方量；

⑤ 循环水及除灰管路的土石方量；

⑥ 取水建筑物（包括水泵房、取（排）水口、取水枢纽、护岸、专用淡水库等）土石方量；

⑦ 其他项目土石方量。

4）全厂热效率。

5）发供电标准煤耗。

6）厂用电率。

7）发电成本。

8）供电成本。

9）贷款偿还年限。

10）投资回收年限。

11）投资利润率。

12）资金利润率。

13）资金利税率。

14）内部收益率。

205

8.5 工程建设项目的经济评价

工程建设项目的可行性研究阶段，根据国家有关规定，一般应全面、完整地进行经济评价。初步可行性研究阶段的经济评价可适当简化。

经济评价在项目计算期内均采用同一价格。财务评价计算用现行价格；国民经济评价用影子价格。社会折现率、影子汇率、影子工资及部分货物的影子价格，均应用国家发展计划委员会颁发的通用参数，不同行业可结合不同行业的特点测定的补充影子价格和换算系数，作为本行业评价的重要参数。

项目计算期包括建设期和生产期。建设期按施工组织设计确定。起始年从工程开始施工算起，不包括前期及文件准备时间；生产期一般为 20 年。

工程建设项目经济评价应坚持科学性、公正性和可靠性及实事求是的原则，在认真调查研究，全面搜集基础资料，进行费用和效益计算，综合分析论证，择优项目和方案。

工程建设项目经济评价主要是财务评价和国民经济评价。以热电结合工程建设项目为例，大中型热电结合工程项目应进行财务评价和国民经济评价，其他中小型项目可只做财务评价。

8.5.1 财务评价

财务评价是投资项目经济评价的主体，是按现行价格和经济、财政、金融制度的各项规定，分析测算项目的效益与费用，以评估项目建成投产后的获利能力、贷款偿还能力，以及外汇效果等财务状况。

热电结合工程建设项目财务评价按照工程投资和经济效益两部分评价。

8.5.1.1 工程投资评价

工程投资包括固定资产投资和生产流动资金两部分。

（1）固定资产投资估算

固定资产投资是指从前期工作开始到建成投产的全部基本建设投资。包括热电厂工程投资和相关的配套送变电工程投资，如为自备电厂，地方自建或热力公司经营的工程，还应按具体情况，计列厂外热力管网的工程投资。

1）投资估算的编制依据

包括国家计委批准的项目建议书及有关文件；国家现行的各种财税制度和规定；部级和地方颁发的有关编制投资估算的"指标"、"定额"和取费规定等；工程设计方案所采用的设备和全部建筑、安装工程量；设备、材料价格按现行价格。设备还可参考类似工程评标中标价，或设备订货、到货价。

基本预备费国内机组工程按 10% 计；进口机组外汇部分按 2% 计，内资部分按 10% 计。除基本预备费外另需计列建设期价差预备费。

2）资金来源

资金的来源约有以下几种：

① 国家特批的专项拨款和"拨改贷"资金按国家批准的有关文件执行。

② 建设银行提供的"拨改贷"按建设银行的现行规定执行。

③ 银行信贷按人民银行和建设银行的现行规定执行。

④ 自筹或集资资金（指企业自有资金或通过各种方式筹集的资金）按投资各方提供的有关集资文件执行。

⑤ 电力建设资金按国发〔1987〕111 号文《国务院批转国家计委关于征收电力建设资金暂行规定的通知》执行。

⑥ 电力债券和重点企业债券指由专业银行代理发行筹集的资金，按发行债券的有关文件执行。

⑦ 利用外资按财政部（87）财综字第 124 号文《利用国外贷款的预决算编报和财务管理暂行办法》执行。

⑧ 压缩燃油资金指国家规定给予压缩燃油补助的专项贷款（按年燃油量，每压缩一吨油可贷款 500 元）。

⑨ 其他资金。

不论是何种资金来源，均应事先调查搜集，落实资金来源和筹措方式、贷款金额及贷款条件。

3）投资分配原则和建设期利息的计算

与火力发电厂工程项目基本相同。需分别计算发电工程和送变电工程的建设期贷款本息。如投资包括外部热网工程时，还应单独计列热网工程建设期贷款本息。

（2）生产流动资金估算

1）生产流动资金是指为机组投产运行准备的，用于购买燃料、材料、备品备件和支付工资等所需用周转性资金。

2）生产流动资金的估算按投产机组所需 30 天燃料费和增加按燃料费的 5% 估算的材料、备品备件等费用之和计列。

3）生产流动资金包括自有流动资金和流动资金贷款，其各占流动资金总额的比例为：自有流动资金 30%；流动资金贷款 70%。

4）生产流动资金的使用按机组台数平均分配，并在各机组投产的前一年安排投入，如遇两台机组在同一年投产，可在投产前一年投入第一台的生产流动资金，投产当年再投入第二台机组的生产流动资金。

流动资金贷款利息，逐年计入生产成本的其他费用中。贷款利率一律按国家现行规定计算。

8.5.1.2 经济效益评价

热电厂的经济效益，从财务评价的观点来看，是以电力和热力产品的销售收入为主计算的，因此要详细计算电热产品的产量、成本、税金和利润，并按利、税收益情况分析评价其经济效果。

（1）电热产品的产量计算

热电厂的发电量和供热量按设计人员提供值计算。

1）电量计算

$$供电量 = 发电量 \times (1 - 综合厂用电率)$$
$$售电量 = 供电量 \times (1 - 线损率)$$

其中，综合厂用电率包括发电厂用电率（%）和供热厂用电率（折算值），（kW·h/GJ），其值应由设计人提供；线损率可按网、省局上年度统计值计算。

2）热量计算

以热电厂围墙为界计量时为

$$售热量 = 厂供热量$$

自备电厂和地方集中供热电厂为

$$售热量 = 厂供热量 \times (1 - 热网损耗率)$$

热网损耗率按设计提供值。

（2）电热生产成本计算

1）计算的依据及组成

热电厂应分别计算电力和热力生产成本。计算依据为《电力工业企业成本管理办法》。成本项目由燃料费、材料费、水费、折旧费、大修理费、工资、福利基金和其他费用等八项组成。

电力生产成本指售电总成本，包括发电总成本和供电总成本。

热力生产成本指供热总成本或售热总成本。以热电厂围墙为界时，电厂供热总成本等于电厂售热总成本。自备电厂、地方或热力公司自建电厂供热到用户时，售热总成本应含热网管线到用户的热力成本及供销管理费用。

2）热电厂热力和电力成本的分摊

分摊原则：凡只为电力和热力一种产品服务的分厂部门，其生产费用应全部由电力或热力一种产品成本负担；凡是为两种产品共同服务的分厂部门，其生产费用按热量法计算的电热比例分摊，即用供热煤耗等于锅炉产汽量煤耗计算煤量，确定燃料分摊比例，以求取电热分摊比。

$$供热分摊比(\%) = \frac{供热用标准煤量}{发电、供热用标准煤总量} \times 100\%$$

$$发电分摊比(\%) = 100(\%) - 供热分摊比(\%)$$

（3）电力、热力成本内容及计算方法

在热电厂工程项目建成投产后，要逐年逐项分别计算电力与热力产品的生产成本，其中燃料费、水费、材料费可按电、热分摊比计算；折旧费、大修理费、工资、福利基金和其他费用五项电热成本，可按固定比例分摊计算（即电80%，热20%）。必要时也可按下列内容详细计算。

1）燃料费。为生产电、热产品所耗用的燃料费，按发电、供热用燃料量分别计算。供热厂用电所耗用的燃料费由热力成本负担，即从发电燃料费中扣除，列入供热燃料费中：

$$发电燃料费 = 发电量 \times 发电标准煤耗 \times 标准煤价$$
$$- 供热厂用电用燃料费$$

$$供热燃料费 = 供热量 \times 供热标准煤耗 \times 标准煤价$$
$$+ 供热厂用电用燃料费$$

$$供热厂用电用燃料费 = 供热厂用电量$$
$$\times 发电用燃料单位成本$$

$$供热厂用电量 = 供热量 \times 供热厂用电率$$

$$发电燃料单位成本 = 发电标准煤耗 \times 标准煤价$$

发电、供热标准煤耗及发电、供热厂用电率均由设计人员估算提供。

2）水费。指发电、供热生产用的外购水费，包括需支付费用的循环水、补充水、工业用水等，费用可按发电、供热用水量的分摊原则分别计算。各种用水量均采用设计人员提供值。

$$发电用水费 =（软化水量＋公用水量×电分摊比）×水价$$

$$供热用水费 =（供热所需用水量＋公用水量×热分摊比）×水价$$

3）材料费。指生产运行、维护和事故处理所耗用的材料，不包括大修理中支付的材料费。发电材料费可按网、省局上年度统计值乘以发电量计算：

$$发电材料费 = 发电量×材料费统计值$$

供热材料费可按供热用软化水量乘以制水费（元/t），再加 10%—20% 的其他供热材料费：

$$供热材料费 = 供热用软化水量×制水费×（1.1—1.2）$$

4）基本折旧费。指对发电厂固定资产在使用过程中，逐年磨损价值的补偿费，基本折旧费为 4.8%。各台机组的基本折旧费的计算，与火力发电工程相同。发电、供热基本折旧费，可先按为发电和供热服务的固定资产投资额形成的固定资产原值分别计算，其余按电、热分摊比计算。

5）大修理费。指热电厂用于固定资产大修理的费用，可按热电厂固定资产原值的 1.4% 计算。发电、供热大修理费的分摊与折旧费的计算方法相同。

6）工资。指热电厂生产和管理部门人员的工资。热电厂工资按下式计算：

$$发电工资 =［发电分场人数＋公用职工人数×电分摊比］×每人年平均工资额$$

$$供热工资 =［热网职工人数＋公用职工人数×热分摊比］×每人年平均工资额$$

7）职工福利基金。按电、热工资总额的 11% 计算。

8）其他费用。指不属于上述成本项目而应计入成本的费用。发电、供热其他费用可按网、省局上半年平均费率或参照同类电厂的费率估算，并按电、热分摊比进行分摊。

9）发、供、售电总成本及其单位成本。计算同火力发电工程。

10）供热、售热总成本和供热、售热单位成本。供热以围墙为界时，供热总成本即为售热总成本，为以上八项供热成本费的合计。

$$供热（售热）单位成本 = \frac{供热（售热）总成本}{厂供热量}$$

供热到用户时，供热总成本和供热单位成本同供热到围墙的成本。售热总成本的计算公式为：

$$售热总成本 = 供热总成本＋厂外热网管线供热成本$$

$$售热单位成本 = \frac{售热总成本}{售热量}$$

（4）销售收入、税金、利润计算

电力和热力两种产品分别按不同销售价格计算销售收入，同时按国家有关规定计算电力和热力税金，并依各自的销售总成本计算出电、热销售利润。

1）销售收入

$$供热机组销售收入＝售电收入＋售热收入$$

209

$$售电收入 = 售电量 \times 售电单价$$

式中　售电单价的确定同火力发电工程。

供热以电厂围墙为界时：

$$售热收入 = 厂供热量 \times 供热单价$$

供热到用户时：

$$售热收入 = 售热量 \times 售热单价$$

式中　售热单价应以对国家、电厂和用户三者有利的原则确定，并与用热单位签订协议。

2）销售税金。电力与热力销售税金按《国营企业第二步利改税试行办法》及有关税法。电力产品应征收产品税、城市维护建设税、教育费附加。热力销售税金计算方法和税率与火力发电工程相同。热力产品税金为销售收入的3%，按国家现行规定暂免征收。

3）销售利润。销售利润在可行性研究设计阶段，可作为实现利润。实现利润也按电力和热力分别计算，然后合计为电、热总利润。

$$热电厂总利润 = 电力实现利润 + 热力实现利润$$

$$电力实现利润 = 售电收入 - 售电总成本 - 电力销售税金$$

$$热力实现利润 = 售热收入 - 售热总成本 - 热力销售税金$$

4）企业留利。还贷期间企业留利按热电厂总利润的2%计算，即

$$企业留利 = 热电厂总利润 \times 企业留利比例（2\%）$$

（5）主要技术经济指标计算

项目评价以财务内部收益率（FIRR）、投资回收期（年）和贷款偿还年限作为主要评价指标，以基准收益率为8%计算的财务净现值、财务净现率、投资利润率、投资利税率等作为评价的辅助指标。计算方法、计算报表格式、财务平衡表、现金流量表等均与火力发电工程相同。

结合热电工程项目的特点、还应作两项指标计算：

1）节约标准煤量（吨）由设计人员提供。

2）节约每吨标准煤所需的净投资。该指标原则上不应超过开发每吨煤的净投资金额，一般为400—500元/t。计算公式为

$$年节吨标煤净投资（元 /t） = \frac{T - YB - C_1 T_d \Delta D/H - C_2 \Delta Q T_L}{M_J}$$

式中　T——总投资，包括热网但不包括综合利用，元；

　　　Y——年压缩烧油量，t；

　　　B——烧油改烧煤的补助标准，暂定850元/t；

　　　C_1——考虑全国火电机组自用电率影响的修正系数，取1.06；

　　　ΔD——新增年供电量，若减少高压机组的年供电量时代入负值，对于减少中压机组的年供电量代入1/2的负值，低压机组及拟关闭机组不计，kW·h；

　　　H——全国6MW以上火电机组平均年运行小时数，可按6000h计算；

　　　T_d——新建冷凝机组单位造价（包括线路），取1700元/kW；

　　　C_2——考虑备用锅炉容量的修正系数，取为1.2；

　　　ΔQ——建成后比分散供热增加的供汽量，t/h；

T_L——新建锅炉房平均单位造价,取 15 万元/(t·h);

M_J——项目每年节约的标准煤总量,t。

(6)敏感性分析

需计算工程投资、燃料费用、售电和售热价格、工程施工期限、发电量和供热量的变化对各项技术经济指标的影响,特别是对财务内部收益率的影响。应注意分析以下几个方面可变因素的影响:

1)煤价、投资等基本方案的条件不变,要按期还清各种贷款时的电价和热价。

2)煤价、投资等多种因素同时变化对财务内部收益率的影响。

3)电价、热价上涨对各项技术经济指标的影响程度。

计算之后需对各种影响因素进行分析比较,从中找出诸影响因素中最敏感的影响因素,并作图表示影响的速率,供项目决策时参考。

8.5.2 国民经济评价

从国民经济整体角度出发,评价项目占用一定量的资源后,为国民经济所提供的产出,以及这种产出对国民经济宏观目标的影响,从而选择对国民经济宏观目标优化最有利的投资项目,有利国家对有限资源的合理配置。同时,国民经济评价反映项目对国民经济的净贡献和提高产品在国际市场上的竞争能力。

由于国民经济评价需要从国家整体的角度来考察热电结合工程项目的效益和费用,因此采用影子价格、影子工资、影子汇率、社会折现率等计算项目给国民经济带来的净效益。

(1)调整换算

对固定资产投资、生产流动资金、经营成本和售电、售热价格进行调整换算,即在财务评价的基础上进行影子价格的换算。

1)固定资产投资。热电结合项目,由于采用供热机组的特殊情况,设备费的影子价格换算系数见附表Ⅱ-1。

安装费和建筑费用的调整,按火电工程项目的安装主材和建筑三材(钢材、木材、水泥)的影子价格。工程量可根据热电厂的具体工程量或参考火电厂工程量调整后的计算。

其他费用的调整方法同火电工程项目,扣除有关国民经济内容转移支付的部分,增加土地费用的机会成本。

2)生产流动资金。按影子煤价(或燃料费)计算 30 天燃料费用,并增加 5% 的相关流动资金。

3)经营成本。燃料费、材料费均应采用影子价格,计算方法同火电厂工程项目,其他成本项目不作调整换算。

4)影子电价与影子热价。热电结合工程项目的产出物,即电力和热力的销售收益,是项目的直接效益。因此对于售电价格和售热价格的影子价格应认真分析测定。影子电力价格同火电工程项目一样,暂采用原国家计委计标(1987)1359 号文颁发的电力分电网的影子价格。热力的影子价格,可按当地热用户能承受的市场价格定价,定价时需认真调查研究测定,一般为财务评价时热价的 1.2—1.5 倍。

(2)国民经济评价的主要指标

应以经济内部收益率(EIRR)为主要评价指标;以经济净现值和净现值率、投资净

211

效益为辅助指标。计算方法与基本报表格式均与火电工程项目相同。

（3）综合经济评价

除按火电工程项目综合评价的内容要求与步骤进行热电结合工程项目的综合经济评价以外，还应结合热电厂的特点，分析其社会效益，特别是节约能源的直接效益和城市集中供热工程项目对改善城市环境保护，减少污染的效益，以及供热和城市热化对改善提高人民生活水平，为其他工业提供热能产生的间接效益及其他外部效益等，均要进行全面的分析论述。

9 试点、示范镇规划建设管理与案例分析

9.1 试点、示范镇规划建设管理

9.1.1 全国试点、示范镇概况

小城镇建设试点、示范工程是我国发展小城镇的一个先期试验场，它既是小城镇建设各项研究的实践源泉，又是其理论和技术研究的验证与指导的对象和结果。小城镇建设试点、示范工程的实施将对我国小城镇建设的今后发展起到积极的引导与推动作用。我国在全国不同地区相继抓了不同类型、不同功能和不同规划建筑风格的试点、示范生态小城镇，为我国小城镇建设提供了科学的示范，根据原建设部 2001 年村镇建设统计公报，2001 年末，全国共有村镇建设试点 22932 个，其中建制镇 8246 个，集镇 1962 个，村庄 12724 个。在全国村镇建设试点中，部级建设试点 573 个，省级建设试点 4478 个，地级建设试点 4942 个，县级建设试点 12939 个。通过抓试点示范工作，对推动和促进村镇建设的全面发展提供了有益的经验。

仅从试点的数字上看，各级试点镇都不少，但是真正具有推广意义的试点小城镇还不多，其中一个原因是一些试点规划建设缺乏科学理论指导，试点没有把具有科学价值和普遍意义的小城镇科研成果加以转化和推广应用。

小城镇建设试点、示范工程的意义在于更好吸纳农村剩余劳动力，调整产业结构促进农村经济的发展与 GDP 的提高，促进社会的稳定、人居环境的改善和可持续发展；探索小城镇发展成功的道路，通过在示范中比较印证，逐步推广应用。

(1) 建设部开展的全国 "625" 小城镇建设试点工程

"6" 指的是选取 6 个乡村城市化试点县（市），研究在县（市）域范围内，通过乡镇第二、三产业发展引起的产业结构调整、农村剩余劳动力转移及小城镇布局和发展的规律性，探索具有中国特色的乡村城市化道路。"2" 指的是 2 个较大范围内的试点地区，即京津唐地区、湖北与河南两省交界的襄樊——南阳地区。目的在于探讨大城市郊区和中部经济区发展处于中等水平以及粮食高产区小城镇建设的途径。"5" 指的是 500 个不同类型的试点小城镇。建设部在抓好该项试点工作中，决定全国 "625" 小城镇建设试点延长到2005 年。并要求对各类试点实行动态管理，不断总结推广试点经验。在各地全面总结"625" 工作经验基础上，建设部组织对试点情况进行阶段性总结和验收，并召开了全国试点工作经验交流会，总结推广试点经验。

(2) 评审、命名全国小城镇建设示范镇

1999 年 12 月 9 日，原建设部公布了第二批全国小城镇建设示范镇名单。这一批示范镇包括了 27 个省（自治区、直辖市）及 3 个计划单列市的 58 个镇，是根据原建设部评选

213

全国小城镇建设示范镇的条件，经各省、区、市原建委（建设厅）评选推荐，由原建设部组织评审、命名的（见表 9-1）。

全国小城镇建设示范镇第二批名单　　　　　　表 9-1

序　号	单　位	序　号	单　位
1	天津市静海县大邱庄镇	30	山东省文登市宋村镇
2	河北省农垦局芦台农场场部	31	河南省巩义市米河镇
3	河北省高碑店市白沟镇	32	河南省许昌市尚集镇
4	山西省阳泉市郊区荫营镇	33	河南省林州市姚村镇
5	内蒙古区赤峰市元宝山区建昌营镇	34	湖北省当阳市半月镇
6	辽宁省灯塔市佟二堡镇	35	湖北省谷城县石花镇
7	辽宁省海城市西柳镇	36	湖北省蕲春县蕲州镇
8	吉林省辉南县辉南镇	37	湖北省仙桃市沔城镇
9	黑龙江省农垦总局建三江农垦城	38	湖南省浏阳市大瑶镇
10	黑龙江省阿城市玉泉镇	39	湖南省临澧县合口镇
11	上海市嘉定区南翔镇	40	广东省顺德市北滘镇
12	上海市松江区小昆山镇	41	广东省番禺市榄核镇
13	上海市嘉定区安亭镇	42	广西区北海市铁山港区南康镇
14	江苏省宜兴市和桥镇	43	广西区平南县大安镇
15	江苏省昆山市周庄镇	44	重庆市大足县龙水镇
16	江苏省锡山市华庄镇	45	重庆市荣昌县广顺镇
17	江苏省江阴市华士镇	46	四川省珙县巡场镇
18	江苏省常熟市大义镇	47	四川省郫县犀浦镇
19	江苏省吴江市黎里镇	48	四川省广元市中区宝轮镇
20	浙江省平阳县鳌江镇	49	贵州省仁怀市茅台镇
21	浙江省乐清市柳市镇	50	西藏区林芝地区八一镇
22	浙江省苍南县龙港镇	51	陕西省渭南市庄里镇
23	浙江省东阳市横店镇	52	甘肃省张掖市大满镇
24	安徽省凤台县毛集镇	53	甘肃省酒泉市总寨镇
25	安徽省霍邱县姚李镇	54	宁夏区吴忠市利通区金积镇
26	福建省南安市水头镇	55	新疆区乌苏市哈图布呼镇
27	江西省德兴市泗洲镇	56	青岛市胶南市隐珠镇
28	山东省广饶县大王镇	57	宁波慈溪市周巷镇
29	山东省安丘市景芝镇	58	深圳市龙岗区大鹏镇

住建部通过适时采取座谈会、现场交流会、培训、考察等形式加强对示范镇建设的指导。每 3 年组织一次全面检查考评，总结经验、找出差距。并且，住建部还继续分期增选全国小城镇建设示范镇。

（3）形成了一批全国村镇建设先进乡（镇），为开展小城镇建设示范工程项目奠定了基础

近年来，我国村镇建设事业蓬勃发展，涌现出一批规划布局合理、基础设施基本配套、居住环境较好、建设管理水平较高的县（市）。为了激励广大村镇建设工作者继续做好工作，进一步推动村镇建设事业的健康发展，建设部决定，授予大兴县等 41 个县（市、

区）全国村镇建设先进县（市、区）荣誉称号；授予小汤山镇等117个乡（镇）全国村镇建设先进乡（镇）荣誉称号；授予顺义区规划管理局等124个单位"全国村镇建设先进单位"荣誉称号。这些村镇建设先进集体在新的世纪里将为村镇建设事业作出新的贡献，为小城镇建设示范工程项目的实施奠定了良好的基础。

（4）全国各地确定了各自的小城镇建设试点镇或示范镇

为促进小城镇建设发展，特别是党的十五届三中全会以来，为实施"小城镇，大战略"，全国各地都确定了各自的小城镇建设试点镇或示范镇。例如，辽宁省曾在建设部确定的26个试点镇基础上，省政府又确定了100个试点镇。最近，为进一步带动全省小城镇快速发展，辽宁省又确定了15个小城镇建设示范镇，按照发展目标，指导示范镇健康、有序、快速发展。在示范镇形成比较合理的布局，比较完善的基础设施、比较优美的生活住区，比较良好的生态环境。

由于党中央、国务院和地方各级政府对小城镇建设的高度重视，近两年我国各地小城镇建设发展很快，建立了一批小城镇建设试点镇或示范镇。但总体看，我国小城镇建设水平和档次还较低，存在着规划布局不合理，资源严重浪费，环境质量日趋恶化，科技含量低，基础设施落后等问题。急需增加资金和科技等项投入，并建立合理有效的运行机制，开展示范工程建设，改变小城镇建设只重数量，不顾质量的现象，使我国小城镇建设进入一个新阶段。

9.1.2 试点、示范小城镇规划编制

215

试点、示范工程小城镇规划是试点示范小城镇建设和发展的蓝图。科学合理的小城镇规划可以产生巨大的经济、社会、环境效益。我国《国民经济和社会发展第十个五年计划纲要》指出，发展小城镇是推进我国城镇化的重要途径。小城镇建设要合理布局，科学规划，体现特色，规模适度，注重实效。要把发展重点放到县城和部分基础条件好、发展潜力大的建制镇，使之尽快完善功能，集聚人口，发挥农村地域性经济、文化中心的作用。2001年末，全国累计编制镇（乡）域总体规划36663个，占镇（乡）总数的88.14%。全国89.64%的建制镇、71.60%的集镇，已调整完善建设规划。

9.1.2.1 规划编制的科学性、合理性要求

小城镇试点、示范工程必须规划先行，同时小城镇规划必须科学合理。小城镇试点、示范工程规划不是一项简单的技术工作，科学的规划对于促进经济发展、合理利用土地、优化配置空间资源、改善居住环境、协调各项建设等方面都具有重要的指导意义。没有科学的规划，小城镇试点、示范工程建设的健康发展就无从谈起。

试点、示范小城镇规划编制的科学合理性应体现在以下几个方面：

第一，一致性。即城镇规划必须和土地利用规划、环境保护规划相一致，还必须同本地区的城镇体系规划相协调。要树立区域观念，从区域整体着眼来制定城镇的发展目标和建设标准。既要充分考虑全镇的要求与条件，又要考虑周边地区的影响因素。

第二，发展性。试点、示范小城镇规划要为未来发展留有空间和余地，在城镇功能、基础设施建设、住宅建筑建设等方面的规模、档次、质量充分考虑未来发展需要。

第三，可持续性。试点、示范小城镇规划要注意资源合理利用和环境保护，要适应环境容量，节约用水、节省土地，实现试点、示范小城镇的可持续发展。小城镇规划应当为

下一代发展创造条件，打下基础，留有发展余地，而不是为下一代发展设置障碍，制造一个个成为下一代破坏对象的建设项目。

第四，可依据性。试点、示范小城镇规划要以本镇总体规划作为规划依据。试点示范镇总体规划指导试点示范镇其他规划小城镇总体规划应体现：

(1) 根据县（市）域城镇体系规划所提出的要求，确定城镇的性质和发展目标；

(2) 根据对小城镇自身的发展优势、潜力与局限性的分析，评价其发展条件，明确长远发展目标；

(3) 根据农业现代化建设需要，提出调整村庄布局的建议，原则确定村镇体系的结构与布局；

(4) 预测人口的规模与结构变化，重点是农业富余劳动力空间转移的速度、流向与城镇发展水平；

(5) 提出各项基础设施与主要公共建筑的配置建议；

(6) 确定建设用地标准与主要用地指标，合理选择建设发展用地，提出镇区的规划范围和用地大体布局。

9.1.2.2 试点示范镇的特色塑造

城镇特色是指一座城镇的总体特征和风格，是城镇内在历史底蕴和外在特征等方面的综合表现。它是在城镇功能定位的基础上，将城镇的历史传统、城镇标志、经济支柱、文化底蕴、市民风范、生态环境等要素塑造出的独特个性。并终将成为支撑城镇经济增长的重要支柱和驱动城镇发展的战略性资源。失去"特色"的小城镇是没有生命力的。

纵观十几年来，我国以农村为主的小城镇建设虽然取得了一定的成绩，但从总体来看发展效果并不十分令人满意。其中最重要的原因之一就是小城镇建设缺乏自己特色，各地遍地开花，一哄而上，重复建设。结果不仅没能促进城乡经济社会发展、农村面貌的改善，反而为农村发展带来许多诸如加剧了非农建设乱占耕地、加速了乡村生态环境的恶化等不利因素。因此，小城镇特色建设研究不仅具有较强理论意义，而且具有较高的实践价值。

一个小城镇的特色建设，关键是自身的定位。每个小城镇的自然环境、地理位置、交通条件、地域文化、人文历史、经济结构、增长水平、产业结构、发展后劲等各方面都不尽相同，不能照抄照搬外地的特色定位和发展模式。而应在充分明确、明了自身长处的基础上，从有利的方面突破，创造独具特色的城镇结构形态，体现、培养并强化现代化小城镇的特色和风格。

小城镇试点、示范工程规划设计要充分体现自然、经济和社会特点，其特色主要体现在：

首先，试点示范规划设计指导思想要富有特色。结合当地实际情况科学规划，是实现小城镇建设特色的根本保证。小城镇特色的形成，首要的是小城镇规划有力、有效地指导。试点示范规划必须高起点，富有地方特色，应有前瞻性、科学性和实用性的完美结合。

其次，试点示范规划设计要体现鲜明的产业特色。小城镇建设必须有产业支撑，经济是小城镇发展的动力。小城镇经济发展促进小城镇建设，而小城镇建设又进一步促进小城镇经济发展，这已成为小城镇建设发展共性理念。塑造特色产业是增强试点示范小城镇产业支撑和经济发展活力的有力保证。试点示范小城镇应充分利用和发挥本地资源、区位等优势，制定优惠政策，积极引进人才、技术、资金，发展特色产业，特色产业和特色经济才是小城镇发展的力量源泉。试点示范小城镇规划建设应因地制宜，做好发展特色产业布局，建成一批带有鲜明经济产业特色、职能分工明确，不同特色产业的试点示范小城镇如乡镇企业主导型，工矿服务型，商贸型，旅游服务型，边贸开放型，生态保护型等不同经济类型的试点示范小城镇。

第三，试点示范小城镇风格要有区域特色。小城镇特色是小城镇个性的反映。有特色和个性的小城镇是最富有魅力的。中国五千年文明历史，是中华民族最宝贵的财富，在小城镇发展历程中也同样创造许多辉煌，小城镇中有也不乏许多特色精品，如山西古城平遥，江南小镇周庄、同里、乌镇；皖南山区古镇西递、宏村等。试点示范小城镇规划在特色定位时，要把握住当地人文历史、风俗民情、自然风貌，充分体现小城镇以人为本的原则，从小城镇建设特色上折射出人的智慧之光。

第四，试点示范小城镇规划设计要有鲜明的生态特色。可持续发展最重要的是保护生态平衡。营造良好的小城镇生态环境，应该成为小城镇与自然协调发展的永恒主题，生态特色是小城镇具有的最自然的美感。试点示范小城镇发展要特别重视发挥自身生态优势，重视生态环境保护。试点示范小城镇规划要有鲜明的生态特色。

第五，试点示范小城镇规划设计要体现文化品位的建筑特色。建筑是反映一个小城镇文化品位和风格特色的重要标志。因此，要做好小城镇建筑特色设计定位。中国建筑文化博大精深，各种建筑风格流派很多，小城镇建筑特色设计，应当邀请富有经验的专业资质设计者，结合地方人文历史，文化习俗，创作出富有区域地方建筑特色文化韵味的设计蓝图。

9.1.2.3 试点、示范镇规划实施监督管理的重点

在试点、示范镇建设中，必须努力维护规划的严肃性和权威性。规划的制定要严肃认真，要经过科学论证与社会广泛讨论。规划一旦审批，就必须严格按规划来实施，必须制定切实有效的实施办法和措施，严格查处违反规划的行为。

试点示范镇规划的实施监督管理的重点是：规划强制性内容的执行，调整规划的程序，重大建设项目选址，近期建设规划的制定和实施，历史文化名城保护规划和风景名胜区规划的执行，历史文化保护区和风景名胜区范围内的建设，各类违法建设行为的查处。

9.1.2.4 试点、示范镇的基础设施要求

(1) 道路铺装率

铺装道路是经过铺筑路面宽度在 3.5m 以上（含 3.5m）的道路。包括高级、次高级道路和普通道路，不包括土路和街道内部路面宽度不足 3.5m 的胡同、里弄。

建设事业"十五"计划纲要要求，2005 年村镇高级、次高级道路铺装率达到 18% 以上。国家建设部关于贯彻"中共中央、国务院关于促进小城镇健康发展的若干意见"的通知中明确提出，当前和"十五"期间，试点、示范小城镇道路铺装率应达到 80% 以上。

(2) 人均拥有铺装道路面积

根据《中国统计年鉴》（2002）统计资料，2001 年我国人均拥有铺装道路面积 11.6m²，表 9-2 为全国铺装道路面积及人均拥有铺装道路面积情况表。

217

全国铺装道路面积及人均拥有铺装道路面积情况表   表 9-2

项　目	1985	1990	1995	2000	2001
铺装道路面积（万 m²）	35872	89160	135810	190357	249431
人均拥有铺装道路面积（m²）	3.1	6.0	7.3	9.1	11.6

《城市道路交通规划设计规范》（GBJ 50220—95）规定，城市人口人均占有道路广场用地面积宜为 $7\sim15m^2$，其中道路用地面积宜为 $6.0\sim13.5m^2$／人，广场面积宜为 $0.2\sim0.5m^2$／人，公共停车场面积宜为 $0.8\sim1.0m^2$／人。

人均拥有铺装道路面积并非越大越好，因为人均拥有铺装道路面积越大，表明小城镇在一定人口规模下道路用地面积越大，不利于节约利用土地。试点、示范小城镇小城镇人均拥有铺装道路面积标准约为 $7\sim15m^2$。

（3）其他基础设施与公共设施

国家建设部关于贯彻"中共中央、国务院关于促进小城镇健康发展的若干意见"的通知中明确提出，当前和"十五"期间，试点、示范小城镇规划建设管理工作的主要任务和发展目标之一就是加强基础设施和公共设施建设。

试点示范镇应建设完善的供水、排水、供电、通信、供热、供气、环卫、防灾等基础设施以及公共设施，并应坚持高起点、高标准，在小城镇中率先实现现代化，达到满足经济发展社会进步需要的先进水平。

9.2　试点示范成功经验

综观全国示范小城镇成功经验，主要有以下几点：

9.2.1　解放思想，增强紧迫感

近年来，随着我国小城镇建设速度的不断加快，各级领导对搞好试点示范小城镇建设必要性和重要性的认识也在逐步加深。小城镇建设作为一项新的体现农村物质生活和精神生活的量化指标，是实现农村城市化现代化，推进城镇化和城乡一体化的重要组成部分。这已成为各级领导的共识，从而普遍增强了抓好小城镇建设的紧迫感、责任感和使命感。同时，人们的思想观念正在逐步转变，小城镇规划，从过去由政府下达指令、拨款各地编制规划，逐步转变为地方主动自筹资金，重编、修编规划；小城镇建设，从过去主要以政府穿针引线拉项目搞建设，逐步转向于自筹资金和引进外资搞建设；小城镇管理，从过去以人治为主，逐步走向依法治镇的管理轨道。

为加快小城镇建设发展步伐，四川省成立了由省委书记任组长，两位副省长（分管农村和城建工作）任副组长。由 20 家相关部门主要负责同志为成员的小城镇建设领导小组，设立了办公室（在省农工委），各市、地、州和县（市、区）及镇也相应成立了领导小组和工作班子，建立了主要领导负责制度、部门工作联系制度和会议、汇报制度，将小城镇建设总体目标、年度任务纳入干部考核内容，实行量化目标管理。目前，四川省、市、县和试点镇，已形成两个 1/2，即一是领导和干部，有 1/2 的力量在抓小城镇建设发展工作；二是在财力投入上，占 1/2 的财力用于小城镇建设和发展。同时，他们还通过政策倾斜，逐步建立和完善多元化投资机制，使小城镇建设有足够的资金支撑，他们一方面按照"谁投资，谁受益"的原则，加大招商引资力度，动员社会各方面投资，吸引农民进镇定居、办店建厂；另一方面，四川省和一些市、县有关部门结合业务发展适当安排小城镇建设资金。这些政策对试点镇的全面启动和顺利推进起到了较好的导向与激励作用，有70%以上的试点镇凭借土地和户口上的优惠政策，吸引来大批项目和资金，发展房地产等产业，增长了经济发展的后劲，从而在组织上、政策和措施上促进和保证了小城镇的建设和发展。

为使小城镇建设突破原有的旧框框、旧体制，四川省及时出台了川委发〔1994〕6号文件，主要从土地管理、户籍审批和投资多元化三个方面出台了11条优惠扶持政策，省相关部门和各地政府也出台了一系列细化配套措施，对试点镇建设全面启动起到了重要导向与激励作用。根据新形势，四川省又下发了川委发〔1998〕7号文件，在可利用的政策空间上继续给予政策扶持和倾斜，使四川省各级政府充分运用政策，进一步引导小城镇快速建设和发展。

9.2.2 试点示范镇规划的高起点、高水平

试点镇、示范镇规划一是各级领导转变了观念，重视规划修编工作。由过去应付编制规划，转变为主动从本地区发展前景考虑，全面、科学、高标准地修编规划。二是舍得投资，规划起点高。很多规划都请资质等级高的专业规划设计部门或大专院校协助修编。三是新修编的规划体现了适应市场经济发展的特点，可操作性强，达到了部、省、市提出的高起点、高标准、高质量的要求。四是在抓中心村规划修编工作中，按城乡一体化要求，精心布局，精心设计，通过规划建设一批不同类型的示范村镇。

四川省、市坚持了"统一规划、合理布局、综合开发、配套建设"的方针，按照"三面向"（面向市场、面向未来、面向现代化）、"三有利"（有利于合理利用耕地、有利于经济发展、有利于方便群众生活）、"四集中"（乡镇企业、市场、专业户、服务设施适当集中）的原则，精心搞好试点示范镇规划和布局，积极组织规划编制与审批工作，全省301个试点镇的规划资料完备。规划均由省组织专家作了评审，由市级政府负责审批，并由同级人大会议讨论通过。从而强化了规划的科学性、权威性。规划确定后，坚持按规划严格实施，依法严格管理，实行滚动式的综合开发建设，使小城镇面貌日新月异，增强了小城镇的综合功能和发展后劲，成为推动经济发展的有效载体。目前试点镇的发展方向比较清晰，近期、远期、远景三个规划目标也都比较明确。

在小城镇建设发展中，一些市、县非常重视规划的龙头作用。他们首先规划市区、县、镇的生产力布局和经济分区布局，一是注重小城镇建设与经济分区、用地结构紧密结合。首先规划市、区县、镇的生产力布局和经济分区布局，进而在此基础上编制市、区县小城镇建设发展总体战略规划，确定总体战略目标和阶段性发展目标，通过高起点的规划，建设高标准的小城镇。已有遂宁市、巴中地区和温江县、江油市等十几个市、县完成了试点工作。二是注重县（市）域城镇体系规划，使小城镇建设规划在系统布局规划指导下进行。三是依据县（市）域城镇体系布局，进一步编制小城镇规划，确定小城镇建设发展的等级、规模和结构。四是加大小城镇规划深度。

9.2.3 试点示范镇建设的高标准、高质量

广州、佛山两市的村镇建设，总体上按城市化格局，大力推行综合开发，实行统一设

219

计、统一施工、统一配套、统一管理，努力加快基础设施建设步伐。每个村镇都按居住区、工业区、商业区、文化娱乐区布局，为村镇居民提供了完备的基础配套设施、社会服务设施和良好的生产、生活条件。诸如：顺德市北窑镇形成了以 105 国道顺德段、三乐路和碧桂路等主干道为经纬，道路纵横交错，公园、广场相接，花草绿荫辉映的花园式现代化小城镇。镇区内的建筑物风格迥异，不乏"精品"，其中尤以依山傍水而建的碧桂园高级别墅为佳。其外观造型之新颖别致，内部装饰之富丽堂皇，环境绿化美化之赏心悦目，餐饮娱乐设施之高档气派。目前，这里的许多住宅，已被港澳人买下，做为自己的旅游度假休闲场所。花都市实现了市区通往镇区的道路宽度四车道，镇区通往中心村的道路宽度两车道，路面均为水泥硬覆盖。高明市杨梅镇的工业园区内，每引进一个项目、新建一个工厂，都成为一个别致的新景点。

9.2.4 实际出发，因地制宜

坚持从实际出发，因地制宜，采取不同的发展模式。纵观广州、佛山两市各镇的村镇建设发展模式，可谓各有特点。从城市化水平上划分，大体可分为两种类型；一是经济发达的顺德市，村镇建设实现了城市化；二是经济欠发达的高明市，村镇建设仍保留了部分田园风光。从依托发展的优势上划分，大体可分为五种类型：一是广州市东圃镇黄村，依托毗邻大城市的地缘优势，以有偿出让土地作为启动资金，开发房地产物业管理，推动村镇建设滚动发展；二是花都市芙蓉镇，高明市杨梅镇，依托当地山清水秀的自然资源优势，以大力开发旅游业作为新的经济增长点，用以促进村镇建设；三是花都市新华镇三东村，依托当地个体、私营业主多的财力优势，引导其投资，按照统一设计在本村规划区建别墅，获取村镇开发建设的资金来源；四是顺德市北滘镇，依托实施名牌战略，生产高科技含量、高附加值的工业产品。乡镇企业实力雄厚的产业优势，推动村镇建设上水平、上档次；五是仅有 58 万人口的花都市，依托全市海外华侨、港澳台胞达 30 万人的亲缘优势，吸引亲朋好友回家乡投资办厂，兴办花卉、淡水养殖等农事企业，用以反哺村镇建设。

在小城镇建设发展中，首先，应通过试点示范小城镇布局与经济布局紧密结合，按照经济布局，大力发展农业产业、乡镇企业和集镇市场建设。其次，示范镇产业的拉动又为小城镇建设发展注入新的活力。优化产业结构，使乡镇企业和劳动力适度向镇区集中，形成龙头骨干企业，努力使小城镇成为县域经济中发展最快的牵动力量。

9.2.5 发挥聚集效应

充分发挥聚集效应，使试点示范小城镇建设与经济发展相互拉动。实践证明，小城镇是"蓄水池"，是兴镇富民的有效载体。一方面，小城镇聚集了外来的人才流、财物流。信息流，改变了农村单一的产业结构，加快了产业化进程，带动了农村经济发展。另一方面，农村经济的发展，又反哺了村镇建设。小城镇的这种聚集效应，村镇建设与经济发展的相互拉动作用，在广州、佛山两市的小城镇中日趋明显。例如，高明市杨梅镇通过多种途径，花别人的钱，建自己的镇，富自己的民。一是吸引外商资金和外来人才，几年间累计引进外资 6000 余万元，用于本镇的房地产开发、工业园区建设和农业综合开发。目前，人口不足 3000 的镇所在地，仅工业开发区的外来员工就达 3000 多人。相当于是利用优惠政策，吸引高明市的单位和个人，在本镇兴建办公楼或集资联建住宅楼。三是将 3000 亩的山坡果园，以每 3 亩地为一个单元，有偿转让给城里人，作为旅游、度假、休闲的私家果园。顺德市北容镇通过全方位、多层次、宽领域的对外开放，吸引美国、日本、香港等 8 个国家和地区的跨国、跨地区企业集团前来投资和合作。逐步形成了以电风扇、空调机、电暖器、微波炉、电饭煲、电脑等几种产品为主体的工业体系，涌现出诸如美的、舰华、华星等闻名全国的乡镇骨干企业。目前，全镇拥有三资企业 121 家，投资总额达 7 亿美元。1997 年，全镇国内生产总值（GDP）已达 24.1 亿元。仅美的集团股份有限公司，就吸纳外来人员 18000 多人。

加强产业牵动，推进小城镇建设发展，也是四川省示范小城镇建设的一个显著特点。他们在加强小城镇领导，运用政策导向，促进小城镇建设发展过程中，始终把握一个宗旨，即运用政策，促进小城镇建设，促进小城镇产业发展，进而又推动了小城镇的建设和发展。如成都市为加大产业对小城镇建设发展的牵动、推动作用，他们坚持农业稳镇、工业立镇、三产兴镇的发展思路，以三个"突出"来加速小城镇的产业发展和小城镇建设。

一是突出招商引资。将此作为经济工作的重中之重，不断改善投资环境，改进工作作风，抽调得力人员，做好引资引项引人。四年间，成都市的试点镇共引进项目 4546 个，引进资金 92 亿，平均每个镇引进项目 51 个，引进资金 10345 万元。二是突出产业特点。在试点镇建设中，四川省特别强调发展具有特色经济的小城镇，初步总结出城郊结合型、专业市场型、工业基地型、资源开发型、古镇旅游型、新建开发型等各具特色的小城镇发展模式。如绵阳市武都镇依托驻镇大企业，走工业兴镇之路，建立了工业小区，引进和兴办了 70 余户企业，1997 年镇域社会总产值达 27 亿元，其中乡镇企业产值达到 10.05 亿元，比 1993 年增长 3.2 倍；第二、三产业发展迅速，非农产业比重达到 92%，从业人员 15578 人，占劳动力总数的 85%，实现财政收入 1100 万元，比试点前增长了 1 倍。成都市因地制宜，确立各镇的主导产业和拳头产品，形成特色经济，增强自身的吸引、辐射、牵动能力。1999—2002 年，初步形成了几个不同的发展模式。如近郊的红光镇、犀浦镇利用接受中心城市辐射的条件，发展为工业主导型小城镇。中远郊一些城镇则分别向资源开发型和工商贸型城镇发展，如青城山镇发展为旅游城镇、永丰乡的皮革加工已成为支柱产业，并成为西南皮革行业重要产销集散地。三是突出协调发展，不断优化三资产业结构，提高镇域经济的运行质量。目前，试点镇的二、三产业上升到 90%，已成为经济主导力量。与 1993 年相比，成都试点镇镇平均社会总产值达 76802 万元，增长 183%，比全市平均水平高 206%；财政收入镇平均 917 万元，增长 119%；镇域农民人均纯收入达 2759 元，增长 110%，比全市平均水平高 14%。总之，成都产业的发展，又为小城镇的建设发展注入了新的活力，使小城镇建设水平又上了一个新的台阶，镇区的基础设施有了进一步改善，四年来，试点镇基础设施总投资达 21.2 亿元，镇均投入 2383 万元，新建、扩建了一批水、电、气、通信、市场等项目，基础设施配套能力明显增强，在经济增长的推动下，城镇化水平有了新的提高，人口结构、产业结构、公共与个人消费等方面变化较大，试点镇城镇人口占镇域总人口的比重从 16% 提高到 18.5%，非农产业比重从 82% 提升至 90%，使小城镇发生了显著变化。

小城镇是农村一定区域内的政治、经济、文化中心。是以人口聚集为主体，以物质开发、利用、生产为特点，以聚集效益为目的，集政治、经济、物质为一体的有机实体。它

221

在一定区域内，对周围的乡村具有辐射带动作用。而在沈阳于洪区很难找到具有这种作用的中心和实体，各乡镇之间差别不大，互相间辐射带动作用比较小，这是因为于洪区的乡镇分布广、密度大、规模小。全区774km² 的面积，就有20个乡、镇、街，每个乡镇只有10km 左右的距离，甚至有的乡镇间只有千米之隔。因此，很难使乡镇在本地区形成中心，产生较大的辐射和带动作用。如大潘镇的马贝村，农业及工商业的发展都较快，它们直接面向市场、面向中心城市。再如杨士乡的宁官村，依靠中心城市的辐射功能和路边优势，其发展规模已超过了乡政府所在地。再如，北陵乡的小韩村，因靠近大二环，村屯建设发展很快，正在创建沈阳第一村。因此，于洪区的土地上到处都有村庄里的城市，每个村庄都有实现城市化的条件。

经济建设是村镇建设的前提，村镇建设又是经济建设的必要保证。搞好小城镇建设对促进农村经济的发展，调整农村产业结构和劳动力结构都起着重要作用。作为社会实体的小城镇是一定区域内生产力布局的载体，一般都有与本地区相适应的，具有地方特色的一两个龙头产业。而于洪区小城镇建设中，在产业布局方面没有完全形成这样的特点。无论是从全区来看，还是就某一个乡镇来看，哪一个产业都不占主导地位，明显呈现出第一、二、三产业齐头并进，全面发展的态势。从全区看，由于紧靠中心城市，土地效益较高，哪一乡镇的种植业、养殖业都很兴旺，而且兴建了隆迪、正捷等一批龙头企业，全区工商业发展也很迅速，产值利税年年增长。再从局部看，沙岭镇的服装加工闻名沈阳，而大棚蔬菜，养鸡及餐饮业也同样有名。

实现农业集约化、专业化、产业化，进而实现现代化是我国农村改革的第三步宏伟目标。小城镇建设是农业产业化、现代化的载体，也是启动农村市场的一把钥匙。因此，在实现这一目标的过程中，必须加快小城镇建设。在小城镇建设中，既要适应城市建设和经济发展的需要，又要使其有一个合理化、完整化的发展体系，从而使小城镇建设稳步发展和不断完善。

由于于洪区具有城边、路边、开发区周边的优势，其飞速发展的经济一定会促进其小城镇建设的发展，加之城区面积的不断扩大，交通、通信事业的不断发展，现在的近郊、中郊、远郊的概念将逐步消失，于洪区将率先在全市实现农村城市化，并将成为沈阳市物资流通的集散地。由于洪区半环于沈城西部，与全市10个县（市）交界，土地平坦且资源丰富，域内道路四通八达，新建市场较多，且规模宏大，因此，于洪区很可能成为沈阳市西部市场群。

在市场机制下，决定城市化的经济因素按照经济自身的运行规律相互作用，使城市化符合经济规律，在计划体制下，城市化有较多人为的主观因素，决策的失误和不合理的利益机制造成严重的城市化偏态发展。在体制转轨过程中，制度的惯性和利益导向的共同作用也会使城市化偏态发展不可避免。城市化偏态发展，系指城市化过程中诸如滞后发展、地区差异、人口流动、资源流向等不合理现象。在正常的城市化过程中，人口和资源向城市空间聚集源于规模经济和聚集效应。在社会专业化分工日益发展的情况下，城市集中产生的比较利益是居民和企业向城市聚集的根本动力。而城市化规模和程度则受社会生产力发展水平的制约，即城市化进程须与社会经济发展水平相适应，城市化过快会给对社会各方面带来压力，抑制经济发展，过慢则不能充分发挥经济聚集的优势和作用，同样阻碍经济发展。城市现代化是建立在当代世界科学技术发展的基础上，它有合理优化的城市产业结构，有先进的城市基础设施，发达的文化教育体系，高质量的生活环境，能适应国际、国内广泛的经济、文化交流的需要。城市化不等于城市现代化，只有在工业化基础之上的城市化才能发展成为现代化。一些发展中国家由于农村落后，造成大批农业人口涌入城市，使城市人口比重的上升与城市化的程序严重脱节，甚至出现人口爆炸的负面效应。就我国而言，一方面工业化超前，城市化滞后，另一方面，农村落后，大批非农人口急需容纳，这就要求我们在城市化过程中树立大都市战略，推进城市现代化，并在城市现代化过程中，依靠中心城市辐射功能，促进小城镇健康发展，加速城镇化。

9.3 试点示范镇案例分析

9.3.1 沈阳市试点示范小城镇建设

沈阳市共有小城镇 57 个（不含 81 个集镇）。其中 19 个被国家、省、市确定为试点镇。

中央十一届三中全会以来，特别是 1990 年以来，沈阳市的小城镇建设以试点示范建设为龙头，在政策推动、经济带动和中心城区辐射牵动下，有了较大的发展。小城镇数量增多，人口规模扩大，经济实力增强，功能不断完善，农村城镇化速度明显加快。

9.3.1.1 总体思路和战略

（1）更新观念，明确战略任务

一是统揽全局，牢固树立现代化观念。小城镇一头连着大中城市，一头连着广大农村。农业产业化、现代化需要小城镇的依托和牵引；中心城市调整产业结构、转移产业需要小城镇拉动和承拉。所以必须把经济增长和农业城市化视为一个整体，把发展示范小城镇当做牵动全局发展的大事来抓。要深刻认识我国的现代化是整体的现代化，如果乡镇没有建设好，中心城市再先进，也不是真正的现代化。所以，抓好试点示范小城镇建设是一项十分重要、非常紧迫的任务。

二是树立统筹规划，集中建设的观念。小城镇发展和建设是一项综合性很强的工作，单靠某一个部门很难统一起来，因此必须强调集中统一领导，应由一名主要领导牵头，由政府一个部门负责协调，相关部门联动推进。小城镇建设一定要克服随心所欲、盲目建设，这样可以节约土地、减少投资、便于安排基础设施建设，有利于提高环境质量和生活质量。

三是树立因镇而异，量力而行，重点建设的观念。小城镇建设千万不能搞运动，要从本乡、镇实际情况出发，按照总体规划，根据经济实力，逐步进行建设。决不要"千篇一律，一哄而上"。一定要重点建设好示范这个龙头，沈阳市要求各级领导一定要统一思想，提高认识，将试点示范小城镇建设和发展摆到重要议事日程，切实抓出成效；并把这项工作列入市、区、县（市）主要领导的任期考核目标。

（2）强化修编示范小城镇发展规划

修编试点示范小城镇发展规划，将其纳入全市经济和社会发展总体规划之中。从沈阳市实际出发，充分考虑长远发展，对已经列入规划范围的小城镇应逐个进行分析，突出重点，精简数量，合理布局。修编示范小城镇发展规划坚持以下几条原则：一是规划

"高起点、高标准、高质量"，坚持科学发展观。二是同产业布局协调。从全市产业布局考虑，把示范小城镇作为产业布局的重要载体。三是市、区、县（市）、镇（乡）三级规划同步修编，互相配套一致。四是示范小城镇规划建设应注重特色塑造，切忌"一个面孔"。

（3）调整经济布局，为小城镇建设和发展注入经济动力

小城镇的建设与发展主要是依靠经济发展和产业的支撑。为此，在调整全市经济布局中采取以下战略性措施。一是加速中心城区工业有计划地向小城镇特别是试点示范镇的扩散和转移。21世纪内，沈阳市应通过产业结构和经济布局调整，将中心城区工业有计划、有步骤地向周边组团、卫星城、中心小城镇实行战略转移。使其成为沈阳地区新的工业生产基地。中心城区则重点发展金融商贸等第三产业和高新技术产业，提高产业结构层次，拓展中心城区功能，实现集散、管理、服务、创新和生产五大功能。铁西工业区改造利用结构调整和重组的机遇，把不适应在中心城区生存的企业搬出去，形成开发、设计、组装、信息以及服务基地。二是农业专业化、市场化、现代化建设围绕中心小城镇来拓展。通过"一带四区"建设，带动沈阳市农业专业化、市场化、现代化的形象。在中心小城镇建立起产业的基础，以龙头企业带动中间产业链和农户，创立农副产品品牌，促进流通和社会服务业发展，促进生产要素和人才向小城镇聚集。三是加速农村乡镇企业向中心小城镇集中。小城镇的建设和发展在很大程度上要依赖乡镇企业的快速发展。沈阳市大部分地区的乡镇企业基础分散在各个村落，处于小而分散和无序状态，使乡镇企业的发展不能相应带动第三产业的发展，损失了大量的就业机会，影响了剩余劳动力的有效转移。因此，沈阳市乡镇企业的区位布局，必须走集中化道路。通过规划指导，政策引导和加快小城镇基础设施建设促进乡镇企业向小城镇靠拢。对于少数经济基础薄弱、工业落后而资源开发潜力大、区位优势明显的小城镇或工业无处安排的小城镇可以考虑新建工业小区。通过乡镇企业向小城镇集中，适度扩大小城镇的人口规模和经济实力，提高农村城市化和工业化水平，推动沈阳市小城镇建设和发展。四是加强集镇市场建设，大力发展第三产业。市场建设是农村经济发展的重要组成部分，也是小城镇建设发展的重要动力之一。在推进小城镇建设发展中，应重点发展为第一、二产业和为小城镇居民服务的生产要素市场和以金融、社会保障、生活服务等为重点的第三产业，充分发挥市场对小城镇资源配置的基础性作用，促进农村城市化和服务社会化，增强小城镇的吸纳功能，促进小城镇建设和发展。

（4）加大政策引导力度，促进小城镇快速发展

在市场经济条件下，发展小城镇必须依靠政策措施的推动和引导。几年来，沈阳市先后出台了一些政策措施。首先落实好国家、省、市有关小城镇建设发展的政策规定，建立完善政策扶植体系。其中包括鼓励乡镇企业向小城镇适度集中、加速中心城区产业结构调整和产业转移、畅通融资渠道、疏通农业流通渠道、改革社会保障、适当下放管理权限，以及理顺管理体制等配套政策。确实加快中心小城镇建设的对外开放步伐，采取以地换项目，以街路、交通等基础设施的冠名权、建设权、经济权等办法吸引外资。引入市场机制，多方聚集资金。调动社会的力量，调动城镇居民和进城农民的力度，积极投身小城镇建设。随着市、县（市）、镇三级财力的增强，从城建费用和政府财力等方面加大对小城镇建设的支持力度。

9.3.1.2　中心任务的确定与实施

(1) 确立以试点为重要环节的城镇体系

以前的小城镇体系建设规划与经济发展布局脱节。主要表现在，小城镇发展规划与城乡布局规划缺乏统一协调，在时空上存在错位；乡镇工业布局分散，没有通过规划引导和政策导向使乡镇工业在小城镇相对集中，甚至农村工业小区建设也与小城镇脱节，建制镇镇区第二、三产业的集中度低于25％和40％；中心城区工业扩散在地域上存在分散性、盲目性，缺乏有计划、有目的地向小城镇搬迁。由于第二、三产业集中度低，缺少人流、物流与信息流的相对集中，导致沈阳市小城镇人口规模偏小［单个小城镇现状人口为(0.17—5.4)万人］，职能单一(第二、三产业落后的农业型小城镇占1/3以上)；经济实力不强，发展动力不足。个别小城镇长期停滞在自然行政村落的水平上。

"十五"规划至今已形成了中心城区—副城及组团—卫星城—小城镇的城镇结构体系。除中心城区外，发展了6个副城，2个边缘组团，6个卫星城和57个建制镇，还有81个小集镇。小城镇建成面积已达111.99km²，约占城乡建成总面积的6.2％。一批工贸型、农贸型、工业主导型、工矿型、农工型、旅游型小城镇和试点小城镇已初露端倪。

(2) 提高中心镇的城镇化水平

以前，中心城区对小城镇经济发展的辐射和拉动作用没有充分发挥。沈阳市广大农村小城镇背靠沈阳市，有得天独厚的发展优势，但优势发挥不充分。一是对沈阳市中心城区与周边小城镇相互关系和作用缺乏深入系统的研究，未能提出一套可遵循的指导性意见。二是对发挥中心城区的辐射作用缺乏科学的规划和行之有效的具体措施，沈阳市虽然提出了"以城带乡"，但缺乏有计划、有目的的规划和组织，缺乏工作重点和突破口，基本上处于自发状态。三是市区产业结构调整升级和向小城镇扩散转移缺乏大思路、大动作，许多新区建设仍然在中心城区周围打圈子。一方面造成中心城区城市发展空间不足，城市用地紧缺，环境恶化；另一方面造成中心城区人口过于集中，小城镇发育不良，缺少大、中、小城镇的合理匹配、城镇网络结构不合理。到1997年末，在中心城区190km²的土地上集中了360余万人，人口密度每平方公里近2万人，全市54％的人口分布在占全市1.5％土地的城区内。而小城镇人口数量只集中了镇域人口数量的25.9％。1991～1997年，小城镇人口增加5.8万人，年增长率仅为2.6％。

现在，沈阳市小城镇人口为33.6万人，占全市农村人口的11.33％。其中非农业人口10.59万人，城镇化水平有较大提高。全市农村经济已从过去单一的农业结构发展成第一、二、三产业的三元经济结构体系，第二产业总产值已达225.3亿元，第三产业总产值为61.04亿元。第一、二、三产业比例为1∶3.18∶1.2。

(3) 加强中心镇基础设施

以前的小城镇规划起点不高，没有引导好基础设施建设。沈阳市小城镇规划起步较早，到现在已有87.5％的乡镇完成了建设规划的编制工作。但调查中也发现，小城镇规划存在规划滞后，深度不够，起点不高等问题。到目前为止，尚未编制出市域、区域和县(市)域小城镇发展总体规划，使乡(镇)域总体规划及建设缺少依据；已编制的小城镇规划大多数未达到国家《村镇规划编制办法》要求，只达到镇规划"五图一书"水平，难以对小城镇建设进行有力指导；规划标准偏低，预留空间不足，过去老城区存在的布局不合理、建筑单调、生态环境质量差的现象又在一些小城镇重复出现。小城镇建设中还存在偏重基础设施规划，缺乏经济发展、社会化服务、生态环境建设、可持续发展等综合考虑。

随着农村经济的发展，沈阳市各级政府逐步增强了小城镇基础设施投资。现在，沈阳市小城镇基础设施建设无论是道路总长度、路面铺装率、绿化覆盖面积、人均公共绿地面积及邮电、通信、供水、排水等方面都有了较快的发展。城镇居民生活水平和质量有所提高。到1997年底，沈阳市小城镇住宅总面积已达6807500m²。其中楼房住宅1896300m²，占27.86%，人均居住面积达16.89m²；全市小城镇人均收入为2603元。

（4）提高小城镇的管理水平

在部分地区和部门，还没有把加快小城镇建设放到加快农村经济发展、调整农村经济结构、吸纳农村劳动力、推进农村城镇化、缩小城乡差距的战略高度来认识，没能把小城镇建设发展列入重要工作议程，工作缺乏自觉性、主动性、超前性；相关部门工作脱节，不能形成合力；受自然经济和小农经济思想束缚，规划和建设起点不高；村镇建设改革力度不大，管理不严，法规不健全；在工作指导上，不同程度的存在重城区，轻小城镇的倾向。从总体上看，沈阳市小城镇建设发展综合水平不高，农村城镇化速度相对缓慢。

随着小城镇建设的发展，沈阳市开始对小城镇实行市、区县（市）、乡（镇）三级管理。从1993年开始，市有关部门进一步抓了村镇建设管理人员岗位合格证培训，实行村镇建设管理人员持证上岗制度，提高小城镇规划建设管理水平。

9.3.1.3 分类示范和建设

（1）试点示范镇经济类型划分的主要依据

• 经济特征

依据第一、二、三产业在国内生产总值中的比例以及其他相关因素，可将沈阳市试点示范小城镇划分为如下类型：

1）第一产业>50%，且农民人均纯收入达到市平均水平（2398元）或超过小康收入水平的，是农业型小城镇；第一产业>50%，且农民人均纯收入低于市平均水平或低于小康收入水平的，为农业资源型小城镇。

2）第二产业>50%，且乡镇工业总产值超过2亿元或增加值超过5000万元的，为工业主导型小城镇。

3）第三产业>30%，且营业收入超过1亿元或GDP超过3000万元的，为贸易主导型小城镇。

4）第一产业>50%，且第二产业>25%的，为农工型小城镇。

5）第一产业>50%，且第三产业>20%的，为农贸型小城镇。

6）第二产业>40%，且第三产业>20%的，为工贸型或贸工型小城镇。

• 人口特征

7）在镇域总人口中，非农产业人口占15%—20%的，为工贸型小城镇，低于15%的，为农业型小城镇。

• 其他特征

8）镇域经济、镇区建设主要依靠迁入外来建设的工厂、矿山作为主要支撑的，为工矿型小城镇。

9）镇域或镇区内，具有独特的旅游资源，可望牵动本地经济快速发展的，为旅游型小城镇。

10）农工贸经济具有良好发展前景，主导产业发展势头良好，市场占有率不断扩大的，在不同类型小城镇前面，冠以重点小城镇。

（2）试点示范镇经济类型划分

1）农业型小城镇

这类小城镇的产业结构，以第一产业为主导，有一定的商品粮、经济作物、禽畜、渔业等生产基地，农业生产水平比较先进，第一产业产值和国内生产总值占有较大比重（GDP占50%以上），从业农业生产人员一般占从业人员总量的60%以上，第二、三产业比重较小，农业经济是本地的主导产业，这类小城镇今后应加快农业产业化步伐，同时，应大力发展以农副产业为基础的第二、三产业。农业型小城镇主要分布在郊县共有7个（新民市公主屯镇、柳河沟镇、辽中县杨士岗镇、刘二堡镇、冷子堡镇、于家房镇、满都户镇）。

2）资源农业型小城镇

这类小城镇的产业结构、从业人员结构与农业型相同，但农业基础设施差，农业生产条件落后，农业劳动生产率和商品率低，农民人均收入水平低于全市平均水平，有的尚处于贫困线之下。今后，政府应适当增加投入，促进农业产业化经营。其小城镇发展水平在短期内尚难以大幅度提高。这类小城镇主要分布在远郊康平、法库两县，共有10个（康平县小城子镇、方家镇、张强镇、东关屯镇，法库县柏家沟镇、大孤家子镇、三面船镇、秀水河子镇、茂台镇、登士堡镇）。

3）农工型小城镇

这类小城镇以第一产业为基础，第一产业在国内生产总值中所占比重在35%左右，农业生产水平较高，农业内部比例比较协调，农业商品率较高，第二产业发展较快，GDP占40%左右，第一、二产业相互促进发展，工业将逐步成为主导产业，小城镇建设发展呈较快的态势。这类小城镇主要分布在中、近郊，共有5个（新城子区财落堡镇，于洪区平罗镇，新民市前当堡镇、胡台镇、法哈牛镇）。

4）农贸型小城镇

这类小城镇第一产业情况与农工型城镇类似，主要是集镇贸易较为发达，对当地与周边地区有较好的辐射作用，如新民市大民屯镇已有上百年的集市贸易传统，第三产业较为发达。其发展可以走农贸兴镇之路。这类小城镇主要分布在中、近郊区、共有9个（东陵区视家镇、李相镇，新民市大红旗镇、梁山镇、兴隆镇、大民屯镇、大柳屯镇，辽中县朱家房镇、新民屯镇）。

5）工业主导型小城镇

这类小城镇工业具有明显优势，CDP占到50%以上，一般均依托中心城市人才、技术优势，形成了具有较高技术含量和较强市场生产能力的产品，或是兴办起工业小区，或是有一批实力较强的企业，工业发展势头良好，城镇建设水平将迅速提高。其主要分布在近郊区，共有5个（新城子区虎石台镇、清水台镇、道义镇，于洪区马三家子镇、大潘镇）。

6）工贸型小城镇

这类小城镇不仅具备工业型城镇的特点，而且市场体系比较健全，贸易发达，如沙岭镇的服装（以西裤为主）加工与销售，占五爱市场销售量70％左右，茨榆屯镇服装、鞋帽批发市场占地120000m²，已跻身于海城西柳、辽阳佟二堡等超级市场行列，年交易额达25亿元。这类小城镇第一、二、三产业发展协调，市场拉动作用明显，城镇化将会得到超常规发展。这类小城镇全市共有15个（苏家屯区十里河镇、红菱堡镇、姚千户屯镇、沙河堡镇、八一镇，东陵区高坎镇。英达镇、古城子镇、桃仙镇、新城子区蒲河镇、兴隆台镇，于洪区沙岭镇，辽中县茨榆坨镇、肖寨门镇、长滩镇）。

7) 贸易主导型小城镇

这类小城镇第二、三产业较发达，第三产业在GDP中的比例接近或超过第二产业，市场对经济的拉动作用突出，有望加速人口集中规模。这类小城镇全市共有3个，是东陵区的深井子镇、台塔镇、汪家镇。其第三产业GDP分别为2.93亿元、2.81亿元、1.63亿元。

8) 工矿型小城镇

这类城镇主要是依托工矿企业的带动，发展起自身的第一、二、三产业。其发展与工矿企业的兴衰密切相关，为此，应抓住机遇，发展好自身的主导产业。这类小城镇有3个（苏家屯区陈相屯镇、林盛堡镇和新民市的兴隆堡镇）。

9) 旅游型小城镇

这类小城镇具有较丰富的人文、自然景观的旅游资源。应抓住机遇，加大招商引资与开发力度，努力使旅游业成为支柱产业。这类小城镇有新民市的前当堡镇，东陵区的李相镇等。

9.3.2 北京昌平北七家镇试点示范镇建设

9.3.2.1 区位优势与功能定位

北七家镇位于北京市区北部、昌平区的东南部，四面与北京顺义区、朝阳区、北苑边缘集团、清河边缘集团、沙河卫星城、百善镇、小汤山镇为邻，距安定门、昌平区各18km，镇域面积60.45km²，人口16.5万人。

北七家镇交通便捷，东距首都机场15km，西距八达岭高速公路12km，南距奥运村和城市轻轨霍营站2km，北邻快速六环路。北七家镇与中关村高新产业园区和新的中央商务区具有良好的通达性，位于城市中轴线上，毗邻奥运村公园区和温榆河绿化分隔区，不但环境优美，而且位于城市上风、上水地带，随着北京市第二道绿化分隔区和温榆河绿色生态走廊建成，北七家未来环境优势将更加显突。同时，北七家镇处于北京市几个边缘集团、天竺空港城和重点建设城镇的中间地带，潜在市场和发展优势明显，并且具有良好的自然生态资源外，还有丰富的地热资源，为开发特色产业和中高档住宅区提供良好的资源支撑。

北七家镇是北京核心城区和昌平区结合部的北京市小城镇试点镇和全国小城镇建设综合改革试点镇。试点镇规划主要功能定位为产业多元化和高技术化特色工业园区，北京后花园多样化生态居住小区、第二居所和观光休闲区。

9.3.2.2 中高档住宅为主的房地产业成功选择

1992年前，北七家镇在当时北京昌平县排名倒数，全镇年税收七八十万元，企业交利五六十万元，底子薄、企业负债率高，靠贷款交"利"，乡镇企业难成气候，北七家镇没有独特物质资源，但有大都市后花园和亚运村地区开发房地产的明显区位优势，北七家镇抓住改革历史机遇，大胆尝试 1992 年引进第一家房地产开发公司，开发了"八仙新村"，建成 2 个月收回资金 1 亿元，1994 年又陆续引资开发了"蓬莱别墅"、"桃园公寓"、"帝景花园"、"温泉花园"、"海得堡"、"欧风豪门"等 6 个房地产项目，取得显著的经济效益和社会效益，经济实力在整个郊区排名第二。北七家镇在一个时期房地产业作为优势产业发展的成功还在于：

（1）靠房地产业完成了小城镇建设与发展的资本原始积累。

（2）小城镇经济结构得到迅速调整，第三产业在房地产业的带动下出现超常规发展，1995～2001 年第三产业的年增率按可比价计算达到 29.8％，高出整个 GDP 年增长率近 10％，分别更高出第二产业和第一产业近 17％～21％。

（3）有力推动全镇基础设施和公共设施建设，投资环境进一步改善，在北京申奥成功后，来北七家镇洽谈项目的开发商不下 200 家，发展势头十分强劲。

（4）带动与房地产开发相关的建筑业、建筑材料产业，并均有相当发展基础。

（5）促进小城镇经济全面、持续高速增长，1995～2001 年的 GDP 增长率为 20.1％，远高于北京 10％左右的年增长率。

（6）有效保护区域生态环境。北七家镇 1/3 建设用地位于北京第二条绿化隔离带的温榆河生态保护带，北七家选择发展中、高档住宅和现代化休闲农业有效保护了区域生态环境。

图 9-1 为北七家镇 1990～2001 年历年 GDP 和第一、二、三产业变化态势图。

229

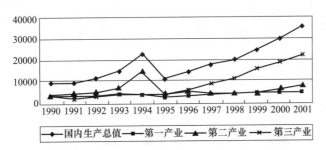

图 9-1　北七家镇 1990～2001 年历年 GDP 和第一、二、三变化态势图

资料来源：北七家镇总体规划　中国城市规划设计研究院

表 9-3 为北七家镇近期建设房地产开发及改造项目。

北七家镇近期建设房地产开发及改造项目　　　　　　　　　　表 9-3

	项目名称	总投资（亿元）	建设规模及内容
1	上城国际花园建设工程	5 亿元	150000m² 高档住宅
2	世纪星城	7.5 亿元	300000m² 居住及配套
3	米兰家园（暂定名）	16 亿元	800000m² 居住及配套
4	平西府旧村改造	11 亿元	500000m² 居住及配套
5	诺亚方舟老年乐园	0.5 亿元	一期批复 16500m² 居住及配套，正在续批
6	海青花园住宅小区一期工程	1.65 亿元	一期批复 82500m² 居住及配套
7	海青花园二期	7 亿元	350000m² 居住及配套公建设施
8	北七家住宅合作社项目	16 亿元	800000m² 居住及配套
9	八仙庄村梨园合作开发项目	1.1 亿元	50000m² 居住及配套

续表

	项目名称	总投资（亿元）	建设规模及内容
10	平坊村旧村开发改造项目	6 亿元	300000m² 居住及配套
11	恒银城	10 亿元	总规模约 560000m² 居住及配套
12	平坊村旧果园合作开发项目	3.4 亿元	170000m² 居住及配套公建设施
13	郑各庄村旧村改造（宏福苑）	3 亿元	210000m² 返迁组团及配套公建设施
14	温都水城住宅区	4 亿元	200000m² 居住及配套公建设施
15	温榆家园	5 亿元	240000m² 居住及配套公建设施
16	温榆花园（暂定名）	5 亿元	240000m² 居住及配套
17	海青落湖居住小区	6 亿元	180000m² 居住及湿地休闲配套公建设施
18	威尼斯花园二期	1.2 亿元	68200m² 居住及配套公建设施
19	燕丹村旧改及开发项目	5 亿元	250000m² 居住及配套设施
20	南七家村小城镇改造开发	19 亿元	750000m² 居住及配套设施

北七家镇试点示范经验表明，小城镇发展离不开特色产业带动的全面、持续经济发展，小城镇要充分利用区位优势与各种资源，因地制宜，积极培育区域经济特色的优势产业和特色产业，促进村镇产业集聚，产业升级和经济增长，实现经济发展和城镇建设相互协调，双向带动。

由于北京申奥成功，以奥运公园为核心的大亚奥地区将成为北京未来名副其实的中央生活区（CLD），与东部朝阳区的中央商务区（CBD）和西部海淀区的中央高新技术工业区（CID）一起成为北京现代化大都市和世界城市和焦点。大奥运地区将成为现代化北京最适合居住的区域。北七家和亚运村地区近 10 多年来房地产业突飞猛进发展昭示北京奥运将会给大亚奥地区的房地产业带来更为巨大发展。作为奥运一级到二级辐射区的过渡地带，北七家镇继续发展中、高档住宅和北京城区中上收入居民的第二居所，仍然有极大的比较优势，培育房地产优势产业和特色产业仍然是一个时期北七家试点镇经济发展的必然选择。

北七家镇房地产开发项目分布示意图（见书后彩图）。

9.3.2.3 试点示范小城镇规划及其"龙头"作用

规划是进行合理的选择和对未来活动加以控制的行为，目的是为规划对象谋取可能条件下的最大利益。小城镇规划是小城镇发展和建设的"龙头"，小城镇建设必须按规划进行。作为全国试点示范镇。北七家镇规划还应突出小城镇试点示范工程规划的作用。

（1）发展目标与发展策略

北七家镇作为全国小城镇建设综合改革试点镇，首先要在发展现状和发展要素分析研究基础上，通过有特色的旧村改造和试点示范工程建设，妥善解决"三农"（农业、农村、农民）问题，为率先实现全面小康打好基础，在此基础上，按城乡一体化的要求，率先实现试点示范镇现代化，促进逐渐发展成为大北京都市区中的一个具有环境优美、布局合理，特色鲜明的边缘中小城市。

发展策略着重以下方面：

1）合理疏导、整合利用现有基础的房地产开发，并作为带动旧村改造的原始外部动力之一，促进北七家城镇化和绿色空间建设。

2）积极发展以科技园和宏福利业园为核心的第二产业和以现代服务业为核心的第三

产业，形成支撑北七家可持续发展的重要基础。

3）改造农业结构，形成以旅游，观光、设施农业为主体的现代农业结构。

4）保护生态环境，经济活动与环境改善相互促进，发展与保护共生。

5）培育特色、主导产业以高新产业孵化园区和其他特色工业园区为基地，大力发展电子、通信等高技术产业簇群和一定规模的建筑、建材工业，提高产业的持续竞争力。

表 9-4 为北七家镇工业园区近期建设项目。

北七家镇工业园区近期建设项目   表 9-4

园　区	总投资（亿元）	发展建设方向
北七家工业科技园区	40	高科技产业
宏福工业制造园区	5.3	机械制造、新型建材、服装服饰
宏福生物产业园区	2.0	生物制药
北邮信息谷	6.0	软件研发信息设备制造
北京亚运村汽车贸易服务园区	4.5	整车及零配件销售、相关服务业设施

（2）规划理念与对策

北七家镇由于历史和行政区划等原因，镇域空间布局比较散乱，在总体结构上，全镇尚未形成统一的中心，村镇发展缺乏相互联系与协调。针对现状存在问题，中国城市规划设计研究院完成的北七家镇总体规划，主要采取以下规划理念与方法：

1）强化概念式空间规划，合理布局和调整各种用地的建设规模和次序，为未来发展把握好方向和留有余地。

2）应用经营城市的理念进行空间规划管理，把城镇建设作为企业的服务平台，确定试点示范镇企业在参与市场竞争中的主体地位。

3）应用工业簇群的理念培育优势产业，优化产业结构、经济结构和产业空间结构，不断提高产业在全球范围内的竞争力。

4）加强现代化基础设施和公共设施的配套建设，搞好与大都市基础设施网络系统的衔接与协调，同时加强生态环境建设，创建田园城市。

北七家镇重视规划的作用，在完成总体规划以后，现正继续委托中国城市规划设计研究院编制详细规划、公共设施规划。

10 小城镇规划建设及其相关政策与法规

我国的城镇化、小城镇发展与新农村建设是紧密联系的，并且一直与三农问题息息相关。

小城镇与新农村建设是解决"三农问题"的重大举措，不仅涵盖解决"三农"问题方面的政策内容，而且还赋予全面建设小康社会、加快推进社会主义现代化建设的时代特征。同时包含了经济、政治、文化、社会、组织各方面建设在内的综合性概念。

10.1 快速发展时期的小城镇规划建设管理主要相关政策举措回顾

10.1.1 1991—1995 年小城镇规划建设管理相关政策举措

（1）1991 年 3 月 8 日国务院批转原建设部等部门关于进一步加强村镇建设工作请示的通知（国发［1991］15 号）。

通知指出："村镇建设是我国社会主义现代化建设的重要组成部分，对于加强农业这个基础，促进农村经济与社会发展，实现亿万农民安居乐业都具有重要意义。必须在努力发展农业生产，增加农村收入的基础上，本着勤俭节约的原则搞好村镇建设。各级地方政府要切实加强对村镇建设工作的领导，认真贯彻全面规划、正确引导、依靠群众、自力更生、因地制宜、逐步建设的方针，注意节约建设用地，充分依靠集体和农民的力量，推动村镇建设事业的健康发展。"

（2）1992 年 6 月 30 日原建设部关于印发 1992—1995 年事业改革要点的通知（建法［1992］415 号）。

本通知中提出深化村镇建设体制改革，提高村镇建设整体水平，强调集镇建设，特别是建制镇建设，要按照统一规划，组织建设。抓好试点，提高建设质量。国家、省、地（市）县都要按照不同层次、不同水平，继续抓好一批村镇建设试点。要节约建设用地、严格控制宅基地和建筑面积，提高工程质量，增强抗灾能力。要把村镇建设同农村奔小康、同乡镇企业发展，同推进城市化进程结合起来，建设一批社会主义现代化新农村典型。并通过以点带面，推动整个村镇建设工作向前发展。

（3）原建设部关于贯彻党的十三届八中全会精神，搞好村镇建设工作的通知（建村［1992］55 号）。

本通知强调当前要着重做好的以下几方面工作：

1）认真提高村镇规划水平，坚持按规划进行建设；

2）切实搞好集镇和建制镇建设；

3）加强对农房建设的指导；

4）大力开展村镇建设技术服务工作；

5）继续组织村镇建设试点工作，建设不同地区、不同经济条件的试点网络；

6）加强村镇建设管理，健全法规，依法行政；

7）继续有计划地搞好灾后重建工作。

（4）1994年9月8日原建设部、国家计委、国家体改委、国家科委、农业部、民政部关于印发《关于加强小城镇建设的若干意见》的通知。

本通知指出，党的十一届三中全会以来，农村经济体制改革不断深化，农村经济有了很大发展。广大农民自己动手，建设家园，乡镇企业异军突起，促进了原有小城镇的改造与发展，带动了一批新型小城镇的兴起，为我国农村加速发展第二、三产业，就地转移劳动力，繁荣经济，加强精神文明建设，创造了良好的基础条件。但是一些地方和部门，对小城镇建设认识不足、重视不够，缺乏统一规划和积极引导，盲目乱建、浪费土地的现象也时有发生。为贯彻落实党的十四届三中全会通过的《中共中央关于建立社会主义市场经济体制若干问题的决定》精神，切实加强小城镇建设工作，提出以下几个方面意见：

1）统一思想，提高认识，把小城镇建设作为一件大事来抓；

2）全面规划，依法管理，促进小城镇建设的健康发展；

3）深化改革，理顺体制，努力提高小城镇建设服务水平；

4）以科技为先导，提高小城镇建设的科技水平；

5）加强领导，抓好试点，推动小城镇整体水平的提高。

（5）1995年3月29日原建设部关于列为建设部小城镇建设试点镇（第二批）的批复。

批复中要求，各地一定要把小城镇规划好、建设好、管理好。要抓好试点工作，有条件的县要重点抓好1—2个试点，不断积累经验，切实起到示范作用。

批复附件2：建设部小城镇建设试点工作意见（试行）。

意见指出，目前，全国小城镇建设正处于一个蓬勃发展的新时期。适应新形势的需要，建设部选择500个小城镇作为全国试点。提出通过试点，要探索不同经济和社会发展水平，不同自然条件，不同类型的小城镇建设途径和方式；探索小城镇建设如何促进农村产业结构调整，富余劳动力转移，推动农村经济和社会发展，加快乡村城市化进程的有益经验；探索建设有中国特色小城镇的路子，为推动全国小城镇建设稳步健康发展作出贡献。

试点小城镇要认真贯彻"统一规划，合理布局，因地制宜，各具特色，保护耕地，优化环境，综合开发，配套建设"的方针，按照城市化、现代化、社会化的方向进行规划建设。各地要根据实际情况制定具体目标，力争到21世纪末，把试点小城镇初步建设成为布局合理、设施配套、交通方便、环境优美、具有地方特色的社会主义新型小城镇，并从中总结经验，以指导全国小城镇建设健康发展。

（6）1995年7月14日原建设部办公厅关于印发《建设部在江苏省张家港市进行城市现代化、乡村城市化建设试点工作方案》的通知（建办秘〔1995〕123号）。

试点工作方案提出试点目的：通过推动张家港市加快城市现代化、乡村城市化建设步伐，探索具有中国特色的、适应社会主义市场经济要求的城乡规划、建设、管理的路子和成套经验，以指导和促进全国城市现代化和乡村城市化的健康发展。

233

试点内容：

包括城市现代化建设和乡村城市化建设这两个互相联系，统筹协调，同步推进的方面：

1）依据地区经济发展的格局，结合行政区划、自然地理和资源条件等因素，形成市、镇、行政村、农民居民点的合理布局。

2）在大力发展城市经济的基础上，实现科学的城市规划、完善的城市功能、高效的基础设施、舒适的居住条件、社会化的服务系统、健全的生态环境、科学的城市管理、高度的精神文明。

3）随着农村经济的发展，有计划地实行乡镇企业和人口的相对集中，改造现有的小城镇，建设新的小城镇，搞好两个文明的建设，提高其城市化、现代化程度。同时，帮助农村居民提高生活质量，转变生活方式、改善生活条件，使他们享受到更多的现代城市文明。

4）以改革的精神，建立符合精简、效能原则的城乡规划、建设、管理的行政体制，以及促进城乡建设事业走上良性循环轨道的运行机制。

5）按照加强法制建设的要求，建立城乡规划、建设、管理的法规体系和执法监督系统。

6）广泛采用现代科学技术、提高城乡规划、建设、管理的质量、效率和效益。

7）原建设部组织的有关试点工作，如住宅小区建设试点、小康住宅示范工程试点、小城镇建设试点、现代企业制度试点等，也应在张家港市选点。

（7）1995 年 8 月 30 日原建设部关于同意将四川省郫县列为乡村城市化试点县的批复（建村［1995］497 号）。

批复指出，"进行乡村城市化试点县工作，是为了适应农村富余劳动力向第二、三产业转移，逐步向小城镇集聚的需要，通过试点工作，摸索小城镇建设的规模、标准和速度，全面推动乡村城市化进程。""……使郫县试点工作在西部地区乡村城市化进程中发挥示范作用。"

10.1.2 1996—1999 年小城镇规划建设管理相关政策举措

（1）1996 年 2 月 25 日原建设部关于对《张家港市城市现代化、乡村城市化建设试点总体方案》的批复（建办［1996］136 号）。

批复提出组织实施试点总体方案的要求：

1）积极探索和开拓具有中国特色的城乡现代化建设的成功之路；

2）切实加强城乡规划管理，大力提高城镇设计和工程设计水平；

3）积极推进城乡现代化建设，实现基础设施高效能、生态环境高质量、社会化服务高水平；

4）大力加强法制建设，切实把城乡现代化建设纳入社会主义法制的轨道；

5）切实加强对试点工作的组织领导，不断把试点工作提高到新的水平。

（2）1996 年 7 月 12 日原建设部关于印发《建设事业"九五"计划和 2010 年远景目标纲要》及专项规划的通知（建计［1996］413 号）。

附件六《村镇建设"九五"计划与 2010 年远景目标》。

附件包括"八五"计划执行情况和现状，发展趋势和发展目标，以及"九五"计划及2010年规划等内容。

附件指出：这里泛指的小城镇，即县城关镇以下的建制镇和一部分规模较大的集镇，约占5万个的35%～40%。根据地域条件和市场经济的孕育程度存在的差异，沿海、沿江、沿干线和沿边的一些小城镇作为重点，优先发展，给予扶持。"八五"计划提出21世纪末把20%，即1万个小城镇建设成为初期规模，能够适应当地经济发展和社会进步需要，布局合理，设施完善，具有地方特色的新型小城镇，其中：3000个小城镇达到2～3万人以上规模，7000个达到1万人以上规模。在此基础上进入下个世纪，2010年争取其中一半发展到3～5万人，个别的突破10万人，形成集聚效益，这个目标须在"九五"期间促其实现。

同时根据农村形势发展和重点建设小城镇的要求，在"九五"期间采取以下三个基本对策：

（1）开展不同层次的试点工作，统称为"625工程"。

其中："6"指6个乡村城市化试点县（市）。选择广东顺德、福建福清、浙江绍兴、江苏锡山、山东荣成和辽宁海城六个沿海地区经济发展较快的县市，以全县域为试点对象，摸索和研究小城镇建设在适应乡村城市化发展的过程中，包括农村剩余劳动力转移、向小城镇集聚、对建设方面的各项要求，进而确定适应城市化发展需要的小城镇建设标准的量化指标。

"2"指确定京津唐和襄樊—南阳2个地区，作为探讨中部地区小城镇建设发展规律的试点。重点研究发展中存在的问题，制定相应政策和管理办法。

"5"指抓好全国500个不同类型小城镇的试点。通过试点建设的全过程，总结各种类型小城镇建设的经验，提出具体形象的示范点，分类指导。推动全国面上的工作。

（2）推动体制改革，配合有关部门制定并试点小城镇上实验户籍管理体制，土地使用体制、社会保障体制等改革，总结经验促进建设发展。

（3）增强综合建设的力度，实行综合开发，配套建设，改革传统的分散建设方式，逐步走向集中建设的道路。

3.1996年9月18日原建设部关于印发乡村城市化试点县（市）工作要点和试点县（市）乡村城市化指标体系（试行稿）的通知（建村〔1996〕526号）。

通知指出《指标体系（试行稿）》是在过去三年乡村城市化试点工作的基础上，并结合国际上通用的城市化参考指标提出来的。其中乡村现代化总体发展水平部分指标涉及国民经济相关行业的发展，由于它们是乡村城市化工作的重要基础条件，同乡村城市化进程关系密切，因此，同时作为衡量乡村城市化水平的重要内容指标。

• 乡村城市化试点县（市）工作要点

要点指出试点目的是：在一个县（市）域范围内，研究探索县（市）域范围内城镇体系的合理布局，公用设施配套的最佳规模标准，乡村城市化指标体系和提高小城镇规划、建设、管理水平的政策与措施，探索一条符合我国国情的乡村城市化道路，在全国起到乡村城市化示范作用。

试点内容和要求：

（1）编制和完善比较科学合理的，能够适应经济社会发展需要的县（市）域城镇村各

235

项规划。

各个层次的各项规划要符合实际，并相互协调，使不同层次、不同规模、不同功能的社区形成一个有机的社会生活整体。

（2）精心规划、精心设计、精心施工、精心管理，努力提高建设水平。

在规划设计方面，要注意做到继承与创新相结合，使之既有时代特征，又具地方特色，注意整体景观的协调。要健全管理机构队伍，理顺管理体制，形成较完善的管理制度。规划建设管理各方面都应居全国先进水平。

（3）适应产业结构和生产力布局调整，在建设中要引导乡镇企业依托小城镇相对集中发展，以节约土地，降低能耗，形成聚集和规模效益。

（4）公用基础设施建设要坚持高起点、高标准，供水、供热、供气、通信、垃圾及污水处理等主要公用基础设施要首先实现现代化、达到适应满足经济发展、社会进步需要的水平。

（5）建立和完善能够满足广大人民群众需要的社会公益设施系统，文化、教育、体育、卫生、科技、信息、娱乐等公益设施要配套建设，在乡镇中心区形成方便农村居民生活的商业、金融、邮政、文化、服务等设施相对集中的社会服务街区。

（6）实行统一组织、综合开发、配套建设。规划区内的商贸小区、工业小区、文教小区、住宅小区等要按照市场经济的原则进行成片开发建设，开发一片，成效一片，逐步推行住区物业管理。

（7）加强城乡科技交流，提高村镇建设科技水平。加大新设计、新工艺、新材料及适用技术与产品的推广应用力度。部颁推广技术或适用技术普及率达到 40%。

（8）建立和完善与社会主义市场经济体制和乡村城市化进程相适应的土地、财税、户籍、劳动用工、社会保障等制度及配套政策，形成有利于乡村城市化试点工作的政策环境。

• 试点县（市）乡村城市化指标体系（试行稿）

基本原则：

（1）充分考虑农村人口和经济要素向城镇集聚的过程，强调农村的社会进步和现代化过程，以及小城镇公用基础设施水平的提高。

（2）以可持续发展的思想为指针，综合、全面反映县（市）行政区域城乡人民物质文明和精神文明发展水平。

（3）充分考虑我国人口基数大、人均资源贫乏的国情、社会经济文化的特点以及地区之间发展的阶段性，不平衡性和结构的差异性，客观地反映乡村城市化的动态过程。

（4）特别突出有关节约土地，能源及各类资源，积极促进村镇建设适用技术的应用，提高小城镇建设的科技水平。

（5）充分考虑乡村城市化指标与国际流行的社会一般性标准有较强的可比性；指标在定性和定量相结合的基础上，尽可能简明、量化、容易获取，统计口径基本一致。

（6）建立乡村城市化指标是为了寻求一个衡量乡村城市化进展程度的客观标准，并能在全国起到一种带动和示范作用，各量值的选取是有一定的超前性和较高起点。

本指标体系共二十八项指标和标准，分下列两个部分。

1）乡村现代化总体发展水平指标（见表 10-1）

表 10-1

指标名称	单 位	2000 年达标值
1. 人均日内生产总值（GDP）	元（人民币）	＞1000
2. 人均年均收入	元（人民币）	＞8000
3. 第三产业占 GDP 比重	％	＞30
4. 恩格尔系数	％	＜40
5. 城镇人口比重	％	＜45
6. 市政公用设施投资率	％	＞5
7. 平均预期寿命	岁	＞70
8. 九年制义务教育普及率	％	＞95
9. 每一医生服务人口数	人	＜500
10. 婴儿死亡率	％	＜0.01
11. 人均住宅居住面积	m²	＞18
12. 住房成套率	％	＞85

2）乡村城市化基础设施发展水平指标（见表 10-2）。

表 10-2

指标名称	单 位	2000 年达标值
1. 县域等级公路密度	km/km²	＞1.5
2. 人均铺装道路面积	m²/人	＞12
3. 人均年生活用电量	kW·h/人	＞600
4. 电话普及率	部/百人	＞30
5. 自来水普及率	％	＞90
6. 自来水人均用水量	升/人/天	＞200
7. 生活用燃气普及率	％	＞60
8. 管道燃气普及率	％	＞15
9. 集中供热普及率（北方）	％	＞30
10. 污水集中处理率	％	＞30
11. 垃圾无害化处理率	％	＞50
12. 卫生厕所普及率	％	＞20
13. 人均公共绿地面积	m²/人	＞10
14. 绿化覆盖率	％	＞30
15. 建筑工程优良品率	％	＞30
16. 部颁推广技术应用率	％	＞40

237

4. 1997 年 5 月 12 日原建设部关于《历史名镇（村）》申报工作的通知（建村〔1997〕87 号）。

通知指出：我国村镇现有大量历史传统建筑，这是我国灿烂传统文化的重要组成部分，其中不少具有很高的历史文化保护价值和可供借鉴的建筑艺术价值，必须切实注意加强保护。通知提出历史名镇（村）必须具备下列条件：

（1）镇（村）辖区内存有成片的历史传统建筑群，总建筑面积在 5000m² 以上；

（2）历史传统建筑必须是明清及更早年代建造的房屋；

（3）建筑水平较高，保存较完好。

5. 1997 年 7 月 18 日原建设部关于认真贯彻执行党中央国务院《关于进一步加强土地管理切实保护耕地的通知》的通知（建规〔1997〕177 号）。

通知提出：

（1）切实加强城市用地的规划管理。各级城市规划行政主管部门要"进一步强化以选址意见书，建设用地规划许可证，建设工程规划许可证为核心的城市规划管理"工作，加强对城市土地利用的规划管理，为了防止国有土地资产的流失，城市国有土地使用权出让前，必须由城市规划行政主管部门根据经批准的城市规划提出明确的规划使用条件，作好出让的基本依据。凡未经城市行政主管部门批准而擅自出让的，有关城市规划行政主管部门依法不予承认，并应及时提请追究有关单位的责任。

（2）依法进一步强化城市的统一规划管理。

依据《城市规划法》的规定，加强在城市范围内的统一规划管理。建设用地和建设项目的规划审批权力必须集中在城市人民政府的城市规划行政主管部门，对于确有必要又具备条件而在各类开发区、大中城市的区等设立的规划管理机构，只能作为上级城市规划行政主管部门的派出机构，行使上级城市规划行政主管部门委托的建设项目建议权和规划实施监督检查权。

（3）认真清理城市规划区内建设用地的利用情况。

清理的重点，一是近年来未经过城市规划行政主管部门批准，无规划依据擅自批租的土地，要坚决查清基本情况，并向所在的城市人民政府提出报告和处理意见。二是各类开发区，凡不符合中央文件规定的，一律要提请有关城市人民政府予以撤销。开发区土地凡利用不符合经批准的开发区性质的，要控制在现有规模，不得再扩大。对于各类开发区的规模要依据城市总体规划和开发区规划的实施情况进行重新核定，并在此基础上依法重新组织编制和审批开发区规划。三是对于已经批准的其他建设用地，凡在法定期限内未按规划要求进行建设的，都要依据城市规划向所在的城市人民政府提出另行安排使用的方案；对于上述经清理并报经城市人民政府批准予以收回的土地，由城市规划行政主管部门依法实行统一规划管理。此外，要对城市现有建成区的土地利用情况进行调查分析，依据城市规划，按照经济效益，社会效益，环境效益统一和可持续发展的原则，向所在城市人民政府提出实事求是，切实可行的改造挖潜的方案。

（4）强化国家和省级城市规划行政主管部门对城市规划，建设的调控职能。

今后对于涉及新增建设用地的建设项目和大中型建设项目以及对城市规划实施有较大影响的建设项目，原则上应由项目所在城市的城市规划行政主管部门负责依据城市规划提出选址意见书及具体的规划设计条件，报送批准建设用地或建设项目立项的部门相应等级的城市规划行政主管部门审批。未经相应的城市规划行政主管部门审批的，所在城市的城市规划行政主管部门不得核发建设用地规划许可证和建设工程规划许可证。

（5）进一步做好城市规划的编制与审批工作。

一是要加快编制省域城镇体系规划，深化市域、县域城镇体系规划，根据需要开展城镇密集地区的城镇体系规划，从区域整体角度确定城镇发展战略，推进区域协调发展；二是总体规划修编审批及人口、用地规模核定中，城市人口，用地规模的确定，必须依照中央和国务院有关规定，进行科学的、实事求是的分析论证，严禁以任何借口随意扩大城市规模；城市用地规模的确定，必须严格按照国家规定的标准，不得随意改变；城市总体规

238

划要对城市规划区内必须进行保护的基本农田以及其中不得进行开发建设的地区明确划定，并提出具体的、严格的保护和管理措施；各类开发区要划入城市规划区，纳入城市总体规划。已完成总体规划编制的城市，要在总体规划的指导下，加快分区规划和详细规划的编制与审批，特别是近期建设和重点建设用地的控制性详细规划。

（6）加强法制建设、建立执法检查制度。

一是采取有效措施，切实保证城市规划法律地位的严肃性，并提请省（自治区）市人大常委会在修订有关地方法规时，加强确立城市规划的法律地位以及加强集中统一规划管理等方面的内容；二是从今后起要在全国逐步建立城市规划执法检查制度。

（7）依据工作任务健全机构、充实人员，保证工作任务顺利完成。

10.1.3 2000—2002 年小城镇规划建设管理相关政策举措

10.1.3.1 2000 年小城镇建设相关政策举措

（1）中共中央、国务院出台了关于促进小城镇健康发展的意见，对小城镇健康发展提出了明确要求。

按照党的十五届三中全会提出的"要制定和完善促进小城镇健康发展的政策措施"的要求，6 月份，中共中央、国务院下发了《关于促进小城镇健康发展的若干意见》（中发[2000]11 号）（以下简称中央 11 号文件），进一步明确了发展小城镇的重大战略意义，提出了小城镇发展的指导方针、原则以及深化小城镇用地、投融资体制改革等的具体政策措施，是指导我国小城镇发展的纲领性文件。主要内容是：

1）发展小城镇必须坚持的指导原则

发展小城镇既要积极，又要稳妥。要尊重规律、循序渐进，因地制宜、科学规划，深化改革、创新机制，统筹兼顾、协调发展。各地要从实际出发，根据当地经济发展条件、区位特点和资源条件，搞好小城镇的规划和布局，优先发展已经具有一定规模、基础条件较好的小城镇，防止不切实际，盲目攀比。

2）发展小城镇要统一规划和合理布局

要抓紧编制小城镇发展规划，并将其列入国民经济和社会发展计划。重点发展现有基础较好的建制镇，注重经济、社会和环境的全面发展，合理确定人口规模与用地规模。规划的编制要严格执行有关法律法规，切实做好与各有关规划的衔接和协调，注意保护文物古迹以及具有民族和地方特点的文化及自然景观。

3）积极培育小城镇的经济基础

要根据小城镇特点，以市场为导向，以产业为依托，大力发展特色经济，着力培育各类农业产业化经营的龙头企业，形成农副产品的生产、加工和销售基地。发挥小城镇功能和连接大中城市的区位优势，兴办各种服务行业，因地制宜地发展各类综合性或专业性商品批发市场。充分利用风景名胜及人文景观，发展旅游观光业。

4）注重运用市场机制搞好小城镇建设

各地要制定吸引企业、个人及外商以多种方式参与小城镇基础设施投资、建设和经营的优惠政策，多渠道投资小城镇教育、文化、卫生等公共事业，走出一条在政府引导下主要依靠社会资金建设小城镇的路子。国家要在农村电网改造、公路、广播电视、通信等基础设施建设方面给予支持。地方各级政府要重点支持小城镇镇区道路、给水排水、环境整

239

治等公用设施和公益事业建设。

5）妥善解决小城镇建设用地

要节约用地和保护耕地。通过挖潜，改造旧镇区，积极开展迁村并点和土地整理，开发利用荒地和废弃地，解决小城镇的建设用地。采取严格保护耕地的措施，防止乱占耕地。小城镇建设用地要纳入省、市、县的土地利用总体规划和土地利用年度计划。对重点小城镇的建设用地指标，由省级土地管理部门优先安排。除法律规定可以划拨的以外，小城镇建设用地一律实行有偿使用，现有建设用地的有偿使用收益，留给镇财政，统一用于小城镇的开发和建设；小城镇新增建设用地的有偿使用收益，要优先用于重点小城镇补充耕地，实现耕地占补平衡。

6）改革小城镇户籍管理制度

从2000年起，凡在县级市市区、县人民政府驻地镇及县以下小城镇有合法固定住所、稳定职业或生活来源的农民，均可根据本人意愿转为城镇户口，并在子女入学、参军、就业等方面享受与城镇居民同等待遇。对进镇落户的农民，可以根据本人意愿，保留其承包土地的经营权，也允许依法有偿转让。

7）完善小城镇政府的经济和社会管理职能

要积极探索适合小城镇特点的新型城镇管理体制，建设职责明确、结构合理、精干高效的政府。理顺县、镇两级财政关系，完善小城镇的财政管理体制。

8）搞好小城镇的民主法制建设和精神文明建设

要健全民主监督机制，依法行政。大力提高镇区居民和进镇农民的思想道德水平和科学文化素质。

（2）加强对发展小城镇的政策指导和协调，继续做好试点示范工作。

1）制定促进小城镇健康发展的具体政策措施

按照中央11号文件要求，组织编制了城镇化重点专项规划，提出要把引导乡镇企业合理集聚、完善农村市场体系、发展农业产业化经营和社会化服务体系等与小城镇建设结合起来。有关部门就加强小城镇规划建设和土地管理等工作提出了具体意见。

①"十五"期间要把15％的建制镇建设成为规模适度、经济繁荣、布局合理、设施配套、功能健全、环境整洁、具有较强辐射能力的农村区域性经济文化中心，其中少数具备条件的小城镇发展成为辐射和带动能力更强的小城市。

②搞好小城镇规划建设管理。发达地区要在2001年底以前、其他地区要在2002年底以前完成县域城镇体系规划的组织编制工作，并据此搞好小城镇规划的编制和调整完善工作。

③要突出重点，积极推进中心镇的建设，对具有区位优势、产业优势和规模优势的中心镇，优先发展，并给予必要的政策倾斜。

④要严格执行土地利用总体规划，做到县域城镇体系规划和建制镇、村镇建设规划与土地利用总体规划相衔接，建制镇和村镇规划的建设用地规模要严格控制在土地利用总体规划确定的范围内。

⑤小城镇建设用地必须立足于挖掘存量建设用地潜力，用地指标主要通过农村居民点向中心村和集镇集中、乡镇企业向工业小区集中和村庄整理等途径解决，做到在小城镇建设中镇域或县域范围内建设用地总量不增加。

240

⑥充分运用市场机制配置小城镇建设用地，小城镇国有建设用地除法律规定可以划拨方式提供外，都应以出让等有偿使用方式供地，加强集体建设用地管理，切实保障农民的合法权益。此外，对改革小城镇户籍管理制度也提出了具体意见。

2）继续开展小城镇试点、示范工作

有关部门在对近三年来开展的示范项目建设情况进行总结的基础上，进一步明确了示范工作的思路、重点和政策措施，继续开展了小城镇经济综合开发示范镇项目的建设工作。2000 年，在全国选择了 100 个基础条件较好、示范带动作用明显的建制镇进行经济综合开发的试点，引导乡镇企业合理集聚，完善农村市场体系，发展农业产业化经营和社会化服务体系，促进小城镇经济发展。这项工作的开展，在引导地方各有关部门把工作重点由注重开展小城镇水、电、路等基础设施建设，转向注重培育小城镇主导产业，繁荣小城镇经济、实现小城镇可持续发展上，起到了较好的引导和示范作用。同时，在加快农业和农村经济结构的战略性调整、促进农民增收和扩大国内需求等方面也收到了明显成效。继续开展了小城镇建设的试点工作。对 58 个全国第二批小城镇建设示范镇在规划编制、供水设施建设等方面给予了一定的技术、政策和资金支持，加强了对小城镇建设及规划的指导。

发展小城镇的规划和组织实施工作主要由地方负责。2000 年，地方各级党委、政府按照中央 11 号文件要求，加强对发展小城镇工作的领导，积极做好发展小城镇的各有关工作。例如，吉林省专门组织编制了小城镇发展"十五"计划，并将其列入该省经济社会发展总体规划；江苏省积极推动本省小城镇的建设和发展；广东、安徽等省安排财政专项资金用于开展小城镇有关的试点示范工作。

10.1.3.2　2001 年小城镇发展相关政策举措

2001 年，各地、各部门要按照中央 11 号文件的要求，从战略高度充分认识加快发展小城镇的重大意义，并结合本地和本部门的实际，尽快研究制定贯彻落实党中央、国务院文件精神的具体措施和意见，切实加强小城镇发展规划的编制和组织实施工作，重点发展已经具有一定规模、基础条件较好的建制镇，避免一哄而起和盲目攀比，注重合理使用、节约和保护资源，加大环境保护和治理的力度，为小城镇长期发展创造良好环境。发展小城镇，重点是繁荣小城镇经济。各地各部门在继续抓好小城镇规划和落实有关政策的同时，要把大力发展小城镇经济放到更加重要的位置。重点要抓好以下三点：

1. 大力发展以农副产品加工业为主的乡镇工业

进一步发挥小城镇联接城乡、原料资源丰富、劳动力充足的优势，加快发展农副产品加工业，积极探索合理的生产组织形式和利益分配机制，把农业生产的产前、产中、产后有机地联系起来，提高农业的比较经济效益和农民的收入水平。抓住国有企业战略改组的机遇，吸引技术、人才和相关产业向小城镇转移，积极运用先进实用技术改造生产工艺，开发适销对路的新产品，提高产品的技术含量和市场竞争能力，引导乡镇工业向小城镇和乡镇工业小区集中，避免重复建设，减少资源消耗和对环境的污染，逐步实现可持续发展。

2. 加快发展小城镇第三产业

一是完善仓储、批发和零售贸易等市场设施，因地制宜发展各类综合性或专业性商品批发市场。适应农村居民生活水平提高、消费水平和消费方式不断变化的需求，加快发展小城镇商业零售业。通过采取与大中城市超市连锁等形式，发展商业连锁、物资配送、旧货调剂等。二是加快发展农业信息、农业科技、农村金融等为生产和生活服务的部门，提高服务质量和水平，逐步建立健全高效的资金融通体系、技术服务体系和信息传递机制。三是大力发展文化教育、广播电视、卫生体育、社会福利等项事业，提高居民科学文化水平和素质。结合布局调整，把中小学校适当向小城镇集中，加强文化场馆等的建设。四是对拥有旅游等特色资源的小城镇，要充分利用各自的风景名胜及人文景观，合理开发旅游资源，把工作的重点放在完善配套设施、加强管理和改善环境上。

3. 积极发展特色农业

各地在发展小城镇经济中，要注意保护好基本农田和加强农业基础设施建设，充分发挥小城镇在发展优质高效农业生产和特色农业的生产等方面的优势，突出抓好良种繁育体系建设和各类先进适用农业技术试验示范基地建设，发展无公害及绿色食品等特色农业的生产，为推进农业和农村经济结构的战略性调整提供引导和示范。

10.1.3.3　2002 年小城镇规划建设管理主要政策举措

(1)《国务院关于加强城乡规划监督管理的通知》（国发〔2002〕13 号）有关小城镇摘要

为进一步强化城乡规划对城乡建设的引导和调控作用，健全城乡规划建设的监督管理制度，促进城乡建设有序发展，通知中对小城镇规划建设管理工作提出的相关要求如下：

1）端正城乡建设指导思想，明确城乡建设和发展重点

发展小城镇，首先要做好规划，要从现有布局为基础，重点发展县城和规模较大的建制镇，防止遍地开花。地方各级人民政府要积极支持与小城镇发展密切相关的区域基础设施建设，为小城镇发展创造良好的区域条件和投资环境。

2）大力加强对城市规划的综合调控

城乡规划是政府指导、调控城乡建设和发展的基本手段。各类专门性规划必须服从城乡规划的统一要求，体现城乡规划的基本原则。

要发挥规划对资源，特别是对水资源、土地资源的配置作用。注意对环境和生态的保护。

3）严格控制建设项目的建设规模与占地规模

城市规划区内的建设项目，都必须严格执行《中华人民共和国城市规划法》。各项建设的用地必须控制在国家批准的用地标准和年度土地利用计划的范围内。凡不符合上述要求的近期建设规划，必须重新修订。城市建设项目报计划部门审批前，必须首先由规划部门就项目选址提出审查意见；没有规划部门的"建设工程规划许可证"，有关商业银行不得提供建设资金贷款。

4）严格执行城乡规划和风景名胜区规划编制和调整程序

地方各级人民政府必须加强对各类规划制定的组织和领导，按照政务公开、民主决策的原则，履行组织编制城乡规划和风景名胜区规划的职能。规划方案应通过媒体广泛征求专家和群众意见。规划审批前，必须组织论证，审批城乡规划，必须严格执行有关法律、法规规定的程序。

总体规划和详细规划，必须明确规定强制性内容。任何单位和个人不得擅自调整已经批准的城市总体规划和详细规划的强制性内容。确需调整的，必须先对原规划的实施情况

进行总结，就调整的必要性进行论证，并提出专题报告，经上级政府认定后，方可编制调整方案，调整后的总体规划和详细规划，必须按照规定的程序重新审批。调整规划的非强制性内容，应当由规划编制单位对规划的实施情况进行总结，提出调整的技术依据，并报规划原审批机关备案。

各地要高度重视历史文化名城保护工作，抓紧编制保护规划，划定历史文化保护区界线，明确保护规则，并纳入城市总体规划。历史文化保护区，要依据总体规划确定的保护原则制定控制性详细规划。城市建设必须与历史文化名城的整体风貌相协调。在历史文化保护区范围内严禁随意拆建，不得破坏原有的风貌和环境，各项建设必须充分论证，并报历史文化名城审批机关备案。

风景名胜资源是不可再生的国家资源，严禁以任何名义和方式出让或变相出让风景名胜区资源及其区土地，也不得在风景名胜区内设立各类开发区、度假区等。要按照"严格保护、统一管理、合理开发、永续利用"的原则，认真组织编制风景名胜区规划，并严格按规划实施。规划未经批准的，一律不得进行各类项目建设。在各级风景名胜地区内应严格限制各类建筑物、构筑物。确需建设保护性基础设施的，必须依据风景名胜区规划编制专门的建设方案，组织论证，进行环境影响评价，并严格依据法定程序审批。要正确处理风景名胜资源保护与开发利用的关系，切实解决当前存在的破坏性开发建设等问题。

5）健全机构，加强培训，明确责任

各级人民政府要健全城乡管理机构，把城乡规划编制和管理经费纳入公共财政预算，切实予以保证，设区城市的市辖区原则上不设区级规划管理机构，如确有必要，可由市级规划部门在市辖区设置派出机构。

要加强城乡规划知识培训工作，重点是教育广大干部特别是领导干部要增强城市规划意识，依法行政。

城乡规划工作是各级人民政府的重要职责。市长、县长要对城乡规划实施负行政领导责任。各地区、各部门都要维护城乡规划的严肃性，严格执行已经批准的城乡规划和风景名胜区规划。对于地方人民政府及有关行政主管部门违反规定调整规划、违反规划批准使用土地和项目建设的行政行为，除应予以纠正外，还应按照干部管理权限和有关规定对直接责任人给予行政处分。对于造成严重损失和不良影响的，除追究直接责任人责任外，还应追究有关领导的责任，必要时可给予负有责任的主管领导撤职以下行政处分；触犯刑律的，依法移交司法机关查处。城乡规划行政主管部门工作人员受到降职以上处分者和触犯刑律者，不得再从事城乡规划行政管理工作，其中已取得城市规划执业资格者，取消其注册城市规划师执业资格。对因地方人民政府有关部门违法行政行为而给建设单位（业主）和个人造成损失的，地方人民政府要依法承担赔偿责任。

对建设单位、个人未取得建设用地规划许可证、建设工程规划许可证进行用地和项目建设，以及擅自改变规划用地性质、建设项目或扩大建设规模，城市规划行政主管部门要采取措施坚决制止，并依法给予处罚；触犯刑律的，依法移交司法机关查处。

6）加强城乡规划管理监督检查

要加强和完善城乡规划的法制建设，建立和完善城乡规划管理监督制度，形成完善的行政检查、行政纠正和行政责任追究机制，强化对城乡规划实施情况的督察工作。

地方各级人民政府都要采取切实有效的措施，充实监督检查力量，强化城乡规划行政主管部门的监督检查职能，支持规划管理部门依法行政。要建立规划公示制度，经法定程序批准的总体规划和详细规划要依法向社会公布。城市人民政府应当每年向同级人民代表大会或其常务委员会报告城乡规划实施情况。要加强社会监督和舆论监督，建立违法案件举报制度，充分发挥宣传舆论工具的作用，增强全民的参与意识和监督意识。

（2）《关于贯彻落实〈国务院关于加强城乡规划监督管理的通知〉的通知》（原建设部、中央编办、国家计委、财政部、监察部、国土资源部、文化部、国家旅游局、国家文物局文件建规〔2002〕204 号）

本通知中对小城镇规划建设管理的要求如下几个方面：

1）抓紧编制和调整近期建设规划

近期建设规划是实施城市总体规划的近期安排，是近期建设项目安排的依据。

近期建设规划应注意与土地利用总体规划相衔接，严格控制占地规模，不得占用基本农田。各项建设用地必须控制在国家批准的用地标准和年度土地利用计划的范围内，严禁安排国家明令禁止项目的用地。自 2003 年 7 月 1 日起，凡未按要求编制和调整近期建设规划的，停止新申请建设项目的选址，项目不符合近期建设规划要求的，城乡规划部门不得核发选址意见书，计划部门不得批准建设项目建议书，国土资源行政主管部门不得受理建设用地申请。

2）明确城乡规划强制性内容

强制性内容涉及区域协调发展、资源利用、环境保护、风景名胜资源保护、自然与文化遗产保护、公众利益和公共安全等方面，是正确处理好城市可持续发展的重要保证。城镇体系规划、城市总体规划已经批准的，要补充完善强制性内容。新编制的规划，特别是详细规划和近期建设规划，必须明确强制性内容。规划确定的强制性内容要向社会公布。

城市总体规划中的强制性内容包括：铁路、港口、机场等基础设施的位置；城市建设用地范围和用地布局；城市绿地系统、河湖水系，城市水厂规模和布局及水源保护区范围，城市污水处理厂规模和布局，城市的高压线走廊、微波通道和收发信区保护范围，城市主、次干道的道路走向和宽度，公共交通枢纽和大型社会停车场用地布局，科技、文化、教育、卫生等公共服务设施的布局，历史文化名城格局与风貌保护、建筑高度等控制指标，历史文化保护区和文物保护单位以及重要的地下文物埋藏区的具体位置、界线和保护准则，城市防洪标准、防洪堤走向，防震疏散、救援通道和场地，消防站布局，重要人防设施布局，地质灾害防护等。

详细规划中的强制性内容包括：规划地段各个地块的土地使用性质、建设量控制指标、允许建设高度，绿地范围，停车设施、公共服务设施和基础设施的具体位置，历史文化保护区内及涉及文物保护单位附近建、构筑物控制指标，基础设施和公共服务设施建设的具体要求。

规划的强制性内容不得随意调整，变更规划的强制性内容，组织论证，必须就调整的必要性提出专题报告，进行公示，经上级政府认定后方可组织和调整方案，重新按规定程序审批。调整方案批准后应报上级城乡规划部门备案。

3）严格建设项目选址与用地的审批程序

各类重大建设项目，必须符合土地利用总体规划、省域城镇体系规划和城市总体规划。

依据省域城镇体系规划对区域重大基础设施和区域性重大项目选址，由项目所在地的市、县人民政府城乡规划部门提出审查意见，报省、自治区、直辖市及计划单列市人民政府城乡规划部门核发建设项目选址意见书，其中国家批准的项目应报住建部备案。涉及世界文化遗产、文物保护单位和地下文物埋藏区的项目，经相应的文物行政主管部门会审同意。对于不符合规划要求的，住建部要予以纠正。在项目可行性报告中，必须附有城乡规划部门核发的选址意见书。计划部门批准建设项目，建设地址必须符合选址意见书。不得以政府文件、会议纪要等形式取代选址程序。

各地区、各部门要严格执行《土地管理法》规定的建设项目用地预审制度。建设项目可行性研究阶段，建设单位应当依法向有关政府国土资源行政主管部门提出建设项目用地预审申请。凡未依法进行建设项目用地预审或未通过预审的，有关部门不得批准建设项目可行性研究报告，国土资源行政主管部门不得受理用地申请。

4）认真做好历史文化名城保护工作

历史文化保护区保护规划应当明确保护原则，规定保护区内建、构筑物的高度、地下深度、体量、外观形象等控制指标，制定保护和整治措施。

各地要按照文化遗产保护优先的原则，切实做好城市文化遗产的保护工作。历史文化保护区保护规划一经批准，应当报同级人民代表大会常务委员会备案。在历史文化保护区内建设活动，必须就其必要性进行论证；其中拆除旧建筑和建设新建筑的，应当进行公示，听取公众意见，按程序审批，批准后报历史文化名城批准机关备案。

5）加强风景名胜区的规划监督管理

风景名胜区规划中要划定核心保护区（包括生态保护区、自然景观保护区和史迹保护区）保护范围，制订专项保护规划，确定保护重点和保护措施。核心保护区内严格禁止与资源保护无关的各种工程建设。风景名胜区规划与当地土地利用总体规划应协调一致。风景名胜区规划未经批准的，一律不得进行工程建设。

严格控制风景名胜区建设项目。要按照经批准的风景名胜区总体规划、建设项目规划和近期建设详细规划要求确定各类设施的选址和规模。符合规划要求的建设项目，要按照规定的批准权限审批。

6）提高镇规划建设管理水平

做好规划是镇发展的基本条件。镇的规划要符合城镇体系布局，规划建设指标必须符合国家规定，防止套用大城市的规划方法和标准。严禁高能耗、高污染企业向镇转移，各镇不得为国家明确强制退出和限制建设的各类企业安排用地。严格规划审批管理制度，重点镇的规划要逐步实行省级备案核准制度。重点镇要着重建设好基础设施，特别是供水、排水和道路，营造良好的人居环境。要高度重视移民建镇的建设。对受资源环境限制和确定退耕还林、退耕还湖需要搬迁的村镇，要认真选择安置地点，不断完善功能，切实改善移民的生活条件，确保农民的利益。要建立和完善规划实施的监督机制。较大公共设施项目必须符合规划，严格建设项目审批程序。乡镇政府投资建设项目应当公示资金来源，严肃查处不切实际的"形象工程"。要严格按规划管理公路两侧的房屋建设，特别是商业服务用房建设。要分类指导不同地区、不同类型镇的建设，抓好试点及示范。要建立健全规划管理机制，配备合格人员。规划编制和管理所需经费按照现行财政体制划分，由地方财政统筹安排。

7）切实加强城乡结合部规划管理

城乡结合部是指规划确定为建设用地，国有土地和集体所有用地混杂地区；以及规划确定为农业用地，在国有建设用地包含之中的地区。要依据土地利用总体规划和城市总体规划编制城乡结合部详细规划和近期建设规划，复核审定各地块的性质和使用条件。着重解决好集体土地使用权随意流转、使用性质任意变更以及管理权限不清、建设混乱等突出问题，尽快改变城乡结合部建设布局混乱，土地利用效率低，基础设施严重短缺，环境恶化的状况。城乡规划部门和国土资源行政主管部门要对城乡结合部规划建设和土地利用实施有效的监督管理，重点查处未经规划许可或违反规划许可条件进行建设的行为。防止以土地流转为名擅自改变用途。

8）加强规划集中统一管理

各地要根据《通知》规定，健全、规范城乡规划管理机构。设区城市的市辖区原则上不设区级规划管理机构，如确有必要，可由设区的市规划部门在市辖区设置派出机构。城市各类开发区以及大学城、科技园、度假区的规划等必须符合城镇体系规划和城市总体规划，由市城乡规划部门统一管理。市一级规划的行政管理权擅自下放的要立即纠正。省级城乡规划部门要会同有关部门对市、县行使规划管理权限的情况进行检查，对未按要求纠正的要进行督办，并向省级人民政府、建设部和中央有关部门报告。

9）建立健全规划实施

城乡规划管理应当受同级人大、上级城乡规划部门的监督，以及公众和新闻舆论的监督。城乡规划实施情况每年应当向同级人民代表大会常务委员会报告。下级城乡规划部门应当就城乡规划的实施情况和管理工作，向上级城乡规划部门提出报告。城乡规划部门要将批准的城乡规划、各类建设项目以及重大案件的处理结果及时向社会公布，应当逐步将旧城改造等建设项目规划审批结果向社会公布，批准开发企业建设住宅项目规划必须向社会公布。

对城乡规划监督的重点是：规划强制性内容的执行，调整规划的程序，重大建设项目选址，近期建设规划的制定和实施，历史文化名城保护规划和风景名胜区规划的执行，历史文化保护区和风景名胜区范围内的建设，各类违法建设行为的查处情况。

10）规范城乡规划管理的行政行为

各级城乡规划部门、城市园林部门的机构设置要适应依法行政、统一管理和强化监督的需要。领导干部应当有相应管理经历，工作人员要具备专业职称、职业条件。要健全各项规章制度，建立严格的岗位责任制，强化对行政行为的监督。规划管理机构不健全、不能有效履行管理和监督职能的，应当尽快整改。要切实保障城乡规划和风景名胜区规划编制和管理的资金，城乡规划部门、城市园林部门要将组织编制和管理的经费，纳入年度财政预算。财政部门应加强对经费使用的监督管理。

各级地方人民政府及其城乡规划部门、城市园林部门要严格执行《城乡规划法》、《文物保护法》、《环境保护法》、《土地管理法》及《风景名胜区管理暂行条例》等法律法规，认真遵守经过审批具有法律效力的各项规划，确保规划依法实施。各级城乡规划部门要提高工作效率，明确建设项目规划审批规则和审批时限，加强建设项目规划审批后的监督管理，及时查处违法建设的行为。要进一步严格规章制度，城乡规划和风景名胜区规划编制、调整、审批的程序、权限、责任和时限，对涉及规划强制性内容执行、建设项目"一书两证"核发、违法建设查处等关键环节，要做出明确具体的规定。要建章立制，强化对行政行为的监督，切实规范和约束城乡规划部门和工作人员的行政行为。

要建立有效的监督制约工作机制，规划的编制与实施管理应当分开。规划的编制和调整，应由具有国家规定的规划设计资质的单位承担，管理部门不再直接编制和调整规划。规划设计单位要严格执行国家规定的标准规范，不得迎合业主不符合标准规范的要求。改变规划管理部门既编制、调整又组织实施规划，纠正规划管理权缺乏监督制约，自由裁量权过大的状况。

11) 建立行政纠正和行政责任追究制度

对城乡规划管理中违反法定程序和技术规范审批规划，违反规划批准建设，违反近期建设规划批准建设，违反省域城镇体系规划和城市总体规划批准重大项目选址、违反法定程序调整规划强制性内容批准建设、违反历史文化名城保护规划、违反风景名胜区规划和违反文物保护规划批准建设等行为，上级城乡规划部门和城市园林部门要及时责成责任部门纠正；对于造成后果的，应当依法追究直接责任人和主管领导的责任；对于造成严重影响和重大损失的，还要追究主要领导的责任。触犯刑律的，要移交司法机关依法查处。

城乡规划部门、城市园林部门对违反城乡规划和风景名胜区规划案件要及时查处，对违法建设不依法查处的，要追究责任。上级部门要对下级部门违法案件的查处情况进行监督，督促其限期处理，并报告结果。对不履行规定审批程序的，默许违法建设行为的，以及对下级部门监管不力的，也要追究相应的责任。

12) 提高人员素质和规划管理水平

各级城乡规划部门、城市园林部门要加强队伍建设，提高队伍素质。要建立健全培训制度，加强职位教育和岗位培训，要不断更新业务知识，切实提高管理水平。

各省、自治区、直辖市也要建立相应的培训制度，城乡规划部门、城市园林部门应当会同有关部门组织好对所辖县级市的市长，以及县长、乡镇长的培训。要大力做好宣传工作，充分发挥电视、广播、报刊等新闻媒体的作用，向社会各界普及规划建设知识，增强全民的参与意识和监督意识。

各地要尽快结合本地的实际情况，研究制定贯彻落实《通知》的意见和具体措施，针对存在问题，组织检查和整改。要将贯彻落实的工作分解到各职能部门，提出具体要求，规定时间进度，明确检查计划，要精心组织、保证检查和整改的落实。

10. 1. 4　近些年小城镇规划相关中央方针政策

镇乡村规划是小城镇和新农村建设中落实中央相关方针政策的重要环节。

近些年中央提出的相关方针政策主要是：

1) 发展小城镇，是带动农村经济和社会发展的一个大战略。

2) 发展小城镇，必须遵循"尊重规律、循序渐进"、因地制宜、科学规划、深化改革、创新机制、统筹兼顾、协调发展的原则。

3) 发展小城镇的目标。力争经过 10 年左右的努力，将一部分基础较好的小城镇建设成为规模适度、规划科学、功能健全、环境整洁、具有较强辐射能力的农村区域性经济文化中心，其中少数具备条件的小城镇要发展成为带动能力更强的小城市，使全国城镇化水平有一个明显的提高。

4）现阶段小城镇发展的重点是县城和少数有基础、有潜力的建制镇。

5）发展小城镇，要贯彻既要积极又要稳妥的方针，循序渐进，防止一哄而起。

6）大力发展乡镇企业，繁荣小城镇经济，吸纳农村剩余家动力，乡镇企业要合理布局，逐步向小城镇和工业小区集中。

7）编制小城镇规划，要注重经济、社会和环境的全面发展，合理确定人口规模与用地规模，既要坚持建设标准，又要防止贪大求洋和乱铺摊子。

8）编制小城镇规划，要严格执行有关法律、法规，切实做好与土地利用总体规划以及交通网络、环境保护、社会发展等各方面的衔接和协调。

9）编制小城镇规划，要做到集约用地和保护耕地，要通过改造旧镇区、积极开展迁村并点，土地整理，开发利用基地和废弃地，解决小城镇建设用地，防止乱占耕地。

10）要重视完善小城镇的基础设施建设，国家和地方各级政府要在基础设施、公用设施和公益事业建设上给予支持。

11）小城镇建设要各具特色，切忌千篇一律，要注意保护文物古迹和文化自然景观。

中共十七届三中全会提出"统筹工业化、城镇化、农业现代化建设，加快建立健全以工促农、以城带乡的长效机制"，"形成城镇化和新农村建设互促共建机制。"进一步为中小城镇发展指明方向。

同时，2010年中共中央"一号文件"提出，推进城镇化发展的制度创新。积极稳妥地推进城镇化，提高城镇规划水平和发展质量，当前，要把加强中小城市和小城镇发展作为重点。

2011年3月通过的我国"十二五规划"积极稳妥推进城镇化一章，特别提出优化城市化布局和形态，加强城镇化管理，不断提升城镇化的质量和水平。按照统筹规划，合理布局、完善功能、以大带小的原则，遵循城市发展客观规律，以大城市为依托，以中小城市为重点，函步形成辐射作用大的城市群，促进大中小城市和小城镇协调发展。

10.2　改革开放以来，以"三农"为基调的"中央一号文件"相关政策回顾

1979—2010年，以"三农"为基调的"中央一号文件"有12份，占了其间中央一号文件的三分之一还多。上述每一个文件的出台都是"三农"与城镇化进程的一次转变。20世纪80年代的5个一号文件，重点是解决农村体制上的阻碍、推动了农村生产力大发展，进而为城市经济体制改革创造物质与思想动力；21世纪关于"三农"的连续几个中央一号文件，其核心思想则是城市支持农村、工业反哺农业，通过一系列"多予、少取、放活"的政策措施使农民休养生息，重点强调农民增收，给农民平等权利，给农村优先地位，给农业更多反哺。

围绕不同阶段中央一号文件的精神，我国的城镇化进程也可以分成三个阶段，即第一阶段重点关注农业与农民增收，还一直与过去18年保持一致。而2006年是一个转折点，第一次提出新的战略：新农村建设，以后的四年一直围绕着新农村建设的方方面面展开。而在2010年又进入到一个新的阶段，实化过去提出的城乡统筹，从过去的单轮驱动新农村建设，转向城镇化与新农村建设双轮驱动。

（1）统筹城乡发展（2004年、2005年两个一号文件）

十六大提出统筹城乡发展，指出统筹城乡经济社会发展，建设现代农业，发展农村经济，增加农民收入是全面建设小康社会的重大任务之后，2003年10月的十六届三中全会又提出了坚持以人为本、全面协调、可持续发展的科学发展观。明确提出了五大统筹（统筹城乡发展、统筹区域发展、统筹经济社会发展、统筹人和自然和谐发展、统筹国内发展和对外开放），把其中的城乡统筹放在首位。

2003年初，党中央明确把关注农村、关心农民、支持农业"三农"问题强调为全党工作的重中之重以来，出台了一系列惠民政策。

2004年、2005年两个一号文件出台，重点关注传统的农民与农业，分别以促进农民增收、提高农业综合生产能力为主题。

2004年1月，中央下发《中共中央国务院关于促进农民增加收入若干政策的意见》成为改革开放以来中央的第六个"一号文件"。这是在18年之后，中央一号文件再次聚集"三农"。主要原因是18年来，城乡差距持续快速拉大，城乡发展严重失衡，影响了小康社会建设进程，着重强调农民增收；农民收入增幅连续几年低速徘徊在4%以下，农民负担过重，农村社会矛盾日益突出；粮食供应出现局部紧张，当年全国粮食供需缺口达3750万吨。

2005年1月30日，第七个"一号文件"《中共中央国务院关于进一步加强农村工作提高农业综合生产能力若干政策的意见》发布。文件要求，要坚持"多予少取放活"的方针，稳定、完善和强化各项支农政策。要把加强农业基础设施建设，加快农业科技进步，提高农业综合生产能力，作为一项重大的战略任务，切实抓紧抓好。

（2）完善新农村建设（2006～2009年四个一号文件）

为进一步缩小城乡差距，切实推进"三农"工作，与农民生活息息相关的城镇建设成为全面建设小康社会和现代化建设的主要问题，推进社会主义新农村建设成为重点，在此背景下各地的新农村规划建设活动纷纷开展，也掀起村镇规划研究的热潮。我国的村镇建设取得了显著的成绩，新农村建设从盲目无序的阶段，逐步向先规划后建设过度，村容村貌发生了巨大变化，村镇基础设施条件等得到改善。

2006—2008年中三个一号文件分别以推进社会主义新农村建设、发展现代农业和切实加强农业基础建设为主题，共同形成了新时期加强"三农"工作的基本思路和政策体系，构建了以工促农、以城带乡的制度框架。

2006年2月，第八个"一号文件"《中共中央国务院关于推进社会主义新农村建设的若干意见》出台。该文件主要是将中共十六届五中全会提出的社会主义新农村建设的重大历史任务迈出有力的一步。另外，2006年是"十一五"的开局之年，2006年一号文件不仅管一年，也管五个；不仅管五年，还管长远。2006年一号文件有许多亮点，其中最大的亮点就是全面取消农业税，农村改革也转入以乡镇机构改革、农村义务教育改革、县乡财政管理体制改革为重点的农村综合改革阶段。

2007年1月29日，第九个一号文件《中共中央国务院关于积极发展现代农业扎实推进社会主义新农村建设的若干意见》下发。文件要求，发展现代农业是社会主义新农村建设的首要任务，要用现代物质条件装备农业，用现代科学技术改造农业，用现代产业体系提升农业，用现代经营形式推进农业，用现代发展理念引领农业，用培养新型农民发展农业，提高农业水利化、机械化和信息化水平，提高土地产出率、资源利用率和农业劳动生产率，提高农业素质、效益和竞争力。2007年年中，重庆、成都正式启动了建设全国统筹城乡综合改革试验区工作。其他省区市也正在采取有效措施，推进城乡经济社会一体化发展。尝试从体制和机制上扭转"重城轻乡"的格局。

在十七大报告确定"城乡经济社会发展一体化"方向基础上，2008年的中央一号文件确定，要按照形成城乡经济社会发展一体化新格局的要求，突出加强农业基础建设，积极促进农业稳定发展、农民持续增收，努力保障主要农产品基本供给，切实解决农村民生问题，扎实推进社会主义新农村建设。这不仅是今年，更是今后一个时期"三农"工作的总体要求。

2008年的中央一号文件明确提出，将逐步提高农村基本公共服务水平，包括提高农村义务教育水平，增强农村基本医疗服务能力，稳定农村低生育水平，繁荣农村公共文化，建立健全农村社会保障体系等，从中可以解读出农业基础设施建设向全面的农村社会基础设施建设的发展。

2009年"三农"问题第六次聚焦农业发展与农村改革。颁布的中央一号文件中国六大关键词：体制改革调整财政收入分配格局；农产品价格提高粮食最低收购价；农村干部实施一村一大学生计划；农业补贴增加对种粮农民直接补贴；土地流转鼓励设流转服务组织；农民工就业努力增加农民务工收入。此次中央一号文件的发布，是决策层对"三农"长期关注的进一步延续。关注"三农"是应对当前严峻经济形势的重要方略，只有解决好"三农"问题，中国经济的长久稳定发展才有保障，"内需拉动"的经济模式才有坚实基础。

（3）城镇化与新农村建设双轮驱动（2010年一号文件）

历史的车轮驶入21世纪，中国经济持续快速增长势头不减，"让一部分人先富起来"已成为现实。新农村建设是相对于原有农村建设和城市建设而言的，是一种现实的理性选择，是农村城镇化的补充、完善和必要准备；而农村城镇化是实现由农村建设向城市建设转移的中介和桥梁，是我国农村发展的必然趋势和客观规律，是新农村建设的必然结果之一。

2010年1月31日，文件在保持政策连续性、稳定性的基础上，进一步完善、强化近年来"三农"工作的好政策，提出了一系列新的重大原则和措施。

2011年1月29日发布新世纪以来中央指导"三农"工作的第8个中央一号文件，题为《中共中央国务院关于加快水利改革发展的决定》的文件明确了新形势下水利的战略定位，制定和出台了一系列针对性强、覆盖面广、含金量高的加快水利改革发展的新政策、新举措，从"水是生命之源、生产之要、生态之基"到"经济安全、生态安全、国家安全"，从"今后10年全社会水利年平均投入比2010年高出一倍"到"土地出让收益中提取10％用于农田水利建设"……一个个重大理论突破、一系列力度空前的战略决策，全面奏响了加快水利改革发展的新号角。

（4）加快推进农业科技创新（2012年一号文件）

2012年发布2004年以来的第9个中央一号文件《关于加快推进农业科技创新持续增强农产品供给保障能力的若干意见》，内容包括加大投入强度和工作力度，持续推动农业稳定发展；依靠科技创新驱动，引领支撑现代农业建设；提升农业技术推广能力，大力发展农业社会化服务；加强教育科技培训，全面造就新型农业农村人才队伍；改善设施装备条件，不断务实农业发展物质基础；提高市场流通效率，切实保障农产品稳定均衡供给。

　　文件指出，实现农业持续稳定发展、长期确保农产品有效供给，根本出路在科技。农业科技是确保国家粮食安全的基础支撑，是突破资源环境约束的必然选择，是加快现代农业建设的决定力量，具有显著的公共性、基础性、社会性。必须紧紧抓住世界科技革命方兴未艾的历史机遇，坚持科教兴农战略，把农业科技摆上更加突出的位置，下决心突破体制机制障碍，大幅度增加农业科技投入，推动农业科技跨越发展，为农业增产、农民增收、农村繁荣注入强劲动力。

　　文件确定，持续加大财政用于"三农"的支出，持续加大国家固定资产投资对农业农村的投入，持续加大农业科技投入，确保增量和比例均有提高。发挥政府在农业科技投入中的主导作用，保证财政农业科技投入增幅明显高于财政经常性收入增幅，逐步提高农业研发投入占农业增加值的比重，建立投入稳定增长的长效机制。

　　文件指出，着眼长远发展，超前部署农业前沿技术和基础研究，力争在世界农业科技前沿领域占有重要位置。面向产业需求，着力突破农业重大关键技术和共性技术，切实解决科技与经济脱节问题。打破部门、区域、学科界限，有效整合科技资源，建立协同创新机制，推动产学研、农科教紧密结合。按照事业单位分类改革的要求，深化农业科研院所改革，健全现代院所制度，扩大院所自主权，努力营造科研人员潜心研究的政策环境。

　　文化强调，大力推进现代农业产业技术体系建设，完善以产业需求为方向、以农产品为单元、以产业链为主线、以综合试验站为基点的新型农业科技资源组合模式，及时发现和解决生产中的技术难题，充分发挥技术创新、试验示范、辐射带动的积极作用。

　　此外，文件还提出要改善农业科技创新条件，着力抓好农业科技创新，强化基层公益性农技推广服务，引导科研教育机构积极开展农技服务，培育和支援新型农业社会化服务组织，振兴发展农业教育，加快培养农业科技人才，大力培训农村实用人才等。

251

10.3　小城镇规划建设相关的法规与标准

10.3.1　城乡规划法及相关配套法规文件

10.3.1.1　城乡规划法

2007 年 10 月 28 日第十届全国人民代表大会常务委员会第三十次会议通过的中华人民共和国城乡规划法内容包括总则、城乡规划的制定、城乡规划的实施、城乡规划的修改、监督检查、法律责任和附则共 7 章。

　　城乡规划法第二条指出："本法所称城乡规划，包括城镇体系规划、城市规划、镇规划、乡规划和村庄规划。"

　　小城镇规划与县（市）域城镇体系规划密切相关，县城镇规划按城市规划，县城镇外建制镇规划属镇规划，而乡规划和村庄规划则在现行镇管村、乡管村体制下，本身就有更多的联系，因此，城乡规划法本身涵盖了小城镇规划相关的全部法规内容，也即小城镇规划与城乡规划法大多内容密切相关。城乡规划法是小城镇规划建设管理必须遵循的最重要的法规。

10.3.1.2　相关配套法规文件

（1）城市规划编制办法（中华人民共和国建设部令第 146 号发布，2005 年 12 月 31 日）

城市规划编制办法内容包括总则、城市规划编制组织、城市规划编制要求和城市规划编制内容及附则。

条文第四十五条规定：县人民政府所在地镇的城市规划编制，参照本办法执行。

（2）城市、镇控制性详细规划编制审批办法（中华人民共和国住房和城乡建设部令第7号，2010年12月1日）

城市、镇控制性详细规划编制审批办法内容包括总则、城市、镇控制性详细规划的编制、城市、镇控制性详细规划的审批及附则。

条文第六条规定：城市、县人民政府城乡规划主管部门组织编制城市、县人民政府所在地镇的控制性详细规划，其他镇的控制性详细规划由镇人民政府组织编制。

（3）建制规划建设管理办法

建制规划建设管理办法包括总则、规划管理、设计管理与施工管理、房地产管理、市政公用设施，环境卫生管理、罚则、附则共七章内容。

本办法第三条规定，"本办法所称建制镇，是指国家按行政建制设立的镇，不含县城关镇。"

第七条规定，"国务院建设行政主管部门主管全国建制镇规划建设管理工作。

县级以上地方人民政府建设行政主管部门主管本行政区域内建制镇规划建设管理工作。

建制镇人民政府的建设行政主管部门负责建制镇的规划建设管理工作。"

第九条规定，"在县级以上地方人民政府城市规划行政主管部门指导下，建制镇规划由建制镇人民政府负责组织编制。"

建制镇在设市城市规划区内的，其规划应服从设市城市的总体规划。

第十条规定，"建制镇的总体规划报县级人民政府审批，详细规划报建制镇人民政府审批。"

10.3.2   小城镇规划建设相关法律法规

（1）中华人民共和国土地管理法（1998年8月2日中华人民共和国主席令第8号发布）

内容包括：总则、土地的所有权和使用权、土地利用总体规划、耕地保护、建设用地、监督检查、法律责任、附则。

（2）中华人民共和国环境保护法（1989年12月26日中华人民共和国主席令第22号公布）

内容包括：总则、环境监督管理、保护和改善环境、防治环境污染和其他公害、法律责任、附则。

（3）中华人民共和国文物保护法（1982年11月19日全国人民代表大会常务委员会令第11号公布）

内容包括：总则、文物保护单位、考古发掘、馆藏文物、私人收藏文物、文物出境、奖励与惩罚、附则。

（4）中华人民共和国城市房地产管理法（1994年7月5日中华人民共和国主席令第29号公布）

内容包括总则、房地产开发用地（土地使用权出让、土地使用权划拨）、房地产开发、房地产交易、房地产权属登记管理、法律责任、附则。

（5）中华人民共和国水法（1988 年 1 月 21 日中华人民共和国主席令第 61 号公布）

内容包括总则、开发利用、水、水域和水工程的保护、用水管理、防汛与抗洪、法律责任、附则。

（6）中华人民共和国军事设施保护法（1990 年 2 月 23 日中华人民共和国主席令第 25 号公布）

内容包括总则、军事禁区、军事管理区的划定、军事禁区的保护、军事管理区的保护、没有划入军事禁区、军事管理区的军事设施的保护、管理职责、法律责任、附则。

（7）中华人民共和国人民防空法（1996 年 10 月 29 日中华人民共和国主席令第 78 号发布）

内容包括总则、防护重点、人民防空工程、通信和报警、疏散、群众的防空组织、人民防空教育、法律责任、附则。

（8）中华人民共和国广告法（1994 年 10 月 27 日中华人民共和国主席令第 34 号发布）

内容包括总则、广告准则、广告活动、广告的审查、法律责任、附则。

（9）中华人民共和国保守国家秘密法（1988 年 9 月 5 日中华人民共和国主席令第 6 号公布）

内容包括总则、国家秘密的范围和密级、保密制度、法律责任、附则。

（10）城市绿化条例（1992 年 6 月 22 日国务院发布）

内容包括总则、规划和建设、保护和管理、罚则、附则。

（11）风景名胜区管理暂行条例（1985 年 6 月 7 日）

（12）中华人民共和国建筑法（1997 年 11 月 1 日中华人民共和国主席令第 91 号公布）

内容包括总则、建筑许可、建筑工程发包与承包、建筑工程监理、建筑安全生产管理、建筑工程质量管理、法律责任、附则。

（13）中华人民共和国森林法（1984 年 9 月 20 日第六届全国人民代表大会常务委员会第七次会议通过，根据 1998 年 4 月 29 日第九届全国人民代表大会常务委员会第二次会议《关于修改〈中华人民共和国森林法〉的决定》修正）

内容包括总则、森林经营管理、森林保护、植树造林、森林采伐、法律责任、附则。

（14）城市道路管理条例（1996 年 6 月 4 日国务院令第 198 号发布）

内容包括总则、规划和建设、养护和维修、路政管理、罚则、附则。

（15）中华人民共和国公路法（1999 年 10 月 31 日中华人民共和国主席令第 25 号发布）

内容包括总则、公路规划、公路建设、公路养护、路政管理、收费公路、监督检查、法律责任、附则。

（16）基本农田保护条例（1998 年 12 月 27 日中华人民共和国国务院令第 257 号发布）

内容包括总则、规定、保护、监督管理、法律责任、附则。

10.3.3 小城镇规划建设管理相关行政管理法制监督法律

（1）中华人民共和国行政复议法（1999 年 4 月 29 日中华人民共和国主席令第 16 号公布）

内容包括总则、行政复议范围、行政复议申请、行政复议受理、行政复决决定、法律责任、附则。

（2）中华人民共和国行政诉讼法（1989 年 4 月 4 日第七届全国人民代表大会第二次会议通过）

内容包括总则、受案范围、管理、诉讼参加人、证据、起诉和受理、审理和判决、执行、侵权赔偿责任、涉外行政诉讼、附则。

（3）中华人民共和国行政处罚法（1996 年 3 月 17 日第八届全国人民代表大会第 9 次会议通过）

内容包括总则、行政处罚的种类和设施、行政处罚的实施机关、行政处罚的管辖和适用、行政处罚的决定（简易程序、一般程序、听证程序）、行政处罚的执行、法律责任、附则。

（4）中华人民共和国国家赔偿法（1994 年 5 月 12 日第八届全国人民代表大会常务委员会第七次会议通过）

内容包括总则、行政赔偿、刑事赔偿、赔偿方式和计算标准、其他规定、附则。

10.3.4　小城镇规划建设相关规划标准

相关的城市规划标准主要有：

《城市用地分类与规划建设用地标准》GB 50137—2011。

《城市居住区规划设计标准》GB 50180—93 改。

《城市道路交通规划设计规范》GB 50220—95。

《城市给水工程规划规范》GB 50282—98。

《城市排水工程规划规范》GB 50318—2000。

《城市电力规划规范》GB 50293—1999。

《城镇燃气设计规范》GB 50028（2002 版）。

《城市环境卫生设施规划规范》GB 50337—2003。

《城市用地竖向规划规范》GJJ 83—99。

《城市工程管线综合规划规范》GB 50289—98。

《城市防洪工程设计规范》GJJ 50—92。

《城市道路绿化规划设计规范》GJJ 75—97。

相关镇规划标准：

《镇规划标准》GB 50188—2007。

其他相关规划标准：

《风景名胜区规划规范》GB 50298—1999。

《建筑抗震设计规范》GBJ 11—2001。

《建筑设计防火规范》GBJ 16—2001。

《建筑气候区划标准》GB 50178—93。

《生活饮用水水源水质标准》CJ 3020—93。

《地表水环境质量标准》GB 3838—2002。

《输油管道工程设计规范》GB 50253—94。

《输气管道工程设计规范》GB 50251—94。

《防洪标准》GB 50201—94。

10.3.5 小城镇规划建设管理其他相关政策法规

(1) 原建设部关于加强住宅小区建设管理、提高住宅建设质量的通知（建房〔1991〕432）。

(2) 原建设部关于加强工程建设设计，施工招标投标管理工作的通知。（建建〔1991〕449 号）。

(3) 原建设部关于加强城镇国有土地经营管理的通知（建房〔1991〕584 号）。

(4) 原建设部国家科委关于印发城市垃圾处理科学技术工作的几点意见的通知（建科〔1991〕663 号）。

(5) 原建设部关于加强建筑市场管理和积极开展招标投标工作的通知（建建〔1992〕395 号）。

(6) 原建设部关于进一步开展建设监理工作的通知（建建〔1992〕75 号）。

(7) 原建设部关于印发民用建筑工程设计质量评定标准的通知（建设〔1992〕186 号）。

(8) 原建设部关于印发进一步加强抗震防灾工作的报告的通知（建抗〔1992〕868 号）。

(9) 原建设部关于建设项目选址规划管理办法有关问题的复函（建规〔1992〕533 号）。

(10) 原建设部、国家工商行政管理总局关于印发城市规划设计单位登记管理暂行办法的通知。

(11)《城市国有土地使用权出让转让规划管理办法》（建设部令第 22 号 1992.12.4）。

(12) 原建设部关于印发城市集中供热当前产业政策实施办法的通知（建城〔1992〕45 号）。

(13) 原建设部关于转发北京市实施中华人民共和国城镇国有土地使用权出让和转让暂行条例办法的通知（建房〔1992〕447 号）。

(14) 原建设部关于发布国家标准《城镇燃气设计规范》的通知（建标〔1993〕211 号）。

(15) 原建设部关于发布行业标准《污水稳定塘设计规范》的通知（建标〔1993〕339 号）。

(16) 原建设部关于发布行业标准《城市污水处理厂污水污泥排放标准》的通知（建标〔1993〕523 号）。

(17) 原建设部关于发布国家标准《蓄滞洪区建筑工程技术规范》的通知（建标〔1993〕541 号）。

(18) 原建设部关于发布《生活饮用水水源水质标准》行业标准的通知（建标〔1993〕572 号）。

(19) 原建设部国家土地管理局关于批准发布《电子工程项目建设用地指标》的通知（建标〔1993〕669 号）。

(20) 原建设部关于发布国家标准《工业企业总平面设计规范》的通知（建标〔1993〕730 号）。

(21) 原建设部关于发布国家标准《构筑物抗震设计规范》的通知（建标〔1993〕858 号）。

255

（22）原建设部关于发布国家标准《防洪标准》的通知（建标［1994］369 号）。

（23）原建设部关于开展城市规划设计资质年检及城市规划设计管理调查的通知（建规［1995］173 号）。

（24）原建设部关于印发《城市规划编制办法实施细则》的通知（建规［1995］333 号）。

（25）原建设部、国家计委关于加强城市供热规划管理工作的通知（建城［1995］126 号）。

（26）原建设部关于贯彻执行国务院办公厅《关于加强风景名胜区保护管理工作的通知》的通知（建城［1995］242 号）。

（27）原建设部关于认真配合做好小城镇户籍改革工作的通知（建村［1995］502 号）。

（28）原建设部关于发布国家标准《建筑抗震设防分类标准》的通知（建标［1995］204 号）。

（29）城市房地产开发管理暂行办法（建设部令第 419 号发布 1995 年 1 月 23 日）。

（30）开发区规划管理办法（建设部会第 43 号发布 1995 年 6 月 1 日）。

（31）国家计委国家土地管理局关于印发建设用地计划管理办法的通知（计国地［1996］1865 号）。

（32）原建设部关于印发《2000 年小康型城市住宅示范小区规划设计导则》的通知（建科［1997］5 号）。

（33）原建设部、国家计划委员会、国家经济贸易委员会、国家税务总局关于实施《民用建筑节能设计标准（采暖居住建筑部分）》的通知（建科［1997］31 号）。

（34）原建设部印发《建设部关于加强全国抗震防灾工作的几点意见》的通知（建抗［1997］216 号）。

（35）原建设部关于贯彻落实《城市地下空间开发利用管理规定》的通知（建设［1997］315 号）。

（36）原建设部关于印发《提高住宅设计质量和加强住宅设计管理的若干意见》（建设［1997］321 号）。

（37）原建设部关于加强城市勘测管理的通知（建规［1997］232 号）。

（38）原建设部关于发布《城市环境卫生质量标准》的通知（建城［1997］21 号）。

（39）原建设部关于发布第一批村镇建设适用技术（产品）并首先在"625"小城镇建设试点工程中推广应用的通知（建村［1997］125 号）。

（40）原建设部关于转发《中国农业银行小城镇建设专项贷款管理暂行规定》的通知（建村［1997］166 号）。

（41）城市地下空间开发利用管理规定（1997 年 10 月 27 日中华人民共和国建设部令第 58 号发布）。

（42）原建设部关于加强城市地下管线规划管理的通知（建规［1998］69 号）。

（43）原建设部关于加强城市规划工作促进住宅和基础设施建设的通知（建规［1998］84 号）。

（44）原建设部关于加强省域城镇体系规划工作的通知（建规［1998］108 号）。

(45) 原建设部关于开展城市规划执法检查工作的补充通知（建规函［1998］第153号）。

(46) 原建设部分别关于对巩义市绍兴县、福清市、锡山市、荣成市《乡村城市化试点工作方案的批复》（建村［1998］65号、66号、67号、112号、113号）。

(47) 中华人民共和国土地管理法实施条例（中华人民共和国国务院令第256号）。

(48) 原国家计划委员会、国家经济贸易委员会、电力工业部、建设部印发〈关于发展热电联产的若干规定〉的通知（计交能［1998］220号）。

(49) 原建设部关于改进和完善城市总体规划上报材料的通知（建规［1999］135号）。

(50) 原建设部关于中小城市总体规划中规划人口与建设用地规模核定工作的补充通知（建规［1999］190号）。

(51) 原建设部关于认真贯彻国务院关于移民建镇工作指示精神的通知（建村［1999］281号）。

(52) 原建设部关于村庄整治工作的指导意见（建村［2005］174号）

11　小城镇规划建设管理体制与机制改革

城乡规划建设管理是城镇人民政府的一项十分重要的政府职能，城乡规划建设管理改革是城镇人民政府管理改革的重要组成部分。

城乡规划渗透不同历史发展阶段城镇政治、经济、文化的改革，城乡规划建设管理改革要基于与不同历史时期社会政治、经济、文化改革及与其相适应的政府职能的转变。

在某种意义上讲，小城镇规划建设管理体制与机制改革与县、镇（乡）政府管理整体体制与机制改革有较密切关系，从整体考虑改革能获得更好的收效。

小城镇管理体制有广义和狭义之分。广义的小城镇管理体制范围很广，包括政治管理、财税金融等经济管理以及科教、文化、卫生等管理体制；狭义的小城镇管理体制则主要是指主导小城镇发展建设的管理部门——小城镇行政管理机构体系。

11.1　城镇行政管理体制结构变迁与管理职能的转换

11.1.1　新中国成立后我国城镇行政管理体制结构的变迁

新中国成立后，对设市标准和城乡划分作了严格的规定。1955年《国务院关于城乡划分标准的规定》和《国务院关于设置市、镇建制的规定》，对城乡界线和城市与集镇界线作了具体划分。规定："市是属于省、自治区、自治州领导的行政单位。聚居人口10万以上的城镇，可以设置市的建制。聚居人口不足10万的城镇，必须是重要工矿地、省级地方国家机关所在地、规模较大的物资集散地或者边远地区的重要城镇，并确有必要时方可设置市的建制。"到20世纪80年代，为适应经济建设发展和行政体制改革的需要，建市标准适当放宽，出现了撤县改市、撤县并市、地市合并、以市管县的建市热潮。目前我国的城市，在行政上分为省级、副省级、地级、县级4个级次，组成城镇行政系统，与省、县、乡广大农村区域的行政系统一道构成具有中国特色的城乡双轨制地方行政体制。

从1949年新中国成立至今，政府机构的结构调整大致经历了3次较大的改革阶段。

第一阶段是1949—1956年，这是城镇政府机构设置初步建立和完善的时期。在对旧政府机构改组的基础上，形成了最初的城市政府机构设置的格局。到1950年1月，原政务院公布《市人民政府组织通则》，确定市人民政府委员会由"市人民代表大会选举市长及若干委员组成"，其下属工作机构应根据市、区之大小及工作需要设立，原则上设民政、公安、财政、建设、文教、卫生、劳动等局、处、科；并设财经委员会。此外，市人民政府委员会设秘书长1人，在秘书长领导下设秘书厅或处。当时，市人民政府还包括监察委员会、法院和检察署。建国初期的城市政府机构大体上是按民政、公安、财政、建设、文教、卫生、劳动等机构的格局设置的，根据各个城市的大小和工作的不同需要，机构大体上在10～20个之间。

第二阶段是1957—1976年20年的调整变动时期。从1957—1965年，是开始全面建设社会主义的10年。在这一时期内，城镇政府仍有过几次较大规模的精简和调整，但从总体上看，城市政府、机构呈增长的趋势。这一时期的主要特点，是在专业性的行政管理部门越分越细的基础上，进一步形成和巩固了按口设置委办的格局。从1966年至1976年，是"文化大革命"时期，城市政府工作陷于瘫痪，原有机构处于停顿或半停顿状态。

第三阶段是从1977年迄今，进入了城镇管理体制深化改革并走向现代化的健康发展时期，也是城市政府机构进一步恢复和发展的重要时期，到1982年，达到新中国成立以来机构设置的最高峰。

11.1.2　我国城镇管理体制职能的转换

机构的设立，总是为了履行一定的管理职能，机构设置的总体格局，要求和一定的职能体系、一定的管理模式的要求相适应。所以，管理模式不变，管理职能和管理方式不变，机构本身就很难有彻底的变化。在我国城镇的现代化进程中，城镇职能正在发生新的大范围转变，必然要求以新职能进行机构设置的改革优化。由于西方国家与我国社会制度的根本不同，西方国家的城镇政府与我国的城镇政府在其职能上有很大差异，城镇政府的经济管理职能差异是主要差异之一。

在西方一些较发达的城镇，由于其经济制度是私人经济占主体，如何组织生产和企业的经营活动都是私人企业家的事情，城镇政府无须进行直接的干预。城镇政府的主要职能就是维护、管理建设城镇公用设施，保护和改善城镇生活环境，而对经济生活的管理主要是通过上述的管理为私人企业创造出良好的、经济的外部环境。在我国，社会主义生产资料公有制使各城镇政府必须担负起领导和组织有计划的城镇经济的重任，并认真地履行其对经济计划、组织、调整、服务的职能。我国城镇政府上述经济管理职能的履行对推动城镇经济的发展，协调城镇经济与国民经济、城镇经济之间的发展起到了非常积极的作用，体现出社会主义公有制经济的优越性。但是也应看到，我国城镇政府在履行其管理经济的职能时，尚存在十分不合理、不健全的地方，其突出表现就是政企不分。计划经济转轨到市场经济，突出了政府对城市经济发展的宏观综合调控作用，城乡规划是政府经济宏观综合调控的重要手段，为适应当前的社会经济发展形势，认真贯彻党的十六大、十六届三中全会和中央经济工作会议精神，围绕建设小康社会、坚持统筹城乡发展、统筹区域发展、统筹经济社会发展、统筹人与自然和谐发展、统筹国内发展和对外开放，落实全面、协调、可持续发展观，强化城乡规划对城镇发展的综合调控，推进大中小城市和小城镇协调发展越来越重要。而在强化政府管理调控经济，减少政府对企业的直接干预的同时，我国城镇职能正在越来越多地关注到对社会文化、公益活动的管理与推进等方面。目前我们所强调的城镇管理职能除了继续规划和服务好经济建设之外，主要包括以下方面职能：

（1）城乡建设的管理职能。

（2）从保证公共安全和保障人民生活方面，促进城市稳定发展的职能。

（3）推进城镇科学、教育、文化等项事业发展与建设的职能。

（4）城镇体育与医疗卫生事业的管理职能。

11.2　小城镇规划建设管理现状与发展趋势

11.2.1　小城镇及其规划建设管理现状

现阶段我国加快小城镇发展的时机和条件已经成熟，小城镇发展正处快速发展时期，据原建设部 2001 年村镇建设统计公报，2001 年末，全国经批准设立的建制镇（不含近 2000 个县城镇）共有 18090 个，比 2000 年增加 198 个，集镇 23507 个，比 2000 年减少 4045 个。小城镇规模逐步扩大，全国小城镇平均建成区面积由 2000 年的 0.6km² 提高到 0.67km² 其中建制镇由 1.02km² 提高到 1.09km²，集镇由 0.33km² 提高到 0.34km²。

我国多年来偏重城市建设忽视村镇建设，村镇建设长期缺乏科学规划，而多处自发随意状态。20 世纪 80 年代改革开放带动农村经济社会大发展，村镇建设走上有规划，有步骤的科学发展道路，发生了全方位变化但与城市规划建设相比差距很大，规划建设管理现状落后，存在问题更多。

11.2.2　小城镇规划建设管理主要存在问题

改革开放以来，乡镇企业的异军突起和专业市场的迅猛发展，推动了农村经济的快速发展，形成了具有比较优势的区域特色经济，促进了农村小城镇的快速发展，推进了农村城镇化进程。小城镇已经成为农村一定区域经济社会发展中心，农村第二、三产业发展的中心，产品加工和集散的中心，务工经商农民集聚的中心，并且成为农村经济社会发展的主要载体和重要支撑。然而，由于历史等多方面的原因，近年来尽管小城镇发展较快，但从总体上看，小城镇规模偏小，布局过于分散，基础设施比较薄弱，规划建设缺乏特色，特别是缺乏相应的政策法规和规划标准，一些地方存在着不顾客观条件和经济发展规律，盲目发展倾向。具体来说小城镇规划建设管理存在弱点和问题表现在：

（1）小城镇规划滞后，建设资金到位困难

小城镇规划编制根据《城乡规划法》和有关法规规定：县人民政府所在地镇的总体规划和详细规划由县人民政府组织编制；其他建制镇的总体规划由镇人民政府负责编制，县（市）城乡规划行政主管部门给予业务指导。然而，有的乡镇却认为规划编制是县（市）级城乡规划部门的事，不把规划编制工作纳入议事日程，即使县（市）城乡规划部门帮助编制了规划，乡、镇政府也不愿花钱给编制费用。城镇建设资金也是如此，有的乡镇因财力有限，使收取的城镇建设配套费不能足额用于城镇建设，有的用来发放工资，有的用于其他经费开支，还有的乡镇领导对规划费收取讲关系，讲情面，随意表态，擅自降低、减免规划费，使有限的规划资金流失。

城镇的规划布局与建设管理，一些看起来是技术手段和实际操作的问题，实际上仍然是现有体制下的利益机制和政府管理职能不完善的问题。在小城镇政府财力不足和财政功能不完备的情况下，往往把收费和预算外财政作为弥补财力不足的主要手段，为了获取短期收益，把级差地租较高的土地向外出租，影响规划布局和小城镇建设按科学合理规划实施。此外，还存在规划深度不够、精品意识不强等问题。例如，缺少各类详细规划，缺乏高起点、高标准的中心区城市设计、街景立面设计和重要建筑单体设计；建筑造型档次不高，建筑风格单调，缺乏特色；建设不集中，配套设施明显滞后于沿街建筑物发展，影响小城镇的整体形象和功能。

小城镇建设资金筹措渠道少，如果仅仅靠从农民手里的集资和镇级政府的财政支持，势必导致以下几种结果：前期初始投资不足，设施规模过小，导致后期规模扩张，后建压力过大；非规范的资金运作方式使小城镇的发展难以和真正的市场机制并轨；预算外财政膨胀，致使小城镇土地价格抬高，影响土地开发商进入。

（2）小城镇管理法规不配套，法制建设亟须加强

近年来，国家有关城市管理和小城镇建设环境保护法规相继出台，各地政府也制定了一些相应管理规定。但有些急待操作的法规实施办法和地方规定尚不配套，使相应的执法及执法体系的建设与管理存在死角和盲点。

1）人员素质较低，小城镇建设管理难以跟上。管理乡镇建设的城建所（办）的工作人员很少有从大中专专业院校分配的毕业生，大部分都属招收的合同制工人，缺乏规划建设管理知识、行政管理经验；有的政治素质和法制管理水平低，存在着有法不依，执法不严，违法不纠，滥用职权，以权谋私，吃、拿、卡、要等现象，使小城镇建设无特色，沿路建设、不配套建设，打乱规划建设布局，浪费土地，阻碍交通等现象时有发生。

2）以言代法、以权代法、法人违法等使小城镇建设难以按规划实施。小城镇规划一经批准，任何单位和个人都无权擅自修改与变更。但在实施过程中，有少数乡镇领导和村干部无视国家的法律法规，为了追求短期"政绩"和经济效益，以言代法，以权代法，未经建设行政主管部门批准，擅自表态为村（居）民随意圈地放线，打乱建设统一布局，造成建设杂乱无序，还有的乡镇公开与规划，建设行政主管部门争夺权力，削弱小城镇规划建设的集中统一管理，严重影响小城镇健康的有序发展。

3）小城镇规划建设依法管理的执法主体不规范，造成执法违法，多头执法。建制镇、乡镇建设管理权限根据国家有关法律法规规定，应由县级规划、建设行政主管部门实行集中统一管理。但在现实中，有的乡镇政府与规划、建设主管部门之间工作脱节，成立的城建所（办）未经规划、建设行政主管部门受权委托，却行使小城镇规划建设管理权限，造成不该执法的在执法。还有少数乡镇受经济利益驱动，在规划建设管理权限已上交县级行政主管部门后，仍然或明或暗地成立有关机构，行使为村（居）民建房发证、收费放线权力，造成机构重叠，职能交叉、管理不畅。

（3）现行小城镇管理模式的弱点

长期以来，我国逐渐形成了一种"建管不分"、"以建代管"的城镇管理体制。在这种体制下，城镇建设部门与城镇管理部门、城镇管理部门与其他相关部门（如公安、工商、房地产、环保、卫生等）之间以及建设部门内部严重存在职能交叉、职责不清、关系不顺、管理弱化问题。当前国内小城镇管理组织模式主要有以下几种：

1）建管合一模式。这种模式下的小城镇规划管理职能与建设职能混合交叉并集中配置于同一个政府职能部门即建设委员会。其弱点是：小城镇规划管理职能与小城镇建设职能合一，单位内部关系不顺，由于建设委员会的精力大多放在建设上，因此，管理弱化。

2）多头分散模式。这种模式不设建设委员会，小城镇管理职能分别由几个独立平行的政府职能部门分散行使，如建设局管规划，市政管理局管市政，环卫管理局管环境卫生，园林管理局管园林绿化等。其弱点是：小城镇管理职能过度分散，形不成"综合管

261

理"的拳头，几个部门在经费分配、业务分工上也时有扯皮现象。

3）综合协调模式。这种模式的城镇管理职能主要是由一个非常设的小城镇管理机构即城镇管理委员会行使。小城镇管理委员会由县（市）长兼主任，有关分管县（市）长兼副主任，下设办公室，简称"城管办"，负责日常工作。其弱点是：城镇管理工作缺乏常规性。城管办不是政府职能部门，有的还是临时常设机构或事业单位，很难正常行使政府职能部门的职责。

4）单一管理模式。这种模式不设"城管办"，只设市容环境卫生管理局，主管城市环境卫生工作。其弱点是：把小城镇管理这个庞大的系统工程局限于市容环境卫生单方面，就职能配置而言，管理内容十分单薄。

5）实体管理模式。这种模式在以小城镇管理委员会为主要职能部门的基础上，加大改革力度，引进科学方法，但在管理模式上应不断优化，克服旧管理模式中的先天不足，推进小城镇的健康发展。

在目前的经济水平制约下，不可能对所有的小城镇进行较大规模的投资。为尽快推进城镇化进程，必须有重点地投资建设一些发展潜力较大的小城镇来带动周围地区的发展。小城镇建设中地方主义严重，争项目、争资金，就镇论镇，没有从地区共同发展的角度考虑在城镇体系中的准确定位，结果出现重复建设、结构雷同现象。由于城镇体系结构不合理，建制镇数量过多，造成小城镇分布过密、过散，小城镇建设水平低，品位不高，城镇功能弱，对区域经济社会发展的拉动力、整合力不强。

（4）小城镇规划建设管理体制不顺，机构设置不统一，力量薄弱

小城镇规划建设管理机构大多数力量薄弱、管理水平较低。据调查沿海经济发达地区小城镇虽然大部分村镇有建设管理机构，但机构名称五花八门，职能不统一，编制经费不落实，人员不稳定，使城乡规划建设管理的各项政策到村镇一级就难以完全得到贯彻。

（5）规划建设缺乏区域统筹协调，导致重复建设，环境污染和资源浪费

小城镇行政区划和现有体制的限制弊病，一些小城镇规划建设各自为政缺乏区域统一协调，导致重复建设，环境污染和资源浪费。一些县（市）每个镇，甚至村都建一个自来水厂，规模小、水质差、效益低，有的县、镇将污染工业安排在本县、镇下游，却是邻县、镇的上游，使下游小城镇水厂，几乎成了上游小城镇的"污水处理厂。"

（6）对小城镇规划建设管理体制改革等重大问题缺乏研究

党的十四大提出建立社会主义市场经济体制以来，对如何探索和建立适应社会市场经济体制的小城镇规划建设管理体制研究不够，跟不上小城镇快速发展形势要求，理论研究薄弱没有能起到应有的宏观指导作用。

11.2.3　小城镇规划建设管理发展趋势

为适应我国小城镇快速发展形势要求和促进小城镇健康、可持续发展，小城镇规划建设管理任务十分繁重，对管理工作提出更高要求，小城镇规划建设管理有以下发展趋势：

（1）突出管理重要性，强调管理科学化，现代化管理工作重要性在于：

1）在小城镇规划、建设和管理三者之中，管理是贯穿始终的。规划是小城镇管理的首要职能，通过小城镇规划，探究小城镇发展方向、适度规模、合理布局，综合安排小城镇各项工程建设，对小城镇发展有着计划和综合调控作用。而这种作用的发挥只有通过小

城镇管理的有效介入才能实现，从这个意义上讲，规划管理比规划制订本身更为重要。至于规划实施以后，就更需要管理，否则一切规划就变成一纸空文。小城镇建设如果没有严格的管理，建设质量本身就得不到保证，还会带来很严重的后果，如当前突出存在的建筑工程质量不高、居民住宅偷工减料、质量低劣等问题，主要根源就在于对建筑商、建筑队伍缺乏强有力的管理监督，制度不健全，管理人员不尽职等。

2）小城镇管理是保证小城镇发展有序运转的润滑剂。小城镇是农村社会生产力发展的产物，是一个复杂的动态系统，这一动态系统要启动运转，就必须解决小城镇人的因素和其他要素的有机结合。保证小城镇各个系统的协调有序，其根本的动力就在于管理，管理是保证小城镇动态有序运转的润滑剂。通过加强政府的管理，在小城镇建设中正确处理好人与物的关系，专业管理与综合管理的关系，整体利益、长远利益与眼前利益的关系，从而科学解决小城镇运转中面临的一系列问题，如小城镇的建设、交通、通信、教育、就业、治安、居民住宅、供水、供电、供气、环境保护、污水垃圾处理及市民多方面的生活需求等，充分发挥好政府在小城镇管理中的作用。

3）小城镇管理是小城镇建设和发展的事半功倍的有效途径。建设好一个小城镇不容易，管理好一个小城镇更难。小城镇都与农村紧密联系，受传统的习惯势力、工作方法和生活方式的影响很大，加上管理人才缺乏，居民素质不高，所以，小城镇原有管理普遍十分薄弱。实践证明，管理出效益，管理出效率，小城镇管理搞得好，可以少花钱，多办事。管理滞后，甚至只抓建设，不顾管理，就会浪费财富和资源。小城镇建设重点应避免"越建设越发展越赔钱"的怪圈，立足小城镇管理现实，加强管理。科学管理是小城镇建设和发展的事半功倍的有效途径。

263

强调管理科学化、现代化是小城镇规划建设管理的必然趋势。

科学管理贯穿于小城镇发展的全过程，只有在小城镇发展的规划建设全过程，加强科学化管理，政府才能发挥如小城镇发展中应发挥的作用，也才能加快建设的步伐。

管理现代化是小城镇建设的关键。管理是小城镇建设中政府的主要职能，加强管理、科学化管理是政府在小城镇建设中的主要任务。要充分发挥好小城镇建设中政府管理的作用，必须克服传统观念的束缚，寻求管理观念的现代化、管理体制的现代化、管理方式的现代化、管理手段的现代化。

小城镇管理现代化还必须运用现代科学技术。面对越来越多的社会事务和瞬息万变的大量信息，小城镇管理如果仍按常规的方法去处理，显然不能适应社会化大生产和现代化发展的需要。当今，信息化在城镇经济社会发展中的重要作用已日益为人们所共识。应用信息系统，包括网上规划档案调阅、规划审批、动态管理、资料查询、统计分析、辅助决策、业务交流、服务咨询等，实现网上信息交换、信息发布和信息服务，不仅大大提高工作效率，而且增强规划管理的科学性和决策的民主性，方便实现政务公开、规划公开、公众参与、社会监督。

（2）转变观念，把市场机制引入政府管理

在市场经济条件下，小城镇发展的过程已不是一个政府计划和行政控制的过程，而是一个经济社会自然变迁的过程，要打破各种不利于发展的体制束缚，摆脱以往小城镇建设中传统观念的束缚，解放思想，树立市场观念、竞争观念、效率观念，把市场机制全面引入政府管理。

（3）引入现代化的管理体制，实行统一管理和分层管理相结合的领导体制

引入现代化的管理体制，实行统一管理和分层管理相结合的领导体制。统一管理主要是加强对供水、供电、供气、通信、消防、环境卫生、教育等公用事业的管理，加强对新区建设和旧镇改造的综合开发。但统一管理并不意味着一切活动都由镇政府来决策和扶持，在统一管理的前提下，仍然需要进行两级管理：微观管理，即街道办事处或居民委员会对社区的自治管理；宏观管理，即镇政府对全镇整体的动态因素的管理。统一管理必须以充分发挥街道、居委会在城镇管理中的主体作用为基础，而微观管理又不能游离于镇长的决策之外，必须接受城镇政府的统一指挥和协调。

（4）管理方式从单一的行政管理向法规的综合管理的转变

行政管理是依赖行政措施诸如命令、指示、规定、计划、规章、制度等方式，对小城镇管理对象施加影响，进行控制。它具有使用要素集中统一、便于管理职能的发挥、有利于处理特殊问题和突发事件的优点。它的不足是权利集中，垂直领导，不利于管理对象各要素主动性的发挥，不利于各要素间的横向联系，而且管理效果取决于领导者的素质，随意性较大。因此，在小城镇管理现代化中，行政管理应与经济、法律和教育等方式相互配合，互为补充，多管齐下。要运用经济方法来管理小城镇，不仅管理小城镇经济要运用经济杠杆，而且管理小城镇社会也要依靠经济的手段，促使居民及法人团体遵守各种行政规定。另外，要善于运用法律方法来管理小城镇。"以法治镇"，运用法律的手段来加以管理，这应是小城镇现代化管理的战略选择，也是管理方式文明进步的重要标志。小城镇管理法规应该具有科学性、可行性、统一性和稳定性。不能朝令夕改，法规一旦制定，就必须具有普遍的约束力。小城镇管理现代化还必须善于运用教育方法，要通过报刊、广播、电视等媒体，向小城镇居民和单位宣传政府关于小城镇管理方面的方针、政策和法规，强化管理意识和责任感，共同遵守其规章制度。

11.3　小城镇规划建设管理体制改革

11.3.1　强化规划管理权限的集中统一

针对目前小城镇规划建设管理机构名称五花八门，设置混乱，职能不统一，权限不集中状况，小城镇规划建设管理体制改革首先要强化规划管理权限的集中统一，强化县（市）城乡规划行政主管机构的权限。按《城乡规划法》理顺县（市）规划行政管理机构与上级规划行政管理机构关系，纠正随意下放规划管理权限的行为，在规划管理体制上，强调镇一级规划行政管理机构作为县（市）一级城乡规划行政主管部门的派出机构设置和充实的必要性，确保小城镇规划的集中综合调控和协调作用。

11.3.2　小城镇行政管理体制创新

目前，小城镇的管理体制和政府职能仍存在政企不分、条块分割、机构臃肿、效率低下等现象，不适应城镇化管理的需要。随着社会主义市场经济体制的建立和小城镇的发展壮大，对小城镇政府管理提出了更高的需要，小城镇行政管理体制亟待创新。

小城镇管理体制改革应围绕"小政府，大服务"的目标和"政企分开，政事分开，精

兵简政"的原则，建立起能够适应社会主义市场经济发展的运转协调、灵活高效的行政管理体系。把镇政府的主要职能转变到制订发展规划、引导和协调经济发展，依法监督社会事务和组织公共设施建设等方面来。其主要内容为：精简机构，理顺职能，强化服务。

11.3.3 调整镇乡行政区划，促进小城镇规模化发展，进一步充实小城镇规划建设管理机构，提高管理效率

我国中小企业分布过度分散，形成严重的不规模经济，限制了城镇化进程，因此，应积极促进中小企业的集中。我国很多地区所采取的措施是在乡镇政府所在地兴办工业小区，将本乡镇的中小企业集中起来发展，从而形成了我国以乡、镇为基本地域单元的工业化和城市化特征。与"村村点火、户户冒烟"的工业化道路相比，在乡镇政府所在地兴办工业小区确实能够获取一定的规模经济效益。但是，在我国现行的管理体制下，乡镇行政范围下人口规模太小，以乡镇为单位推进城市化所形成的小城镇规模仍然很小。

在成熟的市场经济条件下，行政区划与生产要素流动、与城镇的规模化发展并没有必然的联系，因为生产要素可以无障碍地自由流动，追求规模经济和利润最大化的天性必然促使投资者将企业设置在规模相对较大、投资环境相对较好的城镇发展。但是，我国当前处于体制转轨时期，各种制度向规范的市场经济体制过渡的过程正在进行之中，许多传统体制的框框仍然束缚着社会经济的发展。其中之一就是政府职能转变尚未完成，块块分割依然严重，生产要素的区际流动不畅，省与省之间如此，县与县之间、乡与乡之间也是如此。而乡镇作为我国最基层的行政区域，乡镇政府所在地成为民间中小企业生产要素积累的基本空间依托。乡镇与乡镇的分割造成了小城镇的分散发展；而乡镇的合并就成为扩大基本行政区域，从而为小城镇规模化发展创造条件的重要途径。因此，调整乡域行政区划，是我国在特定的体制转轨时期，促进民间中小企业生产要素能够在相对较大的范围内流动，从而促进小城镇的规模化发展的必然选择。

根据《国务院关于行政区划管理的规定》，乡一级行政区划的调整及政府驻地的迁移，省级政府就可以审批，而县一级行政区划的变更需由国务院审批。因此，乡一级行政区划的调整更具有易操作性。当前，在江苏、浙江、北京等发达省市的部分地区，已经开始顺应小城镇规模化发展的要求，调整乡域行政区划，从而在全国产生了一定的示范效应。但是，在已经进行的乡域行政区划调整中，一个问题一直没有得到很好解决，这就是缺乏相对科学的标准。因此，需要尽早研究和调整乡域行政区划的原则和方法。

在小城镇规模化发展同时，进一步充实小城镇规划建设管理机构，由于小城镇形成合适规模和管理机构加强，小城镇规划建设管理效率将明显提高。

11.3.4 小城镇规划管理模式改革

小城镇规划工作的主要内容分三大块：规划管理，包括制定小城镇规划的方针政策、规划的审批、实施及监察等工作；规划设计，主要是详细规划的编制和调整等工作；与规划工作相关的测绘工作，包括地形测绘、测绘行业管理及建设工程的定位放样等工作。

目前大多小城镇的规划管理业务部门也是按以上三项主要工作内容设立的，大多为以下两种模式：

（1）独立部门式（简称 A 模式），即独立设三个部门分管三项工作。在建设（规划）

行政主管部门下设立规划管理科（或股、办公室）负责规划管理工作；设立规划设计院（或所、室）进行规划设计工作；设立测绘队，负责测绘工作。

（2）综合管理模式（简称B模式），即在建设（规划）行政主管部门下设立一个综合管理部门统一管理三项工作。

上述两种管理体制与模式，有一个共同存在规划编管不分的问题，就是规划的编制与实施管理同在一个行政管理机构内。规划编制与管理同一家，管理部门直接编制和调整规划，既编制、调整又组织实施规划，规划管理权缺乏监督制约，自由裁量权过大，不利建立有效的监督制约工作机制。

小城镇规划管理体制模式改革应该把规划与测绘业务单位从行政管理机构中分出来，以便规划编制与实施管理分开。规划设计和测绘可归并在一个单位如规划设计测绘院（室），或者各为一个单位。小城镇规划由具有国家规定的规划设计资质的单位承担（包括上述符合资质的规划单位），规划行政管理部门不再直接编制和调整规划。以便加强规划编制、审批和实施管理，建立有效的监督制约工作机制。

同时，为了便于规划实施管理各项工作开展，规划行政管理部门的人员编制，除规划设计专业技术人员外，宜考虑适当比例的工程专业和测绘专业技术人员，确保规划管理工作中的专业人员配套。

11.4　小城镇规划建设管理机制改革

小城镇规划建设管理机制改革，除涉及前面第2章、第3章、第4章中的小城镇规划编制改革、小城镇规划审批管理的机制改革和小城镇规划实施管理改革相关内容外，着重以下几个方面内容和建议：

11.4.1　切实加强对小城镇建设的组织领导，依法加强小城镇建设管理

小城镇建设意义重大，任务艰巨。各级党委、政府要切实加强组织领导，把小城镇建设尤其是中心镇的建设，作为发展农村经济新的增长点，使之纳入经济社会发展的总体规划，列入重要议事日程，切实抓紧抓好。县（市）和镇乡党委及政府是小城镇建设的直接组织者，对小城镇的规划、建设和管理起主导作用，要充分发挥主观能动性，通过深化改革，贯彻和落实有关政策，加快小城镇建设步伐。要把小城镇建设列入县（市）、镇乡两级党委、政府的任期目标责任制，明确目标任务，制订中心镇建设的具体措施，年终考核评比。地委、行署成立以专员为组长，以地委、行署分管领导为副组长，建委、发改委、民政、工商、公安、土地、财政、税务、交通、农业、乡镇企业、环保、邮电、电力、金融、水利等部门负责人为成员的小城镇建设领导小组，负责全区小城镇建设的宏观指导和综合协调，领导小组下设办公室，负责日常调度工作。各县（市）也要成立相应的领导小组和工作机制，具体协调解决小城镇建设中出现的各种问题。各有关部门要密切配合、大力支持建设主管部门，共同做好小城镇建设工作。

要坚持建管并举，突出管理的原则，依法搞好小城镇规划建设的管理工作，要继续认真贯彻落实有关小城镇建设的政策法规，严格执行《中华人民共和国城乡规划法》、《村庄和集镇规划建设管理条例》等法规的各项规定。要做好宣传教育工作，让广大干部群众知

法、学法、懂法、自觉执法，使管理工作逐步法制化、规范化、科学化。

充分发挥县（市）、镇乡在小城镇规划、建设、管理中的职能，用好法律、政策赋予的管理权限，建立起职、责、权、利一致的管理体制。县（市）、镇乡建设主管部门要依法对小城镇的规划、建设、镇容镇貌、环境卫生、房地产权产籍、建筑市场等进行严格管理。小城镇的建设要严格实行"一书二证"制度。在征用或划拨土地之前，必须有县（市）规划主管部门签发的《项目选址意见书》和《建设用地规划许可证》，方可办理用地有关手续，在工程开工之前，必须由县级规划行政主管部门签发《建设工程规划许可证》，然后办理开工手续，村庄建设要实行《村镇规划选址意见书》制度。各类工程建设项目未经批准，绝不许开工建设，对不按程序办理，擅自进行建设的要坚决查处。

11.4.2 深化改革，建立适合小城镇发展的政策保障机制和创新机制

（1）改革中心镇管理体制

要按照精简、高效的原则，强化小城镇特别是中心镇党委、政府在人事、财政、税收和建设项目审批等方面的管理职能。县（市）直属部门设在中心镇分支机构的主要干部选配调整，要征求镇党委、政府的意见。要加强小城镇建设的管理机构建设，强化小城镇建设、土地、环境等综合管理，健全和完善小城镇建设社会化服务机构。为小城镇建设提供规划设计、定点放线、建筑施工、建材供应、技术咨询、卫生绿化等"一条龙"服务。

（2）改革小城镇户籍管理和社会保障制度

在小城镇逐步建立以居住地划分城镇户口和农村户口的户籍登记制度，实行城乡户口一体化管理。对在小城镇已有合法稳定的收入和固定住所，符合条件的进镇农民可按国家和省有关规定办理城镇户口。户口已转入城镇、自愿交出原有承包地的，不再承担原有义务。凡在小城镇从事第二、三产业等经济活动的进镇人员（包括农村人口），均可办理城镇户口，落户后与原城镇居民享受同等待遇。有条件的小城镇可按城市户籍管理有关规定管理镇区人口，设立居民委员会。要把农村剩余劳动力转移列入经济社会发展计划，加强宏观调控和引导，使之有计划、有组织、合理有序地流动。建立适应小城镇发展要求的住房制度、医疗制度、劳动就业制度、教育制度和社会保障制度，解除进镇农民的后顾之忧。

（3）改革小城镇土地使用制度

1）小城镇范围内的国有土地除法律规定可以依法划拨的以外，全部实行土地有偿使用。其土地有偿使用的收益除按规定应上缴的以外，全部返还乡镇，用于小城镇基础设施建设和土地开发。

2）对建设用地坚持统一规划、统一征地、统一开发、统一出让、统一管理的"五统一"原则，在政府高度垄断土地一级市场的前提下，放开搞活土地二级市场。建设单位可以通过国有土地使用权出让等有偿使用方式取得土地使用权。在小城镇范围内积极推进招标、拍卖出让国有土地使用权工作，加快建设公开、公平、公正的土地市场步伐。积极稳妥地开展乡镇企业用地有偿使用试点工作，有偿使用收入归土地所有者所有，主要用于土地整理、村庄基础设施建设和公益事业建设。

3）集体建设用地在不改变土地用途、保持集体土地性质不变的前提下，允许土地使用权在本集体经济组织内部流转，并依法办理土地变更登记手续。

4）向本集体经济组织外部转让、出租的，应依法办理征用、出让等有关手续。

5）在经土地管理部门按照有关规定审查批准的前提下，允许农村集体经济组织使用本集体土地兴办集体企业，其他单位和个人也可以土地使用权入股作为联营条件，兴办合资、合作企业。其中涉及占用农用地的，应依法办理农用地转用审批手续。

土地开发和建设用地要符合土地利用总体规划、小城镇建设规划和年度建设用地计划。要处理好建设用地和保护耕地的关系，严格执行建设用地标准，提高土地利用率。要加快空壳村的改造，对村内空闲地要充分合理地利用或复垦造田。

（4）改革小城镇投资体制

要逐步建立以自身筹措为主、国家扶持为辅，企业和个人积极参与的多元化的小城镇建设投资机制。建议将分税制的有关政策直接下放到中心镇，原则上税收不上收，比例不截留。按规定多得的部分，要全部留给镇财政，专款用于中心镇建设。在小城镇收取的城市建设维护税、基础设施配套费、城镇增容费等要收好、管好、用好，特别是小城镇建设维护税和基础设施配套费，必须足额收取，专款用于城镇基础设施建设和市场建设。在小城镇建设的市场设施，实行有偿使用，收取的费用要用于小城镇市场的建设和维护。资金的使用要由建设行政主管部门统筹安排，根据本地情况有重点地支持中心镇的建设。要实行计划、财政、信贷倾斜和扶持政策。地、县（市）两级计划部门每年要安排专项资金，用于中心镇的基础设施建设。金融部门要在信贷安排上对中心镇给予倾斜，对小城镇经营性事业的发展给予扶持，对符合信贷条件的项目优先发放贷款和提供其他金融服务。同时，地、县（市）工业、电业、水利、交通、邮电、工商、金融、环保、农业等部门，要优先在中心镇安排有关建设项目和资金。大力提倡股份合作制，鼓励农民以资入股参与中心镇开发建设。

（5）改革建设方式

对小城镇建设要实行综合开发、配套建设，做到4个集中：乡镇工业和私营工业向工业小区集中；居民住宅向住宅小区集中；商贸经营向市场和商贸街（区）集中；医疗、学校等公共服务设施向小城镇集中。一个乡镇原则上只保留一处中学和一处卫生院。同时要搞好以供水、交通、电力、通信为重点的基础设施建设，并把公用基础设施建设推向市场，实行市场化经营，允许单位、个人公平竞争，谁投资谁所有，谁经营谁收益，使小城镇建设健康发展，迅速形成规模效益。

实现农村城镇化至少要具备以下条件：

1）非农产业发展要有较高的水平，以便为进镇农民提供较为稳定的就业岗位；

2）乡镇工业较发达，有较多的利润和税收可投资于城镇软硬设施的建设；

3）进镇农民要有稳定、较高的收入，用于购买城镇商品房和支付其他费用；

4）小城镇规划、设计和建设较好，对农民具有较大的吸引力。要达到上述基本条件需要较大的投资。小城镇建设最大的困难就在于资金短缺。因此，必须深化小城镇建设方式改革，建立小城镇多元化投资体制，形成国家、集体、个人、外资多元投资格局，特别是要重视培育农村投资主体，尽量吸纳民间资金参与小城镇建设和开发。

（6）小城镇进镇人口政策创新

从农民自发进镇到"引农进镇"，是被动城镇化向主动城镇化的重要转变。为此，需要在进镇人口政策方面进行创新。

1）放开农村县城和中心镇的户口迁移限制，允许农村人口自由地进入县城和农村中心镇务工经商，不论本地人或外地人，只要在城镇有固定住所、职业和固定的收入来源，都可以转迁落户，并给予本地居民同等的待遇。

2）消除就业制度上的歧视政策，增加进镇农民就业的稳定性，尽可能规避就业风险和经营风险。

3）建立健全进镇农民的社会保障制度，逐步减少"两栖人口"的数量。

4）提高服务质量，优化进镇农民的生活环境。尽量为进镇暂住人口提供简易住房，增强他们的定居意识。

5）抓好进镇农民的职业技能培训，提高其文化素质和文明程度，逐步实现进镇农民心态和行为的市民化，即进镇农民在生产生活观念、社会交往、伦理道德、行为模式等方面的转变。

6）加强小城镇功能开发，增强其人口承载能力。

（7）分类指导、抓好试点示范

不同地区、不同类别小城镇经济社会发展条件与现状差别很大，小城镇规划建设标准、规划导则、政策法规应充分考虑我国国情和小城镇的基本特点，分类指导不同地区、不同类型、不同规模、不同发展阶段不同要求的小城镇规划建设，并抓好各种类型小城镇试点及示范，抓好全国1887个重点镇建设；同时也应充分考虑刚性、非刚性，控制性和指导性标准的分类指导。

11.4.3 加强小城镇特别是县城镇、中心镇和重点镇的规划编制指导和规划建设管理

发展小城镇的重点在县城镇和中心镇。按照《中共中央、国务院关于做好农业和农村工作的意见》（中发［2003］3号）和《国务院办公厅关于落实中共中央、国务院做好农业和农村工作意见有关政策措施的通知》（国办函［2003］15号）的要求，住建部会同国家发改委、民政部、国土资源部、农业部、科技部确定了全国1887个重点镇，从政策上给予必要的倾斜和支持。省、自治区城乡规划行政管理部门采取措施，加强对中心镇规划编制的指导，提高中心镇规划的质量。逐步实行重点镇规划省级备案核准制度，切实提高小城镇规划的权威性。

同时要求加强小城镇基础设施建设。从完善小城镇功能出发，突出抓好道路，给排水、文化、教育、卫生等基础设施和公共服务设施的建设。改革完善小城镇规划建设管理机制，明确镇主管规划建设领导和行政部门责任，落实管理小城镇规划建设人员。因地制宜从实际出发，禁止安排不切实际的小城镇大广场，超标准办公楼和豪华接待设施等建设项目，积极促进乡镇企业的合理布局，防止城市污染工业向小城镇转移。

11.4.4 规范小城镇规划建设管理行政行为，建立健全规划管理监督制约机制和行政责任追究制度，突出管理规范化、法制化、科学化

规范小城镇规划建设管理的行政行为，改变小城镇规划建设管理部门既编制规划、调整规划，又组织实施规划的局面，大力推进规划编制与实施管理分开，管理部门不再直接编制和调整规划。要公开规划审批程序。

269

按照《国务院关于加强城乡规划监督管理的通知》（国发［2002］13 号）和原建设部、中编办、国家计委、监察部、财政部、国土资源部、文化部、国家旅游局、国家文物局等九部委联合下发的《关于贯彻落实〈国务院关于加强城乡规划监督管理的通知〉的通知》（建规［2002］204 号）的要求，进一步健全同级人大、上级城乡规划部门以及公众和新闻舆论监督相结合的小城镇规划建设监督制约机制，全面推行政务公开，建立广泛的公众参与机制，接受社会监督，同时受理社会公众对规划建设违法违规案件的举报，聘请特约社会监督人员，加强社会监督。

县规划行政主管部门要加强小城镇建设项目规划审批后的监督管理，及时查处违法建设的行为，对涉及规划强制性内容执行、建设项目"一书两证"核发、违法建设查处等关键环节，要做出明确具体规定。通过建章立制，强化对行政行为的监督，切实规范和约束城乡规划部门和工作人员的行政行为。

建立有效的监督制约工作机制，规划编制与实施管理分开。规划的编制和调整，应由具有国家规定的规划设计资质的单位承担，管理部门不再直接编制和调整规划。规划设计单位要严格执行国家规定的标准规范，不得迎合业主不符合标准规范的要求。改变规划管理部门既编制、调整又组织实施规划、纠正规划管理权缺乏监督制约、自由裁量权过大的状况。

建立规划管理行政责任追究制度。明确规划管理中政府领导、规划管理部门领导和管理人员的责任，做到权力与责任相统一。

11.4.5　提高小城镇规划建设管理队伍素质，提升管理水平和效率

小城镇规划建设管理队伍素质普遍较低，通过建立健全规划管理机制，配备合格人员，引进人才，鼓励高校毕业生到小城镇工作；建立健全培训上岗制度，加强职位教育和岗位培训，不断更新业务知识，切实提高管理业务水平；实行与管理水平、工作效率、效益挂钩的奖励和待遇政策等，提高小城镇规划建设管理队伍素质，稳定和加强小城镇规划建设管理队伍，提升小城镇规划建设管理的水平和效率。

规划编制和管理所需经费，按照现行财政体制划分，由地方财政统筹安排。

同时，充分发挥电视、广播、报刊等新闻媒体的宣传作用，向社会各界普及小城镇规划建设知识，增强全民的规划参与意识和监督意识。

12 小城镇规划建设管理的借鉴与比较

12.1 国外小城镇发展与建设的借鉴与相关比较

12.1.1 欧美发达国家城市化历程与特点

从农业社会向工业社会的转变，必然要经历城镇化，这是社会发展的一条客观规律。为了更好地完成加快我国小城镇的城镇化进程的历史任务，研究欧美发达国家城镇化的历史经验，能为我国的城市化提供有益的借鉴。

从历史上看，最早实现工业化、城镇化的欧美各国，在从农业社会向工业社会转型的过程中，经济和人口重心不断向城镇转移，城镇数量和城镇人口迅速增加，其发展历程反映了城镇化发展的一般规律。一般认为，城镇化机制反映了社会发展中种种"合力"的结果，是城市的"吸引力"和农村的"离散力"共同作用的结果。一方面，城市较高的生活水平、娱乐和文化上的便利，稳定的较高的收入和良好的发展前景吸引着农民；另一方面，大量农民的破产，失去赖以生存的土地资源，较低的生活水准和较低的受益迫使农民背井离乡，走向城镇。大量农民的涌入，不仅为工业的发展提供了稳定可靠的劳动力，也促使了社会经济和人口重心的改变，使人类社会迈入更高一级的社会形态——工业社会。

透过人口迅速向城镇聚集的表象，我们可以发现工业化带来的巨大作用。大部分人都认为工业化是城镇化的发动机，甚至有人认为城镇化是工业化的结果。实际上，作为社会现代化重要标志的城镇化，是受社会、经济、政治和文化等众多因素作用的结果，工业化是推动城镇化发展的重要条件之一，城镇化的产生并不一定必然伴随着工业化。事实上，我国的城镇化滞后于工业化，拉美国家的城镇化超前于工业化，都说明了城镇化与工业化的发展并不一定是同步过程。从世界范围内，"同步城镇化"、"过度城镇化"、"滞后城镇化"的各种发展模式都说明，城镇化的结果是各种因素共同作用的结果。

城镇化是各种因素共同作用的结果，必然会产生各国城镇化进程的差异，特别是各国的自然条件、社会经济条件、资源供给能力、生产组织形式、生产力发展水平、社会制度、交通运输条件和地理区位的不同，西方各主要发达国家进入城镇化的水平、进程有很大的差别。

（1）英国城镇化的主要阶段和特点

英国作为工业革命的发源地，工业化最早实现，其城镇化开始也最早，也是最早实现城镇化的国家。其城镇化发展主要经历三个阶段。一是工业革命开始前的城镇化起始阶段。英国从16世纪末开始海外的殖民掠夺，到18世纪中叶成为世界上最大的殖民帝国。殖民扩张开拓了国外市场，刺激了手工业和城镇化的发展，到工业革命前的1750年城镇化水平就到25%左右。二是工业革命后的城镇化加速阶段。18世纪下半叶到19世纪中叶，英国经过工业革命，迅速发展的第二、第三产业使社会经济结构发生了根本变化。随着城镇化进程的加快，城镇化水平从 1750 年的 25％左右迅速提高到了 1801 年的 33.8％，到 1851 年达到了 50.2％，基本实现了城镇化。到 19 世纪末的 1881 年达到了 72.05％，成为了高度城镇化的国家。三是高度城镇化后的调整阶段。从 19 世纪末到 20 世纪末，英国城镇化水平提高速度明显变慢。1911 年其城镇化水平仅上升到 78.1％。经历两次世界大战，城镇化水平有所波动，但是一直维持在 75％左右；第二次世界大战后城镇化水平一直维持着缓慢增长态势，到 1990 年其城市化水平达到 89.1％。

（2）美国城镇化的主要阶段和特点

美国的城镇化过程从 19 世纪 20 年代起步到 20 世纪 60 年代末实现高度城镇化大约经历了 160 年。城镇化进程与工业化和农业现代化同步，大体分为四个阶段：第一阶段是内战前的起步阶段。其城镇化主要局限于东部较早的英国殖民地地区，城镇化水平从 1810 年的 7.3％提高到 1860 年的 19.8％，经历了 50 年，年均仅增长 0.25 个百分点。第二阶段是从 19 世纪 70 年代到 20 世纪 20 年代的城镇化加速发展阶段。南北战争后，黑人农奴得以解放，生产力的水平得到极大的提高，掀起了历史上农村人口城镇化的第一次高潮，城镇化水平 30 年间由 1890 年的 35.1％提高到 1920 年的 51.2％，从而从根本上改变了农村的城乡结构，初步实现城镇化。第三阶段于 20 世纪 50 年代掀起了城镇化的第二次高潮，到 60 年代高度实现城镇化，导致城镇人口达到顶点。第四阶段是城镇化的缓慢发展阶段，从 20 世纪 70 年代到 90 年代一直维持在 72％左右。但是从 70 年代开始，城市人口开始出现郊区化现象，人口开始从大城市市区流向中小城市和乡村地区，出现了逆城镇化现象。

（3）法国城镇化的主要阶段和特点

法国于 19 世纪初进入工业革命，但是其城镇化和现代化的进程呈现出与其他发达国家不同的特点，具有起步早、时间慢、时间集中的特点。其城镇化历程分为三个阶段：一是从法国大革命开始到第二次世界大战结束后的城镇化缓慢提高阶段。19 世纪末，法国城镇化水平达到 1806 年的 17.3％，其后发展缓慢，到 1851 年仅达到 25％，又经过几十年的发展。到 1901 年达到 41％；1931 年城镇化水平才达到 50.8％，历经一百三十多年的发展才基本实现城镇化。二是从第二次世界大战后到 20 世纪 60 年代末的城镇化高速发展阶段，城镇化水平从 1946 年的 53.2％迅速提高到 1968 年的 71.3％，年均增长 0.8 个百分点，其中在 60 年代后，年均增长达到 2 个百分点。到了 20 世纪 70 年代，法国进入了高度城镇化后的调整完善阶段。

（4）小结

从以上欧美发达国家的城镇化历程中可以看出，各国的城镇化历程都大致经历了三个阶段：城镇化的起步阶段，城镇化的加速发展阶段，城镇化高度发展后的调整完善阶段。一般认为当一个国家城镇化水平达到 35％左右会有一个城镇化水平的加速阶段，期间有一个或者多个加速期。但是由于各个国家的具体条件不同．各个阶段经历时间并不相同。

12.1.2　国外小城镇发展借鉴

12.1.2.1　发展特点

当今，即使世界上大多数国家正在努力实现或者已经实现工业化和城市化，但重视广大农村地区，特别是小城镇的发展仍然是发达国家或发展中国家的普遍国策。由于社会生产力发展水平和产业结构的不同，各国在小城镇的发展道路上有着各自的特点。

（1）发达国家的小城镇建设与发展

由于大城市的恶性膨胀，发达国家在城市化初、中期产生了许多难以解决的经济和社会矛盾。随着认识的不断深化、技术的不断发展、政策的不断完善，农村和小城镇的发展日益得到重视，非都市连绵区的人口增长加快，出现了"逆城市化"现象。

1）把提高小城镇生活质量作为一种新的社会价值观念

1970 年以来，发达国家的城市化趋势是人口向郊区转移。因此发达国家把提高小城镇的生活质量，作为一种新的价值观念的体现。德国是高度工业化的国家，其农业人口和农业产值只占全国人口和产值的 5%—6%，有 33.7% 的人口居住在 3260 个人口为 2000～20000 的小城镇里。但是，德国的小城镇建设和大城市一样受到高度重视。联邦规划法规定，所有基层行政单位，包括村和小城镇，都要根据经济和社会的发展要求制订自己的发展规划，包括土地利用规划（总体规划）和建设规划（详细规划）。其中特别强调各项基础设施的完善，包括水、电、燃气等的供应，努力在设施水平和就业机会上创造和城市等同的条件，使人们可以享受到各种现代化的设施。较之大城市，这些小城镇更是有钱人和中产阶级喜欢的居住地点。大多数在小城镇中居住的，是与农业经济几乎毫无关系的人。他们向往的是空气清新的大自然，以及农村田野所提供的传统的乡土风情。

2）把发展村镇建设作为稳定乡村人口的战略措施

与欧美国家相比，日本是新兴的发达国家。第二次世界大战后，日本才真正开始工业起飞和农业劳动力的大规模转移。短期内人口的快速转移，对城市的压力增加。20 世纪 70 年代后期，为抑制农村劳动人口大规模地涌向城市，保证城乡的社会平衡和城市生态平衡，日本内阁会议提出了全国第三次综合开发规划设想，其中乡村的国土整治是重点课题，要求对全国 3000 多个农村镇（市、町、村）中的 1000 个进行试点建设，建成高质量、高标准的农村环境。日本政府在整治的预备阶段，详尽调查了乡村现状，包括农业土地利用、道路、生活设施服务、垃圾与粪便处理、给排水、集会设施、城镇文娱设施等，然后进行从区域到城镇的系统规划。和德国相似，日本的乡村整治也是突出了各项基础设施，特别是铺装道路网的建设，从而缩短了城乡间的时间距离，使城乡联系更为方便了。

（2）发展中国家的小城镇建设与发展

与发达国家相比，总体而言，发展中国家城市化起步晚、水平低，受殖民主义影响较大，加之经济的整体推动力薄弱，导致大城市膨胀，广大中小城镇和农村地区发展缓慢，城市化畸形发展。于是，发展中国家普遍认识到，没有乡村经济的同步发展，势必造成城乡对立的扩大和加深。因此，作为实现国家经济公正、平衡发展的明智决策，许多发展中国家积极推行综合发展战略，把建设重点由城市转向乡村。一些国际组织也呼吁，发展中国家要改变自己的地位，必须从自己的实际出发，编制"综合发展规划"，在促进农村地区非农业性生产活动繁荣的基础上，开发和建设小城镇，以"控制农村人口的大量迁移"，促进城市化正常和健康地发展。

发展中国家城镇化战略作了几次大的调整。20 世纪 50—60 年代，许多发展中国家集中力量发展中心大城市。这种战略以"中心地"理论为基础，提出"增长极"发展策略作为城市化的指导思想。面对战后经济发展的迫切要求，强调自上而下地在中心城市安排工业项目，试图以中心地区的繁荣来推动周边地区发展。增长极策略对发展中心城市及其周边地区，获取较高经济效益曾起了积极的作用。但它也同时导致了大城市、中心城市的人口过度膨胀，带来了一系列不易解决的城市问题，而且并未带动乡村走上富裕之路。相反，乡村资源、人力、资金被大城市吸引过去，形成了外倾型经济结构。于是 20 世纪 60 年代后，不少发展中国家开始抛弃"增长极"策略，转而普遍发展基层小城镇，到 20 世纪 70 年代这一方针已取得了相当大的成果。1975 年日本名古屋会议，1980 年联合国人类居住会议，和 1982 年曼谷小城镇建设经验交流会，都反映了城镇化战略上的这一重大转变。但由于小城镇量大面广，发展中国家缺乏普遍支持能力，导致基层小城镇基础设施水平低，缺乏强有力的吸引力，普遍发展基层小城镇的策略面临不少困难，难以起到带动作用。因此，20 世纪 80 年代后，许多发展中国家相继把重点转向推动次级城市发展。1984 年在西柏林召开的"空间规划和区域开发—促进次级城市发展"经验交流会上，来自亚、非、拉 13 个发展中国家的代表达成了一个共识：对首都和中心大城市必须控制其人口和规模，分布于全国的基层小城镇目前尚不具备全面发展的条件，在此条件下，应优先发展在资源、交通运输、人力、基础设施等方面具有明显或潜在优势的中等城镇。埃及、泰国、巴西等国代表还提出了发展本国次级城市的具体设想。这表明，重点发展次级城市的方针已得到发展中国家的普遍重视。他们认为，次级城市具有促进区域内社会经济发展，防止中心大城市继续膨胀，为周边小城镇和农村腹地提供服务的三大功能。

印度是一个以农业为主、人口众多的国家，粮食与住房问题比较突出。20 世纪 70 年代以来，大量农村人口涌进大城市，使城市人口已占总人口的 46.9%，造成大城市迅速膨胀，生活环境质量恶化。为改变这种状况，印度政府从 1980 年开始，在全国范围推行"乡村开发运动"，目的是减缓农村人口向城市的盲目流动，摆脱乡村的贫困，取得了较好的成效。具体做法是：在农村发展劳动密集型的手工业和乡村工业，解决部分农民就业问题；在农村地区中心大力建设以工业为主体的小城镇，吸引农民和疏导部分城市人口；合理调整村庄规模，改善农村分散经营的状况，并着力解决农民住房问题。

泰国在第二次世界大战以后面临城乡贫富悬殊、农村劳动力大量失业等问题。解决不好这些问题，就会影响社会安定。从第五个"五年计划"开始，泰国政府把乡村地区的繁荣进步列为重点，取得了显著成绩。除了国民生产总值快速增长以外，国内局势也比较稳固和安定，继"四小龙"之后进入了亚洲比较富裕的国家之列。在生产发展的基础上，政府又制定了以"缓解贫困，改变乡村质量"为目标的乡村发展战略。在政府指导下，建立国家和区域级的规划、科研机构以加强对农村建设的指导，积极开展农村规划，大力推动农村基础设施和生活服务设施的建设，成效明显。

综上所述，无论在发达国家还是发展中国家，重视中小城镇的建设已成为城市化发展的共同经验和认识。1984 年 11 月，联合国城镇发展中心曾召开十国（中、美、英、前联邦德国、澳大利亚、土耳其、波兰、墨西哥、印度、肯尼亚）专家会议，专题讨论中小城镇和自然村管理和规划问题。在充分交流各国经验的基础上，会议指出：

（1）中小居民点（小城镇）的发展是国家建设和全面发展的先决条件。

（2）发展中国家只有通过发展中小居民点（小城镇）才能为绝大部分本国人民服务。

（3）中小居民点（小城镇）可以作为政府行政管理系统上的一个层次来制定规划，组织实施，调配资源。

（4）从国家经济发展的战略意义上看，应选择某些重点城镇作为优先发展的目标。

12.1.2.2 发展途径

国外小城镇经过几百年的发展，已经达到很高的水平，特别是发达国家的小城镇，已经基本上实现了现代化。小城镇的基础设施和服务水平与大城市相差无异，大部分小城镇空气良好、环境优美，吸引了大量的人口。比如美国，虽然整体的城市化水平达到了70％以上，其实有60％的城市人口居住在小城镇，超过了居住在大城市的人口。

虽然，西方发达国家城镇化水平已经非常高，大多数国家都已超过70％以上，但这并不意味着他们的城镇化进程已经结束，或出现根本的"逆转"。事实上，西方国家人口迁移的总体趋势仍然是由农村向城镇迁移，只是人口迁移的方向有所变化，不再更多地向大城市或规模以上城市的市中心迁移（尤其是从人口的净迁移量来看），而是向大城市的郊区，或由乡村向规模更大一些的小城镇转移。

国外小城镇的发展，基本上体现了两种途径：一种是大城市的人口和产业的转移促进了附近的乡村发展成为小城镇。另一种是乡村的人口和生产要素的集聚发展成为小城镇。从国外城镇化发展的历程来看，前一种发展成为小城镇得以形成和发展的主要动力。这主要是因为大城市的发展经过上百年的发展已经达到顶峰，甚至出现了一些负面现象，如交通拥挤、环境恶化、犯罪率不断攀升，促使人们向环境更为优越的地区迁移。

（1）大城市人口转移的小城镇发展途径

世界城镇化的历史清楚地表明，城镇化的进程始终受到集聚和分散两个相反的力量所左右。城镇化初期以集聚作用为主，而向外的分散作用处于次要地位。随着城镇化的发展，在技术和空间环境容量等因素的影响下，集聚作用将会由强变弱，而分散作用则会由弱变强。一般说来，当城镇化率达到50％的时候，城市的分散作用开始超过集聚作用，从而会出现城市的人口向城外净流出的现象。当然，这种城市人口的外迁，主要是流向离城市中心地区不太远而生态环境相对较好的郊区，或大都市地区的中小城镇或卫星城。有人将这种城镇人口外迁的现象称为"反城镇化"或."逆向城镇化"，实际上这种说法是不确切的，严格地说应该称为城镇人口的"郊区化"，是城镇化深化的一种表现，而不是任何意义上的城镇化的"倒退"，因为从大城市转移的人口从事的并非农业生产。

事实上，这种发展趋势主要发生在经济较为发达的大城市以及大城市规模以上的城市周围。也就是说，城镇化的郊区化发展方向与经济发展水平以及城市自身的规模大小有关。一般说来，只有当经济发展水平达到人均3000美元（1990年）时，大城市以及大城市规模以上的城市周围才有可能出现以"富人"外迁和大量工业企业外移到郊区的小城镇的现象。

世界上，最早发生城镇人口向郊区转移的大城市是英国的伦敦。英国工业革命后，城镇化迅速加快，到19世纪中叶，城镇化率就已达到50％的水平，城市开始出现过分拥挤的现象，人口和工业布局萌发郊区化的苗头。到19世纪末20世纪初，英国城镇化率已超过70％，郊区化进入快速发展时期。这时，在霍华德（E. Howard）的"田园城市"理论以及稍后一点的昂温（R. Unwin）的城郊居住区（所谓"卧城"）和卫星城理论的指导下，伦敦开始了积极的郊区化（在此之前是被动的，或没有规划指导的自发郊区化）的尝试。这种尝试主要沿两个方向进行：一是建立城乡要素结合的"田园城市"。如先后在伦敦周围建设的两个最早的"田园城市"：莱奇沃恩城和韦林城。二是建设卫星城。主要目的在于分散中心城市的人口和经济活动。最初的卫星城功能单一，仅仅在于分散居住人口，将居民区建设在郊区，日常的基本生活在郊区，而工作和文化活动则要回城里去。如伦敦西北郊区所建的汉姆斯特德田园区（虽然称为田园区，但实际上只是一个居民区）。法国巴黎也在郊区规划了 28 个居住区。当时，将这种建设在郊区的居住区称为城郊居住区，也被形象地称为"卧城"。卫星城理论提出后，这种城郊居住区被称为第一类卫星城。之后，在芬兰建筑师沙里宁（E. Saarinen）的有机疏散理论的影响下，又出现了半独立性的郊区城镇，被称为第二类卫星城。这类城镇除居民区外，还建有一些工业和服务项目，可使部分居民就地工作，其他居民则依然进城上班。

发展具有一定规模的功能相对独立和完善的卫星小城镇是控制大城市盲目扩张的比较理想的选择。这类卫星城已成为促进西方发达国家小城镇发展的一种重要的形式。这类小城镇的发展吸引了大量的人口前来定居，成为发达国家人口转移的主要方向。

（2）乡村继续集聚形成的小城镇发展途径

在西方发达国家在大城市向郊区小城镇迅速发展的同时，城镇化的一般进程，即人口由农村向城镇迁移的总体态势并没有改变，城镇化率还在不断提高，只是速度相当慢了。目前，西方国家农业的集约化还在继续发展。西方国家的农业组织形式主要是上规模的家庭机械化经营，单个家庭农场的土地经营规模可以比较灵活地随市场需求和技术进步而不断地扩大。如美国家庭农场土地经营平均规模，每年都在以平均 5% 的速度递增，农业劳动力的就业比重已降到 3% 左右，并还在继续下降。农业集约化的不断发展，必然使传统的人口城镇化过程不断发展，城镇化水平不断提高。

一般城镇化的另一个发展方向，就是乡村人口向小城镇的转移。包括两个方面：一是随着农业集约化水平不断提高，单个家产农场的平均经营规模扩大，一般乡村已难以满足大规模农业对产前、产中和产后的各种农业物资和资金条件的要求，以及市场、技术、信息等服务的需求。农民们更多地求助于规模更大的城镇，来满足这些需求。因此，使农业地区具有更大规模的城镇的地位提高，人口更多地向这类城镇集中。二是一些小城镇自身不断发展，规模不断扩大形成中等规模的城镇。城镇本身也有一个不断动态发展的过程。一般说来，大城市是由中等城市演变而来，而中等城市又是由小城镇发展而来。同时，随着经济水平的提高，城镇平均人口规模也在不断提高。在一个城镇体系中，有一些处于中间层次的城镇，虽然在数量上比小城镇少，但是由于他们一般都具有较好区位条件，在城镇间的竞争中，能够争取到更多的各种经济要素到这类城镇，因而能够得到较快的成长。

12.1.2.3　适当规模的小城镇发展借鉴

在城镇体系中，城镇人口是以一定规模的城镇占多数。这些位于中间层次上的各类规模的城镇，在城镇人口中占有量有很大同时又可避免城市人口过多在环境和经济社会方面过度膨胀压力过大的特点。在大城市的分散化过程中，适当规模的小城镇成为吸收新的组织和公共机构的中心，它们给许多地方带来了新的开发或再开发的机会。因此，适当规模小城镇已成为满足人们对现代舒适生活追求的最好地方，也是供给新的创新活力与传统生活交汇融合的理想场所。目前，欧盟人口在 5 万人以上的城镇有 458 座，欧洲已经形成了一个较为密集的一定规模的小城镇网络。一定规模的小城镇已成为欧洲人口和经济最为集中的地区，但由于地域相对宽阔，并不存在大城市中的各种拥挤现象。

从功能上看，适度规模的小城镇在整个城镇体系中处于承上启下的位置，虽然其空间辐射影响范围局限于一个特定的区域之内，但它上为大城市分担不堪重负的过于饱和的集聚功能，成为大城市的"离散力中心"，下为广大的乡村地区规模较小的城镇提供进一步聚集的桥梁和渠道，成为乡村的"吸引力中心"，在整个城镇体系中起着平衡和稳定的作用。一般说来，随着经济的发展和城镇体系不断完善，中间层次的城镇人口规模会越来越大，重要性将越来越重要。

在北美，同样是随着大城市地区的产生和许多条件优越的小城镇的规模扩张，适度规模的小城镇的地位越来越重要。目前，美国人口在 2 万人以上的 8600 多座城镇中，具有一定规模的城镇仅为 200 多座，但它们却集中了美国人口的近 40%。美国的主要制造业也大都集中在这些城市。

在此我们并不是一味地强调适度规模的小城镇的重要性，而有意忽视城市及超小城镇的重要作用。事实上，大城市仍然是全国性的甚至是世界性的市场中心，仍然具有许多不可替代的功能和作用，是区域性中心城市许多必要需求的满足来源；而小城镇也同样具有覆盖全部空间地域，满足全部人口的最基本需求的独特的功能和作用，是中等规模的小城镇的必要延伸（也许还是未来相当长的一段时期后，人口最为集中的地方）。因此，在一个结构完整的城镇体系中，大中小城镇都有其相互不能替代的功能作用，应当依据经济社会发展阶段的客观要求，促进各规模城镇的协调发展。当然，城镇体系的协调发展并不会自动产生，必须在充分认识城镇化发展的客观规律的基础上，制定相应的政策措施，特别是确定经济社会发展的某一特定时期应当重点发展的城镇类型，以促进城镇体系协调发展的尽快实现。

根据中等规模小城镇产生的途径，将其分为大都市周围的中等规模的小城镇、小城镇群中心的中等规模的小城镇和组合式中等规模的小城镇三类。

（1）大都市周围的适度规模的小城镇

大都市地区的出现和形成，主要是大城市周围上规模的具有相对独立性的卫星城的大量出现而形成的，这些上一定规模的卫星城是区域性中心城市的一种主要的形式。因此，大都市地区实质上就是大城市或几个大城市与其周围的众多的具有一定规模的小城镇有机分散与结合的集中分布区。美国、欧洲和日本是城市地区或大都市地区最为发达的国家和地区，也是适度规模的小城镇最为发达的国家和地区。在这些国家不仅大都市地区已层出不穷，而且，有许多大都市区已连成一片形成了更大规模的都市绵延带（或区），其中适度规模的小城镇起着重要的连接和沟通的作用。

美国早在 20 世纪 60 年代就已形成了世界著名的三大都市绵延区：一是波士顿—华盛顿大都市绵延带。从缅因州南部到弗吉尼亚州，长 900 多公里，宽 100 多公里，面积约 140000km²。带内有 200 多座中小城市，人口占全美的 20% 左右，集中了全国制造业的 70%，是世界上最大的工业和城市群地区。带内具有独立性的适度规模的区域性城镇承担着主要的制造业的职能，有力地分散了大城市的人口压力，同时也保持了制造业完整的配套设施，是整个都市绵延带的重要的制造工业区。其中比较有名的区域性中心城市，有哥伦比亚新城和规模更大的环形新城等。二是芝加哥—匹兹堡大都市绵延带。沿美国五大湖南岸，并与波士顿—华盛顿大都市绵延带以及加拿大的多伦多—魁北克的大都市绵延带相连。带内煤炭资源丰富，是美国的重工业区，美国钢铁工业的 80%、汽车工业的 50% 分布于此。经过多年的布局调整，目前带内主要工业区多集中在区域性中心城市周围。三是圣迭戈一旧金山大都市绵延带，沿加利福尼亚中南部的西海岸分布。这里是众多新兴工业的中心，这些中心都为规模适中的小城镇，世界著名的美国硅谷就位于该带内。

在欧洲，著名的大都市绵延带有德国的鲁尔地区。它是德国乃至欧洲的重要煤炭、钢铁、机械和化工基地，面积 4600 平方公里，钢铁产量占全国的 70%，机械所占比例更高。区内有 100 多座城镇，基本没有大城市，主要是中等规模的区域性中心城市，如埃森、多特蒙德、杜伊斯堡、杜塞尔多夫等。还有英国南部以伦敦为中心的城镇群。整个大伦敦就是在不断地建设卫星城的过程中形成的，目前已基本形成了几十个以大中城市为主体的高度发达的工业制造带。

在日本，主要是著名的日本南部太平洋沿海城市工业绵延带。在近千公里的地带里分布着近百座城市，集中了全日本一半以上的工人和工业企业，工业产值占全国的 70% 以上。该地带经过几次日本国土综合整治后，大城市周围的工业集中区多已搬迁至中等规模的小城镇。因此，带内的规模适中的小城镇已成为制造业的集中区。

（2）小城镇群中的适度规模的小城镇

小城镇群中的适度规模的小城镇实际上就是指没有大城市的城市群中的区域性中心城市，也就是以区域性中心城市为主体的城镇群中的适度规模的城镇。

德国南部城市群是在德国著名地理学家克里斯泰勒（Walter Christaller）的中心地理论的指导下建设起来的。克里斯泰勒的中心地理论的要义是，按行政管理、市场经济和交通运输等 3 个方面对城市体系的分布、等级和规模提出了理想的正六边形的城市体系模型。在实践中，人们逐步发现，在这个模式中，处于中间层次上的规模适中的小城镇具有特殊的重要作用，不论是建成区面积，还是人口和经济要素都占有最大的比例，是整个城市体系平衡稳定发展的主导力量。20 世纪 70 年代，德国南部的拜恩州运用中心地理论，将全州分为最小中心、低级中心、可能的中级中心、中级中心、可能的高级中心和高级中心 6 级，其中对可能的中级中心和中级中心给予了最大的重视，形成了以中等规模的区域性中心城市为主体的城镇群。事实上，80 年代以来，世界各国都将城市发展的重点转向了所谓次级城市。例如，泰国将全国分为 1 个中央区和 3 个边缘区，每区选择 1—2 个区域增长中心，并加以重点扶持。

（3）组合式城市群中的适度规模的小城镇

组合式城市群是指以若干处于具有一定规模的小城镇形成相互分工合作的紧密关系，与周围的其他小城镇构成的城镇体系。在这种城镇体系中各式适度规模的小城镇起着主导的作用。

荷兰的西部具有典型的组合式适度规模的小城镇体系，这就是著名的兰斯塔德马蹄形环状城镇群。荷兰的 3 座主要城市阿姆斯特丹、海牙和鹿特丹都分布在这个城镇群内，这 3 座城市都是欧洲城市体系具有一定规模的城镇。该城镇群是西欧人口最稠密的地区之一。面积占全荷兰的 18.6%，人口占 45%。主要城市除以上 3 座外，还有乌德勒支、哈勒姆和莱顿等。

该城市群的主要特点是，把一个全国性或国际性城市的多种功能，分散到各具有一定规模的小城镇中去，形成在较大空间范围内相互分工协作的有机整体。如海牙是荷兰中央政府的所在地，阿姆斯特丹是全国金融经济中心，鹿特丹是世界吞吐量最大的港口，乌德勒支是荷兰的交通枢纽等。

12.1.3 国外小城镇建设借鉴与相关比较

12.1.3.1 国外小城镇建设典型模式

国外小城镇的发展，大都结合本身的地域特点，选择了适合本国国情的发展道路。如美国选择了"都市化村庄"的道路，法国选择了"卫星城"的发展道路。在小城镇建设中，注重质量的提高，小城镇从数量上的增加转向人口增加，经济实力的增强，环境优化方面的发展。但是这些小城镇的发展也形成了鲜明的个性地域，下面介绍几种小城镇建设模式。

（1）英国小城镇建设发展模式——新城运动

英国新城的运动源自 19 世纪末英国人霍华德所创导的"田园城市"的理论和实践。第二次世界大战后，出于经济、政治等多方面的考虑，且明显受"田园城市"理论和实践的影响，英国政府把新城建设纳入国策，主要目的在于疏解人口和产业，使人民有好的居住环境。在"物质性规划"的层面，英国新城运动的侧重点在于强调对建筑与环境质量的严格把关。

1）新城规划的几个阶段

英国的新城在总体规划设计的思想工，经历了几不阶段性的变化。早期的规划受霍华德田园城市的影响很大。新城运动下第一阶段建立的城镇是单核心城市。它的主要特点是居住、工作和游憩等功能地块用景观带细化分区，各自独立，各个区域由主要道路的网络连接。工业紧邻铁路线布置在城市的另一边，与区域性的道路有便捷的联系。住房按邻里单位布置，各自布置购物和服务设施。城市中心设有集中的商业、娱乐等建筑群，形成新城空间设计的焦点。第二阶段新城的主要特点在于通过道路分层次和独立步行系统的设计来满足小汽车增长的需求，在设计上也有新的探索，即同一层次住房的建筑形式统一，以获得一个整体的城市形象。其建设的新城，大多又回到了以低密度为特征的城市模式，第一代新城的那种严格的用地功能区划被弱化，景观被更深刻地认识到是一项重要的设计因素，对交通系统的考虑也更加成熟。到了新城规划的第三阶段，其规划理念基于公共交通和私人交通的平衡使用。那时的新城已和旧城一样面临着公共交通不足的问题。这一时期的新城规划将交通作为规划中的一项主要因素。

2）新城的住宅与社区环境

英国的新城建设中，第一代新城大多建筑密度偏低，与拥挤的大城市形成鲜明的对照。后来的新城居住密度逐渐加大，以创造一个紧凑的、以步行系统为主的生活环境。第一代新城中的邻里单元十分明确，居住区呈极强的内向性，每个小区都把学校、操场、诊所、社区中心等全部放在邻里单元的内部，而后期的新城则朝着相反的方向发展，充分强调社区的外向性和新城与整个城市体系的有机结合。此外，历代新城中有一千贯穿始终的要素，那就是新城周围总有一条绿化带。

3）新城中心区的规划设计

许多新城中心采取多样化的方式将其建设成为城市生活的焦点。大多都建成了为地区服务的商业购物中心，并大量开发办公街区。建筑的大体量、空间的多样化和人流的聚集使城市的中心感得以显现。新城中心区规划设计概念的改变反映了购物形式的改变和人们对商业街功能看法的转变。与传统模式相比，现代城市中心区的规划设计概念有了新的发展，其规划设计的主要特点为：

① 以公交为主。小汽车交通需要大量造价昂贵的高速公路系统。同时，兴建小汽车停车场也需要大量的空间和资金，且势必削弱城市中心的紧凑性。所以，目前西方发达的主要城市都在严格控制进入城市中心区的小汽车数量，并大力投资公共交通，尤其是大容量的轨道交通，提倡公交优先。

② 多功能混合。市中心区应该具有多功能或混合功能，并建有一定量的居住和相配套的商业和文化娱乐设施。这不但可以更有效地利用空间，为步行者提供便利，还能增加城市中心区的活力和亲和力。最好的城市中心区往往是由很多各具特色的名街、名坊组成。

③ 人性化的城市设计。城市中心区为各种商业、社会、文化活动提供场所，是吸引人流的地方，因此，步行系统在城市中心区占有特别重要的地位。街道断面、公共空间、广场绿地、各项公共设施等的规划设计都应体现"以人为本"的原则。

④ 完善的绿化景观环境。完善的绿化系统能增加城市的魅力，创造丰富的环境空间。凡是具有水域的中心区，城市设计均应充分利用水面的优势，城市中心区的滨水岸线往往可以改建成为有多种功能的公共空间。

（2）日本小城镇建设发展模式——村镇开发计划

日本随着城市化的稳步发展，农村的城镇化也在迅速提高。从 1990 年的城市化水平为 77.4% 增长到 2000 年的 78.6%。农村的城镇化率（建制镇人口占农村总人口的比率），也从 1990 年的 88.5% 增长到 2000 年的 91.0%。

日本小城镇的发展主要得益于政府的村镇立法和村镇开发计划。日本政府先后制订了多层次多种类型的城镇发展计划。这些计划分为全国计划、大城市圈整备计划和地方城镇开发促进计划等三大类、14 小类，共有 200 余项计划。如《全国综合开发计划》、《国土利用计划》、《大都市圈整备计划》、《地方城镇开发建设计划》等。这些计划着力于展示出各地方城镇未来发展蓝图，确定重点政策，便于各城镇调整建设投资的方向。计划还提供了政府对国内外政治经济形势分析，尤其是城镇发展的形势分析，引导各城镇适应国际化环境，与国际经济接轨。日本政府制定并实施的《第四次全国综合开发计划》（1986—2000 年），就是要建设国际化的"多极分散"型的国家。其方针主要有两条：一是进行大规模的地区开发；二是搞活地方城镇经济。在促进小城镇发展方面的主要途径有：建设地方新产业城市；发展"高技术工业聚集区"；实施"高科技园区构想"；以及在后进地区建设工业开发区等。例如，日本政府根据各都道府县的申请，指定 15 个市镇及地区为重点发展的地方新产业城市。对这些地区，在工业用地、工业用水、确保劳动力和运输设施整备等方面给予政策倾斜，促进工业开发和城镇发展，逐步缩小地区间的经济差距。

1）小城镇的政策策略

① 颁布城镇建设立法。日本城镇发展建设的立法，有几个突出的特点：其一，是政府每隔 10 年左右针对新的情况制定或修改一次立法；其二，是目标明确，措施具体；其三，具有鼓励和限制的双重功能。如日本政府为推进城镇化，在颁布《新城镇村建设促进法》（1956）、《关于市合并特例的法律》（1962 年）的基础上，在 1965 年又颁布了《关于

市镇村合并特例的法律》，以后还在 1975 年、1985 年、1995 年先后修改了 3 次。又如日本政府颁发的一系列城镇开发促进法，都明确地提出了城镇发展的方向和目标。同时，紧接着便发布"施行令"或具体的相关法规。在日本政府制定城镇建设立法时，既制定鼓励性法规，又制定限制性法规。从总的情况看，战后日本政府制定的各项城镇发展建设立法都要求，无论内阁如何更替，都必须承认和遵守法律的规定。

② 扩大政府公共投资。日本政府通过扩大公共投资，在城镇发展建设上起了重要作用：第一，政府公共投资为城镇发展创造了有利的社会经济条件。因为政府公共投资主要用于铁路、公路、港口、机场、工业用地等基础建设，这些设施的建成，极大地促进了城镇的企业迁入、人口增加和商业繁荣，加速了城镇经济集聚的进程。第二，影响和调控了城镇发展建设的方向。据统计，在战后日本历年的全国资本形成总额中，政府投资所占比率一般保持在 20％～25％左右。政府的这一巨额投资，是按产业政策实施的。因此，对各地城镇发展起了制约和诱导的作用。第三，为地方城镇资本积累提供了重要来源。在日本地方城镇发展中，资本积累主要有两个来源：一是当地工商业的资本积累和集中；二是政府的公共投资。第四，大力增加教育投资，加紧培养人才，对城镇发展也起了重要作用。在 1950～2000 年的 50 年间，日本财政支出中的教育经费，从 15.98 亿日元增加到 55039 亿日元，猛增 3443 倍。教育经费的增加，为城镇发展培养出大批各类技术、管理人才和熟练劳动者。因此，日本的有识之士认为："人才资源是第一资源"，"人才的集聚，是城镇发展建设成败的重要因素"。

③ 改革社会保障制度。日本社会保障制度的改革，主要集中在两个方面：

（A）养老金制度改革。日本国会通过了《厚生养老金保险法》、《国民养老金法》等 7 部有关养老金制度改革的法案。厚生省也制定了《养老金制度改革方案》。其主要设想是：第一，增加财政对国民养老金的投入。先将财政承担的国民养老金比例由现行的 1/3 提高到 2/3。财政用于国民养老金的支出，拟通过提高消费税和其他途径解决。第二，控制养老金的支付额。从 65 岁开始支付养老金，其金额不再随平均工资的增加而上浮，但随物价上涨而增加。65～70 岁仍在工作的老人，其收入超过平均工资，不仅不支付养老金，还要继续缴纳保险费。第三，开拓新的"自我负责"的积累方式，逐步将"后代人抚养前代人"的义务式，改为"自我负责"式

（B）引进护理保险制度。随着城镇高龄老年人的增加，一方面影响到养老保险基金的开支；另一方面也带来发病率升高和不能自理的老年人增加，据日本国立社会保障与人口问题研究所推算：日本 65 岁以上的高龄人口比率，1995 年为 14.5％，2005 年为 19.6％，到 2015 年将增加为 25.2％。为此，日本政府在 1997 年 12 月制定了《护理保险法》，决定建立护理保险制度，并于 2000 年 4 月开始实施。制度规定，40 岁以上的人，都将加入护理保险，缴纳一定的保险费。当被保险人需要护理时，以护理保险支付其费用。投保金的负担比例为：国家承担 25％，都道府县 12.5％，市镇村 12.5％。65 岁以上的被保险者交纳 17％，40～64 岁被保险者交纳 33％。提供的服务包括：可以自由选择家庭护理员的巡回服务，或入居福利设施的护理服务；在需要服务时，可自由将保健、医疗、福利的服务项目搭配享用；设立"福利经纪人制度"，为被保险者提供计划安排；设置"社会福利情报中心"，提高管理和服务的透明度等。制度的实施，对解除高龄人口的后顾之忧、稳定农村中青年安心小城镇建设，都有积极地促进作用。

281

　　2）小城镇的发展策略

　　日本小城镇之所以获得稳步发展，是与其选取比较符合本地实际并能发挥优势的道路密不可分的。

　　① 纳入大城市圈，瞄准城市大市场。纳入大城市圈的整备计划，是小城镇稳步发展的道路之一。在日本首都圈的《整备计划》中，纳入"近郊整备地带"的有五日市镇等53个镇；纳入"都市开发区域"的，又有内原镇等55个镇，总共包括108个农村小城镇。这些小城镇在首都圈内由于有政策优惠和城市大市场，城镇经济取得长足的发展。例如，纳入首都圈的群马县大泉镇，工业品上市额1995年为8296.8亿日元，被列为镇村前60位排序的第4位；到1998年已增至8417.6亿日元，跃居排序的第1位。在近畿圈，滋贺县粟东镇，1999年民营企业从业人员达到32754人，占当年全镇居民（52812）的62%，居镇村前60位排序之冠。在中部圈，爱知县三好镇，新建住宅户数也从1995年的635户增至1998年的901户，在镇村排序中位居榜首。

　　② 与中小城市联合，共同发展。奈良县的"南和广域市镇村联合"，是农村小城镇与中小城市联合共同发展的一个典型。20世纪90年代中期以来，日本政府为实施《第四次全国综合开发计划》，振兴城市、农村、渔村，在全国设定44个定住圈，奈良县南和，就是1997年3月被设定的一个定住圈。其中包括：五条市、吉野镇、大淀镇、下市镇以及天川村等1市3镇10村。整个南和定住圈，面积达到2347km²，人口约10.4万人。设定南和定住圈的宗旨是：第一，充分利用当地自然环境和森林资源，以木材的综合利用和创建日本最大的柿子生产基地为中心，振兴区域经济；第二，建设工业团地，增强市镇村的经济实力；第三，为增进居民健康，整备医疗、道路、上下水道等生活环境设施，建成舒适的居住区。通过与五条市的联合，吉野、大淀、下市三镇的经济实力得到稳步增长。吉野镇的批发业销售额，在1994年比1988年增长107.1%的基础上，到1997年又增长6.6%。零售业销售额1997年也比1994年增长4.2%。大淀镇的地方财政人均税出额，从1995年的49万日元增至1998年的58万日元，3年间增长18.5%。下市镇的工业品上市额，1998年也比1995年增长1.5%。

　　③ 运用地方资源，创建特色城镇。大分县早在80年代初就发起了"一村一品"运动，旨在鼓励人们运用地方资源，生产"本地产品"，行销国内外。所谓"本地产品"既有农产品，也还包括历史遗址、文化活动和旅游名胜等。汤布院镇位于大分县首府大分市西北20多公里，有铁路、国道直通县首府，交通发达，温泉多处，是该县开展"一村一品"运动成功的典型之一，也是日本较受欢迎的旅游胜地之一。汤布院镇充分利用丰富的自然资源，在保持土地原始形象的基础上，开发特色鲜明的旅游活动和旅游贸易。如每年照例举办两样特色活动："在一个没有影院的镇举办电影节"和"在一片布满星辰的天空下举办音乐会"。同时，每年还要举办一次烧烤会，促销汤布院镇生产的牛肉。每年吸引游客约380万人，其中60%为回头客。随着旅游业的发展，带动了全镇经济的增长，也促进了城镇建设。在1998～1999年，该镇工业品上市额从12.52亿日元增至93.21亿日元，增长6.4倍；农业粗生产额从12.79亿日元增至16.2亿日元，增长26.8%；零售业销售额增长86%；批发业销售额增长157%。

　　（3）韩国小城镇的发展建设——新村运动

　　20世纪70年代，韩国政府发起了以"脱贫、自立、实现现代化"为目标的建设新农村运动，其成功经验，对于我国继续深化农村改革，繁荣农村经济，增加农民收入，扩大内需，实现农业现代化，有着重要的借鉴意义。

韩国新村运动的政策内容：

城乡发展不均衡的状况，使韩国出现较为严重的社会问题。为改善农村的生产和生活条件，促进农业发展，增加农民收入，缩小城乡差距，韩国总统朴正熙于1970年倡导以"勤勉、自助、协同"为基本精神的建设新农村运动。

韩国新村运动是以政府行为和开发项目促进农民自发建设农业现代化的活动。从1970年开始，大致每三年作为一个阶段。首先以改革居住条件修建公路、改良农牧业品种为基础，调动农民建设家乡的积极性。其后迅速向城镇扩展，发展成为全国性运动，开始大力兴建各种公共设施。最后在发展畜牧业、加工业以及特产农业的同时，积极推动农村金融、流通和保险业的发展。到了20世纪80年代末，农民的经济收入与生活水平已接近城市水平，初步实现了农村现代化和城乡一体化。

韩国政府新村运动制订了阶段性的目标，具体实施大致分为三个阶段：第一阶段是试行、打基础阶段（1970～1973年），主要任务是提倡新村精神，改善农村环境；第二阶段是自助发展阶段（1974～1976年），着力于发展多种经营，增加农民收入；第三阶段是自立完成阶段（1977～1981年），大力发展农村工业，进一步提高农民收入。新村运动前后进行了十年多的时间，涉及韩国农村政治、经济、文化、社会的诸多方面。概括而言，主要工作集中在以下三方面：

一是进行农村启蒙，改变农民的精神面貌。韩国农民在历史上一直处于社会最底层，生活贫困，同时他们在"天命论"的影响下，认为贫困是命运的安排，个人的努力是无法改变命运的。韩国农民的这种精神状态，使他们安于现状，对自己生活环境的改变不太关心，同时，也使韩国农村改革缺乏基本的精神动力。韩国政府通过向农村无偿提供水泥、钢筋等物资的方式，激发农民自主建设新农村的积极性和创造性，帮助他们树立信心，培养农民自立自强的精神和意识，同时把城市的价值观念推向农村，鼓励社会个性和开拓精神。这极大地提升了农民的生活水平，为促进农村的发展打下了坚实的精神基础。

二是改善农村环境，缩小城乡差别。包括生活环境和生产环境的全方位改善。主要做法是：一是改善农民最迫切的居住生活条件，从改善屋顶、建设新房到重建村庄，从安装自来水、改造排污系统到修建公共澡堂、游泳池，从设置公用电话到扩张农村电网和通讯网，这些措施都很大程度上改善了农民的生活环境，也使农民积极参与到新村运动的各项活动中来，二是对生产环境作全面的开发，政府组织修建桥梁、改善农村公路，并修建农用道路、建设小规模灌溉工程、设置公共积肥场、整理耕地、治理小河川，这一系列措施使农业生产基础设施大大改善，为农村经济建设提供了必要的物质基础。

三是从事经济开发，增加农民收入。韩国政府自新村运动初期开始，在全国范围内推广"统一号"水稻高产新品种，不仅推广科学育苗、合理栽培的技术，使水稻每公顷单产由1970年的35t增加到1977年的49t，而且为保护"统一号"水稻的价格，提供相应的财政补贴。得益于粮食增产和高粮价政策，农民收入增加较快。同时，鼓励发展畜牧业、农产品加工业和特产农业，并通过政府投资、政府贷款和村庄集资的方式建立各种"新村工厂"，大力发展农村工业，扩大生产，把原来家族式的小农经营转化为以面、邑为单位的生产、销售、加工为一体的综合经营，使非农业收入大大增加。由于农业收入和非农业

283

收入的增加，韩国农民人均收入由 1970 年的 137 美元升至 1978 年的 700 美元，增加了 4 倍多。

通过开发创业精神、改善生活环境和增加收入三位一体的新村运动，韩国很大程度解决了农业发展缓慢、城乡收入差距明显扩大和农村人口无序流动的问题，使韩国经济基本走上良性循环的发展道路。

12.1.3.2　国内外小城镇发展建设主要经验与比较

（1）国外小城镇发展建设主要经验

1）致力经济发展，有效推动城市化进程

城市化是社会经济发展的一种体现，是社会生产力发展的一种客观进程。无论国内国外，经济发展是推动城市化进程的根本动力，随着经济的发展，乡村城市化水平的日益提高是一个总的趋势。因此，发展经济，以此来促进城市化，是各国普遍采取的战略。

2）重视规划，使小城镇科学合理地建设和发展

世界上大多数国家都十分重视小城镇的规划工作。因为小城镇规划不仅是一种科学活动，而且也是一种政策性的活动。它设计并指导小城镇建设的和谐发展。小城镇的发展随生产力的提高、社会的进步日益受到人类规划的控制。因此根据客观实际，总结和探索小城镇规划的科学思路与方法，制订完善的发展规划以指导小城镇建设，愈益显得重要。

小城镇发展历程表明小城镇绝不仅仅是许多个人的集合体和各种设施的人工构筑物，而是有其自身固有的秩序，需要通过规划加以维系。规划所以重要，是因为它不仅是一门科学，而且是一项政策性的运动，它设计并指导城镇建设的和谐发展，以适应社会与经济发展的需要。有的专家还提出，社会化、现代化程度越高，越需要规划的指导。

从国外小城镇的形成历史来看，大体上有两个过程：最初在生产力落后、分工简单的古代社会，村庄和小城镇的发展，处于自发形态；随着社会的进步、生产力的发展，村庄和小城镇的发展，日益受到人类规划的控制。现在，国外的小城镇规划，大体上有三种情况：一是小城镇建设仍处于自发和自流的状态，乱建乱占现象不见普遍；二是有简单的规划，以安排生活为主。这样的规划一般以教堂为中心展开，仅仅从解决水、电、路等基础设施着手，创造生活环境；三是在大部分经济比较发达的国家，则具有高质量的规划。许多国家在长期的实践中，形成了一套固定而有效的程序。一般是这样几个步骤：提出规划草案，组织民众评议，邀请专家论证，再经议会批准。经过这样几个环节，既充实了规划的内容，又提高了规划的质量，也较好地体现了规划的民主性、科学性、法律性，从而避免了人为的随意性，也为建设和管理提供了依据。这些规划特别重视民众参与规划。并且认为以人为本是规划工作中应当遵守的一个重要原则。只有通过规划设计过程的民主化，才能更好地创造现代化社会；只有民众参与规划，才能克服规划设计师的高傲情绪和帮会式的关门主义。法国的蒙贝利尔镇在制订规划时，曾举办了 3 个展览会，分别介绍当地的历史和特点、规划要点和未来前景，并且广泛征求民众的意见和建议。这样做，对于促使群众关心和支持市镇规划的实施，很有益处。

国外小城镇的规划、建设经验揭示小城镇在发展建设方面主要存在三个问题：

一是没有处理好小城镇与大城市及广大农村居民点之间的相互依存的关系。随着现代交通的发展，小城镇与大城市的经济联系与日俱增，农村居民要求享有公共服务设施的愿望也日益迫切。而过去，在规划和建设上，对这些具有规律性的因素，未予充分重视，是

个教训。

二是在小城镇的规划设计中，完全采用了大城市的指标、定额，忽视了小块镇与大城市的差别，致使小城镇的公共服务设施的规模过小，不能满足当地居民和周周农村的需要。

三是规划的原则、方法老化。机械的功能分区，既不能充分反映小城镇应有的特色，又不能适应现代化居民点发展的要求。

国外在总结经验基础上提出：第一，城市与乡村必须注意协调发展。在商品经济条件下，中心城市的增长是不可避免的，但如果无限度地恶性成长，又会导致空间结构的失衡。应当通过地区发展规划的干预，既能够充分发挥中心城市的优势，又能够带动乡村的进步，使城乡协调发展；第二，小城镇的规划应当在区域规划的指导下进行。现代市镇的空间概念，已经不局限于一个孤立的点，只有在区域范围内进行布局，才能取得最佳效果；第三，规划中应当十分重视交通条件的作用。现代交通运输条件的发展，彻底改变了旧的时空观。高速的交通和信息系统，不仅可以降低大城市的聚集性对工业的吸引力，而且经济增长的利益和集约化的效果，在较小规模的城镇甚至农村地区也可获得。美国在战后初期，资产在 10 万美元以下的公司，还不足 40 万家，到 1976 年猛增到 121.5 万家；在日本，全国 484 万个私营企业中，中小企业占 99.4%；在意大利，全国 15 万家工业企业中，99% 以上是中小企业。这些中小企业所以能够迅速发展，除其他原因而外，交通的便捷，为工业的分散布局提供了巨大的可能性。因此，在规划中应当十分重视交通和通讯事业的发展。第四，小城镇的规划，不宜过繁，以简明为好，但要注意突出个性，增强科学性。对于未来的发展，则应当避免过分具体化。应当允许地方根据当地的情况加以调整，把余地留在实施的过程中，以求规划更符合实际。第五，小城镇的规划，不仅是技术性的，同时也体现一种公共政策。最重要的是，要同经济的发展相结合。其中的关键是要首先解决人们生产性的就业问题，因为小城镇的各种设施只能为人们提供广泛的服务，而不能解决人们的基本生活。只有解决好生产性的就业问题，才能推动经济的发展。历史的经验说明，经济的发展是小城镇的起点和形成点，也是推动小城镇发展的重要因素，如果忽视这种因素，小城镇也将失去生命力。

3）小城镇建设具有鲜明的个性特色

建筑物是一种社会性的象征，它是物质、智力、心理三者的综合体现。通过建筑物不仅应当满足居住的基本功能，并且应当使人们感受到社会生活的丰富多彩。因此，建筑物的布局，应当力求排除机械的、呆板的行列式的布置，建筑物的外形，应当尽可能保持素雅、质朴而又为居民所熟悉的环境景观。建筑的风格和特色，也不要简单地追求新奇、独特，重要的在于和谐、自然。国外的许多小城镇，布局严谨，群体协调，各式新老建筑，风姿异彩，相互并存，相互衬托，有机地构成了一幅幅颇有韵律、又具时代特色的画面，令人神往。关于建筑材料，应当根据气候、地理等条件，尽可能采用传统的材料，使人们的乡土情感通过建筑物有所反映。但是，室内设施，则应当充分运用一切现代化手段，提高舒适度，以使人们在古朴的环境中，享受现代化的文明。关于建筑技术，强调应当尽可能提供各种标准化的构件配件，使人们充分发挥自己的聪明才智，以自己的喜好、情趣，组合形式各异、多姿多彩的建筑。建筑的个性越突出，也就越有普遍价值，更会受到人们的赞赏和推崇。这些论点，虽无深奥之处，但它对启示我们改变当前小城镇建设中呆板单

285

调、千人一面的枯燥格局会有一定的实际意义。

小城镇的建设，同样需要装点、美化，但不要丢掉地方特色。在处理这个关系时，小城镇建设的立意要体现"小、素、新"的原则。小，就是不要贪大，切忌照搬大城市的那一套，要在较小的空间设计功能齐全、布局合理、环境舒适的空间效果；素，就是房屋建筑的造型与风格，应当吸收当地民居的传统特色，使之具有"乡味"。色彩不要五光十色，街道不可追求笔直，建筑用材尽可能使用当地的，使人置身其境，倍感素雅之味；新，就是要体现时代感，而不是照搬的旧模式，要使小城镇具有浓郁的乡土气息，又有崭新的时代特征

4）小城镇建设重视基础设施和社会服务设施

衡量村庄和小城镇建设的质量、水平，并不在于房屋建筑面积越大越好，而在于创造一个方便、舒适、优美的环境。这既是经济发展和社会进步的一个重要标志，也是推动"乡村城市化"的一种卓有远见的实践。联合国亚太经济社会委员会建筑中心主任马休指出："住宅的概念正在逐渐地从提供栖身之所，扩大到设置服务设施和改善环境条件上来。"许多国家围绕这个目标做了巨大努力，建设了大量的完善的设施，为人们提供了一个良好的生产、生活环境。现在许多国家的村庄和小城镇，不仅具有畅通的道路和电信设施，而且有完善的上、下水和污水、污物的处理设施。农村供水是各国在小城镇建设中的一个重点。经济发展水平比较高的国家，多数是通过管道系统供水，人口分散的地区则采用水井供水。葡萄牙94％的村压系用井水；西班牙用井水的村庄也占60％；瑞士的农村则大量利用冰川和雪水。他们还特别重视社会服务设施的建设，到处都有设施良好的小学校、幼儿园、文化中心、医疗卫生中心，而小餐厅、酒吧、购物中心则到处可见。他们认为"社会服务是社会经济发展过程中的一个重要部分，它不仅为社会提供福利，而且也有利于刺激经济的活动，是社会经济发展的内在因素。"许多国家，对农村教育十分重视，给予了特殊的关注。即使是一些偏僻的山村，也要创造条件让儿童上学。还有不少国家，中小学实行免费教育。国外十分重视教育，认为过去的财富和权力属于物质的拥有者，今天的财富并不属于土地的征服者，而属于受运教育的思想解放者，例如瑞士的生活水平高，不是由于它的优美的风景。瑞士的繁荣在于人民受过良好的教育，能把知识用于工业、金融、旅游业。应当提及的是在西方承担了大量社会工作的邮政服务。这种工作通常包括上门服务，为居民办理各种票证，购买商品，走访老年人，残疾人。西方有的老人感慨地说：在目前"社会关系有些淡薄的时代，邮政职工成了我们十分亲近的人"。波兰还为老年人办了储蓄俱乐部，以保障上了年纪的人，生活水平不致过分下降。还有一些国家，为满足老年人的不同要求，建了多种形式的住宅，供老年人选用。国外特别重视创造一种具有家庭气氛的居住环境，以便使老年人享有精神上的自尊和自主，并按照自己喜爱的方式继续独立生活。西方国家的成年子女很少与父母同住。儿孙绕膝、共享天伦之乐的情况几乎是没有的，大多是老年夫妇，相依为命。如果不幸一方逝世，境况就更凄凉了。不少西方国家的朋友，对中国人自觉供养老年父母的道德风尚以及中国亲人之间感情上的维系表示十分羡慕和赞赏。现在，已经有一些国家，在发展社会服务的过程中，提倡学生在假期参加社会服务。这是学生学习社会学、人文学、心理学和社会伦理学的极好机会，在某种意义上，也是了解别人和认识自己的有效办法。在发达国家，由于重视小村、小镇的基础设施和社会服务设施的建设，人们住在乡村，同样也能够享受到城市生活的内容，

得到同等水平的社会服务，城乡之间的差别大大地缩小了。英国经济学家科林·克拉克进行过卓有成效的研究，他认为：随着经济的发展，劳动力首先由第一产业向第二产业移动；当人均收入进一步提高时，劳动力便向第三产业移动。所以许多国家都十分重视第三产业的发展，在日本，1950年第三产业的就业人数占全部就业人数的比例为26.65%，1960年达到39.7%，1970年达到47.35%，1982年达到54.1%，第三产业的产值在全国生产总值中也占到59.1%，第三产业如此重要，因而有些国家，为了提供完善的社会服务，还规定了市镇总人口中，服务人口应占有的比重。

亚太经济社会委员会还提出了农村中心服务事业应当分级设置的项目和内容。县城是最大的农村中心，是城乡结合体系的关键，它应当为农业活动提供市场、储存设施和加工工业，也应当提供文教、医疗等设施，还应当为农村剩余劳动力提供就业机会；乡镇应当向农庄和分散的农户提供基本的服务，并建立正规和非正规的设施，为周围农村服务。亚太经济社会委员会还指出：经济越发达的地方，越需要提供广泛的社会服务；不发达或不完全发达的地方，绝大多数是农业人口，服务职能往往是单一的。以南亚为例，尼泊尔在农业中的就业人数占劳动力总数的比例为93%，而从事第二、三产业的劳动力极少。这一点，似乎也符合我们国家的情况。我国西部地区，农业特征表现得最充分、最典型。甘肃定西是最有代表性的贫困地区之一，1985年从事第一产业的劳动力占小城镇总劳力的89%；第二产业占5.3%，第三产业占5.7%。而在经济发达的东部沿海地区，小城镇产业结构中农业份额下降趋势很明显，据江苏省7个县190个集镇的调查看，第一产业占25.2%，其余75%的劳动力从事第二、三产业。看来随着经济的发展，小城镇的服务职能也相应提高，是一个客观的要求。

287

5）小城镇建设重视生态环境

国外居民最关心的环境问题是三件事：一是要求有安静的居住环境；二是希望有悠闲的散步空地；三是渴望得到清新的空气。一些国家把居民的这些要求和愿望，视为居民点舒适性的三大要素，展开了相应的环境建设。居民点的布局，力求"把自然环境引入生活"，有的依山就势，有的伴水构筑，使人们充分享受幽美的自然风光；建筑物则以多种形式加以组合，形成丰富而活泼的空间面貌。在环境建设中，特别重视道路和绿化的建设。过境交通一般不穿街而过，进村的道路也有一定的弯曲度，迫使车辆减速，避免干扰住户。一些古老的街道，至今仍是小方石路，古色古香，别具风味。在建筑物周围广植花木，许多单幢住宅被绿围红绕的花丛所覆盖，显得宁静而优美，令人心旷神怡。而建筑物之间的空地，不仅广种草坪，而且以小巧的格局、精美的小品加以点缀，提高了整个环境的艺术境界。人们在百忙之中，还可以得到悦情之趣，在空闲之余，又可获得养生之道。而各家各户，则广植花卉。匈牙利的每个居民院几乎都有大、小不一的花坛。日本的大部分家庭都养花育草，真是"家家堂前吐香蕊，户户门旁置鲜花"，给人们增添了无穷的生活情趣。在澳大利亚，差不多家家户户都有自己的庄园，里面种植着各种奇花名卉，清雅别致的气氛，体现了人与自然的温馨和谐。加拿大是个多湖的国家，所谓"一城山色半城湖"之景比比皆是。沿湖有许多色彩多样、风格各异的小别墅，每座别墅前都有各色鲜花，色调雅而不俗；阳台也布满各种形体的小花盆，翠叶粉花，给人以清新鲜艳之感。

6）小城镇建设重视历史和文化的延续性

许多国家在小城镇建设中，对有一定历史价值的名胜古迹、古代建筑、名人故居、古树名木、民居街巷，都悉心进行了维修、保护。在古建筑的维修过程中，一定要尊重历史，保存原状，避免使原有的艺术和历史失去真实性。根据这种要求，一些国家对古建筑的损坏部分并不轻率地用现代材料修补、翻新，而是大力研究保护技术，使其在原状不变的情况下，减少损坏。有一些历史名人的故居，则按照当年的情景，经过整理、修葺，对公众开放，供人们观瞻；还有一些有历史意义的小城镇，经过修复，已发展为旅游点，成了人们怀古抒情的胜地。荷兰有一个保存得十分完整的古村落，有田园、牧地、水渠、风车、渔船、码头、店铺、作坊、小街、教堂以及桥、房舍。还在院落中保存了水井、沼气池、鸡舍、牛棚以及各式农具、炊事用具和古老的陈设。这里，再现了 17 世纪荷兰的古村风貌，引来不少游人。有些乡村餐馆，也保留了古老的特色，墙面的颜色乌黑，像是一座被烟熏黑了的老房子，墙上挂着成串的玉米、红辣椒，甚至装面包的筐子也是用柳条编的，显得很别致，使人们茶余饭后，情不自禁地引起了历史的回忆。日本为了保存历史遗留下来的传统建设，还建了一些供人们展示的"建筑博物馆"。"四国村"，就是一个以展示民居为主的博物馆，反映着各地区居民特有的生活方式；位于大阪附近的"民家聚落博物馆"，集中展示着各地特殊形式的民居。而在"明治村"，则主要展示明治时代日本的住宅以及一些公共设施。有趣的是，在村里还铺设了一条明治时代的铁轨，使用当时的电车，让参观者能够亲身体验那个时代的气息。多瑙河两岸，山清水秀，小城镇古色古香，教堂的尖塔矗立在古镇的中央，两层或三层的各种不同色彩的房屋和用小石块铺砌的市街，显得古意盎然，安宁静谧，在小城镇的背后，也还保留厂一些残破的城堡和古老的磨坊，人们可以通过低矮的城门洞走进城里，感受中世纪小镇的风味。

国外所以重视古建筑的保护，原因是：那些具有时代典型性和代表性的古建筑，是一种最好的历史见证，它生动地记录了人类发展的业绩。爱护古建筑，也是一个国家、一个民族文明水平、文化素质的体现，并有广泛的社会意义。既可激起人们对历史文明的追忆和崇敬，又可触发人们的民族自豪感和自信心。还会使人们在观赏中产生"感觉中有乐、情操中有得、艺术中有美、推理中有真、交往中有爱"的共鸣和实感，从而丰富人们的精神生活。古建筑还可为发展旅游事业提供条件。人是感情的实体，人在不同的场合，会有不同的精神需求。人们在异国他乡观光、旅游，不仅需要探寻丰富的地方文化，也希望了解当地的古代文明，而古建筑的展现，则可满足人们探古寻幽的心境。

7）小城镇建设重视管理工作

国外许多小城镇都建设得很有秩序，管理得非常严格，而且有许多成功的经验。主要表现在以下几个方面：

① 政府在小城镇建设中有明确的组织、领导和管理的责任。西方农村基层政权的基本格局是：议会与政府并行，议会立法，政府执行，各自独立，相互制衡。政府一般不介入微观的经营活动，主要精力用于：第一，创造社会经济发展的外部条件。如：兴办道路、运输、供水、供电、供暖、照明和文化、卫生等社会福利事业；第二，推行自建公助的住宅政策，改善居民的居住条件。让居民拥有房产权，是最为宝贵的投资。因而采取多种有效措施，最大限度地吸引居民，建设自己的家园；第三，负责人员培训、传播适用技术。

② 建立相应的机构，具体地从事小城镇建设的管理。国外有四种方式：第一种是设立半官方的组织。代行政府的部分职能，从事小城镇建设的管理。例如，英国的"乡间委

员会"专门负责小城镇建设的管理和乡村自然风光的保护，并对乡村的道路、绿化、水面利用、露天娱乐设施、野营点的建设，加以规划和组织管理。第二种是建立专管机构，实施小城镇建设的管理。朝鲜就是这种方式，中央设有农村建设管理局。道，设有农村建筑管理处。郡，设有农村建筑管理科。作业班设有建设指导员，负责农村居民点的规划、设计、施工、维修、管理，并制定了相应的法规，有的已与农民的生活融为一体。第三种是政府直接派出工作人员深入基层，直接组织农民开展建设，泰国内务部的农村发展办公室和社区发展局，就直接派出 2 万多人，长期在农村从事小城镇建设的组织、管理，并在实施发展计划、监督投资使用、传递信息方面起了重要作用。第四种是通过培训人员，推动小城镇建设。例如荷兰住宅研究所，多年来在荷兰政府的资助下坚持举办了《规划·建筑国际培训班》，为发展中国家培养了大批从事农村规划建设的技术骨干，为推进农村建设的发展做出了重要贡献。

社会的发展，既需要社会发展计划，也需要社会管理，生产和生活的社会化程序越高，也越需要与之相适应的管理形式，不然，社会秩序就无法控制，国家也不能前进。

③ 重视民众参与管理

一些国家在小城镇建设中，十分强调邻里互助，以培养和弘扬民间互助、互济的精神，在村庄和小城镇的管理上，也倡导民众参与管理。美国就有许多形形色色的邻里互助组织，协助政府，参与居住区的管理。例如，组织居民分摊费用，建设公用设施；推选管理委员，负责对公益事业机构进行监督指导；组织科技活动，让科技进入普通人的生活领域。如在冬日取暖季节，组织有技术才能的居民，帮助贫困户改进炉灶，提高燃效。这些技术人员在从事公益性的互助活动时，不计报酬，不辞劳苦，热心服务，乐此不疲。邻里之间的互助，往往是在本能和情感的领域内进行的，互助的方式，往往也是直接的，不假思索的，从而大大融洽了邻里关系。邻里互助组织的问世，不仅是一种社会需要，也是人们的一种生活需要，受到了居民的热忱欢迎。日本的农村则有管理委员会，由管理委员会雇用一些人负责清扫卫生、美化环境、维修设备。其费用，由各户分摊。国外还十分提倡居民参与住房的设计、施工、维修、改造，并力求使之成为居民生活内容的一个组成部分，以便通过共同的劳动，激发人们内在的社会调节功能，从而加强人们的互助合作精神。

④ 依据法律管理乡村建设事业。小城镇建设中的许多问题，光靠政策引导、道德约束，难以有效控制。而法律是具有压倒一切的理性原则，具有强制约束力和特殊的调节功能，只有依靠立法、采取法律手段、才能规范人们的行为。例如，英国专门成立了城乡规划立法委员会（BTCPL），依据一系列完备的法规，从事管理，取得了显著成效。英国的城乡规划立法，自 1909 年诞生，经历了 80 年的持续发展，已成为世界上最先进、最完善的法规之一，法律不仅具有权威性，而且很有稳定性，许多建设方面的法规长期有效，不因政府更换而半途而废。任何类型的开发活动，都必须得到规划当局的同意，每一寸国土的开发利用都必须受到规划的控制。

8）实事求是，因地制宜，分区治理

由于农村地区的条件复杂多样，很多国家根据具体情况，实事求早地采取了分区治理的方法，取得了显著成效。20 世纪 50—60 年代，为帮助经济不发达的落后地区，法国采取了"领土整治"和"工业分散"政策。在西部、西南部、中部地区，在有自然资源的地区、传统工业衰落地区以及"新工业区",政府重点以"国家发展奖金"的方式吸引各种企业,特别是大财团、大企业到这些地区新建或扩建工厂。1966—1976年间有4405家企业享受到该奖金,奖金总额达33.293亿法郎。下发这些地区"领土整治"补助金达30亿法郎。同时限制在巴黎、里昂、马赛三大地区和东部、北部工业区新建和扩建工厂。这使得这些地区的中小城市得到了发展,农村地区原来衰退的小城镇又恢复了生机。

(2)国内小城镇发展建设主要经验

1)依托区位优势推动小城镇发展(包括:城市辐射带动周边小城市发展,郊区小城镇发展与城市发展的对接;城镇密集地区,基础设施共享、分工合作、产业集群;沿边小城镇利用对外开放机时遇,发展边贸,带动发展)。

大城市和特大城市郊区小城镇以及处于城镇发展核心区、密集区或连绵区的小城镇一般位于城镇发展历史较长、发育程度较高的沿海地区或平原地区,往往依托城镇密集区域内重要综令交通走廊和水、电、通信等重要区域基础设施,经济社会发展较快,并能共享城镇密集地区的人流、物流、信息流资源。其主要发展动力和经验有:

① 接受城市产业转移,资金、技术辐射。城市推动小城镇跨越式发展和传统产业的升级换代。当今特大城市、大城市科研、教育新兴产业布局看重郊区的趋势,给其郊区小城镇发展带来人才和技术动力要素,更为小城镇的跨越式发展创造条件。北京顺义区北小营镇接受北京城市产业转移、资金辐射,形成绿色食品饮料行业,汽车配件行业,服装制作行业三大支柱产业,并以2008年奥运场馆建设为契机,打造精品小城镇。上海安亭镇是上海国际汽车城所在地,也是上海市"一城九镇"建设率先启动镇。得益于上海大城市产业转移、资金辐射,近年来,全镇各项经济指标平均增幅每年以30%的速度递增。综合经济实力和镇级财力连续几年列上海市郊乡镇前茅。重庆陈家桥镇凭借西靠重庆大学城,南接永徽电子工业园的区位优势,为其作为重庆大学城的服务区及重庆西部新城的都市核心区跨越式发展创造条件。

② 城镇密集地区特大城市基础设施建设的"溢出效应"强化以其为中心的城镇密集地区小城镇的发展优势。特大城市大型基础设施建设的"溢出效应",彻底改变了周边小城镇的外部空间条件,不仅使部分郊区小城镇的区位优势得到真正体现,更为其提供了难得的外在发展优势,使小城镇的跨越式发展成为可能。上海正在建设的洋山国际深水港和浦东国际机场扩建,即将建设的浦东铁路、沪杭磁悬浮高速铁路、沪宁高速铁路、长江口越江交通等现代交通设施都在其周边地区和沪杭、沪宁城镇密集地区。虎门镇地处珠三角地区的几何中心,为省、港、澳经济走廊的交汇点。近几年内国家、省、市还将在虎门镇境内投入达100亿元,相继建设一批重点道路交通项目,必将对虎门镇产业结构的优化升级带来突破性的推动。

③ 核心城市极化效应向回拨效应的转变为小城镇发展提供了机遇。在长三角和珠三角城镇密集地区,核心城市的发展由单纯的聚集资金、人才、信息、资源,向着功能扩散、城乡互动发展。广州、深圳的经济实力不断增强,对以其为中心城镇密集区域小城镇的影响和带动作用明显加强。广深圳珠高速公路以及珠三角轨道交通网络的规划建设,将三角洲东西两岸的400余个大中小城镇联为以广州核心的统一整体,构成珠三角两小时经济圈。近年来,深圳大力发展信息产业,推进技术创新,带动和促进了毗邻小城镇电子产品加工工业的发展,以东莞长安为代表的一大批小城镇IT产品装配业初具规模,成为具

有较大影响的"世界工厂"。

④ 与中心城区大企业结盟，逐步建立"市场牵龙头，龙头带基地，基地连农户"的贸工农一体化经营体系，促进小城镇发展。成都新繁镇，立足于延伸泡菜产业链，不仅解决本地农村人口的就业问题，而且还通过在其他地区建立规模化生产基地，吸纳农村剩余劳动力向非农产业转换，促进小城镇发展。

2）依托资源优势促进小城镇发展（矿产资源、风景名胜资源、历史文化资源）

我国地大物博，特别是中西部地区，矿产、土地、能源等资源丰富。其中西北地区资源开发潜力巨大，是我国重要的资源储备基地。东部中部西部地区都有一些小城镇发展旅游自然生态资源和人文生态资源都十分丰富。依托资源优势推动小城镇发展是小城镇发展的重要经验之一。

① 依托矿产、土地、劳力资源优势为加快小城镇建设注入强大动力。中部地区河南、山西、湖南等矿产资源丰富的省份，资源加工型小城镇最常见，依托当地资源优势发展的资源加工型小城镇是目前发展得较好的一类小城镇。金属和非金属矿产资源丰富的河南米河镇和有湖南"煤乡"之称的宜章县梅田镇等都是属于上一类小城。西北地区以宁夏中卫市宣和镇为例，依托矿产资源、土地资源、劳动力资源丰富的优势，经过多年的培育发展，形成了以美利工业园区南区和集镇农副产品加工基地为主的经济增长极，为搭建招商引资平台，加快小城镇建设注入了强大的动力。

② 立足资源特色和传统的民族文化，发展西部地区旅游型小城镇。新疆新源县那拉提镇立足独特的高山草原风光，突出自然特色，大力发展生态旅游业，吸引了越来越多的国内外游客，旅游业迅猛发展。贵州省青岩镇围绕古文化做文章，突出古文化特色，形成以古文化旅游为龙头的支柱产业。内蒙古伊金霍洛旗伊金霍洛镇以充分发挥和挖掘民族文化底蕴为抓手，发展民族特色旅游，推动小城镇发展。

③ 依托城市科技资源，以科技兴镇，实现乡镇工业化。浙江绍兴杨汛桥镇从上个世纪 80 年代中期以实施星火计划起家，以科技兴镇发家，以乡镇企业的兴起、发展和壮大为标志，从一个落后的农业小乡逐步实现了乡镇工业化，走出了一条以工业化带动城镇化，以城镇化提升工业化的良性互动的发展的建设之路。

3）依托专业市场促进小城镇发展

① 民营企业和专业市场互动效应，推动小城镇经济发展。浙江诸暨店口镇伴随着五金工业的发展，就地逐步形成了销售市场，目前已形成的中国南方五金城市场是全国最大的五金集散地。个体工商户的发展、民营企业的崛起和五金专业市场的发展又形成了"互动"效应，专业市场把成千上万的个体工商户、家庭企业连接在一起，形成了内部细致严密的分工协作，从而形成"优势企业带动，中小企业支撑，生产在一家一户，规模在千家万户"的特色五金块状经济，成为推动店口经济快速发展和农村村工业化的重要力量。如今店口已一跃成为浙江一颗璀璨的明珠，2005 年全镇实现工业总产值 411.8 亿元，综合经济实力居全国百强镇第 47 位，浙江省第 4 位，经济总量居浙江省最发达乡镇第 2 位。

② 发挥市场优势、引商转工，产商并举，强化经济发展的产业支撑。义乌小商品市场，由一个综合性的专业市场群发展成规模宏大、品种齐全的全国小商品集散地，形成了一个覆盖全国、联结城乡、辐射境外的国际性小商品流通中心、制造中心、研发中心和购物中心，实现市场与产业发展同步，城市与乡村发展互动。义乌佛堂镇以中国小商品市场

291

为依托，通过"市场带百村"，推进农村富余劳动力向非农转移。

③ 根植于产业发展市场培育基础，小城镇主导产业转化为商品优势和经济优势。河南双龙镇通过建设香菇市场加强城镇集聚建设，使全镇的香菇主导产业通过城镇香菇市场平台转化为商品优势和经济优势。

④ 依靠特色产业，兴建专业市场，为农民进城经商、办企业创造条件，提高城镇化水平。江西的文港镇依靠特色产业，兴建了皮毛、毛笔、建材、农贸、禽畜、文化、体育、礼品、商城各类专业市场，为农民进城经商、办企业提供了必要条件。每逢墟日，市场交易人数达 5 万之多，市场交易超过 200 万元。城镇化水平由 1986 年的 6.1％提高到目前的 45.1％。

4）依托特色产业和农业产业化发展小城镇

① 依托特色产业和特色产品实现城镇互动。核心城市高端产业，尤其是金融、研发、物流等现代服务业的发展，为小城镇加工制造业的发展提供了信息、技术、资金乃至市场的支持。在与核心城市的互动中，小城镇的专门化生产分工不断深化，出现了诸多以特色产业为主导的小城镇。江苏省张家港市塘桥镇纺织品生产总值占其工业总产值的75％。在浙江，以"块状经济"为主要特征的专门化生产发展已成为当地经济的一大特色：通过在一定区域内形成集聚的产业集群，提高了浙江企业和小城镇的竞争实力，出现如"中国水泵之乡"的温岭市大溪镇，"中国家纺布第一镇"的海宁许村镇以及"中国印刷第一城"浙江省苍南县龙港镇等一大批特色产品生产城镇。其中，乐清低压电器产区主要产品销售占全国的 66％，诸暨的五金产区主要产品销售占全国的 60％。具有较大的国际国内影响的珠江三角洲的 404 个建制镇中，以产业聚集为特征的专业镇已达到 1/4。

② 大力发展农业产业化经营，扶持培植龙头企业，努力构建农民增收、财政增长的长效机制，"公司＋农户"、"市场＋农户"是内陆农业地区城镇发展成功之路。云南省玉溪市通海县杨广镇突出扶持培植一批起点高，规模大的龙头企业，组建企业集团，对企业集团实行政策倾斜，鼓励这些企业发展成为上联市场、下联农户的龙头。围绕龙头企业积极组织兴办农民专业合作经济组织，培养农民经纪人，组建农产品营销公司，创立名牌产品，实现农产品运销规模化、集约化、推行"公司＋经济组织（经纪人）＋农户"的产业化经营模式。着力抓好产业结构调整、区域化布局，大力推行股份合作制，吸引农民以资金、土地、劳务、产品入股，建立农民企业风险共担、利益共占的利益分配机制，鼓励土地合理流转，积极发展适度规模经营，促进农业产业化发展。同时，坚持"一村一品"，实行区域化布局，走一户带多户，一村带多村，多村成基地路子，在全镇及更大范围内建成一大批区域化、专业化、特色化的生产基地。

内陆农业地区大部分小城镇尚处于生存发展的状态，"公司＋农户"、"市场＋农户"是内陆农业地区城镇发展成功之路。西安市临潼区相桥镇是利用"公司＋农户"带动农业大镇的发展的典型案例；河南淅川县香花镇是"市场＋农户"促进改革小城镇发展的典型案例。

5）依靠政策体制创新，加快小城镇发展

① 政策扶持、综合改革优化小城镇发展软环境。珠三角和长三角的各级政府致力于体制改革和制度创新，较好坚持了分类指导的原则，针对小城镇发展的内在规律和客观要求，出台相应的政策措施，给予小城镇发展所急需的指导和支持，促进了小城镇政府职能

的转化，提高了公共服务和社会管制的水平。

政府出台的政策措施契合了小城镇发展的现实要求和实际情况，进一步增强了小城镇管理功能，完善了镇级管理体制，为小城镇发展提供了强劲动力和组织保证。小城镇凭借上级的支持，深化内部改革，促进政府职能由经济管制型向公共服务型转变。广东、浙江等城镇密集地区的小城镇普遍进行了政务公开、建立行政办公绿色通道等行政改革的积极尝试，行政效能和服务水平得到明显提高，对投资的吸引力不断增强。

国家改革开放以来的一系列政策，特别是1999年国家实施的西部大开发政策和2000年7月中共中央、国务院出台的《关于促进小城镇健康发展的若干意见》为西部小城镇的发展创造了良好的机遇。

②加大招商引资力度，整合各方投资，给小城镇带来可持续发展后劲。一个地处高原欠发达地区的小城镇，如果不借助外力和其他形式筹措资金，兴办新型产业和龙头企业，只依靠自然积累，自然发展，是没有可持续发展后劲的。"十五"期间，青海省西宁市湟中县多巴镇多方筹资，投入了大量的资金，加快了旧城改造力度，小城镇功能得到有效提升。靠"两个"创新，一是体制创新，主要是改变以往由政府单一投入的建设模式，进行社会公益事业多元化经营，开放基础设施建设市场，开发利用土地资源，构筑多元化小城镇建设投入体制；二是政策创新，对小城镇建设用地拍卖，盘活存量资金，盘活存量资本；放宽户籍管理政策，吸引周边农民带资进入小城镇修建房屋和经商，对个提供商户实行减免税费政策，引导本地闲散资金和外来资金投入小城镇建设，搞活小城镇房地产开发市场。

近年来，多巴镇城镇化水平逐年提高，小城镇功能配备增强，对周边乡（镇）的人流、物流、资金流的集散效益得到了很大的体现，推动了全镇社会经济快速、健康、协调发展。

12.1.4　国外小城镇发展的政策借鉴

12.1.4.1　发展政策的启示

国外小城镇发展模式，无论是发达国家的城乡协调发展模式，还是发展中国家的乡村综合开发模式，都有我们可以借鉴之处。改革开放以来，我国小城镇建设飞速发展，各地从自身的实际出发，选择了具有中国特色的小城镇发展模式。不管采取何种模式，要加快我国小城镇建设的步伐，推进农村工业化、城镇化进程，应从以下几个方面着手和突破：

（1）充分认识和加强小城镇的地位和作用，完善小城镇在城镇体系中的地位

要加强小城镇在整个社会的工业化、城市化和现代化历史进程中，作为一种与大中城市和乡村不同的社区单位，在缓解大中城市就业压力、农村劳动力转移和促进农村非农产业发展、改善农民生活水平等方面有着不可替代的历史地位。从我国的实际出发，应该把小城镇定为乡镇企业的聚集中心，以及从农村转移出来的从事第二、三产业的人口的聚居中心。

（2）加快小城镇基础设施建设，强化其内外联系

基础设施建设是小城镇发展的一项重要内容，只有良好的基础设施才能吸引企业和人口向小城镇集中。但我国小城镇目前的基础设施薄弱，为此，一方面要建立多元化投入机制，除了逐年增加各级财政对小城镇基础设施建设的投入外，还要将部分税费合理投在基

293

础设施建设上。要面向市场筹集建设资金，打破行业、区域和所有制界限，允许单位和个人以股份制、租赁制和合资经营等形式，开发小城镇，兴建排水、道路等基础设施和旅游、娱乐等公共设施。同时争取各国有银行一定规模的中、长期贷款用于这方面的建设。另一方面要采取分阶段逐步实施的办法进行建设。对小城镇基础设施建设给予更加优惠的政策。如加大中央政府对这类城市基础设施建设的专项补贴的力度；在条件成熟的时候，逐步给予地方政府发行城市基础设施建设债券的权限；帮助小城镇吸引外资和民间资本参与基础设施建设，积极推广 BOT 和 TOT 制度；尽量放开基础设施的经营管理，让市场调节起更大的作用，政府主要采取适当的补贴方式，保障居民对基础设施的基本需求；完善小城镇与城市之间、小城镇与小城镇之间，以及小城镇与其腹地之间的交通通信联系，强化小城镇的特点和分工，增强其与内外交往，不断提高其对外的吸引和辐射能力。

(3) 小城镇建设应走可持续发展道路

小城镇建设不单纯是个经济问题，也不单纯是个城市建设问题，而是涉及经济增长、社会事业发展和生态环境保护的全面发展过程。因此小城镇建设要切实实施经济和社会的相互协调与可持续发展。发展绿色产业，开辟产业新空间。小城镇要实现可持续发展，必须要在规划中自觉融入可持续发展思想，注重环境生态建设，即推行绿色规划，把小城镇环境、生态作为系统工程，与人工环境结合起来进行规划设计，并充分体现安全性、生活便捷性、环境舒适性、经济性、生态性、持续性五大原则，促进生态小城镇的建设与发展。

(4) 进行制度改革和创新

首先，是改革户籍制度。我国户籍制度根本缺陷和特点是城市和乡村人口分离，导致正常的人口流动受阻，并由此产生一系列的经济社会问题。在城市化快速增长时期，这个矛盾已日益突出。目前，我国户籍制度的改革正在深化，但步伐似乎太慢，满足不了现实发展的要求，而且，有些地方，特别是一些大城市还出现了后退的现象。

其次，在中等规模的小城镇适当放宽对土地制度的限制，鼓励耕地的合理集中。土地集约经营是大规模城市化的前提。目前，由于我国实行的是世界上最严厉的耕地保护制度，耕地的转让、集中和征用都受到许多严格的限制，既影响了城市范围的扩张，同时又限制了农村剩余劳动力的转移。

第三，在中等规模的小城镇尽快扩大社会保障的覆盖面。在我国计划经济时期的社会保障体制打破之后，市场经济条件下新的社会保障体系尚未建立起来之前，我国社会保障的覆盖面还太小，使农民不敢放弃土地进城当市民。

12.1.4.2 财政政策的启示

根据国外的经验，外国政府促进小城镇发展的举措，主要表现在：第一，创造就业机会。小城镇政府利用提供贷款的计划，鼓励小型企业设在小城镇。用建造工作场所、市场和其他设施并以合理价格出租或出售来鼓励小企业。对小企业和迁移者还提供技术上的帮助。第二，提供住房和基本服务，鼓励迁入者在划拨的地基上自建住房，搞好基础设施建设，这类系统的投资不完全由城镇政府负担，高一级的地方政府甚至是中央政府往往都对之进行必要的投资。第三，推行环境保护方式。建立地方与国家的污染控制政策和标准，并在小城镇强制执行。

建立和完善我国小城镇财政管理体制应该注意的问题。

目前，主要存在小城镇收支矛盾突出，财政供给中缺位与越位现象严重，小城镇财政机构设置混乱，财政调控能力弱等问题。而以上这些问题的关键在体制。第一，我国虽然进行了全国性的财政制度改革，建立了新的分税制财政制度，划清了中央与地方财政（省）的关系。但在广大的农村乡镇并未实行分税制，特别是在县与乡镇的财政关系上仍然是统收统支。第二，乡镇财政并未成为相对独立的一级财政。在这种情况下，小城镇财政不能直接掌握足够的财力，并作出较为长远的预期，也就难以对小城镇的长期发展制定出有财政保障的规划和实施方案来。

因此，建立和完善小城镇的财政管理体制，要以政府为主导，多方参与，筹措小城镇发展建设资金。

首先，应该明确小城镇财政体制的发展方向同样是公共财政。城市经济成分是以国有和集体经济为主，民营资本、外资、个体和私营为辅。而小城镇的主要投资者则是以乡镇企业、个体经营者和外来投资者为主，即集体、个体和外来的经济成分占主导地位，这对小城镇发展市场经济非常有利。因为其经济基础一经建立就是按照市场经济原则行事的，政府只需按照市场经济规律进行宏观经济调控，引导小城镇投资建设的发展方向，提供基础公共设施，统一规划建设规模，调配土地资源等，而不用直接参与市场竞争。这体现了市场经济体制下政府主要是提供服务和社会公共产品的主要特征，更有助于建立农村市场经济体制。在目前要建立公共财政的大背景下，小城镇的税源结构虽然层次低，规模小，但其实际架构是比较易于建立小城镇一级公共财政的。

其次，实施分税制财政体制。明确了财政收支、事权和财权相结合，能有效地调动乡镇发展经济、增收节支的积极性，有利于小城镇实施综合财政预算管理。要按照事权与财权相统一的原则，完善小城镇的财政管理体制。合理确定小城镇财政的主体税种，使小城镇建设要有稳定的财源。

最后，要广辟小城镇建设资金来源，建立和完善多元化的城镇投融资体制。一是要在进一步完善土地转让、招商引资、"谁投资，谁受益"等优惠政策的基础上，尽快启动民间投资，鼓励和引导多种投资主体筹资建设。二是要推进制度创新，鼓励农民到镇区建房、购房，打工经商，为农民的建房、购房提供抵押担保等。

12.2　国外小城镇规划管理借鉴

12.2.1　国外小城镇规划动态

国外发达国家在小城镇农业现代化建设过程中，为了缩小农村与城市在就业、收入和生活等方面的差距，稳定农村人口，提高农场主的利益，实行了一系列围绕小城镇发展的土地、人口、房产、投资、贸易及税收等政策措施，形成了农场专业化生产、小城镇具备产前社会化服务和产后加工销售的地域分工协作格局，并依靠小城镇把广大农村和城市相联系，实现了城乡协调发展的目标。

发达国家在建设小城镇的过程中，对小城镇做了充分的规划，包括大、中、小城镇合理布局的全局性规划，小城镇的规模设计，环保生活空间设计和支柱产业选择设计等小城镇建设方面的规划。通过规划可以最大限度地控制"城市病"，力求使城镇、工业、人口得到合理配置，各种层次城市在各自位置上发挥应有的作用，促进小城镇的健康有序发展。

12.2.1.1 美国小城镇的规划

（1）美国城市规划概述

从 17 世纪初的殖民地时期，美国开始出现各种原始的设计图，其中包括：

① 为建设城市而画的设计图，在现在城市总体规划中成为有力的源流。

② 为了能够使土地分块出售和注册，设计了市区图和区划图，作为土地细分规划。

③ 以公共管理为目的而画的"公图"（土地档案的附图）是利用公图制的规则。

19 世纪之前的美国城市发展是在缺少规划和公共控制的状况下进行的，导致了一系列城市问题，诸如拥挤、不卫生、丑陋和灾害。1893 年的城市美化运动揭开了美国现代城市规划的序幕。此时的规划工作基本上是在没有任何具体的规划框架的状况下进行的，规划的实施是政府运用征税和发行公债的权力以保证规划项目的资助。1909 年最高法院确认地方政府有仅限制建筑物高度而无须作出补偿。1916 年纽约市通过了区划条例，至1926 年美国大部分城市都拥有了自己的区划法规。1929 年大萧条时期及以后联邦政府采取的"新政"（New Deal）进一步推动了城市规划的发展：地方政府配备了规划部门，编制了规划方案，至 1936 年除一个州外成立了州规划委员会；联邦政府提供低成本住房，形成公共部门对住宅市场的参与；城市更新（Urban Renewal）的概念形成，成立城市不动产公司（City Realty Corporation），使用联邦政府提供的资助和使用国家征地权（Power of eminent domain），以较低成本提供再开发用地；美国第一个州际高速公路系统规划在此时期形成和建设；创立了国家资源规划委员会（NRPC），标志着联邦政府对规划的重视，该规划委员会对地方和州的规划努力起到重要的支持作用；开展了大量的区域规划工作，如田纳西河流域规划。

1920 年代后半期，联邦政府制定了关于城市总体规划和区划两个方面的州一级的典型授权法草案。将城市总体规划和区划两者均作为城市规划的重要制度，得到了联邦政府的承认。

区划历来由于存在短期的、零碎的、只用政治的观点来决定问题的倾向而受到批评，联邦政府要求这种区划应与总体规划求得"一致性"，并明确了区划是实现总体规划的一种手段，第一次明确了规划法和区划两个系统相互间的地位。

因此，联邦政府规定，自治体有义务编制总体规划，作为申请补助金的主要条件。同时决定编制总体规划也给予补助金。对总体规划赋予了在自治体的城市规划中相当于"宪法"的地位。这样一来，全国的自治体都编制了总体规划。

但是，到了 1960 年代后半期，总体规划因过分强调了长远观点，城市的将来蓝图过分固定化，而且，过分用实物和图纸来把总体规划僵硬地固定下来等受到了批评。1970年以后，人们不需要像过去那样，只重视编制好的总体规划，而是开始重视了居民参加编制规划的全过程，并且重视把已有的规划，根据变化的情况加以修改的过程。就是说，"从强调成果的规划，转化为强调程序（过程）的规划"方向发展。

1909 年芝加哥规划被认为是美国现代城市规划开始的标志。20 世纪 40 年代以来，城市规划更多地考虑社会和经济问题。20 世纪 60 年代后，产生了城市设计（Urban Design）的概念，主要指城市和城市局部地区的建筑群体规划，侧重于物质和景观的设计。城市规划向综合性、战略性转变。同时国家政府依据各个城市的综合规划（Comprehensive Plan）对城市地方发展予以资助，间接地对城市和地方的规划进行控制和影响。

（2）美国城市规划的层次

在政府的各个层次上都有各种规划，联邦政府的规划以各种方式影响了人们的日常社会，但是主要的规划形式有综合规划、区划、土地细分规则、法定图则、合同等形式，从层次上递进来加强城市规划。相应的城市规划有关的法律系统基本上有 4 个：

① 城市规划法（Planning Code）；

② 区划法（Zoning Code）；

③ 建筑法（Building Code）；

④ 住宅法（Housing Code）。

下面简要介绍各种规划内容。

1）综合规划

根据联邦政府各项计划的要求，如果地方政府想获得联邦政府的某一项计划的资助，就必须先编制综合规划，首先确立详细地使用特点，妥善安排好交通、卫生、住房、能源、安全设施、教育和娱乐设施、环境保护的方式和其他与地方社会、经济和物质空间结构相关的各项因素。州的立法通常都要求地方编制综合规划（Comprehensive Plan，也有称 Master Plan 或 General Plan 等），并确立了该类规划的作用范围。综合规划是在"整体上控制在自治体内的个别的利害关系"，其作用如下：

在控制各种公共事业的时候，表现出自治体的基本政策；

成为区划、土地细分规则、公图制等各种规则手法的根据；

通过表现土地利用的将来面貌来诱导土地买卖和开发行为。

综合规划主要规定城市发展的目标，以及达到目标的政策和途径，包含社会、经济和建设等多方面的内容，是社会、经济、文化、建设等各项发展的综合规划。在城市功能上主要分析城市各部分结构的关系（Structural Relationship）。在时间上安排行动的先后，在空间上要指导发展的模式（Pattem）和空间形态（Form）。

综合规划在城市的发展过程中发挥着重要的战略作用，地方政府的行为，城市的开发行为，以及与规划和开发控制相关的法律，是以综合规划为依据的。

2）区划

区划是由自治体把它的区域划分为若干个地区，然后，为了实施公共的健康、安全、伦理以及一般的社会福利等目的，在各个地区内，按照不同的基准，对土地、建筑物等位置、规模、形态、用途等，通过行政权力无偿的规则。这种区划是接受州的授权法之后通过自治体议会，以条例的形式制定的。

区划包括区划图（Zoning Map）和区划文本（Zoning Ordinance）。区划地图将规划控制区范围的用地划分为各种用途类型，并确定公共用地和保留用地。区划文本对各类用地上的开发活动作出详尽的规定，其中包括各类土地使用的适用范围、兼容性和排斥性范围，开发强度，建筑定位，室外环境，以及基础设施等的约束条件。

区划一经批准生效，就具有法律效力，又称法定规划（Statutory Plan）。

在城市开发控制的各个方式中，区划（Zoning）是最重要的法规控制手段。区划条例是美国城市规划法中最基本的法规，又是最实用和最直接的城市规划建设控制法规，其内

297

容和执行都必须符合综合规划的原则和要求。而相应的综合规划在理论上是制定区划法规的中间步骤和工具。区划条例和其他控制方式共同作用，保证综合规划的实施。区划法规从保护既有财产利益出发，具有极强的确定性和肯定性，对任何决策均具有强烈的引导和制约作用。

3）土地细分规则

所谓土地细分（Subdivision）是原有的一块占地，为了转让或者建筑为目的，分割2个以上的占地行为。这种行为者有义务必须服从自治体既定的开发基准。这就是土地细分规则。从这一点上看，类似开发许可，但是，它突出的不同之处有两点。一是不管规模多大，一律都是对象；二是它与不动产注册制度相联系。

区划制政策性很强，但是，土地细分规则是具有技术性的性质（不是自治体议会制订的条例），经常依照规划委员会的规则办事。另外，作为规划对象的土地，不限于住宅区，规划的着眼点，最终是伴随开发住宅区的各种用地。

4）法定图则

法定图则是确保将来建设公共设施用地的手段。即保存的用地，或者在规划中的大街等的用地，把这些用地，不但详细而且正确地记录下来的图纸。法定图则经自治体议会通过决议之后，该用地就马上禁止建筑行为。法定图则是考虑就近将来事业的可能性，同时详细地而且正确地指定用地。因为法定图则这个手法，也通过行政权力无偿地限制私权的缘故。

5）合同

从它的机能上看，可以说是比区划更严格的规则手法。从其产生的过程来看，比区划更早。美国近代规划的形成时期，由它来启发了区划的构想，因此，可以认为它是"区划的母体"。

合同是在不动产所有者之间，或者开发业者和购买者之间签订的一种民事合同。一般的记录在土地、建筑物的档案以及权利书上。通过买卖由新的购买者继承。这种合同，规则对象的范围广，与注册制度有联系，但不参与行政部门等有不同点，也有类似之处。

12.2.1.2 英国小城镇的规划

（1）英国城市规划概述

英国城市规划源于19世纪政府对公共卫生和住房问题的关注。1909年政府颁布的第一个规划法案——"住房与城市规划法案"（Housing，Town Planning Act 1909），显然将卫生问题放在首要位置，强调城市规划是为了确保适当的卫生条件（to secure proper-sanitary conditions），所以，城市规划事务在1942年以前一直由英国卫生部管。

二次世界大战后，大规模的城市建设给规划的发展提供了契机，工党政府强调计划工作更是为城市规划工作的推进提供了坚强的政治保证。1947年通过的"城乡规划法案"成为英国规划史上的一个里程碑，引入了一个新的城乡规划体系。英国政府参与并干预城市的开发始于19世纪末期，1875年议会通过《改善工匠和劳工住宅法》和《公共卫生法》，授权地方政府编制有关规划，限制道路的宽度、建筑物的高度、城市结构和布局等，从此以后，政府对城市的物质开发进行干预逐步地为人们所接受。

1909年颁布的第一个专业规划法——《住宅与城市规划及相关内容法》要求地方政府编制"方案"，以控制新住宅区的开发。1919年，第一次世界大战结束后不久，《住宅与城市规划法》的实施将城市规划所管辖的内容进一步扩展，由政府补贴工人住宅建设的原则也开始被接受。"政府住宅"方案开始在全国范围内实行。但一直到 1932 年制定了《城乡规划法》，城乡规划才有权涉及绝大部分土地的使用。1947 年的《城乡规划法》是英国城乡规划的里程碑。对世界上许多国家的城乡规划法及规划体系的产生也有过重大影响。该法确立了多层次的规划体系；并规定所有的开发必须首先获得规划的许可。这一规定使开发权控制在规划部门手中。为了解决规划体制问题，1964 年专门成立了"规划顾问组"，对当时的规划体系进行审议。"规划顾问组"提出了新的规划体系的建议，即结构规划和地方规划两个层次，他们的设想是：由单一的政府部门同时编制这两个层次的规划。结构规划作为指导性的战略政策，它指导较为详细的地方规划的编制；地方规划作为城乡土地开发规划管理的依据。新的规划体系在 1968 年的《城乡规划法》中得以确认。到 1972 年"地方政府法"规定了结构规划由郡政府编制；地方规划由地区政府编制（注：地区政府在城市一般指市政府）。

（2）英国城市规划的层次

英国城市规划的主管部门是环境部。环境部内住宅、建设、规划与乡村署下设城乡规划司，负责全英国城市与乡村的城市规划管理工作。同时，环境部还设有一个规划监察委员会，设主任规划监察员和副主任规划监察员各一名，下设直属大法官的独立规划监察员小组委员会、住房规划监察员、威尔士规划监察员、发展规划规划监察员。环境保护规划监察员、实施上诉规划监察员、列入保护名单的建筑规划监察员、规划设计（包括规划咨询顾问）的规划监察员，及规划监察员行政处、财务与事务服务处，共 184 人。该委员会负责全英城乡的各种建设、规划工作的监察和仲裁任务。这些监察员均是由具有城市规划管理和实践经验的资深专业人士担任。

环境部法律与法人机构署环境与规划司内还设有特别规划法律处和总体规划法律处，分别负责有关规划制定与管理中的法律工作。

英国规划文本多以政策形式出现，不仅包括法定的《城乡规划法》等，而且也包括国家规划政策指引（Planning Policy Guidance，PPGs），环境部的通告（Circular）等非正规和非法定的规划，以及一些特定区域规划，总的来说，主要有法律、指引、结构规划、特定区域规划、地方规划、综合发展规划、开发申请等。

1）城乡规划法（1991 年）

（略）

2）规划指导

① 国家规划政策指引（PPGs）：

"规划政策指引"是直接影响地方城市规划事务的一种重要制度形式，是各种城市规划和管理制度形式中应用最广泛的一种。"规划指引"是规划主管部门关于城市规划某些专题公布的一系列引导性政策和技术要求，它具备政策法规和技术规范的双重效能，阐明某阶段政府对地方城市规划事务的观点和原则，直接影响较长的时期内地方发展规划的内容，是各地编制和实施规划的实质依据之一。这些"规划指引"虽不是立法，只是政府的一个建议性（Advisory）文件，但地方规划中都能很好地落实。

② 国家指令

环境部颁发，如有关农业、历史名胜等的规划指令。

③ 区域规划指引

区域规划中也有"区域规划指引"（RPGs），如"伦敦策略指引（RPG3）"等，适用于区域范围。

3）特定区域规划

从国家层次开始，首先就确定对历史、自然环境的保护范围，包括有价值的生态区、风景区、历史文化遗迹等，这些控制区在各个层次的物质规划中均不得更改。

4）结构规划

结构规划是战略性规划，制定所在区域的发展框架与政策设想。结构规划的年限是未来的 10—15 年。任何一个地区的结构规划都以文字形式陈述，可以提供框图、图表说明（但不是制作规划图纸）。

结构规划的编制内容包括以下几个方面：

① 陈述本地区土地使用与发展的政策和总体设想方案（多个），包括形态环境改善的措施和交通管理等；

（A）控制结构规划区域范围内具体的发展类型，从而为发展控制提供一个战略性的框架；

（B）表明在结构规划区域范围内发展或开发的强度（程度），指明发展的主要地理区域场所；

（C）指明可能对规划区域范围内具有重大影响的个别发展活动的一般定位场所。

② 陈述本地区土地使用与发展政策和总体方案（多个）与其他邻近地区发展政策与总体方案之间的关系。考虑可能影响本地区形态和环境规划的全国性或区域性政策问题。

③ 阐述由中央负责部长要求的其他单列问题。

④ 确保结构规划制定的足够透明度与公众参与和听证。

⑤ 为地方规划提供一个框架。

结构规划侧重于陈述本地区战略性、方向性的问题及发展趋势。除了制定一般性、总体性政策与设想外，还需要编制专项规划纲要（Subiect Plan）。要求编制专项规划纲要的专题主要有：新建住宅、绿化带及其保护、战略性交通与道路设施、矿藏开发、娱乐与休憩、土地开垦与再利用、旅游业、废物处理及与土地利用和开发相关的经济与社会问题等。

结构规划通过以后，为了确保地方规划符合结构规划的政策，郡政府通过与地区政府协商，要再先编制"发展规划编制方针"文件，阐明这两个层次的规划各自所覆盖的领域、特点、范围及相互关系。"发展规划编制方针"的内容包括：

① 明确政府编制规划和实施规划的责任；

② 明确两个层次的规划各自所覆盖的领域；

③ 明确各规划的主题、特点和范围；

④ 确定地方规划编制的程序；

⑤ 阐明两种规划之间的关系；

⑥ 确定任何规划都应符合结构规划的政策。

5）地方规划

地方规划是城乡土地开发规划管理的依据。地方规划由地方规划部门遵循结构规划，详尽地阐述结构规划的政策含义，提供精确的土地边界划分、土地开发计划和实施措施。地方规划为开发申请管理提供详细的土地使用基础。1991 年《规划与补偿法》要求所有非都市地区的规划部门编制覆盖全地区的地方规划。

地方规划包括一份文本文件和一份土地使用建议图。文本文件阐述政府的开发建议和规划区内其他土地使用政策。文件说明改善物质环境和交通管理的具体措施。规划确定了各不同地块的发展、开发方向和使用性质。土地使用建议图限定了规划区域和文本文件所建议的土地开发。

地方规划的主要功能有如下几项：

① 将结构规划的政策与建议具体化，并将这些政策和建议与具体的土地位置联系上；

② 为开发管理提供一个详细的规划依据；

③ 为开发与其他的土地使用的协调奠定基础；

④ 为公众参与开发提供机会。

目前在英格兰和威尔士，地方规划有三种形式：

① 法定地方规划：指按照城市规划立法规定的法律程序编制的正规的详细规划。一份完整的法定地方规划的法律文件包括：

（A）法定地方规划说明书，规划说明书必须详细说明地方规划局对有关开发规划或本地区范围内其他的土地利用开发意图，其中应着重说明周围地区的社会经济发展或其他因素对本地区的开发的影响。同时也包括说明城区开发的自然环境改善措施和交通管理措施；

（B）法定地方详细规划图，所有法定地方规划所列的开发计划必须有相应的详细规划图，以补充完善法定地方详细规划说明书；

（C）相关的法定地方详细规划图表，图表仅作为一项补充的说明性文件。

② 特殊法定地方规划：指对有关中央政府投资开发的项目编制的详细规划。

③ 非法定地方规划：指不按照 1971 年城市规划立法体系规定的法律程序编制的详细规划。其特点是没有固定格式，工作程序可视具体规划内容灵活变动。

6）综合发展规划

1985 年，《地方政府法》又重新规定在大都市地区不再编制结构规划和地方规划，而由单一的综合开发规划取而代之。1991 年的法规重申了这项规划。综合开发规划由两部分组成：

① 概述开发政策问题，其性质与结构规划相同；

② 叙述开发和土地使用的详细政策，其性质与地方规划相同。

开发申请

在英国，实施具有法律性质的发展规划的基本手段是开发申请管理，规划法详细阐述了这项规定，指出除少数例外，所有的开发必须经地方政府审批。地方政府有权批准，或有条件批准，或拒绝批准。地方政府在审批时，所附加的条件是非常广泛的，只要地方政府认为适合规划政策的条件均可附加。在评估规划申请时，发展规划是主要的依据之一。另外，中央政府的政策，特别是以"通令"、"白皮书"、"规划政策指引"等形式颁布的政策也是依据的因素。

英国规划法对开发的定义是：在开发用地内，土地表面、土地上空所进行的建设工

301

程、开矿及其他的活动，以及对任何建筑或土地使用的改变、材料的变化等都属于开发性质。开发需获得规划许可有两个主要原因：首先，地方规划本身不确定任何开发项目；第二，地方规划不能保证实施规划建议具有足够的资金。

12.2.2　国外小城镇主要规划理论

小城镇规划理论的发展是建立在有关学科研究基础上的，并从不同学科的研究成果中吸取营养。如从经济学角度研究与小城镇相关的产业政策、土地制度、财政税收、金融等；从社会学角度研究小城镇的社会结构、社区分析、制度关系、人口等；从地理学角度研究区位、人地关系、地理信息系统、数理分析等；从建筑学角度研究城镇设计、建筑设计等；从生态学角度研究小城镇污染防治、可持续发展等。有关城市与乡村的研究、有关经济和社会发展的研究、有关城市规划理论的研究等，是小城镇规划理论的基石。对小城镇规划影响较大的理论有：区域整合思想（Regional Integration）、中心地理论（Central Place Theory）、城乡融合论、可持续发展论等，其中尤以中心地理论影响较大。

1933 年，德国地理学家克里斯泰勒提出了著名的中心地理论。这一学说将各级城镇看作是由合理的供应、行政管理和交通关系构成的多层次的中心，是相互有机联系的居民点网络。这一理论经过 40 年的发展、修正和补充，已经在不少国家特别是发达国家成为指导区域发展规划的重要原理。20 世纪 70 年代，联邦德国拜恩州的区域规划应用这一理论，对为居民提供各级服务的中心的布局进行了合理调整。其中作为最低级中心的小城镇和大城市一样受到重视，因为它们同属一个地区经济社会平衡发展目标下的空间体系。拜恩州区域发展规划编制的指导思想和任务是：

（1）缩小地区间的不平衡，包括缩小城乡之间、人口稠密区和社会结构薄弱地区之间的差别，改善落后地区基础设施。

（2）保证每个人都有同样水平的生活条件（社会、文化和生活设施齐全，分布距离适中）和工作条件（经济结构和行业结构合理，提供充分就业岗位）。

（3）保证社会公正，机会均等和个性发展。

（4）防止区域环境负荷超过其容量。

中心地理论最初是以平原地区农业地带的"均质"条件作为建立理论模型的出发点的。今天，出现了它与其他理论，如城市规模分布理论、增长极理论等相互结合的趋势。尽管如此，世界各国地理和规划专家们普遍认为，中心地理论仍然具有生命力，只是在用于每个具体的地区时，需要考虑当地条件并加以修正。

一些国家对过去小城镇规划和建设的历史进行总结后认为：

（1）过去的小城镇规划建设没有处理好小城镇与大城市及广大农村居民点之间的相互依存关系。随着现代交通的发展，小城镇与大城市的经济联系与日俱增，农村居民要求通过小城镇享用公共服务设施的愿望也日益迫切。而过去的规划和建设，对这些具有规律性的因素都未予重视。

（2）在过去的小城镇规划设计中，基本上采用大城市的指标、定额，忽视了小城镇与大城市的差别，致使小城镇的公共服务设施规模过小，不能满足小城镇自身和周围广大农村的需要。

（3）规划的原则、方法老化，机械的功能分区，既不能反映小城镇的应有特色，又不能适应现代化生活的要求。

于是在总结过去经验教训的基础上，提出了新的设想：

（1）小城镇规划建设必须与区域发展紧密联系起来。

（2）应当力求使小城镇成为当地的交通枢纽，并与其他公共设施结合，形成多功能的综合体。

（3）努力探索小城镇规划的新思路、新方法，采取更加灵活的市镇结构，以适应现代生活的变化。

（4）规划方案应强调战略性，对未来发展应避免过分具体化，应允许地方根据当时的实际情况加以调整。

（5）小城镇应具有多种功能，这是增强小城镇吸引力的决定因素，也是推动小城镇发展的有效途径。

21世纪，无论是发达国家还是发展中国家都面临着共同的形势：知识经济、信息社会和经济全球化；也面临着同样的挑战：经济、社会和环境的可持续发展。城市规划在此背景下将有新的思考和发展。

1993年英国城乡规划协会提出了将可持续发展的概念和原则引入城市规划实践的行动框架，称为环境规划，即将环境要素管理纳入各个层面的空间发展规划。

美国规划师基于可持续发展理念提出了一种住区模式：都市村落，并逐渐为中产阶级所接受，取得了市场的成功。在经济全球化的背景下，产业园区的建设成为城市规划的重要实践，发达国家的高科技园区和发展中国家的出口加工区发展迅速。

303

我国在建设城市开发区的同时，东部发达地区的许多小城镇也纷纷建立各类开发区，吸引了大量的国内外投资，为农村剩余劳动力提供了相当可观的就业岗位，同时也推动了农村地区的工业化和城市化进程。但必须引起高度警觉和反思的是许多小城镇在取得一定的经济发展和城镇建设方面的成就的同时，却在环境和资源方面付出了沉重的代价。这也从另一侧面充分反映了规划在小城镇可持续发展中的重要作用。

12.2.3　国外小城镇规划管理启示

12.2.3.1　在保存地域特色的基础上，科学制订小城镇规划

搞好小城镇的规划设计，是建设好小城镇的前提条件，它有利于协调发展和统筹兼顾，也有利于处理好近期建设与远期发展经济、发挥小城镇的集聚功能。因此，全国各地都应坚持"统一规划，合理布局、综合开发、配套建设"的方针，依据本地区条件制定出合理的和科学的小城镇战略发展规划，为小城镇发展提供依据。同时规划还应体现出民族特点、建筑风格、地方特色和时代特征，保持自己的特色，切不可千篇一律，一个模式。

在小城镇的规划上，要努力引进一些先进的规划思想和方法。发达国家在建设小城镇的过程中，对小城镇作了充分的规划：包括大、中、小城镇合理布高的全局性规划，小城镇的规模设计，小城镇环保生活空间设计和支柱产业选择设计等小城镇各方面的建设规划。通过规划可以最大限度地控制"城市病"，力求使城镇、工业、人口得到合理配置。要在明确功能分区和主要功能的基础上，适当注意各功能区的综合发展，做到既避免由于功能区功能过于单一，而带来的交通不便和拥挤，同时，又能避免功能区主要功能不突出，或缺乏主体功能，而造成的功能区功能混乱的现象。在功能区的具体规划上，要全面

引入社区规划思想，要对城市中的商业、交能、文化以及医疗等公共服务设施实行等级分类，并有层次和空间秩序地融合到城市的城市中心区、各级次中心区、功能区和社区中去，形成合理的空间布局结构。至于整个中等规模的小城镇的宏观布局，是采用集中的"建高层、低密度"形式，还是采取分散的"建低层、低密度"的形式，还是适中的"建低层、高密度"形式，则就需要根据各地的具体地形地貌，以及经济社会的发展阶段和水平来加以确定。

城市规划要稳定连续，一经制订，不得随意改动。例如美国就非常重视市镇建设规划。每个城市都有自己的详细发展规划。规划必须通过专家的论证和市民的审议，一经通过确定，规划就具有法律效力，十分稳定，不得随意更改。如要变动，必须经市民重新审议通过。

12.2.3.2 提高小城镇（城市）管理水平

美国小城镇的组织机构，是由选民通过选举产生的城市委员会（也称市议会），其中一个市长，一个城市开发董事长（也可称市长助理），三个委员；另外选举一个会计、一个书记员。城市委员会主席或称为议长，即是市长。选举产生的市长、委员、董事等成员基本不拿工资，定期开会，商议重大事项，只尽义务，只有市长每月有一定的补贴。城市委员会聘任城市经理或称执行董事长，由其负责7个部门组成城市开发代理董事会：行政办、社区发展办、社区服务、消防、人才资源和风险管理、警察局、公共事务等部门。

美国市民管理城市的民主意识很强，民意对政府决策有相当大的影响力，重大事项没有民众的表态，无论是城市经理，还是市长，都无权单独决定。例如，某市还有不少闲置空地，市政府曾想通过招商引资进行开发，达到增加市政府税费收入的目的，结果在征求市民意见时，民众表示反对开发利用，认为不如作为天然绿地，提高本市的环境水平，从而使整个城市形象改观，达到当地房地产增值的目的，并表示愿意增加现有税费负担，来解决市政府财政平衡问题。

城市建设要克服政府职能转变不到位的问题。许多地方政府的做法，仍然是错位、缺位和越位，没有把政府的主要职能转移到城市建设管理等地方公共事务上来。在具体的城市建设管理方面，还缺乏法制意识、民主意识以及依靠专家的意识。许多城市建设主要凭领导的兴趣和喜好来决策，往往给城市建设和管理带来一些失误。

12.2.3.3 重视教育和人才的培养

近百年来，支撑美国经济发展、城市建设的主要因素是人才。美国各级政府非常重视教育和人才的培养，特别是县级政府，近50%的财政收入都是投入在教育上。如马里兰州蒙哥马利县，1999年财政年度支出的53.95%用于教育事业。据了解，美国公立学校从小学到高中全部实行义务教育，学杂费全免，连铅笔、簿子等学习用品都是免费发的。美国读书的环境是宽松的，但学校设施条件是一流的。

美国政府除有专门管公立学校的教育委员会外，还有一些准政府机构——学区。美国的教育事业主要是由州来管理的。各州都专门制订法律，将全州分为若干"学区"，学区的界限往往和县、市、镇（村）的行政界限不一致。各个学区自成一个单位，主要负责经办中、小学教育。学区内有一个民选的管理委员会，决定有关学制、教材等重大方针事宜，具体日常工作则由一名聘任的学监主管。学区管理委员会有权征税和决定经费的用途。

12.2.4 国外小城镇规划建设原理案例

（1）美国小城镇规划建设原理与启示

美国是一个地方高度自治的国家。在美国宪法中只对联邦政府和州政府的组织作了立法。县、市、镇政府的组织均未立法。县、市、镇是从州一级得来的，称为地方政府。美国地方政府虽有县、市、镇称谓的区别，但均隶属于州，没有行政级别的差异，更没有行政隶属关系。县、市、镇的名称差别，主要以人口和从事的产业划分。目前美国还有2288个县以从事农业为主，它占全国土地的83%，有全国21%的人口。因为从20世纪以来，美国农村经济已发生了显著的变化，从独立的农业、林业和矿业向经济的多样化转变，非都市化的县所提供的就业机会已占18%，美国东部一些州已无县的建制。但在中西部地区，县的建制还普遍存在。

美国的市、镇是从县逐步分离出来的。与原来的县或市同时存在，纯属一个地理或社区的概念，没有行政级别和规格的差别，但人口规模差距较大。在洛杉矶县有936万人，分别大于美国43个州的人口数。现在全美国有3000多个县，2万多个市和1.7万多个镇。有94%的市镇人口少于5万人。

美国市、镇的设立非常自由，成立一个新的市、镇只要具备三个条件，一是社区2/3的居民同意；二是财政能够自理；三是该社区人口不少于500人。满足这三个条件，就可以向州政府提出成立市或镇的要求，经批准后即可成立。

一切从实际出发，注重原则性与灵活性的有机结合，这是小城镇规划的精髓与灵魂。发达国家普遍重视调查分析和公众参与，其中最突出的是对规划的社会经济和环境因素的强调：充分了解规划对象所在地的人和地方特点。重视调查研究和公众参与，就可以避免因忽视差别而可能出现的问题。美国规划学会1979年为蒙大拿州老西部区域委员会编写的《乡村和小城镇规划》一书集中体现了这个特点。尽管美国各州有完善的规划立法和各种法规细则，如城镇规划和管理中关于土地按不同用途加以分区的法规等，但在乡村规划时同样需要充分考虑不同特点，灵活掌握规划原则。在土地辽阔、人口密度低的小城镇，一般只需要控制一些重点地段：一方面避免了不必要的区分限制，另一方面，在必要的地段，为了公共利益，又有必要引导当地居民遵守必须的控制。规划师往往通过民主手段去体现规划法制，从而取得成功。

规划建设意味着变迁，这就涉及个人利益的增损。规划必须精心反映每个人的利益和需要，同时切实维护公共利益。处理这一矛盾是规划师的任务，需要相当的工作艺术，其中公众参与就是一项极为重要的制度与手段。美国乡村规划师概括规划工作的三个阶段是：

1）了解当地的人民和土地；

2）发现问题及时和有效地解决；

3）完成规划方案并由当地认可。

美国的城镇规划十分强调公众参与，要获得地方认可。一个地方未来成什么样子，应由当地人民自己决定。他们通常采用公众集会、报纸文章、简短的邮寄问讯表等办法征求意见。此外，小城镇或区、县长通常任命一个特殊的顾问委员会，也可以使用政府成员定期开会的办法，考虑社区希望的发展目标。

美国小城镇的发展过程，是伴随着美国经济发展、新居民区的形成和工业区的兴起而发展起来的，它既反映了美国人口的自由迁移制度和地方政府高度自治的特点，也反映了经济发展乡村城镇化的必然趋势。我国现在正处于经济持续稳定发展的时期，小城镇的建设正方兴未艾。

美国的小城镇规划建设对我们的启示：

1）有序发展，合理布局。我国的小城镇，主体是建制镇，也就是经省级人民政府审批设立的城市型行政区划建制。为适应我国城市化发展的需要，小城镇还要进一步发展。但是，在过去很长一段时间里，小城镇的发展主要表现在数量的增加和面积的扩张上，这是小城镇发展的不健康因素，我们既要追求小城镇发展的速度，也要追求小城镇发展的质量，布局要规划合理，发展要健康有序。

2）强化规划，绿化环保。美国小城镇的发展，有它的自发性，但它的环保绿化，却做得十分完美。建筑物四周是花草树木，草坪修剪得整齐美观，河沟里没有污泥浊水。街道干净通畅，整齐划一，充分体现了建筑规划的高水平、高要求。我们的小城镇建设，应当学习他们的长处，在土地利用总体规划的指导下，认真做好城镇建设规划。土地利用规划也好，城镇建设规划也好，一旦制订都要维护它的权威性、严肃性。不能"长官"意志，一朝领导，一朝规划。

3）节约用地，集约用地。上面谈到的小城镇数量增加和面积扩张，这种趋势直接导致了我国人地矛盾的尖锐。今后，小城镇建设不可有也不可以继续从增量中取得土地，这是我国的国情和经济发展所决定的。保护耕地是关系到子孙后代的大事，美国早在20世纪30年代，就开始实施了农地保护制度。那么不给土地，小城镇靠什么发展？答案是靠科学规划和合理用地，靠消化闲置的土地，靠土地的置换，靠政府垄断土地市场。

4）机构精简，公共服务。美国小城镇管理机构精、人员少，一般只有五六个职能部门，没有直接管理经济的部门。政府人员比较精干，工作岗位能兼职的尽量使用兼职人员。对微观经济运行从不干预，主要精力放在改善投资环境、住区环境和综合服务方面。这是我们的政府机构应当借鉴的。

（2）德国城市规划和小城镇建设的经验与启示

1）德国的城市布局与规划建设的经验

① 德国的城市化与城市布局。德国的工业革命虽然晚于英、法等国，但只用了60年左右的时间完成了城市化过程，并已成为世界上城市化程度很高的国家之一。德国的城市主要是中小城市和小城镇，人口在100万以上的城市很少，仅有柏林、汉堡和慕尼黑，即使像法兰克福这样的欧洲金融中心和航空港城市的人口规模亦不足70万人。这些城市分布比较均匀，形成了规模、结构合理的城市空间布局。

② 完善的高速公路系统。为了适应这些快速增长的交通需求，德国首先在原西德建立了完善的高速公路系统，原东德地区则从十年前（两德统一之后）开始建设完善的高速公路系统。目前，德国的高速公路基本形成网络，使各城市、各地区之间的交通联系颇为便利，提高了小城镇的通达性和吸引力。

③ 德国的小城镇建设。德国小城镇的建立主要是依托原有小村镇，在此基础上受市场经济调节而发展起来的。对城市建设用地，在法律上没有硬性的人均指标规定，但在环境保护方面则有明确的规定。为此，确定城市建设用地时由于环境与经济等因素的制约，

在满足各种需要、保证城市生态与环境平衡的情况下，一般不会盲目扩大建设用地规模，而是合理利用每寸土地。

④ 扔旧城改造中重视历史文脉的保护，体现人性的需要。在德国，无论是大城市还是小城镇都很重视对城市历史文化的保护。城市规划不是根据现代生活需要进行推倒重来式的规划布局各种设施用地，而是在基本保留原有城市格局、空间形态和建筑风格的基础上，进行合理的功能划分，让原有建筑通过改造与再利用来符合现代生活的需要。对风貌建筑与老建筑基本是维持原来的外观，只是对其内部根据现代生活的需要进行改造；对文物古迹，不惜重金维修并要求周围建筑与其协调。因而在城市旧区内看不到很宽的马路（连路面有的还保留着原来的石块铺装），也很难看到超高层建筑（除少数大城市如法兰克福的市中心外），每座城市都显得富有历史感和文化品位。

为了解决内城日渐衰退的问题，德国地方政府普遍采取一定的措施使古老的内城重新活跃起来，主要措施有：

（A）将传统市中心商业繁华地区变为步行街，使街道恢复为人服务的性质，体现以人为本的思想；

（B）在内城周围或地下建立许多停车场，以解决停车问题，吸引人流；

（C）改善公共交通系统，保留传统的有轨电车线路，较为密集地布置出租车站点及公共汽车站点，方便人们出行；

（D）注重街头雕塑与小型广场的建设，为人们创造更多的交往、游憩与休息场所，活跃公共场所的气氛；

（E）保留风貌特色与格局，尽量减少拆迁，对于新建的建筑则严格要求与环境的协调，为人们创造具有历史和文化感的街区等。

⑤ 重视资源的节约利用，生态观贯穿城镇建设的始终。

充沛的降水和众多的河流湖泊，使德国水资源比较充足。即便如此，德国人仍很注意节约用水，如每个住宅建筑尾檐下都有水槽，将屋顶的雨水（或雪水）集中，通过沿墙雨水管流入预埋在地下的蓄水罐中，并投入一些药物防臭，收集的雨水主要用于浇灌花木与草坪等。德国的环境保护意识很强，在联邦"建设法典"中，环境保护占据重要的地位，有单独的条款要求保护环境、保护自然、保护自然景观，尤其是自然条件等，并贯穿规划建设的始终，以保障德国的环境质量和生态的平衡。如建设任何项目的规划建设时，都要保证德国的绿地在总量上不减少；绝不允许没经处理的污水排放；对高速公路临近城镇居民点的路段设置隔声屏障等。

⑥ 严格依照有关法律进行规划建设。在德国，任何建设活动都必须服从国家建设法典和州立法规的要求，不得违背。德国建筑法规内容完备且非常详细，如对居住区、市中心、工业区等地区的建筑密度、容积率等都提出了相应的要求，对车位的配置也提出了明确的要求；除此之外，法典中还对城市提出了相关的要求，任何项目的建设必须满足其相关要求后才被许可。

⑦ 德国城市用地的控制。德国的粮食基本靠进口，农业以生产农副产品为主，大部分土地被森林和牧草等覆盖，耕地基本处于休耕养护状态。即使如此，德国的城市建设也不允许乱占耕地，在建设法典中提出"要尽可能地节约和珍惜土地资源，只有在必要的情况下才可以将农业用地、森林和为居住服务的用地转为它用"。因此，德国的城市用地规

307

模虽然没有明确的指标控制要求，但城市建设也很少出现大规模扩张的新区建设活动，主要是在旧区内进行挖潜改造基础上，根据城市发展的需要，进行适当的新区建设。

2）德国的城市布局与规划建设对我国小城镇规划建设的启示思考

① 发达的交通网络是小城镇发展的重要因素。目前我国的公路交通网络还不够完善，广大农村地区的交通还不够通畅，影响了小城镇的吸引力和辐射作用的发挥。因此，在小城镇建设和城市化进程中，必须优先考虑市域公路网的建设。此外，在德国及欧洲其他国家的高速公路沿线，很少有穿越城镇和城镇居民点沿公路建设的情况，城镇居民点的建设一般与公路都保持一定的距离，通过公路出入口与公路系统连接起来，在公路沿线形成林木、草地、农田等交替出现的自然美景，给人视觉上的享受。而我国小城镇沿公路发展建设的现象较为普遍，马路城镇对公路交通、城镇建设和居民生活都产生了一定的负面影响。因此，在小城镇规划建设中应严格控制小城镇沿公路发展与布局，小城镇的规划建设用地范围与公路尤其是高速公路、一、二级公路应保持一定的距离，对公路两侧的现状小城镇通过规划调整，逐步与公路形成一定的绿带隔离，从而减少扣互的影响和干扰。

② 对城镇体系规划与城镇空间布局的思考。德国城市按人口规模进行统计分析，在城镇布局上有以下特点：

（A）人口 100 万以上的大城市周围多为 10 万人以下的小城镇，明显反映出大城市的中心功能和周围小城镇的依附特点，如柏林、汉堡与慕尼黑周围的城镇空间布局；

（B）人口在 30—100 万的城市周围一般都有相应规模的城市，反映出各城市在功能上相互补充、支持的关系，中心性与依附性减小，如德国城镇最为密集的莱茵—鲁尔地区等；

（C）以人口 10—30 万城市为中心的地区，多处于原东德地区，属于城镇体系须进一步发育的地区；

（D）城镇体系发育完善的地区交通网络也很完善，而城镇体系发育不完善的地区其交通网络也不完善。

我国现有建制镇规模普遍偏小，而大多数建制镇的环境状况表现为脏乱差；城市总体规划确定的小城镇数量与规模是以现有乡镇为基础的。为避免小城镇建设的小、密、差的情况，形成合理的规模等级和布局密度，需要对原有规划布局和规模进行适当的调整。现阶段我国应提高小城镇的人口规模，大力发展人口在 2—5 万人左右的小城镇，还可进行合理的乡与乡的合并，减少规划人口在 1 万人以下的一般建制镇的数量，从而提高小城镇的环境质量和建设水平，减少土地浪费，真正发挥其对农村地区的辐射作用。

③ 城镇建设不能因袭大城市的开发模式，要注重发挥自己的特色。德国小城市中看不到一幢高层建筑，也没有非常宽阔的马路，大多数建筑的形式仍带有强烈的德国风格。它们没有一味模仿大城市的建设模式建设办公大楼、大型商场和高层建筑，或进行脱胎换骨式的旧区改造和新区建设，而是根据市场需要进行合理规模的开发建设。德国人非常尊重自己的历史和传统，在城镇规划与建设中对城镇原有传统与格局十分珍视，旧区内的建设要求建筑在尺度、风格、大小等与周围原有建筑相适应。即使是新区的规划建设也一般采用当地传统的样式，使整个城镇充分体现其原有的城镇格局和空间形态。而对城镇基础设施和公共设施建设方面，则有较高的要求，市政、交通、文化、教育、娱乐等设施齐备，使居住在小城镇的居民与大城市的居民可以享受同样的居住生活标准和质量，但在绿

化环境等方面却比大城市还有优势，以此增强小城镇的吸引力。

目前我国对小城镇的发展缺乏一个形态上可以参照的比较完整的标准体系，受传统观念的束缚和少数地方政府官员追求所谓"政绩"的需要，一些小城镇在建设中存在不根据自身发展需要和地方特色，片面认为高楼大厦、西方建筑样式和装饰就代表了城市形象，因而盲目地照搬大城市的开发建设模式，追求大马路、大广场和高楼大厦，进行低水平的重复建设，确定过大的发展规模进行土地扩张，导致了这部分小城镇建设"虎头蛇尾"、面貌"千篇一律"，造成土地资源和资金投入等的浪费。在市场经济体制下，我国小城镇发展要尊重农民的意愿，坚持因地制宜、形式多样的原则，根据各城镇经济发展水平和自然条件，立足当地产业特点和农村现代化发展的趋势，走市场化的道路，不能照搬一个模式或相互攀比。小城镇的建设应立足于长远发展，规划先行，基础设施先行，不搞急功近利式的花架子建筑，并具有超前意识，，高标准建设，以避免将来重复建设、改造等浪费。同时，规划建设中必须考虑市场经济要求，具有发展经济的头脑，除考虑生活居住环境，还应考虑小城镇与发展乡镇企业、促进农业生产的密切关系，把保护耕地和集约用地有机地结合起来。

④ 小城镇规划建设要强调"以人为本"。德国国民的环境意识非常强，各级政府都十分注重环境保护及废品回收，无论城镇还是乡村都已实现了垃圾分类收集，并把垃圾无害化处理纳入市场经济体系，有效地促进环保企业和社会力量在垃圾处理技术和设备上增加投入。此外，德国城镇的绿化水平很高，尤其是一些小城镇，拥有大片的绿地，给人们创造了幽静安逸的居住生活空间。在污水处理上，在小城镇及乡村中曾普遍采用家庭式污水处理设备，将家庭污水集中储存在预埋在地下封闭的塑料储罐内，并投入一定的生化药剂进行简单的处理，一般半年左右请污水处理厂用大罐车来抽取一次。

我国小城镇建设也要坚持可持续发展战略，突出"绿色"，把生态建设、环境保护、自然资源合理利用同城镇建设相结合，在小城镇的环境建设上，可借鉴德国在城市化过程中的一些做法，实行家庭式污水处理；垃圾处理则应采用分类袋装化处理办法，合理设置垃圾转运站，规范居民的行为，改变小城镇到处是垃圾的状况。

⑤ 强调依法办事，执行严格的审批手续。小城镇建设要加强调控，强化管理。各级建设行政主管部门要严格执行有关小城镇规划、建设管理的法规和政策，坚持规划一支笔，规划一经制定并批准，就要严格执行。未经原批准机关同意不得擅自变更规划，避免重复拆迁、重复建设。

⑥ 关于城市化与小城镇用地规模的思考。德国仅用了60年的时间就实现了城市化的经验很值得我们借鉴。德国之所以能够迅速实现城市化的主要因素有：

（A）工业革命是迅速实现城市化的基本动因和先决条件；

（B）19世纪中叶德国成为世界科学技术中心，科学进步极大地推动了德国城市化进程；

（C）吸取英法经验与教训，结合本国国情，使工业化、城市化在德国顺利进行；

（D）消除人口流动的障碍是实现城市化的重要保障；

（E）建立和健全城市法规，不断完善和健全社会福利保障体系，解决城市化过程中出现的住房、交通、环境卫生等问题。

目前我国小城镇建设中既存在土地浪费、无序扩展的情况，也存在用地指标短缺的问题。因此，应对我国小城镇人均建设用地规模进行适当调整与提高，而增加的用地规模主要用于绿化建设上，使小城镇的绿化覆盖率高于城市标准，真正体现小城镇在绿化环境和生态环境上的优势。

（3）瑞士小城镇建设突出服务功能

瑞士是个绿色的国度，仅有 700 多万人口，大城市为数不多。

瑞士中小城镇如串串珍珠散落在沿湖和交通要道两侧。绿色掩映中的无数袖珍小城镇组成的城镇网是瑞士城市化的一大特点。

瑞士千人以上城镇需设规划办公室。瑞士政府立法规定千人以上的城镇必须设立城市化规划办公室，为城市发展和人口规模定位确定农牧用地和绿地面积；选择城镇支柱产业。而且联邦和州两级城镇规划的相关法令要保护 20 年的稳定性。

管理机构人少办事多。为市民解决困难，全力提高市民生活质量是市政府的根本任务，在政府的日常工作中，完善城镇经济活动，改善服务设施，提高服务质量，改善交通管理，保护城镇历史遗产，协调城镇建筑风格等，都是围绕提高市民生活质量进行的。

适当为大城市圈服务。瑞士小城镇一方面要为市民提供各种服务；一方面还要为国家的整体发展服务。而小城镇接纳的在大城市工作但前来这里居住的人数则日益增多，因此小城镇要保证他们的日常需求。如幼儿园、学校、药房、牙医、停车场位、影剧院、图书馆、体育场馆、环保和基础设施，乃至书报亭的容量和密度都要适时增加。小城镇的重要功能就是在保障个人生活独立环境的同时，为市民创造优良的社会环境。

参 考 文 献

1　许学强，朱剑如. 现代城市地理学. 北京：中国建筑工业出版社，1988

2　许学强，周一星，宁越敏. 城市地理学. 北京：高等教育出版社，1997

3　石奕龙. 中国城市化的一种模式，或中国乡村都市化. 广州：广东人民出版社，1996

4　叶维钧等. 中国城市化道路初探. 北京：中国出版社，1998

5　于洪俊，宁越敏. 城市地理学概论. 合肥：安徽科技出版社，1988

6　汪美球. 城市学. 北京：科普出版社，1988

7　刘易斯·芒福德，倪文彦等译. 城市发展史：起源，演变与前景. 北京：中国建筑工业出版社，1989

8　《中国国情丛书—百县市社会调查；张家港卷》. 北京：中国大百科全书出版社，1998

9　张培刚. 农业国工业化问题. 长沙：湖南人民出版社，1991

10　胡必亮. 发展理论与中国. 北京：人民出版社，1998

11　陈吉元，韩俊等. 人口大国的农业增长. 上海：上海运输出版社，1996

12　中国科学院国情分析研究小组. 开源与节约. 北京：科学出版社，1996

13　邬才生等主编. 面向 21 世纪的小城镇建设. 北京：国家行政学院出版社，1999

14　陆学艺，朱明主编. 从贫穷到富裕：晋江的现代化之路. 北京：社会科学文献出版社，2000

15　中国城市规划设计研究院等. 小城镇规划标准研究. 北京：中国建筑工业出版社，2002

16　韩明谟等著. 中国社会与现代化. 北京：中国社会出版社，1999

17　欧阳友权，刘泽民著. 国民素质论. 长沙：湖南人民出版社，1998

18　中国人民大学社会发展报告（1984～1995）. 从传统向现代快速转换过程中的中国社会. 北京：中国
人民大学出版社，1996

19　阿列克斯·英克尔斯·史密斯著. 从传统人到现代人——六个发展中国家中的个人变化. 北京：中
国人民大学出版社，1992

20　秦润新主编. 农村城市化的理论与实践. 北京：中国经济出版社，2000

21　方向新著. 农村变迁论. 长沙：湖南人民出版社，1998

22　中国社会科学院工业经济研究所. 中国工业发展报告. 北京：经济管理出版社，1999

23　郝寿义，安虎森主编. 区域经济学. 北京：经济科学出版社，1999

24　苗长虹主编. 中国乡村可持续发展. 北京：中国环境科学出版社，1999

25　崔功豪，魏清泉，陈宗兴主编. 区域分析与规划. 北京：高等教育出版社，1999

26　沈清基. 城市生态与城市环境. 上海：同济大学出版社，1998

27　马传栋著. 城市生态经济学. 北京：经济日报出版社，1989

28　石忆邵著. 中国农村集市的理论与实践. 西安：陕西人民出版社，1995

29　陈航，张文尝，金凤君著. 中国交通地理学. 北京：科学出版社，1993

30　顾朝林等. 经济全球化与中国城市发展. 北京：商务印书馆，1999

31　崔功豪著. 中国城镇发展研究. 北京：中国建筑工业出版社，1992

32　许学强，薛凤旋，阎小培主编. 中国乡村-城市转型与协调发展. 北京：科学出版社，1998

33　金英红，杨新海等. 小城镇规划建设管理. 南京：东南大学出版社

34　周叔莲，郭克莎. 中国城乡经济与社会协调发展研究. 北京：经济管理出版社，1996

35　阎小培等. 地理、区域、城市—永无止境的探索. 广州：广东高教出版社，1994

36 刘亚臣. 现代管理学概论. 沈阳：辽宁大学出版社，1996

37 刘亚臣. 房地产经营管理. 大连：大连理工大学出版社，1998

38 刘亚臣. 工程经济学. 大连：大连理工大学出版社，1999

39 王德印等. 投资管理实务全书. 国际文化出版公司 1994

40 刘亚臣. 工程项目融资. 大连：大连理工大学出版社，2004

41 全国城市规划执业制度管理委员会. 城市规划实务. 中国建筑工业出版社，2000

42 能源部. 东北电力设计院. 火电发电厂厂址选择手册. 水利电力出版社，1990

43 Piorem，Sabelc The Second Industrial Divide：Possibilities. New York：Basic Books，1984

44 Piorem，Sabelc The Second Industrial Divide：Possibilities. New York：Basic Books，1984

45 McGee，T. G the South east Asian City. London：G · Bellandson，ltd，1967

46 McGee，F. G，"Urbanisasi or Kotadesas？" The Emergence of New Regions of Economec Interaction in Asia. Honolulu：EWCEAPI，1987

47 McGee T. G，The Urbanization Process in the Third world，London：G · bellandson，1971

48 McGee，T. G，The Emergence of Desakota Regions in Asia：Expanding Hypothesis，Zen：Ginsbury

49 Lewis Mumford，The Regional Frame work of Civilication，Region，To Live Mum ford reader

50 Blitzer，s. etal：OutsidetheLargecities：Annotated Bibliography and to the Literatureon Small and Intermediate Urban Centers in the Third Word. II EP，London：1988